U0382150

国家社会科学基金重大项目（11&ZD041和15ZDB158）研究成果

# 中国环境污染效应与治理机制研究

卢洪友　祁　毓◇著

中国社会科学出版社

**图书在版编目（CIP）数据**

中国环境污染效应与治理机制研究/卢洪友，祁毓著．—北京：
中国社会科学出版社，2017.7
ISBN 978 - 7 - 5203 - 0196 - 1

Ⅰ.①中… Ⅱ.①卢… ②祁… Ⅲ.①环境污染—污染防治—
研究—中国 Ⅳ.①X508.2

中国版本图书馆 CIP 数据核字（2017）第 081037 号

| | | |
|---|---|---|
| 出 版 人 | 赵剑英 |
| 责任编辑 | 卢小生 |
| 责任校对 | 周晓东 |
| 责任印制 | 王 超 |

| | | |
|---|---|---|
| 出 版 | 中国社会科学出版社 |
| 社 址 | 北京鼓楼西大街甲 158 号 |
| 邮 编 | 100720 |
| 网 址 | http：//www.csspw.cn |
| 发 行 部 | 010 - 84083685 |
| 门 市 部 | 010 - 84029450 |
| 经 销 | 新华书店及其他书店 |

| | | |
|---|---|---|
| 印 刷 | 北京明恒达印务有限公司 |
| 装 订 | 廊坊市广阳区广增装订厂 |
| 版 次 | 2017 年 7 月第 1 版 |
| 印 次 | 2017 年 7 月第 1 次印刷 |

| | | |
|---|---|---|
| 开 本 | 710×1000 1/16 |
| 印 张 | 29 |
| 插 页 | 2 |
| 字 数 | 476 千字 |
| 定 价 | 120.00 元 |

# 前　言

　　环境是人类生存和活动的场所。环境是否适宜以及在多大程度上适宜人群生存繁衍和经济社会可持续发展，关乎每个人的切身利益。正如习近平同志所说："良好的生态环境是最公平的公共产品，是最普惠的民生福祉。"转变发展方式，实现创新发展、绿色生产、低碳消费，从而维护生态环境的系统性、多样性和可持续性，不仅惠及当代，而且也关乎子孙后代的根本利益。

　　然而，如同亚里士多德早在两千多年前所言："凡是属于最多数人的公共事务，却常常受到最少数人的照顾，人们关怀着自己的所有，而忽视公共事务，对于公共的一切，他至多只留心到其中对他个人多少有些相关的事务。"生态环境作为公共品，如果没有外部条件或制度约束，作为微观个体的生产者或者消费者就会倾向于过度使用，使其自身效用最大化。相对于人类的开发利用能力而言，如果生态环境产品在量上总是处于无限供给状态，那么，按照市场供求机制和价格机制，生态环境产品则是没有交易价值的。例如，在农业文明时代，清洁的空气、清洁的饮用水等，都是取之不尽、用之不竭、源源不断地无限供给的，因此，也是没有市场交易价值的。

　　自从人类社会进入以工业化为标志，以机械化大生产为主导的工业文明后，人类对资源环境的消耗与污染急速加剧，人类向大自然的排泄物逐渐超过了生态环境承载能力或自净化能力，产生了各种所谓的"环境问题"，这也验证了亚里士多德的先见——对个体过度"消费"生态环境公共品的"理性行为"若不加以约束，最终必将导致"集体非理性"的结局，陷入生态环境的"公地悲剧"困境之中——使得在一个国家（地区乃至全球）范围内，人们都不得不为环境恶化、资源枯竭的恶果集体"买单"，并为之付出难以估量的经济、社会、国民健康等沉重代价。回溯人类工业化和城镇化几百年的历史，"天下没有免费的午餐"这一真理被反复验证:"雾都"伦敦曾因空气污染造成数万人死亡,也曾因水污染致数以万计的人死于霍乱。美国、日本等其他工业国家屡屡发生的"环境事件"同样让人触目惊心,其中,20世纪震惊世界的"八大公害事件",两次发生在美国,四次发生在日本。纵观人类工业史和环境史,因环境污染加剧所导致的经济发展停滞、社会动乱、物种灭绝、国民健康受损甚至大量人口死亡、残疾等环境灾难,迄今仍让人历历在目、不寒而栗。

中国当下的环境问题,与发达国家20世纪五六十年代具有惊人的相似之处。由此,中国环境问题早已成为世界关注的焦点,也就不足为奇。值得我们自己警觉的是,由于中国的工业化、城镇化仍处于加速进程之中,资源消耗加速,碳排放量不断增加,生态环境赤字持续扩大,环境事件多发频发,环境风险以及由此引起的经济风险、社会风险、国民健康风险等加速积聚,在未来相当长时期内,环境问题难以舒缓。辩证地看,一方面,中国的工业化沿袭了发达国家"先污染、后治理"的老路,并且因中国工业化时间短、进程快,发达国家在几百年时间里分散化解的环境风险,在中国短短30多年的时间里叠加式集中爆发,雾霾天气、饮水安全、地下水污染、土壤污染、垃圾围城(围村)等多种结构性环境问题同时出现;另一方面,面对错综复杂的结构性环境问题,中国环境治理理念、法律制度、体制机制以及治理模式等,都难以适应环境治理实践的要求,环境治理主体和手段单一,环境法律制度不完善,重增长轻环保,环境执法偏松、偏宽、偏软,环境监管体制机制滞后,公民的环境参与程度低,环境治理的信息不透明等诸多缺陷显露无遗。以至于2014年李克强总理在政府报告中不得不提出,要像向贫困宣战一样坚决向污染宣战。2015年又指出,环境污染是民生之患、民生之痛,要铁腕治理。

环境污染属于公害品,而环境质量则属于公共品,是反映环境状况的正反两面,环境污染(或者环境质量)的变化通过影响国民健康,进而影响人力资本,最终既影响经济增长,也影响社会公平。环境质量受环境负外部性与环境正外部性两个方面的综合影响。改善环境质量,或者采取各种约束机制消除或减轻环境负外部性效应,或者采取各种激励机制放大环境正外部性效应,抑或双管齐下。

研究中国环境污染变化的规律性,评估环境污染变化所导致的经济效应、社会效应以及国民健康效应，并揭示其内在机理及传导机制，梳理中国环境治理体制机制发展变迁，评估现有环境法律法规及公共政策体系的"绿色度"，探索建立政府、市场与社会合作共治的体制机制，促进绿色发展和可持续发展，使人与自然和谐共生，这既是该项成果的研究主题，也是该项研究的目的和初衷。

# 目　录

# 第一章　导论

## 第一节　问题的提出

环境污染是任何一个国家（地区）在工业化进程中所必然面临的问题，由于经济社会结构和公共政策的差异，不同国家（地区）所遭遇的环境困境以及治理难度也迥异。工业发达国家的经验和教训已经表明，污染会同时影响着生存和发展。一方面，污染所带来的健康损害会加速人力资本折旧；另一方面，污染还会通过其他渠道影响着经济发展的速度和质量。污染的效应不仅是一个总量问题，而且还是一个结构和分配问题。从现实的角度而言，污染是一个关乎效率和公平的重大公共议题。改革开放以来，随着中国经济持续快速增长，环境污染、环境破坏也越来越严重，环境污染不断恶化，对经济社会可持续发展和国民健康带来的危害日益明显。从趋势来看，中国的工业化与城镇化进程仍处于加速之中，环境库兹涅茨倒"U"形曲线也正处在加速上升阶段，短期内，拐点难以出现。亚洲开发银行（2012）认为，在未来相当长一段时期内，中国的环境可持续性以及环境质量改善所面临的挑战，都是世界上最为复杂和困难的问题。

回溯历史，早在 19 世纪 70 年代工业革命在欧洲大陆如火如荼的时候，恩格斯就已观察到人类对自然界的干涉和对生态系统的破坏导致的人与自然之间出现矛盾的苗头，他冷静地告诫人们，人类通过劳动不仅从自然界中分化独立出来，而且也确实实现了对自然界的支配和统治。"因此我们每走一步都要记住：我们统治自然界和决不像征服者统治异族人那样，决不是像站在自然界之外的人似的，——相反地，我们连同我们的肉、血和头脑都是属于自然界和存在于自然之中的；我们对自然界的全部统治力量，就在于我们比其他一切动物强，能够认识和正确运用自然规律。"①

历史总是这样，先觉未必总是能够觉后觉；迟早觉悟，并且在觉悟的过程中一定会付出沉重代价，这常常让后人为之感慨不已！作为世界上第一个工业化国家，英国不仅率先享受到了工业革命带来的经济繁荣、物质生活的富足与便利，而且也首次尝到了环境污染的苦果。在1873—1892年的18年间，"雾都"伦敦就发生了5次严重的烟雾事件，有3000多人丧生；因污水横流，19世纪中叶以后的泰晤士河就成了一条阴沟，1819—1854年，约有25000人死于霍乱，1861年又有大量的人死于伤寒。然而，即便是如此惨痛的、血的教训，也没有唤起人们普遍的环境自觉，环境污染和环境破坏依然随着工业化进程的加速而持续加剧，环境风险依然在持续积聚。直到1952年，伦敦发生了重大"烟雾事件"，在短短的5天时间里，就导致了4000多人死亡，该事件总共造成12000多人丧生。这次环境灾难唤醒了公民社会和政府当局，在多种利益主体的交互博弈下，最终于1956年出台了《洁净空气法案》。后起的工业大国美国，也曾因工业排放、汽车尾气等造成严重的大气污染。1952年和1955年，因洛杉矶一带大气臭氧浓度高、光化学烟雾重，两次造成几百位老人死亡的环境事件。日本的工业化也曾饱受污染之苦，在"世界八大环境公害"事件中，就有四次发生在20世纪五六十年代的日本。从英国到美国，再到日本，西方工业化国家在20世纪中叶接二连三地发生环境灾难，看似偶然，但这种偶然却寓于必然之中，并在反复诠释恩格斯的忠告："我们不要过分陶醉于我们对自然界的胜利。对于每一次这样的胜利，自然界都对我们进行报复。每一次胜利，起初确实取得了我们预期的结果，但是在往后和再往后却发生完全不同的、出乎预料的影响，常常把最初的结果又消除了。"②

吃一堑长一智。在英国"烟雾事件"换来了《洁净空气法案》诞生后，英国环境公共治理的进程开始加速推进。与此同时，从1963年开始，美国也颁布了一系列联邦法律，使空气污染规章政策从州和地方政府的倡议变成国家化计划，1963年美国通过的《清洁空气法案》规定，联邦

---

① 《马克思恩格斯选集》第4卷，人民出版社1995年版，第383—384页。
② 同上书，第383页。

政府为空气污染治理提供拨款；1965 年颁布的《机动车空气污染控制法案》批准了机动车排放的联邦标准；1967 年颁布的《空气质量法案》将"保护和提高全国空气资源质量，从而提高公共健康、福利和国民生产力"作为美国空气污染控制的全国政策目标。在日本，1967 年出台了《公害对策基本法》，以后又陆续出台了《大气污染防治法》《噪声规制》等，1970 年通过了与公害对策相关的 14 项法案，1971 年设置了环境厅。

遗憾的是，这些隔代的反响及应对，总体上还是属于自发行为，或者说是一种"无奈之举"，而不是一种真正的环境自觉。即使各国政府陆续颁布的环境立法、政府规制、环境税费等法律制度举措，也都是在付出了巨大的环境代价、经济代价、国民健康损失甚至无数人的生命之后，才被逼迫出来的，是被动的，是不得已而为之。

鲜明的例证是，在西方国家的环境"伤疤"尚未完全"愈合"之时，在中国大地上就又开启并复制了"先污染、后治理"的传统工业化进程，而且由于中国的工业化时间短、进程快，使中国环境问题更为突出，换句话说，发达国家在 300 多年分散化解的结构性环境风险，在中国短短的 30 多年时间里叠加式地集中爆发，由环境风险引起的各种经济风险和社会风险，也迅速积聚。与此同时，面对错综复杂的环境问题，中国的环境治理理念、环境治理制度及体制机制、环境治理模式等都难以适应环境治理实践的要求，治理主体和治理手段单一，治理制度不完善、不系统，治理机制残缺不全，治理信息透明度低，治理绩效不彰，治理能力远远赶不上破坏速度，生态环境赤字依然呈现不断扩大趋势。

马克思主义辩证唯物观深刻地指出：环境改变和人的活动是一致的。党的十八大以来，针对中国严峻的生态环境形势，中国政府将建设生态文明提升到"关系人民福祉、关乎民族未来的长远大计"的战略高度，成为五位一体发展战略的重要组成部分，并提出了保护生态环境、改善环境质量的制度技术路径，绿色发展成为引领中国经济社会持续健康发展的新理念。"绿水青山就是金山银山"；"保护生态环境就是保护生产力，改善生态环境就是发展生产力"；"让居民望得见山、看得见水、记得住乡愁"等一系列通俗易懂、深入人心的执政用语蕴含着巨大的经济社会理论，也亟待从理论上进行提炼，在经验上去验证，在构建符合中国特色环境治理理论体系的理论自信道路上迈出坚实一步。在这样的条件下，客观地评估中国环境污染变化的经济效应和社会效应，特别是分析评估环境污染对诸如国民健康、经济增长、不平等、贫困等造成的影响，揭示其内在联系及其传导机制，寻找其内在的、一般的发展变化规律，在此基础上，从推进包括环境在内的整个国家治理体系与治理能力现代化的高度，探索构建政府、市场与社会复合的、职能互补的环境治理机制，提高环境治理绩效，改善环境质量，遏制生态环境赤字扩大趋势，推进中国步入人与自然、人与人、人与社会和谐共生、良性循环、全面发展、持续繁荣的生态文明轨道，既有重要的理论价值，也有重要的实践价值和现实意义。

# 第二节　研究主题

环境包括自然环境与社会环境，自然环境是社会环境的根基和支柱，社会环境则是自然环境的发展和延伸。自然环境是人类生存和发展所必需的各种自然条件和自然资源的总称。构成自然环境的物质种类繁多，例如，空气、水、植物、动物、土壤、岩石矿物、太阳辐射等，各种各样的物质是人类赖以生存所不可或缺的基础性条件。在自然环境中，具有一定生态关系构成的系统，称之为生态环境，其中，水、土地、生物以及气候等环境要素的数量、质量及其发展变化，对生物的生存繁衍起着决定性作用，对人类也是如此。

社会环境是在自然环境基础上，人类通过长期有意识的社会劳动，通过加工和改造自然，创造的物质生产体系、积累的物质文化等所形成的环境体系。人与自然的关系通过社会联系在一起。按照马克思主义的观点，人是自然界的产物，是在自己所处的环境中与这个环境一起发展起来的。自然是人类生存和发展的基本条件，劳动使人们以一定的方式结成一定的社会关系，社会作为人与自然关系的中介把人与人、人与自然紧密地联系起来。人利用自然、改造自然，不仅满足了其生存需求，还创造了物质财富和精神财富。与此同时，人类的行为也将导致自然界发生变化，如植树造林、退耕还林、退耕还草、清洁生产、低碳消费等，将有助于改善自然环境，人类活动的这种环境正外部性行为，产生的是一种"前人种树后人乘凉"的环境正外部性效应；人类在生产或者生活中，对污染物或废弃物的随意排放、高资源能源消耗的生产、奢侈消费等，将会加剧环境污染，产生的是一种"公地悲剧"式的环境负外部性效应。人类作用于自然，自然也会反作用于人类。正如恩格斯的告诫："我们不要过分陶醉于我们人类对自然界的胜利，对于每一次这样的胜利，自然界都对我们进行报复。"

回溯漫长的人类发展历史进程，不难看出，一部人类文明的发展史，也就是一部人与自然的关系史。自然生态的变迁在一定程度上决定着人类文明的兴衰。

在原始文明时期，人类以石器为主要劳动工具从事打猎和采集，并且只有依赖于集体的力量才能生存下来。这时的人类对自然是毕恭毕敬、敬畏崇拜的。

人类进入农业文明后，铁器的出现使人类改造自然的能力产生了质的飞跃，由此，人类对自然的崇拜、敬畏之心开始减弱，而改造自然、占有自然的实践活动则日益增强，尼罗河、底格里斯和幼发拉底河、印度河和恒河流域的人类文明，都曾因优良的生态环境而兴旺发达，也都随生态环境的恶化而衰败甚至消失；中国古代楼兰王国的迁都，宋朝时期北方游牧民族不断地向南侵袭，也都与当时生态环境的异常改变有千丝万缕的联系。正如卡特和汤姆·戴尔曾勾勒出的人类文明的轮廓那样："文明人跨越过地球表面，足迹所过之处留下一片荒漠。"[1] 安东尼·吉登斯更是将生态灾难与严重的军事冲突相提并论，认为"生态灾难的厄运虽不如严重军事冲突那么近，但它可能造成的后果同样让人不寒而栗，各种长远而严重的不可逆的环境破坏已经发生了，其中可能包括那些目前为止我们尚未意识到的现象"。[2]

总体上看，农业社会的环境问题还是局限于特定区域或局部地域。因为在农业社会里，人与自然之间总体上还是保持着一种顺应关系，生产是以家庭为基本单位，以手工为主要生产方式，以人力、畜力为动力，生产规模小、人口少，人类对环境的生活污染和生态破坏一般都在自然环境自净能力、自我恢复能力或承载能力之内，人与自然和谐共生、良性循环。农业社会出现的环境问题，主要是因乱采、乱捕破坏人类聚居的局部地区的生物资源而引起生活资源缺乏甚至饥荒，或者因为用火不

---

① 弗·卡特、汤姆·戴尔：《表土与人类文明》，鱼姗玲译，中国环境科学出版社1987年版。
② 安东尼·吉登斯：《现代性的后果》，田禾译，译林出版社2000年版，第151页。

慎而烧毁大片森林和草地，才迫使人们迁移，以谋生存。

18 世纪英国开启了人类工业文明。在环境哲学和环境伦理学上，工业文明奉行的是人类中心主义，认为人是万物的尺度，是存在的事物存在的尺度，同样，人也就成为不存在的事物的尺度。这种人类至上的哲学观，强调的是一切从人的利益出发，一切为人的利益服务，以此为指导思想，开启了史无前例的人类对自然资源进行大规模、肆无忌惮的索取和掠夺历程。在经济学上，工业文明奉行的是斯密的"看不见的手"理论，自 1776 年亚当·斯密发表《国民财富的性质和原因的研究》起，直到 1929 年世界经济大危机、1933 年罗斯福新政以及由此催生的 1936 年的凯恩斯《就业、利息和货币通论》，在长达 150 年的西方工业化进程中，斯密的自由竞争、自由放任理论一直占据主导地位，政府职能被限定在国内治安安全、对外防御以及必要的公共工程等服务内，反对政府以任何方式干预经济活动。在政府"无为而治"、企业追求利润目标导向下，形成了一股以牺牲自然环境来谋求物质财富增长的社会风气，环境污染与环境破坏也就在所难免。这种无视自然、主宰自然、征服自然的理论及其经济社会实践，一方面，使物质财富迅速增长、商品迅速丰富；另一方面，对地球资源能源的消耗、污染以及对生态环境的破坏也急剧加速。到了 20 世纪中叶，在工业化国家接二连三地发生重大"环境灾难"的情况下，环境问题开始演变成具有全球性特征的生态灾难，其影响已不再是单一的或特定性的，而是复合性的，并逐步演化为社会问题、经济问题乃至政治问题。

环境质量是环境系统客观存在的一种本质属性。环境质量是环境的总体或环境的某些要素对人群的生存繁衍以及社会经济发展的适宜程度。换言之，在一个特定的、具体的环境中，环境不仅在总体上，而且在环境内部的各种要素上都会对人群产生有利或者不利的影响，而且不同的人群对环境污染的变化，其受益或受损程度也不尽相同。

从经济学视角看，环境污染属于公害品，环境质量是公共品问题，也是外部性问题。良好的环境质量，如清洁的空气、安全的饮用水、优质的土壤、生物的多样性等，是人人都不可或缺的共同性条件。环境污染与环境破坏导致生态赤字、资源匮乏、环境质量下降，将直接或者间接地影响人类的生活质量、身体健康，并影响经济社会可持续协调发展。例如，空气污染将导致肺病、呼吸道疾病等发病率上升；水污染使水环境质量恶化，饮用水源质量下降，威胁人的身体健康，引发癌症、结石症、心脑血管硬化、氟中毒，甚至会引起胎儿早产或畸形等；土壤污染导致粮食、蔬菜中的重金属超标，诱发多种疾病，如铅超标导致肾病、神经痛、麻风病等，砷超标导致神经炎、急性中毒甚至死亡等。更为严重的是，从环境污染的远期影响看，可能会通过胎盘危及胎儿，以及引起遗传变异、染色体畸变和遗传基因退化，这不只是第二代、第三代的问题，严重时可能使人类的质量退化，贻害子孙后代，造成无法挽回的损失。

环境质量受着环境负外部性与环境正外部性两个方面的综合影响，改善环境质量，或者采取各种约束性机制消除或减轻环境污染负外部性影响效应，或者采取各种激励性机制放大环境正外部性影响效应，抑或双管齐下。无论是从负外部性入手，还是从正外部性入手，政府机制及公共财政都居于举足轻重的地位，在政府、市场和社会"三维"环境治理机制中起着支柱作用。评估环境法律制度、环境税费政策、环境规制等矫正环境污染负外部性的机理及效应，以及评估环境监管、环境监测、环境信息、环境教育、环境应急、环境救助、环境基础设施等各种环境基本公共服务的机制及效应，都与政府及公共财政密不可分。这也是为什么我们主要从经济学特别是公共部门经济学、环境公共经济学等视角关注环境污染问题的原因。

基于这样的认识，在凝练研究主题的基础上，我们做出以下界定：

第一，对"环境""环境污染"及"环境质量"的界定。环境具有"自然"与"社会"两种属性，生态环境的变化不仅是一个自然过程，同时也是一个社会过程，或者说，环境质量的变化与人们日常的社会实践活动和政府制度安排是密不可分的，并从更深层次上产生人与自然、人与人之间关系协调的强烈诉求。从环境治理的视角看，化解中国工业化进程中的环境风险，单纯依靠技术力量也是远远不够的，需要深入到经济制度与社会机制等深层次领域。在我们的研究中，尽管评估的是自然环境变化的经济社会效应，或者说，社会环境质量问题并不属于我们的研究对象，但因社会环境影响自然环境，因此，在我们的研究中也或多或少、直接或者间接地涉及社会环境问题，但这也只是把社会环境作为影响自然环境的重要因素。

第二，对学科基础或者理论基础的界定。自然科学与社会科学均研究"环境污染（环境质量）"问题，在我们的研究中，是从社会科学视角切入的，而且所依托的主要是经济学特别是公共部门经济学、福利经济学、环境—健康经济学、规制经济学等，运用这些学科的理论与研究方法来评估环境污染变化所带来的经济效应与社会效应；而不是从自然科学角度如环境科学、生态学、病毒学、病理学、卫生学等来研究环境质量问题。对环境污染治理机制的研究，除经济学外，还涉及管理学、社会学、伦理学等相关学科。

第三，评估环境污染的经济社会效应，而不是评估环境污染本身。我们致力于主要从经济学角度揭示环境污染变化所导致的经济社会效应，即环境质量变化（如环境污染加重）是如何影响经济社会的，并实证评估其影响程度。我们并不研究环境污染自身发展变化的内在机理或规律，换言之，我们并不揭示环境污染质量互变规律。我们的研究是建立在环境污染评价基础之上的。换言之，环境污染评价并不是我们的研究主题。环境污染评价是运用数理统计方法和环境质量指数法等，对一定区域范围内的环境质量加以调查研究并在此基础上做出科学、客观和定量的评定和预测，其内容包括对污染源、环境质量和环境效应的评定和预测，其目的是揭示环境质量状况及其变化趋势，寻找污染治理的重点，研究环境质量与人群健康的关系，等等。在我们的研究中，"环境质量"被看作是"给定"的，我们主要依据国家环保机构或者其授权的环境监测、环境监管部门提供的环境污染指标、环境污染指数、污染物排放标准、国际组织和外国政府及相关权威机构公开发布的环境数据，以及典型微观调查数据等。如果说有些研究关注了环境污染自身的内在变化问题，也是侧重于从环境负外部性或者环境正外部性因素所导致的环境质量互变效应视角切入的，例如，政府的环境税费政策或者环境财政支出政策变化对环境污染有什么样的影响以及影响程度。这样的研究也是为了设计更为有效的环境外部性矫正机制，以提高环境污染治理绩效，改善环境质量。

# 第三节　研究方法

## 一　规范分析与实证分析相结合

我们从效率、公平与政府干预三个不同的视角，实证分析评估中国环境污染的经济社会效应，这实际上是在考察环境质量的市场分散均衡给经济社会带来的影响，在此基础上，研究矫正环境正负外部性的各种公共政策参数及相关制度环境的变化对市场分散均衡路径所产生的影响，实证分析中特别运用了准实验分析方法来评估环境质量和环境规制的经济社会效应。规范分析则是在实证分析的基础上进行社会福利分析，主要是从政府财政角度确定最优的环境税费路径、环境财政支出路径以及地区间、政府间环境财政政策路径等。

### 二　宏观分析与微观分析相结合

我们的目的是研究中国工业化进程中环境质量变化的经济社会效应及其相应的治理机制，这意味着在研究方法上将主要采取宏观经济分析方法。但是，宏观经济分析需要有坚实的微观基础。我们在研究市场决策主体——污染制造者与污染受损者的最优选择行为的基础上，来探讨整个环境污染的变化规律及治理绩效。

### 三　动态分析与比较静态分析相结合

揭示环境污染变化对经济社会影响的内在机理及传导机制，分析评估中国市场化、工业化进程中环境污染变化的经济社会效应，要求采取动态分析方法。这是因为，无论是追求效用最大化的生产者（通常也是污染制造者）和消费者（通常是环境污染的受损者，也是生活污染的制造者），还是追求生态环境社会福利最大化的政府，都面临着跨期最优化问题。

## 第四节　研究框架

在研究的逻辑框架上，将"环境污染"作为核心范畴，从效率与公平两个视角（或者两个价值标准）评估环境污染变化的经济社会效应，揭示其内在机理及传导机制；从干预视角（或者环境正负外部性矫正视角）探讨环境污染的政府治理机制、市场治理机制与社会治理机制，并提出相应的政策建议。全书分为十三章，按照逻辑思路，可以分为分析框架、经济社会效应评估和治理机制三部分。

第一部分为问题提出、分析框架和环境污染变化及治理机制演进，包括第一章、第二章和第三章。第一章提出问题并抽象、凝练研究主题，介绍研究方法、搭建研究框架、阐述学术观点。第二章按照"是什么——

为什么—怎么样"的逻辑思路,围绕环境污染主题搭建研究框架(见图1-1),从理论上揭示环境污染是影响健康人力资本、经济增长与经济社会不平等的传导机制,从政府机制、市场机制和社会机制三维视角探讨相应的治理逻辑与功能。在上述框架下,按照"环境污染状况及治理机制现状—环境污染经济社会效应—环境污染的治理机制"的思路,进行全书布局。第三章系统地梳理和回顾改革开放以来中国环境污染的变化趋势,从制度变迁的维度总结和凝练中国环境体制与治理机制变迁的路径与规律。

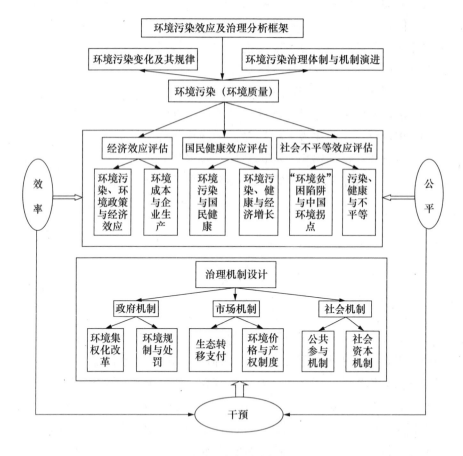

图1-1　本书研究框架

第二部分为中国环境污染变化对国民健康、经济增长和社会不平等的影响效应，包括第四章、第五章和第六章。第四章从效率视角切入，基于中国实际，运用经济学及相关学科原理，采取规范与实证、动态与静态、微观与宏观相结合的多种分析方法，客观地评估分析中国环境污染变化所带来的经济影响效应，力求尽可能地揭示或者还原客观事实。在研究思路上，我们将环境污染作为外生变量，系统地考察和评估中国环境污染变化对健康人力资本和经济增长的影响，并考虑了环境政策因素和技术效率的实际经济增长效应，将工业企业微观数据与地级市层面的环境规制及经济社会变量有机嵌套，系统地考察环境规制政策对企业生产率的影响、传导机制以及异质性。第五章首先借助于经济周期这一准外生的实验机会，考察经济周期波动过程中环境污染的变化所带来的健康人力资本变化，揭示了其传导机制，研究环境污染对健康人力资本的影响；进一步地，通过建立包含环境污染与健康的内生增长模型，进行数值模拟并实证检验了环境污染如何通过健康影响经济增长。第六章关注的主要是环境污染变化所产生的一系列公平议题，提出了"环境贫困陷阱"的观点，凸显了环境污染是影响甚至是构建社会公平的关键要素之一，因环境污染变化导致的国民健康受损问题，又因不同的人对同一环境风险的规避能力不同，导致受损的程度不同，并由此将其视为"社会不公平的一个新的来源"，换言之，社会不公除了传统意义上的收入、财富占有不公以外，还有一个新的不公平来源或者表现形式——污染、健康受损不公、环境基本公共服务供给与分享不公以及由此导致的环境污染差异，该部分实证评估了环境污染变化导致的国民健康变化及不平等程度，揭示了其内在机理及传导机制。

　　第三部分为中国环境污染的治理体制机制，包括第七章至第十二章。该部分的任务主要是立足于政府、市场和社会"三维"治理结构的基本制度安排，并基于中国工业化与城镇化正处于加速进程之中的客观实际情况，分析评估现有的中国环境制度安排、环境行政管理体制和环境财政管理体制，以及环境治理机制的实际效果，剖析治理绩效不彰的原因，探讨中国环境管理制度创新和体制机制转换的路径，以促进中国加快建立规范、系统的环境制度体系，做到用制度保护环境，提高环境治理绩效，遏制环境污染恶化和生态环境赤字趋势，具体涉及环境分权体制、财政政策绿色度、环境处罚政策和生态转移支付等。第七章从环境管理体制视角，将环境分权与集权体制纳入分析框架之中，探讨和检验了不同类型的环境分权所带来的环境治理绩效差异，提出了中国环境体制分权应该进行结构化改革的主张和建议。第八章关注了生态环境治理过程中面临的经济发展、公共服务供给与环境保护的"矛盾"及其激励约束问题。第九章构建了一个包含环境均衡的 RBC 模型，结合不同的政府环境支出融资模式，引入财政支出、劳动所得税率、资本所得税率和环境税率等因素，从理论上得到环境宏观经济系统的竞争性均衡条件，政府配套实施"一揽子"财政政策，包括开征环境税、环境财政支出采取一般税融资方式、增加环境财政支出、降低劳动所得税率与提高资本所得税率等，有助于大幅度提升中国财政政策的"绿色度"。第十章系统地评估了环境处罚是否直接有效地影响着企业的环境遵从行为，发现其前提是所引致的风险、成本和绩效在多大程度上决定着企业经营决策。第十一章主要研究了两个层面的问题：一是环境污染、企业环保策略与市场治理机制，这是从微观经济主体（主要是污染制造者：企业）行为入手所做的评估分析；二是环境污染、排污权交易与价格机制，这是基于产权、价格、交易等视角，对环境保护与污染治理的市场机制所做的分析探讨。第十二章在系统阐述社会资本机制影响环境治理内在机理基础上，测算了地级市层面的社会资本水平，验证了社会资本对环境治理绩效的影响程度，分析了制度环境因素对环境污染的调节作用。

最后，第十三章为政策建议与研究展望，基于上述研究框架下的研究内容和结论，提出政策建议，结合国内外有关环境问题发展变化趋势，对相关问题进行了深度展望。

# 第五节　主要学术观点

我们的研究得到以下基本理论观点：

第一，中国环境污染对经济长期持续增长具有消极效应。其传导机制及影响效应主要表现在：环境污染通过损害国民健康，影响教育人力资本积累、劳动力供给和劳动生产率，对经济长期可持续增长具有消极作用；在中国，自然资源的退化和严重破坏，已成为制约生产力发展的障碍，这在中国资源型城市和资源型地区尤为突出。

第二，环境污染是影响国民健康的重要因素。健康是最为重要的人力资本要素之一，是国民福祉的根本所在和经济发展的持续动力。在经济周期与环境污染以及由此所引致的国民健康变化上，其传导机制是明显的。在现代工业经济时代和消费时代，环境污染主要来自生产领域和消费领域，当经济处于衰退时期时，生产活动和消费行为都会出现一定程度的萎缩，污染水平也会随之下降；如果死亡率变化呈现出顺周期趋势，那么，环境污染加剧或者环境污染恶化则是其中的一个重要传导机制。当然，由于发达国家已经迈过了环境库兹涅茨曲线拐点，使这一类型国家的死亡率顺周期可能并不明显。同时，发达国家更为发达的公共卫生及社会医疗保障体系，使健康受经济周期影响的可能性进一步降低，但包括中国在内的处于工业化快速进程之中的国家则不同。

第三，中国环境污染对国民健康的影响效应带有明显的"亲贫性"并在代际传递，引致代际不平等，成为社会不平等的一个新的来源。中国环境污染所产生的健康损害存在着明显的累退性分布：中低收入群体和经济欠发达地区的环境健康损害成本更高。从社会总体福利角度看，环境污染的健康损害不仅存在效率损失，而且还进一步加大了社会不平等。农村居民、经济社会地位低的社会群体规避环境风险的能力弱，贫困人口几乎没有选择在哪儿生活的权利，更容易遭受环境损害，加剧不平等或贫困现象，并在代际传递，引致代际不平等。

第四，中国工业化和城镇化加速进程中面临着"环境贫困陷阱"风险。在加速推进城镇化过程中，因对资源过度依赖造成环境恶化、疾病多发，贫困加剧；反过来，贫困加剧往往又迫使经济发展进一步陷入对资源的依赖，致使环境更为恶化，陷入环境与贫困互为因果的恶性循环。中国的环境问题呈现出结构性、叠加式爆发特征，并与发展、疾病、不平等、贫困、"三农"等重大经济社会问题交织在一起，异常复杂。其风险类型主要包括"污染—健康—贫困"风险、"环境卫生—贫困"风险、"资源能源—贫困"风险、"生态—贫困"风险等。

第五，凡是能够降低污染水平的公共政策都能够在不同程度上降低污染的国民健康风险，基本公共服务的有效提供和均等化分享，也有助于化解环境污染所带来的国民健康风险。这里所说的公共政策主要包括环境税费、可交易许可证、环境信息披露、环境健康保险、食品安全监管及追溯制度等。与此同时，环境污染对国民健康影响的差异，在很大程度上受制于各种公共服务特别是基本公共服务供给水平及分享水平的差异。实证研究发现，无论是以 5 岁以下儿童死亡率还是以国民预期寿命为标志的国民健康，环境污染对其影响都是显著的，但是，当加入若干公共服务因素（教育、基础设施、卫生公共服务、环境公共服务等）且这些公共服务又跨过了门槛值时，环境污染对健康的影响会出现一定程度的下降，这就表明，公共服务具有降低国民环境污染暴露水平、预防和缓解环境健康风险的作用。

第六，中国环境规制水平普遍偏弱，没有形成较强的技术创新倒逼机制。政府环境科技、信息建设等相关支出偏少，没有形成有利于企业环境技术创新的外部环境。受益于环境公共支出形成的清洁的环境和健康的生活方式，环境公共支出有利于居民健康资本积累，提高了劳动力的生产效率和学习能力，有效地促进了经济增长。制度透明度、环境公共支出能否形成有效的外部创新激励，直接影响着环境公共支出的经济增长绩效。

第七，中国环境基本公共服务供给与分享机会，在地区间、城乡间以及不同社会群体间都呈现出显著的不均等特征。从一般意义上看，经济发展更好的地区、城市地区以及家庭人均收入水平更高的居民户获得了相对于其他群体更多的公共服务机会。进一步分析检验发现，居民受教育程度、年龄、家庭经济状况以及城乡户籍和地区因素都是导致居民公共服务非均等的重要原因。从居民个体特征看，受教育程度更高、家庭经济状况更好以及年龄相对更大的居民面临的大多公共服务机会要更好；在宏观因素看，农村地区在其他各类公共服务机会上相对于城市地区要更差。各省份地区横向对比结果表明，公共服务机会状况大致与地区经济发展水平直接相关，经济状况更好省份的居民所面临的这些公共服务机会更佳。

第八，中国环境管理体制呈现集权化发展变化趋势，无论是环境总体分权，还是环境行政分权、环境监测分权和环境监察分权，中国环境管理体制都呈现出一定程度的集权趋势，这与中国环境管理体制变迁的阶段性特征是完全吻合的，符合中央政府介入和加大干预地方环境管理力度的实际。从实际效果看，环境管理分权、行政分权、监测分权、监察分权与环境污染之间呈现显著且稳定的正向关系；环境分权加剧了财政分权对环境保护的激励不足问题，地区腐败水平恶化了环境分权对环境污染所产生的影响；与东中部地区相比，西部地区环境分权对环境污染产生的负面影响更为严重，这也从另一个侧面说明了中央政府对西部地区生态环境问题更为关注；伴随环境分权度的下降，环境分权的年度效应逐步降低并由正转负，表明近年来中央政府环保干预力度的加大产生了积极效应；环境分权、监测分权与环境污染之间呈"U"形关系，而行政分权、监察分权与环境污染呈倒"U"形关系。

第九，中国式环境财政分权弱化了对地方政府增加环境财政支出的激励，降低了环境基本公共服务供给的综合绩效。其原因主要是：在分权与政治晋升相结合的制度安排下，地方政府降低了对环境基本公共服务的投入激励，地方政府更多关注的是经济增长、财政收入等，对包括治理环境污染、改善环境污染在内的"软性"公共服务支出激励不足、约束不够，因此，较高的财政投入并不一定保证合意的公共品（包括基本公共服务）产出以及均等化地分享公共品，评估地方财政支出绩效应该考虑到投入结构、产出结构与受益结构等不同的层面。

第十，生态功能区转移支付制度是国家实施主体功能区尤其是生态功能区战略的经济基础和制度保障，主体功能区的划分必然涉及不同功能区之间的利益分配、协调和补偿问题，生态补偿成为主体功能区建设的一项重要激励约束制度。现有的生态转移支付制度能否激励和约束地方政府（主要是县级政府）兼顾生态环境保护和基本公共服务的改善将成为该项制度成败的标准和关键。现有制度安排无法有效弥补县市因保护生态环境而放弃经济发展的机会成本时，地方政府为了保障基本公共服务需要，就会通过发展一定规模的工业来弥补公共服务成本，而现有的生态考核缺乏有效的梯度，在一定程度上拓宽了这些地区工业发展的"空间"。生态功能区制度所代表的行政约束产生的扭曲效应显著地大于生态转移支付制度所代表的双重"经济激励和行政约束"。

第十一，中国征收环境税可以实现"双重红利"，即征收环境税后，稳态产出水平提高，稳态二氧化碳存量水平下降。与基准情形相比，开征环境税，且政府减排支出仅仅来源于环境税收入时，开征环境税并不能实现"双重红利"。如果政府减排资金除了来源于环境税收入，还来源于一般税收入，开征环境税则能实现"双重红利"。环境税率的提高，在短期内会表现为抑制产出，随着动态调整，企业成本的增加会使得企业产出持续下降，但由于环境税率提高是暂时性的，因此，产出等宏观经济变量最终回到稳态水平。环境税率的提高对二氧化碳减排具有显著的效果，且对于减少二氧化碳存量作用时间较长。财政政策变动不仅会影响经济，还会影响二氧化碳存量。

第十二，环境处罚给企业带来了一定的市场风险，提高了债务资本成本，但对企业绩效并没有产生实质性影响，其中，仅以环境处罚严厉程度和行政层级的影响较为明显，环境处罚越严厉或环境处罚行政层级越高，所带来的效应越明显。环境处罚虽然使得企业的绝对排污水平下降，却没有降低企业的污染相对水平，环境处罚的减排激励效应有限，依赖环境处罚的严厉程度和处罚的行政层级。受环境处罚越多和越重的企业，不但融资约束没有趋紧，反而获得了较多的政府补助，进而引致了环境处罚的"软约束"和"逆向激励"，这也是造成环境处罚威慑效应不明显的重要原因。另外，所处地区环境规制力度越大、环境信息公开程度越高、环境关注度越高，环境处罚对企业的影响越大，这也间接地表明，现阶段中国环境信息披露不健全和公众关注偏低弱化了环境处罚的"威慑力"。

第十三，中国社会资本总体上有利于环境治理，特别是社会资本中的信任关系、互惠、社会准则（规则和约束）、社会沟通（网络和组织）是增强环境治理集体行为发生的重要激励约束因素。社会资本总体上有利于环境治理，尤以社会信任和社会沟通（网络和组织）的效应最为明显；社会资本与环境治理之间呈现倒"U"形的非线性关系，社会资本存在着一个适度水平；社会资本对环境治理的影响受制于政府质量和市场化程度两种因素，政府质量和市场化程度越高，社会资本的环境治理效应越大，同时，改善政府质量所带来的社会资本边际环境治理效应更高；从年均比重来看，社会资本相对不足地区占多数，目前中国环境治理困局是多方面原因造成的，绝大部分城市面临着社会资本不足所导致的社会机制不全的困境。

第十四，构建政府、市场和社会"三维环境治理机制"，并随着经济、社会和技术条件的发展变化适时调整各自作用的范围与力度，使其职能互补，是增强环境治理绩效的基本路径。

# 第二章　污染效应及治理：一个理论分析框架

环境污染既是绿色发展和环境治理的核心，也是环境公共经济学分析的逻辑起点。本书研究将环境污染明确为典型公共产品，立足效率、公平和干预三维视角，围绕"环境污染"的"前因后果"搭建分析框架：在"为什么"层面，重点研究环境污染公共产品的健康经济和社会不平等机制，解决环境污染的经济效应和公平效应；在"怎么样"层面，从政府机制、市场机制和社会机制三个维度阐述环境污染治理之道的内在逻辑与机制。

## 第一节　环境污染的经济效应机理

### 一　环境规制与环境污染

环境规制的本质是基于污染的负外部性，通过制定相应的制度与实施制度，对包括企业在内的各类社会主体活动进行调节，以实现环境保护的基本目标。环境规制的"减排降污"效应主要取决于环境规制的规模和结构，环境规制规模主要是指规制强度，环境规制强度的高低直接影响着环境成本是否会被纳入经济主体的行为决策中，当环境成本不足以影响到企业生产行为时，环境规制的"减排降污"约束不足，效应可能不明显。进一步看，环境规制的结构主要是指环境规制的内部结构，包括环境规制的工具结构、体制结构、激励约束结构等。环境规制的强度影响着"减排降污"的短期效应，环境规制的结构影响着"减排降污"的长期效应。事实上，中国的环境规制规模和强度呈现出持续提升趋势，这也得到了许多研究的证实；相比较而言，环境规制的结构却存在诸多问题，过度依赖行政命令手段，市场手段和社会手段不足；环境规制集权与分权错位，使中央政府在跨地区环境外溢问题上束手无策，而地方政府的"搭便车"行为和机会主义盛行。从长期来看,规制强度提升所带来的"减排降污"效应可能被规制结构问题所引致的激励约束不足问题所抵消,使得环境规制的"减排降污"效应在长期面临着诸多不确定性。这一问题也并非中国独有,美国的《清洁空气法案》经历多次修订,修订原因之一在于对空气质量的管控效果不明显,规制的强度、规制工具和规制体制都存在诸多问题。

在中国,相比较单纯的环境规制"减排降污"效应,政策制定者和研究者更为看重环境污染与经济增长的协调性,换言之,环境规制会在多大程度上影响经济增长。影响经济增长的因素很多,如果纳入环境规制与经济增长的框架中,就包括技术进步和全要素生产率,以及劳动生产率、FDI、投资、人力资本、基础设施、公共服务等要素。从技术进步角度看,以往研究大多认为,环境规制会对环境相关的技术创新带来负向影响,事实上,这一负向影响是正、负两方面影响综合的结果。但是,环境规制与技术进步的关系并非简单的线性关系,理论上讲,当政府制定的环境规制强度较弱时,企业在短期内为了获得较高利润,污染治理投入往往会挤占生产技术创新投入(如直接抽取创新投入或者挤占利润分配),进而降低企业的短期生产技术研发力度和预期水平。从长期来看,当企业发现被动治理污染的长期成本较高且效果不甚理想时,会尝试通过污染技术创新来增强单位污染支出的治理效果,而治污技术创新的部分资金可能来源于生产技术创新投入,从而降低了企业的长期生产技术研发力度和预期水平;但是,当政府提高规制强度时,在治污技术创新边际绩效递减规律的作用下,企业将增加对生产技术研发的投入力度,进而实现生产技术水平的快速提升(张成等,2011)。在企业层面,环境规制对企业全要素生产率的影响,借鉴以往研究的一个简单的企业生产概念模型,用一个柯布—道格拉斯(Cobb – Douglas)生产函数表示企业生产:

$$Q = AL_e^\alpha K_e^{1-\alpha}$$

式中,$Q$ 表示企业产出,$A$ 表示希克斯中性技术进步,$L_e$ 和 $K_e$ 表示有效劳动和资本投入,而非实际观察到的企业劳动($L$)和资本($K$)。相应地,$L_e = \lambda_L L$,$K_e = \lambda_K K$,有效投入可以捕捉处于严厉环境监管中的企业要达到监管要求时所利用的投入。

一方面,这一投入并不能够满足企业真实的市场产出需要;另一方面，为了满足环境规制的技术要求，企业需要升级技术设备，这些设备也属于资本存量的部分，但是，这些设备既没必要也不可能用于满足企业真实的市场需要。在劳动力投入上，企业必须增加环境方面的工人，因此，对于处于环境规制地区（非达标的限期达标地区）的企业而言，更为严格的环境规制可以看作是 $\lambda_L$ 或 $\lambda_K$ 的下降。当与规制遵从相关的更多投入成为需要时，可观察到的投入和有效投入之间的差距会越来越大，因此，环境监管的生产率效应可以通过替代实际有效的投入来表示：

$$Q = A(\lambda_L L)^{\alpha}(\lambda_K K)^{1-\alpha} = A\lambda_L^{\alpha}\lambda_K^{1-\alpha}L^{\alpha}K^{1-\alpha}$$

相应地，企业的全要素生产率（TFP）进一步表示为：

$$TFP = \frac{Q}{L^{\alpha}K^{1-\alpha}} = \frac{A\lambda_L^{\alpha}\lambda_K^{1-\alpha}L^{\alpha}K^{1-\alpha}}{L^{\alpha}K^{1-\alpha}} = A\lambda_L^{\alpha}\lambda_K^{1-\alpha}$$

由此可以发现，环境规制对全要素生产率的影响，由于与环境规制遵从相关投入增加，使得 $\lambda_L$ 或 $\lambda_K$ 下降，进而使企业生产函数向内移动。换言之，可观察到的单位投入产出会出现下降，即全要素生产率会下降，这也就意味着，与环境遵从相关的投入越大（ $\lambda_L$ 或 $\lambda_K$ 的下降越多），可观察的企业全要素生产率下降会越大。因此，环境规制会降低企业生产率。另外，以往的研究所忽视的环境要素也日益成为一种重要的生产要素，环境污染的改善会提高劳动者的健康水平进而降低缺勤率和提高劳动效率，伴随着环境规制的治污效应显现，由此所带来的生产率提高效应有利于提升企业全要素生产率。此外，很多情况下，企业并不会被动地面对环境规制，为了避免成为规制的对象，企业也会通过一定的技术进步和技术创新来控制和减少污染排放，这一效应也被称为"治污技术进步效应"和"创新补偿效应"，技术进步和技术创新是全要素生产率的重要组成部分。

环境规制及其所引致的"减排降污"会通过其他渠道影响到经济增长，以往的研究所忽视的环境要素也日益成为一种重要的生产要素。在中国，外商直接投资和房地产投资被认为是拉动经济增长的重要驱动因素，以往许多研究基于"污染避难所"假说，认为环境规制不利于外资进入。但是，这只看到环境规制的一部分效应，如果放松环境规制导致污染加剧和环境污染恶化，反而会进一步恶化投资环境，最近两年出现的"外资撤离"和外企"研发专家拒来"事件正是这一效应的体现。①
因此,适度环境规制可能会增加外商直接投资,当然,这还有待于进一
步实证检验。对于房地产市场而言,房价实质上内含了所处辖区的环境
价值,因此会出现为环境而以脚投票选房的现象(Chay and Greenstone,
1998),库里等(Currie et al.,2013)的最新研究发现,当一公里内排放
有毒物质的企业关闭时,住房市场价值会上升1.5%。尽管中国的房地产
市场扭曲和泡沫现象可能较为严重,但是并不能否定房地产市场所隐含
的环境价值,因此,我们认为,环境规制强化所带来的环境改善会进一
步促进房地产市场的发展。从劳动生产率的角度来看,环境规制可能会
通过两个渠道产生影响:一是影响劳动就业数量;二是通过健康影响到
劳动者的生产率。前者受环境规制的就业效应影响,而后者是非常确定
的,即环境污染的改善会提高劳动者的健康水平进而降低缺勤率和劳动
效率(Zivin and Neidell,2013)。当然,环境规制所引致的环境污染改善
是否会影响到健康,我们将进一步通过环境规制对万人病床数的影响来
判断。污染下降,相应的卫生医疗需求会下降,不仅节约了医疗成本,
而且还提高了健康人力资本积累(Currie and Walker,2009;Currie and
Neidell,2005;Ebenstein and Avraham,2012;陈硕等,2014)。因此,从
该角度来看,环境规制可能有利于经济增长。由于经济增长还主要通过
生产要素驱动,从短期看,环境规制可能不利于经济增长,但是伴随着
环境规制的生产率不利效应减弱及其他正向效应凸显(投资效应、健康
效应和劳动生产率效应等),环境规制的负向经济效应将被逐步弱化。

　　环境规制的实施效果还受制于各地区所处的制度环境。当前中国的
环境规制过度依赖"行政命令"式工具手段,经济激励性手段明显不足,
主要体现在两个方面:一是数量不够;二是效果不明显。事实上,近年
来,中国的经济型规制手段也呈现出明显的上升趋势,环境金融、环境
保险、排污权交易制度和环境税费等手段层出不穷,以至于原国家环保
总局局长曲格平先生指出,"中国的环境机构和政策手段在世界范围内来
看,不仅起步早,而且还很先进,但是,为什么效果不明显呢?这是一
个值得深思的问题"。正如李永友和沈坤荣(2008)所指出的,市场激励
型手段虽然具有更低的成本和更高的合意目标实现能力,但其实施需要

---

良好的制度基础，在缺乏良好制度基础的发展中国家和环境管制初期，强行推行市场激励型污染控制政策不可能收到良好的效果。在中国，这种制度环境因素（地区异质性）主要但不限于包括市场化程度、融资约束、所有制结构、政府质量和社会资本。市场化不仅可以为市场激励性政策实施提供良好的外部环境，而且还能够有效遏制和缓解行政命令手段的弊端，如市场化中的产权保护可以激励环境规制的技术创新等。融资约束本身可以作为一种金融信贷手段来约束高污染高能耗企业的生产行为，激励技术创新。对于所有制结构，如部分企业通过其所有制"优势"所具备的政治地位对环境规制作出差异化反应。Dollar 和 Wei（2007）发现，国有企业在外部补贴、产权保护、税收和市场机会上具有非对称的优势。这意味着，由于其具备与环境规制机构更大的博弈能力和消化政策额外成本的能力以及预算软约束，国有企业相对较少地受到环境规制的影响。因此，所有制属性可能是环境规制异质性效应的重要原因之一。政府质量可以改善环境规制过程中的信息不对称、腐败和效率问题，提高规制的行政效率。社会资本可以从社会信任、社会互惠、规制和约束、网络组织沟通等方面来实现信息共享、协调行动和集体决策，降低环境规制过程中的交易成本，提高环境治理水平。

在企业层面，从企业特征、行业特征和地区特征来看，环境规制对企业生产率的影响可能会存在差异。在企业特征上，成立时间较长的企业，拥有的企业经营经验更为丰富。规模更大的企业，拥有更多的资源来进行调整以应对环境规制的影响。许多企业在避免和逃避相关制裁方面具有相对优势，如部分企业通过其所有制"优势"所具备的政治地位对环境规制做出差异化反应。国有企业在外部补贴、产权保护、税收和市场机会上具有非对称的优势，这意味着，由于其具备与环境规制机构更大的博弈能力和消化政策额外成本的能力以及预算软约束，国有企业相对较少地受到环境规制的影响。因此，所有制属性可能是环境规制异质性效应的重要原因之一。对于出口企业，所面临的外部风险更大，当面临环境规制的外部冲击时，往往显得更为脆弱，甚至加剧外部风险。对于资本结构而言，相比较劳动密集型企业，资本密集型企业污染排放强度更大，往往更容易成为环境规制的主要规制对象，因而更容易受到环境规制的影响。

从行业和地区制度环境层面来看，污染密集型行业必然成为环境规制的主要对象，对于竞争越激烈的行业而言，资源配置效率更高，进而能够更加有效地应对环境规制所带来的资源再配置和重组；在地区层面，市场化程度越高的地区，不仅可以为市场激励性政策实施提供良好的外部环境，而且还能够有效地遏制和缓解行政命令手段的弊端，如市场化中的产权保护可以激励环境规制的技术创新等。环境规制执行的交易成本很大程度上还受制于政府质量，政府质量越高时，就越可以有效地减少环境规制过程中的不当行为，如"设租""寻租"、腐败、合谋等。社会资本越高的地区，外部监督更大，有利于企业的减排，但可能对生产率的影响不明显，这是因为，社会集体行动往往很难直接影响到企业的生产行为。融资约束本身可以作为一种金融信贷手段来约束高污染高能耗企业的生产行为，激励技术创新。绿色偏好越强的地区，在企业生产过程中可能就会有意地选择绿色偏向型技术进步，同时更倾向于清洁生产，因而与环境规制的目标相契合，冲突性更弱。

从环境规制影响企业生产率的传导机制来看，生产成本和技术效率可能是重要的考量因素。为了保持原有的生产规模，环境规制的实施会在一定程度引致要素需求的上升进而带动价格的上涨，而且环境规制的实施也会带来企业运行费用及管理费用的上升，这些成本因素必然会影响到企业的生产率。从技术进步角度来看，以往研究大多认为，环境规制会对环境相关的技术创新带来负向影响，事实上，这一负向影响是正、负两方面影响综合的结果。环境规制与技术进步的关系并非简单的线性关系，从理论上讲，当政府制定的环境规制强度较弱时，企业在短期内为了获得较高利润，污染治理投入往往会挤占生产技术创新投入（如直接抽取创新投入或者挤占利润分配），进而降低企业的短期生产技术研发力度和预期水平。从长期来看，当企业发现被动治理污染的长期成本较高且效果不甚理想时，会尝试通过污染技术创新来增强单位污染支出的治理效果，而治污技术创新的部分资金可能来源于生产技术创新投入，从而降低了企业的长期生产技术研发力度和预期水平；当政府提高规制强度时，在治污技术创新边际绩效递减规律的作用下，企业将增加对生产技术研发的投入力度，进而实现生产技术水平的快速提升。影响企业技术进步的因素不仅包括规制强度，而且还包括规制的结构，以"行政命令"为主要手段的环境规制难以为企业提供技术创新的激励和约束，因此，在中国，环境规制对技术创新的促进效应存在明显的滞后效应，至少在中短期会不利于技术进步。此外，许多研究都已经指出了以环境规制为导向的融资约束趋紧可能会倒逼企业技术升级和提高生产效率，这暗含的假设是环境规制会强化融资约束。一般来说，融资约束主要包括商业信用、银行贷款和政府补贴，环境规制的实施往往会带来污染密集型产品稀缺程度的上升，在需求没有发生太大变化而供给出现短缺的情况下，企业的应收账款可能下降，使企业未来预期收益下降，不利于企业充分配置资源，以钢铁行业为例，通常都是采取原料"先送后付钱"，成品"先交钱后给货"的方式。而如果长期停产或者减产，上游原料供应会要求付款，而下游客户也不会再交任何订货款，同时企业在停产时也会产生大量的各项费用，必然会造成资金链的紧张。在这种情况下，银行贷款和政府补贴就会发挥"作用"，由于银行贷款和政府补贴很容易受到地方政府"干预"的影响，尽管中央层面实施了较为严格的环境规制，但是"稳增长"往往成为地方政府放松环境管制的理由，表现为"三高"企业"三限"执行力度不强，同时政府还会为这些企业提供暂时性的"救急"，相应的银行贷款和补贴并没有出现太大的偏向性，因而银行信贷约束和政府补贴约束并不强；反而不利于倒逼企业技术创新和生产率提升，而且部分企业为应付商业信用上的资金链紧张，往往会将本用于技术升级或者减排治理的银行贷款和补贴挪用于生产中，这会进一步弱化企业的技术创新激励，不利于生产率的提升。

## 二　环境污染、健康人力资本与经济增长

在布兰查（Blanchard，1985）世代交叠模型的基础上，纳入人力资本积累和环境因素。出生于时间 s 的代理人面对着一个固定的可能死亡率 $\lambda_s \geq 0$，因此，预期寿命为 $\varepsilon_s = 1/\lambda_s$。在时间 s 时公共健康与污染物负相关和公共健康支出占 GDP 比重正相关：

$$\varepsilon_s = \frac{\beta\theta_s}{\delta p_s^{\psi}}$$

式中，$p$ 表示污染，$\theta$ 表示总产出中被政府用于提供公共健康服务的部分，$\beta > 0$ 表示健康部门的生产率，$\delta$ 表示正参数，$\psi > 0$ 表示污染对公众健康的影响。

代理人出生于 s≤t 时的预期效用函数为：

$$\int_s^{\infty} U(c_{s,t}, p_t) e^{-(\rho + \lambda_s)(t-s)} dt \tag{2-1}$$

$$U(c_{s,t},\ p_t) = \begin{cases} \dfrac{\left[c_{s,t}p_t^{-\varphi}\right]^{1-1/\sigma}-1}{1-1/\sigma} & ,\ \sigma \neq 1 \\[4mm] \ln c_{s,t} - \varphi \ln p_t & ,\ \sigma = 1 \end{cases} \qquad (2-2)$$

式中，$c_{s,t}$ 表示出生于 $s$ 时期的代理人在第 $t$ 期的消费，$\rho > 0$ 表示时间偏好率，$\varphi$ 表示环境因素在效用函数中的权重即环境保护，$\sigma$ 表示跨期替代弹性。

遵照卢卡斯（Lucas, 1998），代理人通过将时间配置到教育中以增加人力资本存量：

$$\dot{h}_{s,t} = B\left[1 - u_{s,t}\right]h_{s,t} \qquad (2-3)$$

式中，$B$ 表示教育行为的效率，$u_{s,t} \in [0,1]$ 表示出生于 $s$ 期的代理人在第 $t$ 期投入到生产中的人力资本部分，$h_{s,t}$ 表示出生于 $s$ 期的代理人在第 $t$ 期的人力资本存量。基于一个简单的人口结构，加总的消费为：

$$C_t = \int_{-\infty}^{t} c_{s,t} L_{s,t}\,\mathrm{d}s$$

加总的人力资本为：

$$H_t = \int_{-\infty}^{t} H_{s,t}\,\mathrm{d}s$$

加总的生产函数定义为：

$$Y_t = K_t^{\alpha}\left[\int_{-\infty}^{t} u_{s,t} H_{s,t}\,\mathrm{d}s\right]^{1-\alpha},\quad 0 < \alpha < 1 \qquad (2-4)$$

式中，$Y_t$ 表示最终总产出，$K_t$ 表示物质资本，$\int_{-\infty}^{t} u_{s,t} H_{s,t}\,\mathrm{d}s$ 表示用于生产中加总的人力资本。沿用格拉杜斯和斯马尔德斯（Gradus and Smulders, 1993），污染物伴随着物质资本 K 的增加和减排行为 A 的减少而增加：

$$p_t = \left[\frac{K_t}{A_t}\right]^{\gamma},\ \gamma > 0$$

减排行为需要使用最终产品，因此最终的市场出清条件是：

$$(1-\theta_t)Y_t = C_t + \dot{K}_t + \xi \dot{A}_t, \xi > 0$$

接下来，分析环境对长期增长均衡的影响。在稳态中，变量 K、A、Y、C 和 H 均内生于增长率 $g^*$，同时人力资本在部门间的分配 u 和最终产品用于公共健康服务的比重 θ 是固定的。

区别于设定的健康方程 $H_{s,t} = h_{s,t}L_{s,t}$，假定 $\dot{H} = \int_{-\infty}^{t}\left[\dot{h}_{s,t}L_{s,t} + h_{s,t}\dot{L}_{s,t}\right]$

$ds + h_{t,t}L_{t,t}$。因为 $L_{s,t} = \lambda_s e^{-\lambda_s(t-s)}$，可以得到：

$$\dot{H} = \int_{-\infty}^{t} \dot{h}_{s,t}L_{s,t} + \int_{-\infty}^{t} \lambda_s h_{s,t}L_{s,t}ds + h_{t,t}L_{t,t}$$

定义 $h_{t,t} = \eta H_t (\eta \in [0, 1])$，加总人力资本为：

$$\dot{H} = \int_{-\infty}^{t} B[1 - u_{s,t}]H_{s,t}ds - \int_{-\infty}^{t} \lambda_s H_{s,t}ds + \eta\lambda_t H_t \qquad (2-5)$$

式中，$\int_{-\infty}^{t} B[1 - u_{s,t}]H_{s,t}ds$ 表示第 s 代（$s \leq t$）在第 t 期投资于教育所产生的人力资本积累；当所有代加总时，伴随着 $\int_{-\infty}^{t} \lambda_s H_{s,t}ds$ 的增加，$H_{s,t}$ 逐渐消失；$\eta\lambda_t H$ 表示新一代的规模 $\lambda_s$ 出现，将 $\lambda_s h_{t,t}$ 加入到增长中。因此，加总的人力资本会随着 $\int_{-\infty}^{t} \lambda_s H_{s,t}ds - \eta\lambda_t H$ 降低，其表示着基于人力资本代际转换的死亡一代消失而耗损的人力资本。由于依赖死亡的概率以及代理人的生存受到污染的影响，因此，虽然环境不会影响到认知能力，但是，污染依然会影响到总体水平上的人力资本。进一步地，最大化社会福利函数：

$$\max_{\substack{c_{s,t},u_{s,t},A_t,\theta_t \\ K_t,H_t,H_{s,t}}} \int_{o}^{\infty} \left\{ \int_{-\infty}^{t} U(c_{s,t}, p_t)L_{s,t}ds \right\} e^{-\rho t} dt \qquad (2-6)$$

$$\text{s. t.} \quad \dot{K}_t = (1 - \theta_t)K_t^{\alpha}\left[ \int_{-\infty}^{t} u_{s,t}H_{s,t}ds \right]^{1-\alpha} - \int_{-\infty}^{t} c_{s,t}L_{s,t}ds - \xi A_t$$

$$\dot{H} = \int_{-\infty}^{t} B[1 - u_{s,t}]H_{s,t}ds - \int_{-\infty}^{t} \lambda_s H_{s,t}ds + \eta\lambda_t H_t$$

$$H_t = \int_{-\infty}^{t} H_{s,t}ds$$

$$p_t = \left[ \frac{K_t}{A_t} \right]^{\gamma}$$

$$\lambda_t = \frac{\delta p_t^{\psi}}{\beta\theta_t}$$

式中，$K_t > 0$，$H_t > 0$，$K_0$ 和 $L_0$ 给定。

给定 $\lambda_s = \lambda_t$，$u_{s,t} = u_t$ 和 $c_{s,t} = c_t$，遵循均衡增长路径（BGP）优化人力资本配置：

$$u^* = \frac{\sigma\rho}{B} + (1-\sigma)\frac{B - \Lambda(p^*)(1-\eta)}{B}, \quad \forall \sigma \qquad (2-7)$$

式中，$\Lambda(p^*) = \dfrac{2(1-\alpha)\delta}{\beta[-(\sigma-\alpha)\varphi + \sqrt{(\sigma-\alpha)^2\varphi^2 + 4(1-\alpha)^2\varphi/p^{*\psi}}]}$

伴随着长期污染的增加而增加，$\gamma\left(\dfrac{1-\alpha}{\alpha}\right)\left[\varphi+\dfrac{(1-\eta)\Lambda(p^*)}{\rho}\right][\,B+$

$p^{*-1/\lambda}-(1-\eta)\Lambda(p^*)\,]+\gamma\varphi\rho-\xi p^{*-1/\gamma}=0$。遵循平衡增长路径，净污染是固定的，表示环境污染在长期是固定的，最后均衡增长路径中的最优增长率为：

$$g^*=\sigma B-\sigma\rho-\sigma\Lambda(p^*)(1-\eta) \tag{2-8}$$

很显然，平衡增长路径中的最优增长率受到环境污染的负向影响，这一结果不因代际的消费替代弹性而改变。因此，在布兰查（1985）世代交叠模型基础上考虑人力资本积累，我们发现，环境因素对长期最优增长的影响可以由污染对预期寿命的影响来解释。因此，健康因素确实是环境污染影响经济增长重要的渠道。

由于污染与最优经济增长的关系为非线性，还需要进一步进行参数模拟，借鉴波特雷尔（X. Pautrel，2009）的做法，假设时间偏好率（ρ）为0.0065，劳动收入占产出的份额（α）为0.3。先假定环境因素在效用函数中的比重（φ）为0.001，继承的人力资本系数 η=0.85，健康部门的生产率（β）为0.12，教育行为的效应（B）为0.1，环境污染对健康的影响（ψ）为2，其他系数 ξ=0.0075，γ=0.3，δ=0.025。

表2-1表示环境健康因素对平衡增长路径上经济增长率、环境污染、死亡率、资本产出比影响的变化趋势。可以看出，当环境对健康的影响越大时，环境污染可能会更为严重，经济增长率越低；进一步看，当环境因素在效用函数的比重越大时，经济增长率越高，健康部门的生产效率越高时，经济增长率越高。对此，我们认为，环境污染对健康所产生的不利影响会阻碍或者减缓经济增长，但是，如果健康部门的生产效率越高时，经济增长率越高，这暗含着污染健康效应对经济增长所产生的负面效应会得到缓解；如果教育行为的效应越大时，经济增长率也越高。同样，暗含着污染健康效应对经济增长所产生的负面效应会得到缓解；人们对环境的重视程度越高，越有利于经济增长。

表2-1　　　　　　　　数值模拟的结果

| 参数 | 基准值 | ψ=1 | ψ=3 | φ=0.007 | φ=0.1 | B=0.15 | ξ=0.015 |
|---|---|---|---|---|---|---|---|
| g | 0.03308 | 0.03450 | 0.03060 | 0.03298 | 0.03358 | 0.08324 | 0.03278 |
| p | 1.11584 | 1.00300 | 1.24200 | 1.13103 | 0.84223 | 1.01481 | 1.31590 |

续表

| 参数 | 基准值 | ψ = 1 | ψ = 3 | φ = 0.007 | φ = 0.1 | B = 0.15 | ξ = 0.015 |
|------|--------|-------|-------|-----------|---------|----------|-----------|
| λ | 0.01279 | 0.01029 | 0.01435 | 0.01299 | 0.00959 | 0.01159 | 0.01509 |
| u | 0.64956 | 0.64728 | 0.65378 | 0.64956 | 0.64956 | 0.42971 | 0.64956 |
| Y/K | 0.35116 | 0.56342 | 0.24570 | 0.35036 | 0.37824 | 0.52734 | 0.35396 |
| C/K | 0.30579 | 0.37646 | 0.24191 | 0.30519 | 0.35266 | 0.42731 | 0.30679 |
| H/K | 0.34507 | 0.39514 | 0.29538 | 0.34397 | 0.38374 | 0.92527 | 0.34906 |
| A/K | 0.69183 | 0.76780 | 0.62500 | 0.66135 | 1.76700 | 0.94945 | 0.39933 |
| θ | 0.02029 | 0.01654 | 0.02452 | 0.02049 | 0.01529 | 0.01849 | 0.02388 |
| W | 7.80469 | 8.57670 | 6.99340 | 7.79470 | 8.19442 | 19.68660 | 7.69476 |

# 第二节　环境污染的社会效应机理

## 一　"环境贫困陷阱"：基本事实

根据联合国（1995）对贫困的界定，贫困是指这样一种情况：人的基本需要被严重剥夺，包括实物、安全饮用水、卫生设施、卫生、住房和信息，这些不仅依赖收入而且还依赖一系列公共服务可获得性。总体贫困包括"缺乏收入和充分的生产资源来确保可持续生存，饥饿和营养不良；疾病和不健康；有限或者缺乏获得教育和其他基本公共服务的机会；持续增加的死亡率和疾病发生率；无家可归或住房不足；不安全的环境和社会歧视排斥。还包括缺乏参与决策和参加公民、社会和文化生活的权利和机会"。联合国的界定包括一定的环境组成。但是，如此宽泛的界定并没有反映到贫困的测度中，例如，世界银行（2011）将贫困界定为对幸福感的剥夺以及用日均1.25美元为极端贫困，日均两美元为中度贫困；同时还用测算收入不平等的指数（如基尼系数）来反映相对贫困。这些测度通常是建立在单位资本收入基础上，而并没有将联合国界定贫困的其他要素纳入其中。与此同时，环境议题已经成为减排越来越重要的组成部分。传统型的贫困概念不能充分地涵盖它的本质，因为至少在经济发展的中早期阶段，环境污染是会伴随着收入的增长而加剧的，因而很难将这一过程界定为完全意义或者实质意义的减贫过程。黄茂兴、林寿富（2013）的实证研究就指出，中国仍处于环境库兹涅茨曲线倒"U"形的左端，污染损害和压力随着经济的增长而增大，经济增长仍将对环境造成大量的消耗。进一步地，杨继生等（2013）测算了经济增长过程中的环境和社会健康成本，中国环境污染成本占 GDP 的 8%—10%，经济增长对居民健康的替代效应远大于收入效应，经济发展在总体上降低了社会健康水平。在本书中，环境贫困的概念远非如此，即从静态角度理解——环境贫困绝非环境污染或者环境公共服务的不足，而是环境污染的恶化或者环境基本公共服务的不足会通过影响健康、教育等人力资本积累和其他要素资源配置而影响甚至拖累发展，加剧贫困和社会经济不平等。我们将此拓展为"环境贫困陷阱"。接下来，我们结合中国生态环境和经济发展的实际将环境库兹涅茨曲线进行分解，寻觅"环境贫困陷阱"的典型事实。

图 2 - 1 描述的是经济发展与环境污染的几类关系路径，也可以看作是对环境库兹涅茨曲线（EKC）的一个分解。可以看出，初始发展水平的差异很可能成为环境污染—经济收入路径分野的基础条件。

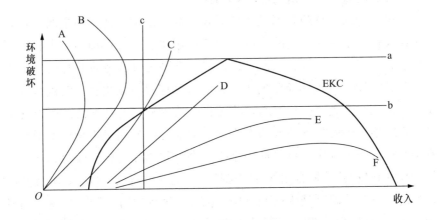

**图 2 - 1   经济发展与环境污染的关系**

路径 A 和路径 B 反映了这样一些个人或者地区（国家）的情况：初始的经济基础极为薄弱，往往只能依靠经济发展尤其是通过工业化或者对本地资源开发来实现经济起步，由于经济发展所依赖的主客观条件极差，使在工业企业引入和资源开发过程中不会设置相应的门槛尤其是环境门槛，因而这些地区（国家）相比较其他地区，经济发展过程中的环境代价会更大，伴随着污染存量的增加以及资源的过度开采，健康损害和资源日趋枯竭所带来的经济代价也会进一步凸显，这些地区的经济发展越快，投入于健康修复和资源转型的经济成本会越大，即经济发展的代价日益成为经济发展本身的拖累；短期内，由于缺乏其他可持续发展的可循路径和基础条件，这些地区可能会选择更加激进的发展方式，来突破上述瓶颈，但是，环境代价具有强烈的累积性和隐蔽性，这种发展途径会带来更大的环境代价和社会代价，进而使个体、地区和国家陷入"发展—环境破坏—再发展—环境再破坏"的恶性循环中，即所谓的"环境贫困陷阱"。在中国，这一现象主要集中体现在癌症村和部分资源枯竭型城市。癌症村是目前中国工业化进程中一个带有特殊意义的现象，污染型的工厂建立在这些村庄中，但是，这些地区很少能因污染土地而得到补偿，本地的工人只有少数能得到雇用。这些工厂污染了空气和水，使辖区居民患病，庄稼减产，鱼类和牲畜死亡。由此所导致的生计损失并没有任何单位和个人予以补偿（Kanté，2004）。这些群体包括中国400多个癌症村中的绝大部分（Liu，2010）。这些村落不得不自己支付癌症治疗费用，这些费用很容易使得这些家庭致贫和返贫。即使是富裕的乡村居民，在承担了若干年治疗费用后也会走向贫困或破产（I. Feng，2010），比较典型的是河南省的沈丘村、安徽的邱岗村、江苏的新港村等。在短期内的经济发展和环境保护权衡中，个体、地区和国家往往选择经济发展，但是，发展过程中由于不重视环境保护，进而使在发展的中长期过程中，环境代价越发严重，最终成为经济发展的拖累，不得不陷入新一轮的贫困中。当然，还有一些"环境贫困陷阱"主要源自公共政策设计的不及时，例如，中国目前正在实施的主体功能区和生态补偿，生态功能区往往经济发展落后、基本公共服务水平较低、生态环境资源保护基础薄弱。现有的重点生态功能区转移支付制度"生态"因素权重小，难以满足基本公共服务需要，难以形成有效的生态保护激励，极易因生态保护而陷入贫困。

路径 C 和路径 D 反映的是第二类群体或者地区（国家）的情况，主要集中于产业工人，如农民工和矿工，以及初始经济条件居中的地区（国家），这些群体和地区（国家）以巨大的健康代价来获得体面的收入而走出了贫困。逐渐地，糟糕的健康导致他们失去了工作，从而能力和收入停滞不前。Tang（2006）的报告显示，职业病影响了大约两亿人口，其中，90%的人群属于农民工，工作的能力丧失和高昂的职业病治疗成本导致其落入赤贫。职业病也广泛地存在于农村地区，这些地区产生大量的尘肺村和铅中毒村。这一群体相比较路径 A 和路径 B 中的群体而言，经济基础相对较好，而且分享的经济发展成果相对较多，因而应对环境问题的能力相对较强，但是，伴随着健康逐渐恶化和经济基础的逐渐消逝，发展的路径可能向左上方倾斜，即逐步向第一类群体的"环境贫困陷阱"发展路径靠近；但是如果政策干预得当，则会逐步地降低陷入"环境贫困陷阱"中的风险，并向政策的 EKC 曲线逼近。

路径 E 和路径 F 反映的是中高收入群体和经济基础较好的地区（国家）情况，我们称之为第三类群体。这一类群体和地区（国家）经济发展的基础较好。

群体 D 可能包括地方政府和企业的雇用者。但是，由于空气污染和食品中包含的重金属使环境污染仍然较低（Gong，2011）。

## 二　"环境贫困陷阱"的发生机理

我们将 Ikefuji 和 Horri（2007）考虑财富异质性的 OLG 模型与 Mariani 等（2010）预期寿命和环境相互决定的 OLG 模型有机结合，来考察环境污染与经济增长互为因果条件下，个体或经济体是如何陷入"环境贫困陷阱"之中以及如何影响环境库兹涅茨曲线的轨迹，进而从理论上验证上述典型事实的经验判断。

正如我们在导论中所指出的，如果伴随着经济发展环境持续恶化，我们不可避免地会面临着增长极限问题。增长极限的结果如图 2 - 2 所示，图 2 - 2 表示污染与收入水平的关系。

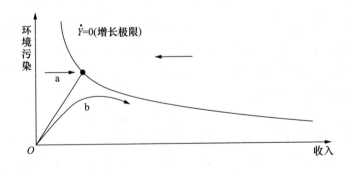

**图 2 - 2　污染与收入水平的关系**

$\dot{Y}=0$ 曲线反映的是污染和长期收入的原因：对于一个给定的污染密度 $P_t$，在长期中，产出将增长到 $\dot{Y}=0$ 曲线上。曲线向下的坡度表示潜在的经济增长受到环境恶化的反向影响。例如，当空气污染影响到人体健康时（WHO，2006），不仅会降低工人的劳动生产率，而且还会减少预期寿命和教育回报率，从而降低父母为孩子提供更高教育的激励。如果缺乏高素质的工人，拥有高技术的（外资）企业会减少该地区的投资。这意味着高污染会反向地影响长期收入。

那么，什么决定环境污染呢？我们可能认为经济增长是污染的一个决定性因素。经济增长的初始阶段，生产规模较小，同时收入和污染也较少。在图中，这是指经济起始于靠近原点的点。接下来，伴随着经济发展，生产规模扩大，一旦经济在同样的技术和相同的相对要素价格下运行，污染 P 会与产出同比例增加。在图中，这意味着经济发展将向右上方移动并最终达到 $\dot{Y}=0$ 曲线上，超越该点经济将不可再增长（表示为路径 a）。

尽管这似乎是一个悲观的结果，然而在实践中，技术水平并不是固定不变的，而是伴随着经济增长而改善。如果改善的技术使得同等条件下产出的污染减少，那么经济增长可能通过技术创新而缓解环境问题。这一想法引致了环境库兹涅茨曲线，该假设指出，人均收入与多种污染或环境指标之间呈现倒"U"形关系。如果该假设是正确的，那么环境恶化将会伴随着收入达到某一水平而出现好转，超过该点环境污染会随着经济增长而改善。在图2-2中，路径 b 显示的就是遵循 EKC 假说下的增长曲线。如果经济在触及 $\dot{Y}=0$ 曲线前污染出现下降，那么经济发展将会超越增长极限。事实上，包括格罗斯曼和克鲁格（Grossman and Krueger，1991，1995）、Selden 和 Song（1995）在内的许多研究都认为，地区空气污染也存在 EKC 曲线，包括二氧化硫（$SO_2$）、总悬浮颗粒物（SPM）和氮氧化物（$NO_x$）。

然而，需要指出的是，EKC 的存在并不总是意味着任何经济体都可以超越增长极限，因为各个国家巨大的特征差异，包括技术水平、资源禀赋和制度（特别是环境保护政策），EKC 的形状和位置在各个国家会存在巨大差异。图2-3中的三种路径显示了 EKC 形状差异的结果。路径 c

显示的是在达到 EKC 拐点前经济就已经到了增长极限 $\dot{Y}=0$ 曲线上，在该点上，经济陷入环境恶化与贫困的相互影响中。由于经济贫困，环境污染较低，这样的经济体无力承担更多更好的清洁技术，由于日常消费是它们的首选，并且它们不可能承担改善其健康和未来环境的投资成本。相似地，也意味着在这一经济体中，人们很难对设计更为严格的环境监管达成一致，因为监管在一定程度上会降低（至少是暂时的）他们的收入。同时，由于环境恶化会降低工人生产率和预期寿命，降低父母投资孩子教育的激励，从而不利于经济增长，我们将此称之为"环境贫困陷阱"。

　　路径 d 显示的是污染维持在较低密度的经济遵循经济发展路径跨过 EKC 顶点并达到稳定的状态中，环境和收入均好于陷入"环境贫困陷阱"中的经济体。路径 e 显示的是理论上经济体可以不受限制地无限增长。这些情况表明，在长期中，我们将观察到各个国家和地区在污染和收入水平上的巨大差异，以及两个变量之间的负向关系。图 2 - 3 证实了这一观点，显示了亚洲国家空气污染（PM10 浓度）与人均收入之间的负向关系。在第三部分，我们将提出一个具有微观基础的正式模型来解释多重稳定状态的可能性——"环境贫困陷阱"和较好的稳态——我们将讨论环境是如何与跨国收入差异联系起来的。

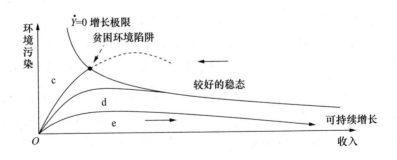

图 2 - 3　增长与环境

## 三　"环境贫困陷阱"与不平等

　　我们发展了一个地方污染与经济发展的模型来解释"环境贫困陷阱"的机理。参照 Ikefuji 和 Horii（2007，2014）。

（一）地区污染模型与技术选择

考虑一个世代交叠模型，个体存活两期，分别为年轻和成年。在年轻时，行为人通过教育投资于人力资本，要在成年期实现更高的生产率和采用更清洁的技术，教育是必不可少的。在成年期，行为人开始工作并扶养一个孩子（年轻一代）。教育和生产效率依赖其健康水平，健康又依赖环境污染（污染）水平。出生于 t 期的个体称之为 t 代行为人。我们将每一代行为人的数量单位化为 1。t 代行为人的一生效用给定为：

$$U_t = \log c_t^y + (1-\beta)\log c_{t+1}^\alpha + \beta\log x_{t+1},\ 0<\beta<1 \tag{2-9}$$

式中，$c_t^y$、$c_{t+1}^\alpha$ 和 $x_{t+1}$ 分别表示年轻时的消费、成年时的消费和代际转移。行为人的健康水平主要受年轻时污染的影响。行为人的能力为：$l_t = L - P_t$，其中，L 为不受污染影响下初始能力，为固定不变；而 $P_t$ 表示 t 期污染水平。我们设 $x_t$ 为 t 代年轻人继承的父母财富。为简便起见，假定物品不能储存，须在给定的时间内使用完。有一部分的转移财富用于消费 $c_t^y$。剩下的财富 $e_t$ 投入到人力资本中，人力资本与他的学习能力（$l_t$）相关，在成年后得到 $h_{t+1} = \varphi e_t l_t$ 单位的人力资本，其中，$\varphi$ 表示参数。年轻时的预算约束为：

$$c_t^y + e_t = x_t 0 \leq e_t \leq x_t \tag{2-10}$$

在成年期（t+1），行为人通过两种技术来生产物品：一种是可持续（s）技术，该技术通过劳动力和人力资本生产物品，得到：

$$y_{t+1}^s = A^s (h_{t+1})^\theta (s_{t+1} l_t)^{1-\theta},\ A^s>0,\ 0<\theta<1 \tag{2-11}$$

式中，$s_{t+1}$ 表示 t 代行为人投入到可持续技术中的时间，该生产技术不产生污染，也称为清洁生产。

另一种技术被称为污染（p）型技术，只使用劳动力生产物品：

$$y_{t+1}^p = A^p (1-s_{t+1}l)l_t,\ A^p>0 \tag{2-12}$$

但是，对于排放污染，我们假定排放物为初始技术条件下总产出的一定比例，得到：

$$P_{t+1} = (1-\delta)P_t + \hat{\eta}y_{t+1}^p,\ 0<\delta<1,\ \hat{\eta}>0 \tag{2-13}$$

成年一代将他们的总产出 $y_{t+1} \equiv y_{t+1}^s + y_{t+1}^p$ 中用于消费和转移给下一代：

$$c_{t+1}^a + x_{t+1} = y_{t+1} \equiv y_{t+1}^s + y_{t+1}^p \tag{2-14}$$

（二）污染技术和清洁技术的选择

第 t 代个体的问题被描述为：给定来自父母的财富 $x_t$ 和污染物 $P_t$，

个体将选择：教育（$e_t$），投入到可持续技术中的时间（$s_{t+1}$）、消费（$c_t^y$）和（$c_t^a$）为转移给下一代的（$x_{t+1}$）。个体的目标是：在预算约束式（2-10）和式（2-14）以及生产技术式（2-11）和式（2-12）实现效用最大化式（2-9）。由于条件（2-10）包括由信贷市场不完全引起的不平等约束，该问题将通过库恩·图克（Kuhn-Tucker）方法来解决。我们发现，解决上述问题很大程度上依赖于来自父母转移的财富 $x_t$。在效用函数（2-9）下，得到 $x_t = \beta y_t$，因为成年一代总是将其收入的 $\beta$ 比例作为遗产馈赠给孩子。

如果父母一代非常贫穷以及收入 $y_t$ 小于一定的门槛值 $y_* \equiv (1-\theta)/2\sigma\theta$，其中，$\sigma = (1/2)\beta\varphi[A^s(1-\theta)/A^p]^{1/\theta}$，个体将无法接受教育（$e_t = 0$），因而必须完全依赖初始的污染技术（$s_{t+1} = 0$），该技术将会恶化环境污染；相反，如果初始一代的收入 $y_t$ 高于 $y_* \equiv (1-\theta)/2\sigma\theta$（可以理解为父母非常富裕），个体可以接受充分的教育 $[e_t = \theta\beta y_t/(1-\theta)]$，进而使其可以依靠可持续技术（$s_{t+1} = 1$）来改善环境污染。最后，如果 $y_t$ 介于 $y_*$ 和 $y^*$ 之间，代理人接受部分教育（$e_t = \beta(y_t - y_*)/2$），但是，还必须部分地依赖初始技术（$s_{t+1} = \sigma(y_t - y_*) < 1$）。随着父母越来越富有，对初始技术的依赖程度会降低（$s_{t+1}$ 增加）。总结起来，我们将 $s_{t+1}$ 以 $y_t$ 的形式表示：

$$s_{t+1} = s(y_t) \equiv \begin{cases} 0 & if \quad y_t \leq y_* \equiv (1-\theta)/2\sigma\theta \\ \sigma(y_t - y_*) & if \quad y_t \in (y_*, y^*) \\ 1 & if \quad y_t \geq y^* \equiv (1+\theta)/2\sigma\theta \end{cases} \qquad (2-15)$$

这一点所观察的现象一致，即经济越发达，其生活过程中使用清洁技术的比例越大。

产出 $y_{t+1}^s + y_{t+1}^p$ 由式（2-15）中两类技术 $s_{t+1} = s(y_t)$ 的相对依赖性、代理人的能力 $l = L - P_t$ 和人力资本 $h_{t+1} = \varphi e_t l_t = \varphi e_t(L - P_t)$。我们得到收入 $y_t$ 在代际的流动：

$$y_{t+1} = \tilde{\tilde{y}}(y_t)(L - P_t) \qquad (2-16)$$

$$式中，\tilde{\tilde{y}}(y_t) \equiv \begin{cases} A^p & if \quad y_t \leq y_* \\ A^p(y_* + y_t)/2y_* & if \quad y_t \in (y_*, y^*) \\ A^s[\varphi\beta y_t/(1+\theta)]^\theta & if \quad y_t \geq y^* \end{cases}$$

接下来，检验经济中的增长极限，$\dot{Y}=0$ 的轨迹通过式（2－16）设定的 $y_{t+1}=y_t$ 导出，结果为：

$$y^*(P_t) \equiv \begin{cases} \left\{A^s\left[\varphi\theta\beta/(1+\theta)\right]^{\theta}(L-P_t)\right\}^{1/(1-\theta)} \geqslant y^* & if & P_t \leqslant P_* \\ A^p\left[2/(L-P_t)-1/(L-P^*)\right]^{-1} \in (y_*,\ y^*) & if & P_t \in (P_*,\ P^*) \\ A^p(L-P_t) \leqslant y_* & if & P_t \geqslant P^* \end{cases}$$

$$(2-17)$$

式中，$p^* \equiv L-y_*/A^p$ 和 $p_* \equiv (1+\theta)p^*-\theta L$

图 2－4 左边描绘了 $(y,\ P)$ 空间中 $\dot{Y}=0$ 的轨迹[例如，式（2－17）中的 $y=y^*(p_t)$]。如果 $(y,\ P)$ 位于此轨迹的左边，那么代际的收入水平会增加。类似在图 2－2 中，$\dot{Y}=0$ 的轨迹向下倾斜。这意味着当污染非常低时，经济体可以实现更高的收入，那么，环境将变好。在这样的经济体中，这种情况出现有两个原因：首先，当环境较好时（$P_t$ 较低），行为人有足够的能力工作（$l_t=L-P_t$），进而生产更多产出，这是环境对收入的直接效应，同时还存在一个在多代间的间接效应：当环境较好时，父母能够转移更多的收入于子女，子女同时具备较高的学习能力（$l_{t+1}=L-P_{t+1}$）。两种效应将使得下一代的行为人采取更清洁的技术。在图 2－4 中（左），当污染总量介于 $p_*$ 和 $p^*$ 之间时，环境对技术转移的效应会出现。当 $P_t$ 在这一区间时，边际变动（$P_t$）会通过引导行为人更大部分的生产过程使用可持续技术，因而对长期收入产生一个更大的效应（即 $s_{t+1}$ 的长期水平随 $P_t$ 增加而增加），这也解释了本部分 $\dot{Y}=0$ 轨迹比其他部分更为平坦。

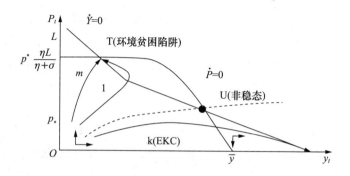

图 2－4 环境贫困陷阱与均衡条件下的环境库兹涅茨曲线

（三）收入与环境的动态关系

已经指出，给定总量的污染 $P_t$，收入的变化将由式（2－16）决定。那么 $P_t$ 是如何被决定的呢？是否遵循环境库兹涅茨曲线呢？通过式（2－12）、式（2－13）、式（2－14）和 $l = L - P_t$，均衡中的污染变化可以表示为：

$$P_{t+1} = (1-\delta)P_t + \eta(1-s(y_t))(L-P_t) \qquad (2-18)$$

式中，$\eta \equiv \dot{\eta} A^p$。式（2－18）显示了 $P_t$ 的变化同样由 $(y, P)$ 决定，将 $P_{t+1} = P_t$ 代入（2－18），我们得到每一收入水平 $y_t$ 上的固定污染水平：

$$P^*(y_t) \equiv \begin{cases} \eta L/(\eta+\delta) & if \quad y_t \leqslant y_* \\ \eta L/[\eta+\delta/\sigma(y_*-y_t)] & if \quad y_t \in (y_*, y^*) \\ 0 & if \quad y_t \geqslant y^* \end{cases} \qquad (2-19)$$

我们将式（2－19）给定的曲线称为 $\dot{P}=0$ 的轨迹，如图2－4（右边）所示。无论 $(y, P)$ 何时位于该轨迹的下端，经济体的污染总量会朝着 $\dot{P}=0$ 的轨迹增长。观察到 $\dot{P}=0$ 的轨迹向下倾斜，因为更富裕的经济体往往更注意人力资本投资，因而能使用更清洁的技术，这意味着长期路径中的低污染。然而，总收入 $y_t$ 本身的变化依赖 $P_t$，因此，我们需要检验经济发展过程中 $y_t$ 和 $P_t$ 的动态关系。这可以通过图2－4中 $\dot{Y}=0$ 和 $\dot{P}=0$ 两个轨迹共同完成。

图2－4描述的是 $(y, P)$ 空间中的动态系统图①，我们可以观察到两个稳定状态的 T 和 B 以及一个鞍点 U。这取决于稳定状态下的经济收敛于长期增长的初始条件。在这个条件下，$y_t$ 和 $P_t$ 为状态变量，因而初始条件由初始成年一代的收入 $y_0$ 和污染总量 $P_0$ 水平给定。因为我们关注于经济增长的过程，我们假定 $y_0$ 非常小以至于我们可以检验初始发展阶段的过程。如果我们考虑经济始于前工业化社会，我们同样假定初始的污染水平 $P_0$ 非常低，但是，$P_0$ 的准确水平和模型的参数因国家不同而存在差异。

图2－4描绘的是三类代表性均衡路径，初始于略有不同的初始组合 $(y_0, P_0)$。路径 k 表示的经济发端于较低的 P/Y 比率时的均衡路径。路

---

① 我们假定参数满足 $\eta L/(\eta+\delta) > P^*$ 和 $P_* > 0$，以致两个位点有交集。

径的前半部分，虽然产出在增加，但是，污染缓慢地积累。一旦收入水平快速上升和路径移过 P=0 轨迹，污染积累总量开始下降，这是因为，经济体有足够的收入投资于人力资本，因而不再需要尽可能多的污染技术。接下来，伴随着环境的改善，工人的能力（健康水平）也得到改善，使得收入朝着更高的稳态水平（B）增加。这一路径解释的收入水平和污染之间的相互关系和污染能够内生化地生成 EKC。但是，这一路径并非唯一的。

图 2-4 中路径 1 显示的经济发展初始于更高 P/Y 比率的均衡路径。在这种情况下，经济体在到达 P=0 轨迹前触及 Y=0 轨迹（增长极限）。这意味着，在收入水平达到 *EKC* 拐点之前，环境的恶化会使得经济增长达到其极限。当然，这并不是故事的结束，从该点起，由于经济仍然在 P=0 轨迹之下，环境恶化将进一步持续。当通过 Y=0 轨迹后，由于受到糟糕环境影响导致工人能力受损，收入将逐步减少。经济逐渐地收敛于稳态 T，我们称之为"环境贫困陷阱"。在这个陷阱中，由于环境恶化降低了工人的能力和生产率，因而不能逃离贫困。同时，由于工人太穷而无法获得人力资本，导致不可能使用更加清洁的技术，最终使经济体不能摆脱环境恶化。这种相互因果关系使得经济停滞不前的同时遭受到来自贫困和环境恶化的影响。图 2-4 中的路径 m 显示的是初始的 P/Y 比率更高的路径。在这样的情况下，经济直接收敛于"环境贫困陷阱"T，这是一个局部稳定，并可以从任何方向与该图相遇。

这两个长期的可能性（更好的稳态和"环境贫困陷阱"）在环境污染和收入方面存在巨大的差异。什么能够让跨越 EKC 拐点的成功经济体从停滞于贫困和环境相互影响的陷阱中的经济体中分离出来？通过观察图 2-4 我们发现，还存在着一个中间路径收敛于鞍点 U。由于 $y_0$ 和 $P_0$ 是先定的前定变量，经济体出现在该路径的可能性几乎为零。但是，鞍点轨迹的位置是非常重要的，因为它可以分离出两个长期结果：如果初始组合（$y_0$，$P_0$）在鞍点路径上方，那么经济体会收敛于"环境贫困陷阱"。因此，即使当所有的参数存在一个完全相同的初始状况（这依赖很多引入因素）的略微差异可以解释存在的收入和环境不平等。此外，如果经济参数完全不同（由于地区特征），那么各个国家的鞍点轨迹的位置和稳态的位置会存在巨大差异。这解释了为什么一些经济体伴随着清洁的环境而实现经济发展，而另一些国家之间遭受着低收入和低环境的情况的另一个可能原因，正如我们在图 2-4 所观察到的。

**四　跨越"环境贫困陷阱"的政策干预**

接下来，我们讨论环境政策能否挽救那些陷入"环境贫困陷阱"中的经济体以及这些政策能否缓解收入和环境方面的跨国不平等。我们已经解释了，对于陷入陷阱中的经济体而言，由于人们依赖于初始的污染技术，环境污染和生产率较低。解决该问题的一个直接方法是限制这一类型技术的使用，即使成本较高也必须迫使他们降低污染。可选择的是，政府可以通过对污染技术使用征税并将税收收入用于污染减排技术。在一个可能的情况下，来自使用污染技术的净收入（$A^p$）将下降，来自污染技术的每单位产出总量（$\eta$）污染将下降。为进一步检验传统方式下这一政策的均衡收入，我们假定 $A^p$ 和 $\eta$ 都是严格环境政策（$\alpha \in [0, 1]$）的减函数。

图 2-4 表示的是环境政策如何影响贫困陷阱经济体，重新考虑"环境贫困陷阱"，环境污染和收入太低使 $P_t > P^*$ 和 $y_t < y_*$。在这一区域，从式（2-17）到式（2-19），我们确定的是 $\dot{Y} = 0$ 轨迹将移动到左边，而 $\dot{P} = 0$ 轨迹移动到下方。这意味着环境政策将对落入陷阱中的经济体收入存在两个相反的影响，一方面，$\dot{Y} = 0$ 轨迹向左移动意味着，给定环境污染，居民的收入将下降，这一结果直接源自于我们的假定：旨在降低排放的环境政策对于个体而言存在成本，正如式（2-18）所描述的，环境政策的变化是花费时间的，环境政策对收入的短期影响是负的。

但从长期看，环境将得到改善，反映在 $\dot{P} = 0$ 轨迹向下移动。伴随着环境的改善，工人的生产率将会得到改善，增加他们的收入。环境政策对收入的净效应依赖这两种效应的相对程度（换言之，依赖 $A^p$ 和 $\eta$ 下降的相对重要性，更一般地，依赖生产率对排放物下降的弹性）。即使是在长期，净效应是负的。稳态 $T^*$ 中环境政策（$\alpha = 0.15$）的稳态收入水平低于环境政策（$\alpha = 0$）的稳态收入水平。

上述结果表明，通过环境政策来降低陷入"环境贫困陷阱"中经济体的排放并非易事，这是因为，需要容忍短期内的低收入，在长期内也不确定是否会提高收入。但是，充分有力的环境政策会产生非常不同含义。当 $\alpha$ 足够大时，$\dot{P}=0$ 和 $\dot{Y}=0$ 轨迹开始分化，这意味着"环境贫困陷阱"在新的情况下的不再存在，这是因为，经济体结构变化，经济必然收敛于现在唯一的稳态 B。这种转轨中，环境伴随着收入的上升迅速地改善，达到了 EKC 后半段。

为什么严格的环境政策产生了如此显著的变化呢？一种可能的原因是更好的环境污染改善生产率和工人收入，并使得他们的孩子投资于人力资本和清洁技术。然而，正如我们在上面所解释的，只要个体依赖于初始的污染技术，那么污染排放的环境政策并不必然改善收入。因此，第一种原因并不总是有效的。第二种或更为确切的原因在于更为严厉的环境政策降低了采用初始污染技术的回报，即使是在任意低收入水平上，工人们被引导投资于人力资本和采取更清洁的技术。这种情况可以通过式（2-12）中对于教育的收入门槛水平这一事实所证实。因为 $A^p$ 下降，$y_{t+1}^p$ 将变小。显然，这样的政策会暂时降低贫穷家庭的收入。然而，随着时间的推移，环境会逐步改善，进而提高生产率和收入，一旦收入水平跨过门槛值，工人们将愿意投资于人力资本和更清洁技术，即使此时没有进一步的政策干预，那么经济体将朝着更好的稳态水平改善。

总之，一旦经济体陷入"环境贫困陷阱"，在环境政策上达成共识将非常困难，因为这样的政策会暂时性地恶化收入和福利。此外，当政策干预有效性不足时，即使在长期贫困也会加剧。但是，如果充分有力的环境政策在一段时期内持续并保持到经济增长与环境改善关系的拐点出现时，环境贫困陷阱会永久性地得到解决。

# 第三节 环境污染的三维治理机制框架

## 一 环境分权与环境监管：一个理论模型

### （一）环境分权对环境污染影响的机理

环境分权对环境污染的影响主要是通过环境监管进行传导，对此，在借鉴弗雷德里克森等（Fredriksson et al.，2007）一个经典博弈模型的基础上，分别探讨集权体制和分权体制下不同利益主体基于总体社会福利的均衡结果，并进一步比较不同体制下环境监管的松紧度。假设一个经济体中有两个辖区，每个辖区都有为数众多的个体在此生活和工作。我们分别用1和2表示两个辖区，相应地用"*"表示后者。其目的在于分别考虑分权政策制定和集权政策制定条件下地方政府的环境监管策略行为。在一个分权的环境治理条件下，地方政府能够制定环境污染标准，这将决定该辖区所允许的污染物排放总量；在集权体制下，中央政府将制定统一的排放标准限制各个辖区的污染物排放总量。

在一个完全竞争的市场条件下，每个辖区都包括若干生产私人产品 Q 的企业。生产过程中会投入必要的资本（K）和劳动力（L）以及排放污染物（θ），后者被认为是非购买性投入。假设辖区间不存在污染外溢。生产技术能够保证规模报酬不变，且为凹性，随投入增加而增加，二次连续可为：$Q = F(K, L, \theta)$，线性齐次可以进一步表示为：$Q = LF(k, \alpha)$，$k = K/L$ 为资本劳动比，$\alpha = \theta/L$，污染物与劳动比。资本、污染物和劳动的边际产量分别为 $f_k$、$f_\alpha$ 和 $(f - kf_k - \alpha f_\alpha)$，且为减函数，即 $f_{kk} < 0$，$f_{\alpha\alpha} < 0$，同时假设 $f_{k\alpha} > 0$。

虽然劳动力表示不可流动，但是，资本存量可以在两个辖区间进行流动（同时假设不可跨国流动）。资本的回报率在两个地区之间相等，这两个辖区要么是分权体制，要么是集权体制。即 $r = f_k(k, \alpha) = f_k^*(k^*, \alpha^*)$，虽然地方决策者关心严格的地方环境监管标准对资本流动的影响，但是，中央政府的政策制定并不关心资本流动。我们假设经济体总体的资本存量为 $\overline{K}$。

同时，我们进一步假设，每个辖区有工人、普通公众和资本所有者三类不同的个体。$\beta^W$、$\beta^E$ 和 $\beta^K$ 分别表示三类人群的人口比重，环境保护主义者的加总收入 $Y^E$ 是外生决定的。工人每提供一单位劳动所得到的工资等于边际劳动产量加上来自允许增加污染物排放而增加的额外产出，因此，工资收入为 $w = f - kf_k$，所有人群都能够通过消费污染型商品而增加效用，但是，普通公众还会因为与辖区生产过程中的污染物而遭遇损害。每个人都被假设有各自的效用函数，即 $U^i = c^i - \lambda^E \theta$，$i = W$、E、K，同时普通公众的 $\lambda^E = 1$（其他为0）。

（二）集权的政策制定

在集权的环境政策制定背景下，资本的回报率即为 $f_k$，并且环境政策变化不会导致资本在辖区间流动。假设工人、普通公众和资本所有者都能够避免"搭便车"而且都能够形成各自的独立的利益群体，有两个阶段博弈：在第一阶段，各独立的利益群体能够通过一定的形式或渠道为中央政府提供政治利益 $C^i(\alpha)$，i = W、E、K，如执政基础、国民信任等，这与中央政府制定环境政策的预期收益有关（Damania，2001）；在第二阶段，中央政府设置一个对于它而言最优的环境政策，来获得来自各个利益群体贡献的收益。

各个利益群体的总收益函数为：

$$V^W(\alpha) = \beta^W(f - kf_k) \tag{2-20}$$

$$V^E(\alpha) = Y^E - \beta^E\theta \tag{2-21}$$

$$V^K(\alpha) = \overline{K}f_k \tag{2-22}$$

中央政府的收益函数表示为政治收益和总社会福利水平之间的加权汇总：

$$V^G(\alpha) = aV^i(\alpha) + \sum_{i=W,E,K} C^i(\alpha) \tag{2-23}$$

式中，$\alpha \geq 0$，表示在中央政府总收益函数中，社会福利相对于政治收益的权重。在集权体制下，放松污染标准对工人群体、资本所有者群体和普通公众群体的影响分别为：

$$V^W_\alpha(\alpha) = \beta^W(f_\alpha - kf_{k\alpha}) \tag{2-24}$$

$$V^E_\alpha(\alpha) = -\beta^W\beta^E \tag{2-25}$$

$$V^K_\alpha(\alpha) = \beta^W kf_{k\alpha} \tag{2-26}$$

式（2-24）表明，随着环境标准的放松，工人的工资将随着总产出的增加而增加，进而减少资本所有者在产出增加中所占比重，式（2-26）表明，资本所有者收益水平也能够提升，而式（2-25）显示的是普通公众倾向于反对降低环境标准。

在广为接受的纳什均衡模型中子博弈均衡等于各类利益群体目标函数收益加权的最大化，一阶条件（一个内点解）为：

$$\sum_{i=W,E,K} (1+\alpha)V^i_\alpha(\alpha) = 0 \tag{2-27}$$

式（2-27）表示均衡与污染排放与劳动比。将式（2-24）至式（2-26）代入式（2-27）得到集权制度条件下环境政策被设定为：

$$f_\alpha = \beta^E \tag{2-28}$$

因此，在均衡条件下，污染物的边际产量 $f_\alpha$ 等于污染物的边际社会

损害 $\beta^E$。

（三）分权体制下的政策制定

在分权的环境政策制定体制下，辖区间将为流动资本进行竞争。在此，我们假设，工人、普通公众和资本所有者均有各自的利益群体。在第一阶段，这些群体会同时采取非合作的方式为各自的地方政府提供竞选选举的承诺好处；在第二阶段，两个地区的地方政府将根据各自承诺来设置适合的政策。

第一个辖区的资本的边际产量为 $f_k$，必须等于第二个辖区资本的边际产量 $f_k^*$。因为所有的资本存量 K 都是固定的，第一个辖区资本存量的增加（可能由于更为宽松的环境政策）导致第二个辖区资本存量的减少。

$f_k(k, \alpha) = f_k^*(k^*, \alpha^*)$，$\dfrac{dk}{d\alpha} = -\dfrac{f_{k\alpha}}{f_{kk} + f_{kk}^*} > 0$，因为，$dk^*/dk = -1$。因此，相比在集权体制下，在分权体制下工人和资本所有者将更有激励来说服地方政府放松对环境标准的管制，并通过各种途径施压或者表示偏好。但是，普通公众的边际施压激励保持不变。需要指出的是，放松环境标准对工人、普通公众和资本所有者产生的效用分别为：

$$V_\alpha^W = \beta^W \left( f_\alpha - kf_{k\alpha} + \underbrace{\frac{kf_{kk}f_{k\alpha}}{f_{kk} + f_{kk}^*}}_{A} \right) \qquad (2-29)$$

$$V_\alpha^E = -\beta^W \beta^E \qquad (2-30)$$

$$V_\alpha^K(\alpha) = \beta^W \left( kf_{k\alpha} - \underbrace{\frac{kf_{kk}f_{k\alpha}}{f_{kk} + f_{kk}^*}}_{B} - \underbrace{\frac{f_k f_{k\alpha}}{f_{kk} + f_{kk}^*}}_{C} \right) \qquad (2-31)$$

接下来，将这一效应所产生的收益与集权体制下的效应进行比较，式（2-29）中额外的正项 A 表明，对于工人群体来讲，有一个来自潜在资本流动（更高的劳动生产率）所带来的额外激励来说服放松监管。在式（2-31）中，负项 B 表示资本所有者会消极对待本辖区接受更多的资本，这是因为这样会降低已有单位资本的生产率。正项 C 表示资本所有者有额外的激励来游说地方政府来放松监管，而这主要源于新加入的资本可能更具生产准效率。

最后，关注这样一种情况，在资本流动不发生条件下的均衡。工人和资本所有者依然有激励来加入游说，不然他们的收益会受到影响。

分权体制下纳什博弈的子博弈均衡是非合作博弈（Gossman and Helpman, 1995)。这表明第一个辖区对第二个辖区均衡排放标准 $\alpha^*$ 的均衡反应将依然等于各类游说群体目标函数的收益加权。辖区一的均衡政策设定条件为：

$$\sum_{i=W,E,K} (1+a)V_\alpha^i(\alpha,\alpha^*) = 0 \tag{2-32}$$

辖区一政策是对辖区二政策的反应。将式（2-29）至式（2-31）代入式（2-32）得到：

$$f_\alpha \underbrace{- \frac{f_{kk}f_{k\alpha}}{f_{kk}+f_{kk}^*}}_{D} = \beta^E \tag{2-33}$$

在均衡条件下，环境政策制定的条件是：污染物的边际产量减去资本生产率的增加部分等于污染物的边际社会损害。

最后，通过比较式（2-28）和式（2-33），可以明显发现：式（2-33）包含一个正项 D，而这并不包含在式（2-28）中。在资本存量和污染物边际社会损害 $\beta^E$ 固定的条件下，集权体制下的污染物边际产量 $f_\alpha$ 将比在分权体制下更大，这也就意味着集权体制下的环境政策只有更为严格，才能提升污染物的边际产量。即在均衡条件下，集权体制下环境政策的标准将更为严格，分权体制下，辖区的环境污染可能更为严重。

## 二　环境污染、企业环保策略与市场治理机制

中国改革开放 30 多年来，依靠市场机制改革，成为世界第二大经济体。但是，经济快速增长的同时，自然资源的过度消耗，环境污染越来越严重，碧水蓝天越来越"朦胧"。国家环境保护"十二五"规划指出，我国环境矛盾凸显，压力继续加大。城市灰霾现象突出，农村环境污染加剧，生态环境比较脆弱。环境问题已经成为影响经济社会可持续发展的一大难题，设计一种良好的环境治理机制，提升环境治理水平，是推进国家治理能力现代化的必然选择。

比较国内外的环境治理制度可以发现，各国的环境治理模式有政府治理、市场治理和社会治理三种。政府治理主要是以环境公共管理机构为主体，以政府财政预算作为手段，履行环境保护职能的方式或方法。市场治理是通过使用价格机制和产权机制等市场手段来内化传统生产方式的负外部性问题，以激励企业进行环境保护，实现资源的有效利用。十八届三中全会提出创新社会治理体制，改进社会治理方式，激发社会组织活力。具体到环境社会治理，就是要在政府发挥主导作用的前提下，

由环境协会、环境志愿服务组织等社会组织来从事环境管理工作，实现政府治理、社会自我调节和居民自治的良性互动。

环境污染治理、环境污染改善一直被视为政府部门的职能（萨缪尔森等，2012），因此，呼吁政府加大环境管制的人越来越多。一方面，说明我国公民的环境意识正在逐步觉醒、提高（Bing Xue et al.，2014）；另一方面，政府治理环境、改善环境污染是唯一有效的途径吗？一些学者认为，政府干预是一些主要环境问题产生的原因之一（Martin Janicke，1990）[①]，政府整治环境的危害比污染本身的危害还要大（朱海，2013）。[②] 公共选择学派的观点表明：市场失灵不是政府干预的充分理由（布坎南，1998）。实践证明，仅靠行政命令、检查和处罚难以达到可持续的环境保护目标。平新乔（2014）指出："……在环境治理上仍然有一个很大的误区，这就是：我们主要依靠政府行政手段来治理环境污染。从中央到地方，都是政府在规划，上上下下把治雾霾、治拥堵作为一项项政府工程来做，而不是注重以市场手段来治理环境。"[③]

在新时期，党的十八届三中全会发布的《中共中央关于全面深化改革若干重大问题的决定》中指出："完善主要由市场决定价格的机制。……推进水、石油、天然气、电力……领域价格改革，开放竞争性环节价格"，"健全自然资源资产产权制度和用途管制制度"，"实行资源有偿使用制度和生态补偿制度。……发展环保市场……建立吸引社会资本投入生态环境保护的市场机制，推行环境污染第三方治理"。在环境治理中，也应充分运用好这只"看不见的手"。企业是市场的重要主体，企业从事的主要活动是生产，生产的来源是各种要素，而这些要素主要来源于自然资源（环境资本）。麦多斯（1972）在《增长的极限》一书中提出了总量极限论，强调规模持续扩大的投资不但终将耗尽数量有限的地球资源，而且投资本身的巨大破坏性将恶化生态系统，甚至导致生存环境的不可生存。从普通大众环境意识的提高，到学术界和政府决策层对

---

①　德国学者 Martin Janicke 的国家失效理论集中反映了这一观点（Martin Janicke，1990）。转引自邹骥《环境经济一体化政策研究》，经济科学出版社 2000 年版。

②　朱海：《政府不应保护环境而应保护产权》，2013 - 7 - 12，http：//finance. ifeng. com/news/special/caizhidao139。

③　平新乔：《环境治理要依靠市场机制》，2014 - 3 - 11，http：//finance. sina. com. cn/china/hgjj/20140311/162318474749. shtml。

环境污染市场治理机制的重视，环境市场治理在我国已经越来越重要，而作为市场治理机制主要参与者的企业，在环境保护和环境污染改善的市场机制中发挥至关重要的作用。

20 世纪 60 年代之后，企业为了应对外部压力开始采取环境保护措施（D. Ervin et al.，2013），随着可持续发展理念（World Commission on Environment and Development，1987）不断深入人心，社会经济发展已经越来越关注资源环境约束，处理生产与资源环境约束之间的关系已经被证实是创新的一种关键驱动因素（R. Nidumolu et al.，2009）。因此，正如 S. Bonini 等（2011）指出的，"越来越多的公司正在试图将环境可持续性整合到它们的商业战略和活动中"。

环境与企业存在一种双向互动。环境以其丰富的能源资源给企业提供了大量的生产要素，企业在生产活动中不仅耗费了大量的资源能源，还会给环境造成空气污染、水污染和固体废弃物污染等破坏。对于企业而言，保护环境具有两个重要意义：一是可以实现企业本身的可持续生产投资；二是可以为企业赢得良好的声誉和口碑，增强消费者对该企业的好感。Bing Xue 等（2014）指出，中国的消费者不仅关注产品的质量，其自身的环保意识也在不断增强。这就会使其更倾向于购买和向身边的朋友及家人推荐环保企业的产品，这无疑会提高环保企业的声誉，为企业带来更高的盈利。

环境保护是影响企业声誉的一项非经济因素，企业为了进行环境保护就要支付一定的成本，而从环境保护行为中赢得的良好声誉又是一项无形资产（声誉资本）。尽管许多学者认为，环境保护与环境声誉对于提高企业的经济和财务绩效十分重要（M. E. Porter et al.，1995；M. V. Russo et al.，1997；A. Salama，2005；J. Unerman，2008；J. F. Molina - Azorín et al.，2009），但是，学术界对于企业环境保护行为与环境声誉之间的联系的研究甚少，目前只有丹吉利科（R. M. Dangelico，2014）对此进行了深入分析。我国已明确市场机制在资源配置过程中的决定性作用，市场主体之一的企业在环境污染的改善过程中扮演何种角色？企业的环境保护行为如何形成企业声誉的机制，以及企业如何做出环境保护决策？

（一）环境保护形成企业声誉的机制

法玛（Fama，1970）对声誉理论的研究具有开创性的贡献。随后霍姆斯特龙（Holmstrom，1982，1999）、C. Fombrun 等（1990）等进一步发展了法玛的声誉理论。本章主要在 C. Fombrun 等（1990）所研究的企业声誉形成机制的基础之上，将企业的环境保护行为考虑在内，探讨其环境保护行为形成企业声誉的机制。

　　企业在市场中展开激烈的竞争，他们就会关注其声誉地位（C. Fombrun et al.，1990）。经济学家都假设企业声誉是一种资产（R. Wilson，1985），声誉越高，企业价值越大。声誉较高的企业使得消费者在产品市场中降低产品的信息成本，从而影响消费者的消费决策，进而减少逆向选择。经过这一机制的传导，企业就会更加关注自身的声誉地位，进而影响到企业未来的生产行为决策。

　　另外，经过几十年的发展，欧美发达国家的消费者环境意识已经处于较高水平。在中国，随着消费者对环境污染的关注，其环境意识也正在不断提高（Bing Xue et al.，2014）。消费者环境意识的提高，使其对进行环境保护的企业产生正面的评价，这就建立了一种企业声誉，并在市场中传播。图 2－5 表示了企业环境保护策略形成企业声誉的机制。

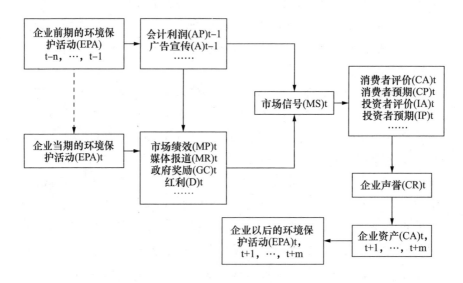

**图 2－5　企业环境保护策略形成企业声誉的机制**

　　在欧美发达国家，企业采取的环境保护策略，从更广义的含义来看，也被称作环境管理。企业的环境管理包括所有技术性的、组织管理性的活动，这些活动都被企业用来降低其生产行为对环境造成的影响和最小化其对自然环境的影响效应（J. Cramer，1998）。环境管理能力（EMCs）在企业绩效提升过程中扮演着一种潜在的、至关重要的角色（R. M. Dangelico，2014）。S. Y. Lee 等（2008）将 EMCs 定义为能使企业改进其对环境问题的执行绩效的组织性能力和技术。这种 EMCs 可以划分为内部导向型和外部导向型。内部导向型 EMCs 主要是企业从自身发展绩效方面——会计利润（AP）、市场绩效（MP）和红利（D）表现等来进行环境管理的能力，这主要表现为企业生产环境友好型产品的能力和企业维持清洁生产和制造过程的能力；外部导向型 EMCs 主要是企业管理涉及环境问题的供应商的能力和发展、维护外部利益相关者的环境无害型关系的能力，通过外部广告宣传、媒体报道和政府对企业环境问题的奖惩使得企业对其供应商的环境信息搜寻成本降低，这样，可以提高企业对供应链的环境管理能力，且企业的市场绩效和红利分配政策吸引着市场中的投资者，有利于提高对企业的估值，提高企业的声誉，增加企业的无形资产。

（二）企业环境保护行为的演化博弈分析

1. 演化模型构建

博弈包含许多不同特征的博弈行为，如同时和序贯博弈、零和与非零和博弈、一次与重复博弈等，这些博弈也具有一些共同特征，即它们都要求博弈参与方是完全理性。但是，在现实经济社会中，博弈参与方往往是有限理性的。尤其是那些与环境污染有关的企业或者利益相关者，它们的产品和生产过程不尽相同，它们对环境污染的需求随着环境污染的不同而不同，它们都根据自身的效用来对环境污染做出选择。那么，在一个由这些与环境污染相关的企业所构成的博弈中，企业具有异质性，并对博弈过程不断适应，在这个适应性的基础上选择自己的博弈策略。演化博弈理论正是建立在异质性、适应性和选择性三个基本原则之上，因此，下面将建立一个企业进行环境保护的演化博弈模型。

在企业环境保护博弈中，博弈的参与者是对环境污染有影响的企业或相关利益群体。在现实的市场中，这些企业是有限理性的主体，这种有限理性表现为至少有一部分企业不会采用完全理性的博弈均衡策略，而且企业会不断调整自身的环保策略，从而使均衡不断调整和改进，而不是一次选择的均衡结果，即使在某一阶段或某一环境中达到均衡，也可能再次偏离均衡，通过不断的学习和"试错"来寻找最优的策略。

企业所采取的环境策略包括进行环境保护（PE）和不进行环境保护（NPE）。由于市场中存在许多企业，这些企业根据自身的发展和市场环境的要求，即使都采取环境保护策略，环境保护的程度也有所差异，例如，环保支出额的不同、环境管理雇员的不同等。

市场中企业采取环境策略所得到的相关支付如表 2 - 2 所示。在表 2 - 2 中，M 表示企业正常生产，不进行环境保护时的收益；$R(EQ_t)$ 表示企业进行环境保护而获得的声誉，而这种声誉所引起的企业无形资产增加的收益；$C(EQ_t)$ 表示企业进行环境保护的支出。且 M、$R(EQ_t)$、$C(EQ_t) > 0$；$dR/dEQ > 0$，这意味着环境保护的支出会使得环境污染得到改善，一方面企业可以用环境污染改善的效果作为自身的广告宣传，另一方面外部媒体对企业的环境保护行为进行报道，并得到政府部门的奖励，这些市场信号会让消费者和投资者认为进行环境保护的企业具有更高的知名度和社会责任，从而这种良好的环境会使得企业获得更高的声誉，而这种声誉作为企业的无形资产，也最终增加企业的市场价值，因此可以认为，企业会因环境保护支出增加而获得更大的收益；$dC/dEQ < 0$，即随着环境污染的变好，改善环境的成本也会越来越低。

表 2 - 2　　　　　　　　　支付矩阵

| 策略 | | 企业 2 | |
|---|---|---|---|
| | | PE | NPE |
| 企业 1 | PE | $(M + R(EQ_t), M + R(EQ_t))$ | $(M + R(EQ_t) - C(EQ_t), M + C(EQ_t))$ |
| | NPE | $(M + C(EQ_t), M + R(EQ_t) - C(EQ_t))$ | $(M, M)$ |

如表 2 - 2 所示，对支付矩阵做出如下解释：

企业 1 和企业 2 都选择进行环境保护时，其支付为 $M + R(EQ_t)$。从单个企业行为来看，企业进行环境保护而必须支出对应的成本 $C(EQ_t)$，而其收益为 $M + R(EQ_t)$，则单个企业的支付为 $M + R(EQ_t) - C(EQ_t)$。但是，从两个企业的共同行为来看，企业 2 进行环境保护时，企业 1 "搭便车"而获得了企业 2 的环境保护行为的外部效益，这种外部效益可以理解成良好的环境污染可以提高企业员工的生产效率，进而增加企业的效益。我们假设这种外部效益的收益就是企业 2 支出的环境保护成本 $C(EQ_t)$，因此，企业 1 的最终支付是 $M + R(EQ_t)$；同理，企业 2 也有相同的支出。

企业 1 和企业 2 都不进行环境保护，此时两个企业都只关注自己的生产，因此，其支付为 M。

一个企业进行环境保护，另一个企业不进行环境保护时，进行环境保护的企业必须支出对应的成本 $C(EQ_t)$，而其收益为 $M + R(EQ_t)$，则它的支付为 $M + R(EQ_t) - C(EQ_t)$；不进行环境保护的企业"搭便车"而获得了环境保护行为的外部效益，其支付为 $M + C(EQ_t)$。

2. 演化稳定策略分析

设企业 1 以概率 p 采取环境保护（PE）的策略，以概率（1 - p）采取不进行环境保护（NPE）的策略；企业 2 以概率 q 采取环境保护（PE）的策略，以概率（1 - q）采取不进行环境保护（NPE）的策略。

企业 1 采取 PE 策略的期望支付为 $U_{11}$，采取 NPE 的期望支付为 $U_{12}$，其平均期望支付为 $U_1$，则上述期望支付分别为：

$$U_{11} = q[M + R(EQ_t)] + (1 - q)[M + R(EQ_t) - C(EQ_t)] \qquad (2-34)$$

$$U_{12} = q[M + C(EQ_t)] + (1 - q)M \qquad (2-35)$$

$$U_1 = pU_{11} + (1 - p)U_{12} \qquad (2-36)$$

由式（2-34）和式（2-36），可以得到企业 1 采取环境保护（PE）策略的复制者动态方程：

$$\dot{p} = p(U_{11} - U_1) = p(1 - p)[R(EQ_t) - C(EQ_t)] \qquad (2-37)$$

将式（2-37）改写为 $F(p) = \dot{p}$，令 $F(p) = 0$，解得 $p = 0$ 或者 $p = 1$，这两个解都有可能是企业 1 的演化稳定策略。

（1）当 $R(EQ_t) < C(EQ_t)$ 时

由于 $F'(p) = (1 - 2p)[R(EQ_t) - C(EQ_t)]$，$F'(1) < 0$，$F'(0) > 0$。所以，可以判定在 p = 0 和 p = 1 两个可能的稳定点，p = 1 是企业 1 的演化稳定策略，即当企业因改善环境污染而获得的声誉，使其增加的收益大于进行环境保护的支出时，企业会选择环境保护策略。上述复制者动态相位图如图 2-6 所示。

由于 $F'(p) = (1 - 2p)[R(EQ_t) - C(EQ_t)]$，$F'(1) > 0$，$F'(0) < 0$，所以，可以判定在 p = 0 和 p = 1 两个可能的稳定点，p = 0 是企业 1 的演

化稳定策略，即当企业因改善环境污染而获得的声誉，使其增加的收益小于进行环境保护的支出时，企业会选择不进行环境保护策略。上述复制者动态相位图如图2-7所示。

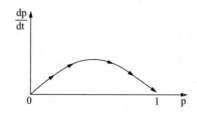

**图2-6 企业1选择环境保护策略的复制者动态相位图**

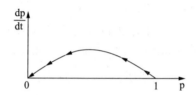

**图2-7 企业1选择不进行环境保护策略的复制者动态相位图**

企业2采取PE策略的期望支付为$U_{21}$，采取NPE的期望支付为$U_{22}$，其平均期望支付为$U_2$，则上述期望支付分别为：

$$U_{21} = p[M + R(EQ_t)] + (1-p)[M + R(EQ_t) - C(EQ_t)] \qquad (2-38)$$

$$U_{22} = p[M + C(EQ_t)] + (1-p)M \qquad (2-39)$$

$$U_2 = qU_{21} + (1-q)U_{22} \qquad (2-40)$$

由式（2-38）和式（2-40），可以得到企业2采取环境保护（PE）策略的复制者动态方程：

$$\dot{q} = q(U_{11} - U_1) = q(1-q)[R(EQ_t) - C(EQ_t)] \qquad (2-41)$$

将式（2-41）改写为$F(q) = \dot{q}$，解得$q=0$或者$q=1$，这两个解都有可能是企业2的演化稳定策略。

（2）当$R(EQ_t) > C(EQ_t)$时

由于$F'(q) = (1-2q)[R(EQ_t) - C(EQ_t)]$，$F'(1) < 0$，$F'(0) > 0$，所以，可以判定在$q=0$和$q=1$两个可能的稳定点，$q=1$是企业2的演

化稳定策略，也就是说，当企业因改善环境污染而获得的声誉，使其增加的收益大于进行环境保护的支出时，企业会选择环境保护策略。上述复制者动态相位图如图2-8所示。

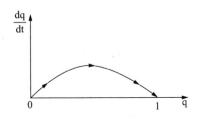

**图2-8　企业2选择环境保护策略的复制者动态相位图**

由于 $F'(q) = (1-2q)[R(EQ_t) - C(EQ_t)]$，$F'(1) > 0$，$F'(0) < 0$，所以，可以判定在 $q=0$ 和 $q=1$ 两个可能的稳定点，$q=0$ 是企业2的演化稳定策略，也就是说，当企业因改善环境污染而获得的声誉，使其增加的收益小于进行环境保护的支出时，企业会选择不进行环境保护策略。上述复制者动态相位图如图2-9所示。

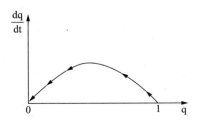

**图2-9　企业2选择不进行环境保护策略的复制者动态相位图**

3. 均衡结果分析

式（2-37）和式（2-41）构成该博弈的动态复制系统，接下来研究该动态复制系统的演化稳定策略。弗里德曼（Friedman）提出，一个微分方程系统描述群体动态，其局部均衡点的稳定性分析可由该系统的雅各比（Jacobi）矩阵的局部稳定性分析得到。[①] 根据弗里德曼的思想，对于由式（2－37）和式（2－41）所描述的群体动态系统，其均衡点的稳定性由该系统的雅各比矩阵的局部稳定性分析得到。[②] 式（2－37）和式（2－41）的雅各比矩阵对应的行列式和迹分别为：

$$Det(J) =$$

$$\begin{vmatrix} \dfrac{\partial F(p)}{\partial p} & \dfrac{\partial F(p)}{\partial q} \\ \dfrac{\partial F(q)}{\partial p} & \dfrac{\partial F(q)}{\partial q} \end{vmatrix} = \begin{vmatrix} (1-2p)[R(EQ_t)-C(EQ_t)] & 0 \\ 0 & (1-2q)[R(EQ_t)-C(EQ_t)] \end{vmatrix}$$

$$= (1-2p)(1-2q)[R(EQ_t)-C(EQ_t)]^2$$

$$Tr(J) = \frac{\partial F(p)}{\partial p} + \frac{\partial F(q)}{\partial q} = [(1-2p)+(1-2q)][R(EQ_t)-C(EQ_t)]$$

依次计算各个局部均衡点的雅各比矩阵对应的行列式和迹，分析各个局部均衡点的稳定性，可以得到如表2－3所示的几种情形。

表2－3　　　　　　　　　　均衡点的局部稳定性分析结果

| 局部均衡点 | Det（J） | Tr（J） | 稳定性 |
|---|---|---|---|
| A(0, 0) | $[R(EQ_t)-C(EQ_t)]^2$ | $2[R(EQ_t)-C(EQ_t)]$ | 稳定点（ESS） |
| B(1, 0) | $-[R(EQ_t)-C(EQ_t)]^2$ | 0 | 不稳定点 |
| C(0, 1) | $-[R(EQ_t)-C(EQ_t)]^2$ | 0 | 不稳定点 |
| D(1, 1) | $[R(EQ_t)-C(EQ_t)]^2$ | $-2[R(EQ_t)-C(EQ_t)]$ | 稳定点（ESS） |

从表2－3中可以看出，当企业进行环境保护而获得的声誉收益小于环境保护成本时，理性的企业就不会进行环境保护，这种情况在欧美20世纪中叶环境污染最为严重时期和我国目前阶段所出现的企业不采取环境保护策略现象都能得到验证。这是因为，在市场机制还不成熟，或者说市场机制中的信息传递成本较大时，企业的环境保护行为不能低成本地传播，甚至不为人所知。这一阶段，企业环境保护行为并不会给它带

---

[①]　Friedman, D.,　"Evolutionary Games in Economics", *Economictrica*, 1991, 59（3）, pp. 637－666.

[②]　陈艳萍、吴凤平：《基于演化博弈的初始林权分配中的冲突分析》，《中国人口·资源与环境》2011年第11期。

来收益，即使有额外收益，也会小于环境支出成本，那么，在市场机制不完善阶段，理性的企业追求利润最大化，必然不会投入资源进行环境保护，如 A(0，0)就为该演化博弈的稳定点（ESS）。

在较为成熟或者完善的市场机制下，市场信息可以低成本甚至无成本地传递，例如，企业在进行环境保护行为后，它的宣传、媒体的报道、公共部门的表彰等，这些都会向市场传递一个信号，这种环境保护的市场信号呈现了这个企业目前的行为、会产生的结果以及未来的前景（C. Fombrun et al.，1990）。企业以外的分析人员、债权人、投资者都乐于看到企业有类似于环境保护这样的市场行为，并把这些资料考虑进交易决策中（Fama，1970）。他们将其对企业的评价利用正式的报告和非正式的网络方式通过资本市场，如绿色信贷、环境保险，把企业的环境保护信息传递给其余一些公众，尤其是企业产品的消费者，进而影响他们对于产品的消费决策。企业进行环境保护的信息被市场传递之后，投资者和消费者会认为该企业具有较高的社会责任，这会使得企业形成一种企业声誉，有助于提升企业的品牌，增强企业在市场中的竞争力。一方面，投资者在资本市场上追逐企业债券和股票，使得企业股价高涨，提高股东的资本利得；另一方面，消费者会增加对该企业产品的需求从而增加企业的收益。因此，无论是从企业收益还是从股东利益来看，企业都会采取环境保护的策略，如 D(1，1)为这个阶段该演化博弈的稳定点（ESS）。

从欧盟统计局的相关数据可以看出，2000—2012 年欧盟基于市场的生产者对于环境保护活动的支出比重一直在 60% 以上，且呈现出上升趋势（见图 2 - 10）。基于市场的生产者对环境保护的支出额从 2001 年的 953.42

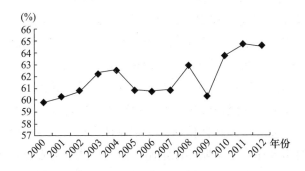

图 2 - 10　2000—2012 年欧盟市场生产者环境保护支出比重

亿欧元，上升到 2012 年的 1483.54 亿欧元，年均增长 4.84%，基于市场的生产者对于环境保护的支出年均增长率远远高于同时期的欧盟 GDP 年均增长率（2000—2013 年欧盟年均增长率仅为 1.39%）[①]。德国环保总开支 2009 年为 354.60 亿欧元，其中，私有企业环保开支为 191.70 亿欧元，私有企业占 50% 以上。

（三）小结

欧美环境污染的市场治理机制较为完善，环境保护资金也主要依靠企业这样的市场主体来支出。德国自 20 世纪 80 年代开始，就将环境保护政策的重点转变为采用市场机制，使短缺资源的成本和环境污染的代价变得昂贵，即污染者付费原则，利用市场机制及市场调节工具，出台以"产废付款"为准则的各项政策措施，对废弃物减量、节约型社会的建设以及循环经济的发展起到了积极作用，在工业和污染上产生了向更有利于环境的生产和消费方面转移的效应。与传统的行政命令式的环境管制手段相比，市场治理手段对经济社会的扭曲更小，而且治理效果更为明显，因此，像日本这样的发达国家在环境治理中，除政府直接干预外，更为注重利用市场机制促进环境保护，充分发挥碳排放交易市场、可再生能源市场、污染权交易市场的作用，鼓励各类企业实施节能、减排、实现循环经济。

工业革命之后，人类对于生态环境的破坏比过去几千年的人类历史时期所产生的破坏还要大。西方发达国家走了一条"先污染—后治理"的环境道路，而我国也正跟随着走这样一种发展模式。西方环境污染开始改善，而像中国这样的发展中国家环境污染不断恶化。环境污染的约束迫使西方发达国家开始关注环境治理，随着西方发达国家排污权交易制度、环境资本市场运营机制、绿色贷款制度、环境保险制以及生态补偿制度的建立和不断完善，西方发达国家也从"命令—规制"型的环境行政治理手段逐渐转向了市场机制的治理手段。

作为市场行为主体之一的企业依据自身利益最大化的原则而做出环境保护的策略。众多与环境污染相关的企业行为由内部和外部因素共同决定其环保决策。企业类型的多样性保证了企业环保行为的异质性，一些企业在美欧等发达市场环境中采取环保策略，而另一些企业在发展中国家采取排污策略，这种对市场环境的适应性保证了企业采取了最优策略。而随着人们环境意识的提高和市场机制的完善，采取环境保护策略的企业会越来越多，这一选择过程最终会导致一个稳定状态的动态过程。

这样的一种动态选择过程表现为企业的环境保护行为通过广告宣传、媒体报道、政府奖励、经济和财务绩效以及分红等手段影响市场上的消费者和投资者偏好和决策，一方面，增加企业的声誉等无形资产；另一方面，增加企业的销售收入，因此，企业的环境保护行为最终使企业的收益增加。

但是，在这一过程中，企业的短视和市场的不完善都会使得企业放弃环境保护，最终不利于环境污染的改善。一方面，建立环境信息公开制度，是解决企业短视和市场不完善的重要环节。其基本内容包括推进环境信息公开化，保障公众环境知情权和监督权。就环境信息公开而言，应该建立和完善地区水质、饮用水质量、食品检测公布制度，企业环保行为评估公示制度，重点污染源企业主要污染物自行监测信息向社会公开等，以便公众知情和监督。例如，目前我国上市公司和许多未上市大型企业已连续多年编制和发布《企业社会责任报告》，在报告中企业都会公布上一年度的环境保护行为。另一方面，中国环境公共治理手段单一，过分依赖关停并转、处罚等行政性手段，而较少依靠市场治理手段，这可能与我国目前的环境市场机制不健全相关，在目前的市场机制下，企业并不会主动采取环境保护措施去改善环境污染，因此，我国政府的首要任务是完善环境相关立法，明确环境产权，保证企业的自行决策，建立排放权交易制度，让企业以市场运营的方式来经营环境资本，推进绿色信贷、环境保险制度等市场治理机制，使得我国环境污染的市场治理机制更趋完善。

### 三　社会资本机制与环境治理

经济理论表明，糟糕的环境治理绩效主要源于市场失灵，比如公共资源的过度使用或者没有考虑到污染的外部成本，而集体行动往往能缓解这种市场失灵；并且这种集体行动还有利于动员更多的社会资源参与环境治理。当社会资本存量越高时，集体行动就越有可能发生。

越来越多的证据说明社会资本对增长、公平、贫困和环境可持续发展等有重要影响（Grootaert，1999）。许多环境问题，如全球气候变暖、生物多样性减少、污染等都可以被称为大规模的集体行动困境（Andreas Duit，2010）。尽管环境集体行动迫切需要，但是，并不会自发对环境公共产品需求做出响应。之前的研究已经指出，有两类因素在集体行动中发挥着重要作用：好的制度和高水平的社会资本。事实上，许多好制度可能属于社会资本的重要组成部分，或者受到社会资本的影响。在环境治理中，社会资本可以通过共享信息、协调行动和集体决策三种机制影响环境治理行为的交易成本，进而决定着环境治理集体行动的成败（见图2-11）。这三类机制在个体、社区、地区和国家层面均能够发挥相应的作用。

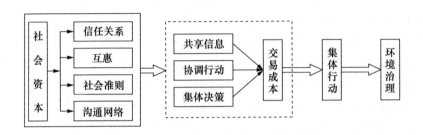

**图2-11　社会资本影响环境治理的作用路径**

在共享信息上，新制度经济学通常认为，正规和非正规制度有助于避免与不充分或者不准确信息相关的市场失灵。经济代理人通常由于缺乏需要的信息或者由于一个代理人从向其他代理人传递错误信息中受益而做出无效决定。在其他情况下，由于不确定性和其他代理人对不确定性的反应，最恰当的决定难以做出。制度往往有助于传播充分和正确的信息，以使市场参与者做出合适、有效的决定。社会资本中的沟通、网络和组织将会直接影响着信息的多寡和对称程度，社会规则、准则和约束也将间接地缓解着信息的不确定性。在环境治理过程中，信息的丰裕程度和对称程度决定着环境集体行动能否实施和成功完成（Tsung - hsiu Tsai，2008）。环境集体行动的参与主体往往会根据所掌握的信息程度来选择行动的策略，一旦缺乏必要的信息或者知晓存在严重的信息不对称，其参与环境集体行动的概率将会大大降低，而且作为一项策略互动行为，还将蔓延式地影响到其他参与者的决策。沟通网络和组织通常可以有效地传播信息、扩大信息的覆盖面，降低信息不对称的程度，大大提高环境集体行动的可能性（Mani Nepal et al.，2007）。

在协调行动上，经济代理人不协调或者机会主义也会导致市场失灵，如果缺乏有效的协调机制，集体行动有效运行和成功的可能性将会大大降低。在环境集体行动的过程中，行为主体并不会根据事先所设定的程序按部就班地参与行动，而是会在参与过程中根据信息的变化来不断地调整集体行动策略，不可避免的是在调整的过程中利益冲突会不断地涌现（Ann L. Owen and Julio Videras，2008），此时，如果社会资本相对充足，比如拥有较强的信任关系、互惠机制以及公平有效的"游戏规则"，参与者之间冲突的可能性不仅会自发地降低，而且还会在其他社会资本的"干预"下得到进一步的缓解。

在集体决策上，集体决策是公共物品供给和市场外部性管理的必要条件，环境集体行动可以被看作是一个不断集体决策的过程，集体决策的过程往往也是意见达成一致的过程，这个过程不仅受到决策规则的影响，而且还受到决策主体信任、互惠等因素的影响（A. B. A. Munasib et al.，2011）。如果行为者之间的信任关系较强，决策过程中的摩擦成本相对较低，而且如果能够通过该项集体行动的实施而获益，那么这种互惠机制将会加速决策一致的进程。

社会资本机制所引致的集体行动可以进一步看作是公众参与，那么也正如张玉林（2013）所指出的，公众参与作为社会环境管理体系的重要组成部分，具有其他手段不具有的优点，比如，公众的环境利益表达权和诉求权能够在环境决策中发表自己的观点，维护自身合法权益；公众还具有本土知识优势，可以弥补监管信息的不足，降低监管成本，提高执法效率；公众在参与中与政府或企业达成的协议是一种综合性社会契约，能够在原有基础上更好地对政府和企业环境行为进行监管；公众参与能给政府和企业提供更多的公众对环境问题的意见，为政府和企业提供预警信号，同时也能成为环境抗争的替代方式，起到安全阀的作用；公众参与能够提高对政府、企业和公众三方对环境保护行为的激励，推动社会环境责任感的梳理和加强。因此，我们认为，信任关系、互惠、社会准则和沟通网络组织等社会资本都能够直接地影响到环境治理行为及其绩效。

一个地区的社会资本越多并不总是意味着其收益就越大，社会资本本身还存在着一个最优区间或者水平，社会资本必须与所处（依赖）的制度环境相契合。在现有的研究中，绝大多数将社会资本看作是一个褒义词，但是，从当今社会制度文明和法制建设的角度来看，社会资本中还存在一些不合理、不合规甚至不合法的要素在其中。如社会关系往往与政治权力结合起来，形成政治上的裙带关系，在中国特有的政治和社会结构中，社会关系网络往往会嵌入到政治治理的等级结构中，使私人权利与公共权力相结合，并进一步加剧腐败和不平等，继而影响到社会一般的信任水平（陆铭、张爽，2008）。不可否定的是，其中一些要素在制度不健全的历史时期中替代性地发挥了重要的作用，这好比是非正式制度在正式制度缺失的条件下所能够发挥的作用。事实上，近年来中国各地区环境群体性事件结果迥异在很大程度上是由于所在地区社会资本过度或者社会资本不足所造成，如由于社会信任水平的下降、互惠机制的缺乏以及社会组织网络（互联网络）的推波助澜（恶意传播谣言、网络大V），打破一种和平式的抗议诉求，直接演变为群体性冲突或者加剧群体间的不信任，非但没有解决环境问题，反而造成社会的不稳定，进一步恶化了原有的社会资本基础。

推而广之，社会资本对环境治理的影响不仅受制于其自身的社会资本水平，而且还会受到所在地区政府和市场两种力量的影响。现代环境治理的手段大致经历了三个阶段，从早期的行政命令干预式的手段，到之后越来越注重经济手段和社会手段，再到三种手段相机抉择与协同使用。一方面，政府和市场两种力量影响甚至决定着社会资本的水平，较高的政府质量和市场化程度[①]有利于培育社会资本，抑制社会资本中不利因素的影响；另一方面，政府和市场两种力量影响着社会资本的环境效应，社会资本对环境治理的影响必须依托于所处的环境，政府环境和市场环境发挥着重要的作用。在市场化程度较高的地区，往往能够有效地处理好政府与市场的关系，民营经济发展速度较快、产品和要素市场相对发展、中介组织和法律相对健全（樊纲等，2011），这些都有利于培育、形成和积累社会资本。在公共服务水平更高的地区，社会整体福利水平相对较高、社会鸿沟相对较小、社会凝聚力较高、社会环境相对优越，公共服务还可以通过影响经济增长、人力资本积累而促进社会资本的形成与发展（迟福林，2012）。需要进一步指出的是，当下中国少数地区的环境群体事件上升为社会冲突，这与所在地区市场化程度和政府质量密切相关，尤其是后者，由于政府效率低下、公共服务供给不足和不

---

① 需要指出的是，政府质量和市场程度可以直接地影响和作用到环境治理；本书所探讨的重点是这两类因素如何影响到社会资本的环境治理效应。

均等，再加之与公众之间缺乏及时有效的沟通机制和信息传递机制①，会进一步加剧社会资本不足或过度所带来的各类弊端。

---

① 从广义角度看，这些都是政府效率低下、公共服务供给不足和不均等的重要表现。

# 第三章　中国环境污染变化趋势与
# 治理机制演进脉络

本章研究中国环境污染的总体变化趋势，以及水、大气、土壤等各主要环境要素的污染变化趋势，在此基础上，从制度变迁的维度系统地梳理了中国环境治理体制与治理机制发展演进的脉络、路径与规律。

## 第一节　中国环境污染变化趋势

基本的环境质量既是公民生存的基本需要，更是政府部门应该首先确保的基本公共品。环境的政府治理则可进一步看作是在市场治理和社会治理的基础上，政府保障基本环境质量的最后一道防线，为全体社会成员提供基本的环境质量是政府义不容辞的责任。1975 年，休埃尔在《环境管理》一书中指出："环境管理是对损害人类自然环境质量的人类活动（特别是损害大气、水和陆地外貌质量的人类活动）施加影响。"如果放在中国语境下，环境治理（或者环境管理）则是指通过全面规划，协调发展与环境的关系，运用经济、法律、技术、行政、教育等手段，限制人类损害环境质量的行为，达到既满足人类的基本需要又不超出环境容许极限的目的。由于外部性问题、产权不清晰、信息不对称等因素，政府往往成为环境管理的主体。进一步来看，政府的环境治理（管理）通常是指公共部门为履行环境保护职能、提供环境保护基本公共服务而综合运用行政、法律和经济等手段对市场、社会和个人的环境扭曲行为进行的干预。

先秦早在五帝时代，中国就建立了世界上最早的环境保护机构，并且在先秦时期就出现了环境保护法律，如《秦律十八种》中的《田律》《厩苑律》等，之后，历朝历代都一定程度上设置了环境保护机构和颁布了相关的法令。① 中国的环境管理体系建设始于 20 世纪 70 年代②，是伴随中国环境保护事业的起步和环境保护机构的建立而逐步发展起来的。1971 年国家计委成立了"三废"利用领导小组，1972 年斯德哥尔摩人类环境会议后，由国家计委牵头成立了国务院环境保护领导小组筹备办公室，并于 1973 年召开了第一次全国环境保护会议，会议通过了《关于保护和改善环境的若干规定》，确定了环境保护"32 字方针"，这是中国第一个关于环境保护的战略方针，1974 年成立了国务院环境保护领导小组。由此，中国的环境管理正式起步。在此后的近四十年的发展中，中国的环境管理机构逐步建立，管理手段不断丰富和优化，监督管理体制基本建立和逐步完善。从环境管理的目标导向来看，环境管理通常有三种模式：以环境污染控制为目标导向的环境管理、以环境质量改善为目标导向的环境管理、以环境风险防控为目标导向的环境管理。③ 不同的环境管理模式不仅折射出了不同时期经济社会发展中的环境问题的特征及环境诉求的差异，而且还反映出了公共部门环境治理行为的理念、制度特征和演变规律。进一步看，在目前中国环境资源问题尚未得到根本性好转的背景下如何处理好资源环境与经济发展的关系在很大程度上还依赖环境管理创新，而且仅就中国环境管理绩效及其体制现状来看，环境管理机构的能力建设、政策方法和政策手段、环境行政管理体制和财政管理体制等方面还有很大的提升空间。经济发展态势要求环境管理转型已刻不容缓，社会对环境需求转型要求环境管理转型要提前谋划，环境管理滞后于环境问题转变的速度，迫切需要加快环境管理战略转型。④ 在此，不得不指出的是，现有的文献大多关注于环境管理及其体制变迁中的某一组成部分、某一方面或某一环节，从制度变迁的全过程来研究中国的环境管理及其体制问题并不多见。尽管环境史学的形成和发展已经成为国际史学研究自 20 世纪 70 年代以来最重要的两大趋势之一⑤，但是，综观整个环境史学研究特别是中国的环境史学研究，主要采用历史学的叙

---

① 余文涛、袁清林、毛文永：《中国的环境保护》，科学出版社 1987 年版，第 16、26 页。

② 中国环境与发展国际合作委员会：《2006 年度政策报告——中国环境与发展的战略转型》，2006 年。

③ 周生贤：《探索有中国特色的环境管理新模式》，《人民论坛》2012 年第 5 期。

④ 杨豫等：《新文化史学的兴起——与剑桥大学彼得·伯克教授座谈侧记》，《史学理论研究》2000 年第 1 期。

⑤ 包茂红：《环境史学的起源与发展》，北京大学出版社 2012 年版，第 183 页。

述方法对中国环境思想文化、中国农业环境史、中国古代城市环境史、自然景观变迁史、疫病史、灾荒史、西部环境史、森林和环境保护史等方面进行研究，反而对环境史料和数据相对丰富的现代社会的环境史研究不足，尤其是有关环境退化与政治制度、管理体制变迁关系的研究尤为匮乏。[1] 事实上，经济社会领域是如何与环境相互作用、人类经济行为对环境的影响及人类环境价值对经济的影响都是环境史的重要研究内容，多学科的交叉融合和国际化与本土化的集合是环境史研究的重要方法。[2]

## 一 中国环境污染的总体变化趋势

环境质量是指在一个具体的环境内，环境的总体或环境的某些要素，对人群的生存和繁衍以及社会经济发展的适宜程度，是反映人群的具体要求而形成对环境评定的一种概念。[3] 环境质量通常又被分为自然环境质量和社会环境质量，伴随着人类社会的发展，自然环境质量和社会环境质量两者相互影响的程度逐步加深，在现实社会中，已经很难找到纯粹而不受社会环境影响的自然环境了，而社会环境质量的形成也越来越离不开自然所提供的环境质量，本书研究的环境质量是指受到社会环境影响的自然环境质量。在本书中，环境质量可以进一步划分为大气环境质量、水环境质量、固体废弃物环境质量、声环境以及土地环境和生物环境质量等。

根据历年《中国环境统计公报》和《中国环境统计年报》提供的材料和数据，通过字符关键词，我们对 1989 年以来中国的总体环境质量、大气环境质量、水环境质量、噪声、放射性环境、工业固体废弃物和生态环境质量及其趋势进行了定位和描述。表 3 - 1 显示，总体上看，自改革开放以来，中国的总体环境质量呈现出先快速下降、后稳定、再改善、再次恶化的倒 "N" 形结构，如 1989 年的总体环境质量是 "环境污染蔓延、生态环境恶化"，这是因为，自改革开放以来，中国的工业化进程和城镇化进程放开和加速，同时中小企业和乡镇企业如雨后春笋般出现，再加之污染治理、生态预防和补偿措施缺失，使改革开放后中国的

---

[1]  T. W. Tate, "Problems of Definition in Environmental History", *American Historical Association Newsletter*, 1981, pp. 8 - 10; D. Woreter, "Hhistory as Natural History: An Essay on Theory and Method", *Pacific Historical Rview* 53, 1984, p. 16; Coulter, Kimberly and Christof Mauch eds., The Future of Environmental History: Needs and Opportunities, Rachel Carson Cernter for Environment and Society, 2010.

[2]  吴舜泽、李新:《如何推进环境管理战略转型》,《中国环境报》2012 年 9 月 27 日。

[3]  http://baike. baidu. com/view/489144. htm? fr = aladdin.

表 3 – 1　　　　　　　中国环境质量变化（1989—2013 年）

| 年份 | 总体 | 大气 | 水 | 噪声 | 放射性污染 | 工业固体废弃物 | 生态环境 |
|---|---|---|---|---|---|---|---|
| 1989 | 环境污染蔓延，生态环境恶化 | 大气环境总体较好，污染主要集中在城市 | 大江大河水质基本良好，流经城市河段污染较重 | 城市功能区环境噪声普遍超标 | | 排入江河湖海的量有所增加 | |
| 1990 | | 大中城市大气污染较重，小城镇大气污染有加重趋势 | 水质总体良好 | 功能区环境噪声仍普遍超标，呈上升趋势 | | 工业固体废弃物累计堆存量上升 | |
| 1991 | | 大气污染呈煤烟型污染，冬春季重于夏秋季，北方城市重于南方城市，大中城市重于小城镇 | 大江大河干流的水质尚好，但是流经城市的河段污染较重 | 城市的区域环境噪声污染仍十分严重 | 全国辐射环境状况良好 | 呈下降趋势 | |
| 1992 | | | 全国大江大河的水质状况良好，但流经城市的河段污染较重 | 环境噪声污染仍十分严重 | | 稳中有升 | |
| 1993 | | 污染程度较上年上升，北方城市重于南方城市 | 大江大河干流的水质状况基本良好，流经城镇的河段污染较重 | 环境噪声污染仍十分严重 | | 与上年持平 | |

续表

| 年份 | 总体 | 大气 | 水 | 噪声 | 放射性污染 | 工业固体废弃物 | 生态环境 |
|---|---|---|---|---|---|---|---|
| 1994 | | 与上年持平，污染较重的城市数有所增加 | 各大江河均受到不同程度的污染，呈发展趋势，工业发达城市附近水域的污染尤为突出 | 城市区域环境噪声污染严重 | | | |
| 1995 | | 大气污染属煤烟型污染，以尘和酸雨危害最大，城市环境污染呈加重趋势 | 城市地面水污染普遍严重，呈恶化趋势，大江大湖大河污染呈加重趋势，近岸海域水环境质量呈下降趋势 | 城市环境噪声污染相当严重 | 全国辐射环境状况良好 | | 环境污染呈现由城市向农村急剧蔓延趋势 |
| 1996 | | 大气污染仍以煤烟型污染为主，尘和酸雨危害最大，污染程度在加重，空气中总悬浮颗粒物浓度普遍超标 | 水污染程度在加剧，范围在扩大 | | | | |
| 1997 | | 城市空气质量仍处在较重的污染水平，北方城市重于南方城市，但总体继续恶化的趋势有所缓解，部分沿海和中小城市有所改善 | 七大水系、湖泊、水库、部分地区地下水和近岸海域受到不同程度的污染 | 多数城市噪声处于中等污染水平，其中，生活噪声影响范围大并呈扩大趋势 | | | |

续表

| 年份 | 总体 | 大气 | 水 | 噪声 | 放射性污染 | 工业固体废弃物 | 生态环境 |
|---|---|---|---|---|---|---|---|
| 1998 | 全国面临的环境形势依然严峻。相当多的地区环境污染状况仍然没有得到改变,有的甚至还在加剧 | 酸雨问题依然严重,城市空气质量总体有所改善 | 干流污染较轻,水质基本良好,大的淡水湖泊和城市湖泊均为中度污染 | 多数城市处于中等污染水平 | | | |
| 1999 | 全国环境形势仍然相当严峻,各项污染物排放总量很大,污染程度仍处于相当高的水平 | 酸雨污染居高不下,城市空气环境质量总体有所好转 | 主要河流有机污染普遍,面源污染日益突出,主要湖泊富营养化严重,地下水水质污染有逐年加重的趋势,近岸海域海水污染严重,未得到有效控制 | 重点城市的道路交通噪声有所下降 | 辐射环境质量仍保持在天然本底水平 | | |
| 2000 | 全国环境污染恶化的趋势得到基本控制,部分城市和地区环境质量有所改善,"九五"环境保护目标基本实现 | 城市环境空气中主要污染物浓度持续下降,酸雨区范围和频率保持稳定,城市空气污染依然严重,空气质量达到国家二级标准的城市仅占1/3 | 工业废水对地表水的污染得到一定的控制;"三河三湖"水质恶化趋势基本得到控制;近岸海域海水水质总体上有所改善,渤海近岸污染程度减轻,东海近岸污染略有加重,地表水污染普遍,湖泊富营养化问题突出,地下水受到点状或面状污染 | 重点城市道路交通噪声大多控制在轻度污染水平 | 全国辐射环境质量良好 | | 生态破坏加剧的趋势尚未得到有效控制 |

续表

| 年份 | 总体 | 大气 | 水 | 噪声 | 放射性污染 | 工业固体废弃物 | 生态环境 |
|---|---|---|---|---|---|---|---|
| 2001 | 全国环境质量总体变化不大 | 城市空气质量基本稳定，颗粒物污染范围较广，城市空气质量满足国家二级标准、三级标准和超过三级标准的城市比例各占1/3；酸雨区范围和污染程度稳定，南方地区酸雨污染较重，酸雨控制区内90%以上的城市出现了酸雨 | 城市及其附近河段污染严重；滇池、太湖和巢湖富营养化问题依然突出；东海和渤海近岸海域污染较重 | 多数城市受到轻度噪声污染 | 辐射环境质量仍保持在原有水平 | | |
| 2002 | 全国环境质量基本维持在上年水平 | 城市空气质量基本稳定，超过三级标准的城市比例略有下降，颗粒物污染范围较广，但仍有近2/3的城市空气质量未达到二级标准 | 七大江河水系均受到不同程度的污染，仅不足1/3的监测断面满足Ⅲ类水质要求近岸海域污染较重 | | 辐射环境质量依然维持在天然本底水平 | | |

续表

| 年份 | 总体 | 大气 | 水 | 噪声 | 放射性污染 | 工业固体废弃物 | 生态环境 |
|---|---|---|---|---|---|---|---|
| 2003 | 全国环境质量与上年比较变化不大 | 城市空气污染依然严重，酸雨区范围基本稳定 | 主要水系水质与上年持平 | 城市噪声基本得到控制 | | | |
| 2004 | 全国环境质量基本稳定 | 城市空气质量与上年相当，部分城市污染仍然严重，酸雨污染略呈加重趋势 | 地表水水质无明显变化，近岸海域海水水质与上年基本持平 | 城市噪声环境质量较好 | 辐射环境质量基本维持在天然本底水平 | | |
| 2005 | 全国环境质量基本稳定 | 城市空气质量较上年有所好转，但部分城市污染仍然严重 | 地表水水质无明显变化，近岸海域海水水质有所改善 | 城市噪声环境质量较好 | 辐射环境质量基本维持在天然本底水平 | | |
| 2006 | 环境质量状况总体保持稳定 | 全国城市空气质量总体较上年有所改善，重点城市空气质量保持稳定 | 地表水总体水质属中度污染 | 全国城市噪声环境质量较好 | 辐射环境质量状况良好 | | |
| 2007 | 环境质量总体呈好转趋势，但形势不容乐观 | 城市空气质量总体良好，但部分城市污染仍较重，酸雨分布区域保持稳定 | 地表水污染形势依然严峻，七大水系总体为中度污染，近岸海域总体为轻度污染 | 全国城市噪声环境质量总体较好 | | | 生态环境总体稳定 |

| 年份 | 总体 | 大气 | 水 | 噪声 | 放射性污染 | 工业固体废弃物 | 生态环境 |
|---|---|---|---|---|---|---|---|
| 2008 | | 城市空气质量总体良好，酸雨分布区域保持稳定 | 全国地表水污染依然严重，七大水系水质总体为中度污染，湖泊富营养化问题突出，近岸海域水质总体为轻度污染 | 全国城市噪声环境质量总体较好 | | | |
| 2009 | | 城市空气质量总体良好，酸雨分布区域保持稳定 | 全国地表水污染依然较重，七大水系总体为轻度污染，湖泊富营养化问题突出，近岸海域总体为轻度污染 | 城市噪声环境质量总体较好 | | | |
| 2010 | | 城市空气质量总体良好，酸雨分布区域保持稳定 | 全国地表水污染依然较重，七大水系总体为轻度污染，湖泊（水库）富营养化问题突出，近岸海域水质总体为轻度污染 | 城市噪声环境质量总体较好 | | | |

续表

| 年份 | 总体 | 大气 | 水 | 噪声 | 放射性污染 | 工业固体废弃物 | 生态环境 |
|---|---|---|---|---|---|---|---|
| 2011 | | 城市环境空气质量总体稳定，酸雨分布区域无明显变化 | 全国地表水总体为轻度污染，湖泊（水库）富营养化问题仍突出 | | | | |
| 2012 | 环境质量总体保持平稳 | 城市环境空气质量总体稳定，酸雨分布区域无明显变化 | 地表水总体为轻度污染，海洋环境质量总体较好，近岸海域水质一般 | 城市区域噪声环境质量和道路交通噪声基本保持稳定 | 辐射环境质量总体良好 | | |
| 2013 | 环境质量总体一般 | 城市环境空气质量不容乐观 | 地表水总体为轻度污染，部分城市河段污染较重，海水环境状况总体较好，近岸海域水质一般 | 城市噪声环境质量总体较好 | 辐射环境质量总体良好 | | 生态环境质量总体稳定 |

资料来源：历年《中国环境统计公报》和《中国环境统计年报》。

环境质量呈现出大幅度下降趋势。如 1990 年，"大中城市大气污染较重，小城镇大气污染有加重趋势"；"功能区环境噪声仍普遍超标，呈上升趋势"和"工业固体废物累计堆存量上升"。到 1998 年和 1999 年，"中国面临的环境形势依然严峻，相当多的地区环境污染状况仍然没有得到改变，有的甚至还在加剧"和"全国环境形势仍然相当严峻，各项污染物排放总量很大，污染程度仍处于相当高的水平"，尤其是呈现出"大气污染呈煤烟型污染，冬春季重于夏秋季，北方城市重于南方城市，大中城市重于小城镇"；
"环境噪声污染仍十分严重"等问题；从趋势上看，"各大江河均受到不同
程度的污染，呈发展趋势，工业发达城市附近水域的污染尤为突出"；"城
市地面水污染普遍严重，呈恶化趋势，大江大湖大河污染呈加重趋势，近
岸海域水环境质量呈下降趋势"；"主要河流有机污染普遍，面源污染日益
突出，主要湖泊富营养化严重，地下水水质污染有逐年加重的趋势，近岸
海域海水污染严重，未得到有效控制"。到2000年，"全国环境污染恶化的
趋势得到基本控制，部分城市和地区环境质量有所改善，'九五'环境保护
目标基本实现"，如"城市环境空气中主要污染物浓度持续下降，酸雨区范
围和频率保持稳定，城市空气污染依然严重，空气质量达到国家二级标准
的城市仅占1/3"，"工业废水对地表水的污染得到一定的控制；'三河三
湖'水质恶化趋势基本得到控制；近岸海域海水水质总体上有所改善，渤
海近岸污染程度减轻，东海近岸污染略有加重，地表水污染普遍，湖泊富
营养化问题突出，地下水受到点状或面状污染"，"重点城市道路交通噪声
大都控制在轻度污染水平"，但是，"生态破坏加剧的趋势尚未得到有效控
制"。之后，环境质量一直保持稳定，2001年，"全国环境质量总体变化不
大"；2002年，"全国环境质量基本维持在上年水平"；2003年，"全国环境
质量与上年比较变化不大"；2004年、2005年和2006年，"全国环境质量
基本稳定"；到2007年，"环境质量总体呈好转趋势，但形势不容乐观"；
直到2012年"环境质量总体保持平稳"；但是，到了2013年，"环境质量
总体一般"，表现在城市环境空气质量不容乐观，地表水总体为轻度污染，
部分城市河段污染，尤其是困扰全国的"十面霾伏"问题凸显和加剧，成
为近年来影响环境质量最为关注和重要的领域。在人们关注大气、水、噪
声等环境要素质量的同时，中国的工业固体废弃物呈现井喷态势（详见
下文分析）。值得欣慰的是，辐射环境质量始终保持在天然本底水平。

## 二　水环境质量变化趋势

作为万物之源，水环境与人的生存质量息息相关。碧海青天、水天
一色是所有人心中向往的家园，而伴随着机器的轰鸣和高楼的崛起，污
泥浊浪侵蚀了潺潺溪流，早已不见昔日碧波荡漾。《2013年环境状况公
报》显示，全国地表水总体为轻度污染，部分城市河段污染较重。长江、
黄河、珠江、松花江、淮河、海河、辽河、浙闽片河流、西北诸河和西
南诸河十大流域的国控断面中，Ⅰ—Ⅲ类、Ⅳ—Ⅴ类和Ⅴ类水质断面比

例分别为 71.7%、19.3% 和 9.0%。与 2012 年相比，水质无明显变化。衡量水环境质量的指标主要为废水和工业废水排放量、工业废水排放量达标率、工业废水处理率、工业废水占比和化学需氧量（COD）。图 3-1 至图 3-3 显示，中国的废水排放量和化学需氧量排放量呈现出不断上升的趋势，废水排放总量从 1981 年的 291.8 亿吨增加至 2012 年的 684.8 亿吨，增加了 135%；化学需氧量排放量从 1991 年的 718 万吨增加至 2012 年的 2423.7 万吨，增加了 238%。通过进一步的分析发现，工业废水的排放量和工业废水占比均有下降的趋势，其中，工业废水的排放量从 1981 年的 232.7 亿吨下降至 2012 年的 221.6 亿吨（见图 3-1），同时，从图 3-2 中可以看出，工业废水的处理率和达标率都呈逐年上升的趋势，其中，工业废水处理率从 1981 年的 13% 增加至 2000 年的 95%，工业废水达标率从 1994 年的 55.8% 增加至 2010 年的 95.3%。这与中国的水环境立法监管体制的不断完善及高标准水污染治理措施密不可分。从 1971 年"三废"领导小组的成立到《水污染防治法》和《水污染防治法实施细则》的制定标志着中国水环境管理法规体系基本建立。同时，再加上各项污染控制标准的制定和环境监管机构的监督和管理，有力地推进中国水环境质量的改善。

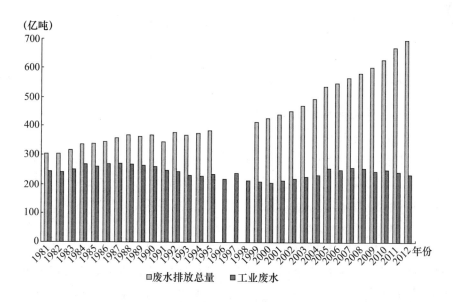

图 3-1　废水排放总量及工业废水排放量

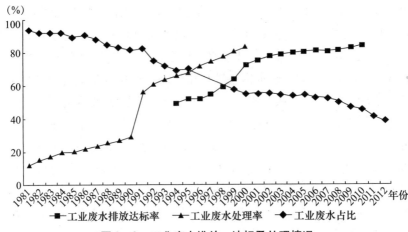

图 3 - 2　工业废水排放、达标及处理情况

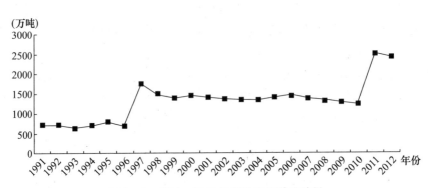

图 3 - 3　1991—2012 年化学需氧量排放量

资料来源：1993—2013 年《中国环境统计年鉴》。

### 三　空气环境质量变化趋势

　　空气污染能够引起雾霾、灰霾、酸雨、铅中毒等问题，不仅会增加呼吸道疾病，还会给森林土壤带来严重危害。《2013 年环境状况公报》指出，中国城市环境空气质量不容乐观，全国酸雨污染总体稳定，但程度依然较重。空气质量综合指数是评价空气环境质量的一个综合指标，从20 世纪 90 年代至今，中国的空气质量综合指数经历了一个下降的过程（见图 3 - 4），从 1995 年的 3.397 下降至 2008 年的 2.125。从大气污染物的浓度来看，二氧化硫浓度、总悬浮颗粒物浓度呈现不断下降的趋势，1990 年两类污染物的浓度分别为 0.105 毫米/立方米和 0.230 毫米/立方米，到 2012 年分别为 0.040 毫米/立方米和 0.067 毫米/立方米（见

图 3-5 和图 3-6），污染物浓度得到有效控制。与这两者不同的是，二氧化氮浓度虽在个别年份上下波动，但总体趋势不变，如图 3-7 所示，1990 年的二氧化氮浓度为 0.034 毫米／立方米，2012 年为 0.036 毫米／立方米，这与工业化的不断推进及汽车尾气排放量的增加是密不可分的。图 3-8 描述了 1978—2012 年中国民用企业汽车拥有量及汽车驾驶员人数的变化趋势，从图中可以看出，民用企业汽车拥有量和汽车驾驶员人数都呈现不断上升趋势，且在进入 20 世纪 90 年代以后，上升速度不断增加，这与中国社会经济水平的不断提升和体制结构的调整紧密相连。1981—2012 年，中国的二氧化硫和工业二氧化硫排放量经历了一个倒"U"形的变化（见图 3-9），二氧化硫从 1981 年的 1371 万吨上升至 2006 年的 2588.8 万吨，再下降至 2012 年的 2117.6 万吨，工业二氧化硫从 1991 年的 1165 万吨上升至 2006 年的 2234.8 万吨，再下降至 2012 年的 1911.7 万吨。之所以在 2006 年出现了拐点，是因为 2007 年召开的十七大对深入贯彻落实科学发展观做出了明确要求，提出建设资源节约型和环境友好型社会，使经济发展与人口资源环境相协调的目标。另外，烟尘、工业烟尘和工业粉尘排放量在 1981—2010 年呈现出较明显的下降趋势（见图 3-10），烟尘排放量由 1981 年的 1454.2 万吨下降至 2010 年的 829.1

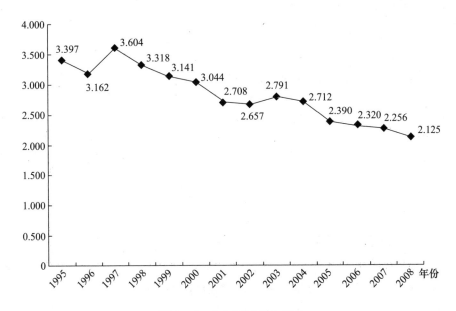

**图 3-4　空气质量综合指数**

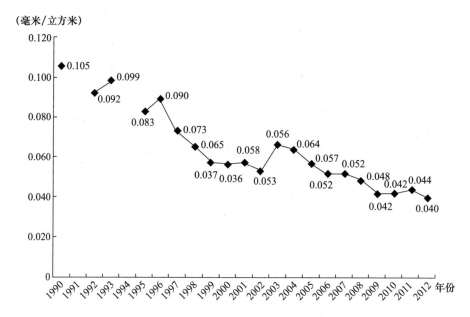

图 3－5　环保重点（主要城市）二氧化硫浓度

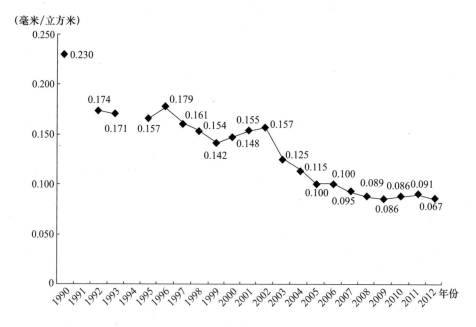

图 3－6　总悬浮颗粒物浓度

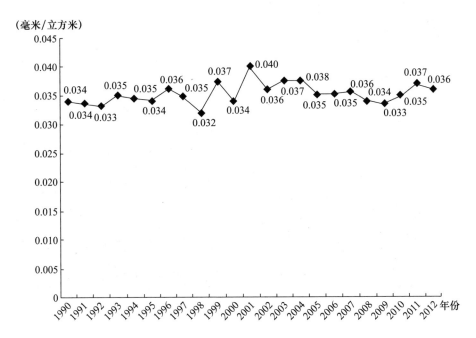

图 3-7　二氧化氮浓度

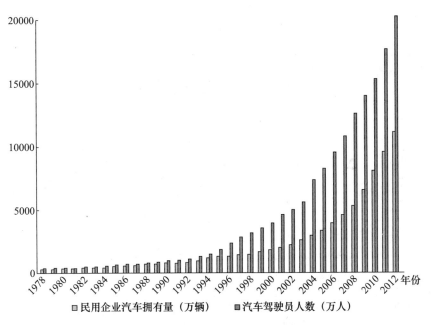

图 3-8　民用企业汽车拥有量及汽车驾驶员人数

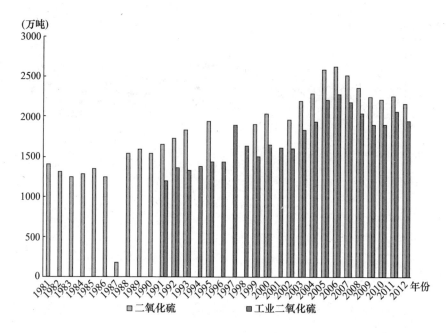

图 3-9  二氧化硫、工业二氧化硫排放量

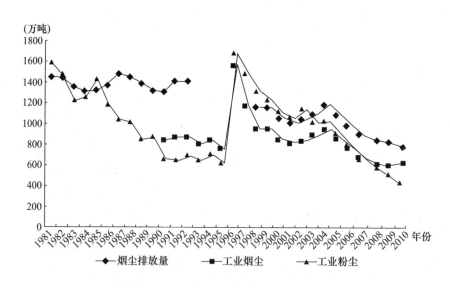

图 3-10  烟尘、工业烟尘、工业粉尘排放量

万吨，工业粉尘排放量由 1981 年的 1422.1 万吨下降至 2010 年的 448.7
万吨，工业烟尘排放量由 1991 年的 845 万吨下降至 2010 年的 603.2

万吨。

### 四　固体废弃物污染变化趋势

中国固体废弃物污染现状令人触目惊心，包围大中型城市的重重"废物山"、在郊区建立厂房的工业企业遗留在土壤中的各类固体垃圾、未得到有效无害化处置的危险废弃物和医疗废物等给居民饮用的水源和呼吸的空气都造成了影响。《2013 年环境状况公报》显示，全国工业固体废物产生量为 327701.9 万吨，较 2012 年减少了约 1000 万吨，综合利用量（含利用往年储存量）为 205916.3 万吨，较 2012 年增加了近 4000 万吨，综合利用率为 62.3%，较 2012 年提高了 1.3 个百分点。2013 年，全国城市生活垃圾清运量为 1.73 亿吨，无害化处理能力为 49.3 万吨/日，无害化处理量为 1.54 亿吨，无害化处理率为 89.0%。1981—2012 年，中国的工业固体废弃物产生量呈现不断上升的趋势（见图 3 - 11）。与此同时，工业固体废弃物综合利用率也在上升。工业固体废弃物产生量由 1981 年的 37664 万吨增加至 2012 年的 329044 万吨，增长了 7.7 倍。工业固体废弃物综合利用率由 1991 年的 36.6% 提高至 2012 年的 61%，增长 24.4 个百分点。由此可以看出，中国固体废弃物治理还有很大的提升空间。

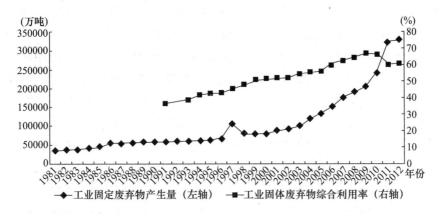

图 3 - 11　工业固体废弃物产生量和工业固体废弃物综合利用率

### 五　农村土地环境质量变化趋势

中国是一个农业大国，地域辽阔，人口众多，农村环境的好坏直接关系着农村经济社会的可持续发展，关乎着整个社会的粮食安全和食品安全。就目前中国农村环境来看，伴随着工业化、城市化进程的加快，产业布局和经济结构不断调整，工业污染和城市生活污染逐渐向农村转移。而在农村，由于监管薄弱，加之环境保护政策相对滞后，导致污染不断积聚，农村土地环境形势十分严峻。

农村土地环境质量的第一个变化充分体现在耕地破坏问题，区域性退化问题较为严重。第二次全国土地调查结果显示，截至 2012 年年底，全国共有农用地 64646.56 万公顷，其中，耕地 13515.85 万公顷、林地 25339.69 万公顷、牧草地 21956.53 万公顷；建设用地 3690.70 万公顷，其中城镇村及工矿用地 3019.92 万公顷。2012 年，全国因建设占用、灾毁、生态退耕等原因减少耕地面积 40.20 万公顷，通过土地整治、农业结构调整等增加耕地面积 32.18 万公顷，年内净减少耕地面积 8.02 万公顷。根据第一次全国水利普查水土保持成果，中国现有土壤侵蚀总面积 294.91 万平方千米，占国土面积的 30.72%。其中，水力侵蚀 129.32 万平方千米，风力侵蚀 165.59 万平方千米。水土流失面积大、分布广、强度大、危害重、治理难。

农村土地环境质量变化的另一个表现是由内源型污染和外源型污染导致的环境污染问题加剧。内源型污染源自农村内部生产生活活动造成的污染，主要包括农业生产活动造成的面源污染（如化肥、农药、薄膜、地膜等）、农业工厂化生产造成的点源污染以及农民聚居点的生活污染；外源型污染源自新迁入的污染源造成的污染以及周边城镇的污染源造成的污染（如水体污染和大气污染）。[1] 从图 3 - 12 中可以看出，农村化肥施用量和农药使用量自 1978 年改革开放以来直到 2012 年都是持续增长的，2013 年出现了下降。其中，农村化肥施用量从 1978 年的 884 万吨增加至 2012 年的 7432.43 万吨，再降至 2013 年的 7153.7 万吨；农药使用量由 1991 年的 760929 吨增至 2012 年的 3549000 吨，再降至 2013 年的 3376180 吨。下降的原因是国家环保部在 2013 年启动了"土壤环境保护工程"，来推动土壤环境保护和综合治理工作。不可忽视的是，造成农村面源污染的塑料薄膜和地膜使用量逐年增加（见图 3 - 13），塑料薄膜的使用量由 1991 年的 642145 吨增加至 2011 年的 2294535.9 吨，地膜使用量由 1998 年的 672696 吨增加至 2010 年的 1183756 吨。农村土地环境治理力度还需进一步加大，只有这样，才能改善农村土地环境，保证城乡居民公平平等地享受环境质量带来的经济效益和社会效益，实现可持续发展。

---

① 牛志明：《新农村建设中的环境管理挑战及思路》，《世界环境》2008 年第 1 期。

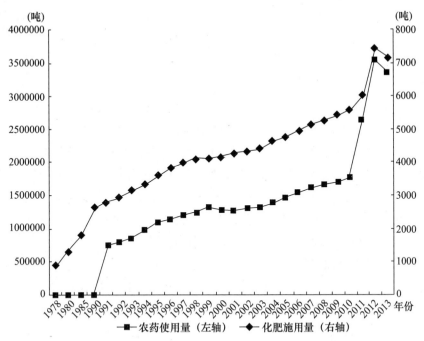

图 3-12　1978—2013 年农药使用量和化肥施用量

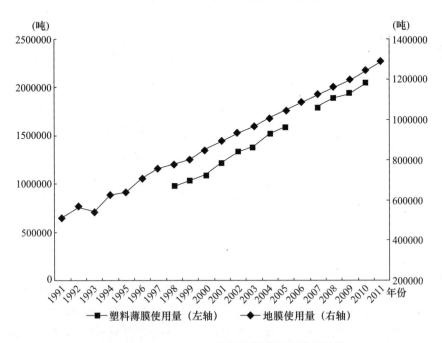

图 3-13　1991—2011 年塑料薄膜和地膜使用量

# 第二节　中国环境管理体制与治理机制演进

就环境管理本身而言，通常包括环境机构、环境政策工具和环境管理体制三个方面的要素。其中，环境机构是进行环境管理的载体、基础和实施主体，环境政策工具是环境机构实施环境管理的手段和途径，环境管理体制则是环保机构运用环境政策工具实施环境管理所依托的制度和保障。新中国成立 60 多年来，中国的环境管理及其体制经历了从无到有、由小变大、由弱至强的逐步改进和完善。具体来说，以环境管理要素为线索，可将这个过程分为以下四个阶段。

## 一　几近空白的阶段

从 1949 年新中国成立到 1971 年专门的环境管理机构成立前，中国的环境管理处于一个几近空白的阶段。由于缺乏专门的环境管理机构，环境管理政策工具和环境管理体制的建立都无从谈起。但是，这个阶段所暴露的环境管理缺失问题以及在这个阶段的一些有益尝试都为后续的环境管理起步提供了一些经验证据。

（一）专门的环境管理机构缺失，其他政府部门较少承担环境管理事务

这一阶段没有专门的环保机构，环境保护职责由卫生部门（爱国卫生组织）、建设部门、工业部门、农业、林业和水利等机构所肩负着。需要指出的是，在这一阶段，卫生部门肩负着大量的环境卫生职责，特别是在革命战争年代保存下来的爱国卫生运动极大地弥补了因政府环境管理缺失可能引发的环境风险和危害。这种由政府引导、社会公众作为参与主体的将环境与健康有机衔接起来的自觉式的卫生运动至今仍发挥着不可替代的作用。

（二）没有专门的环境管理政策工具，少许环境政策被附带包含在其他法律法规中

少量的法规中还是包含了部分环境保护的要求在里面，如 1956 年卫生部、国家建委联合颁布的《工业企业设计暂行卫生标准》和 1957 年国务院颁布的《中华人民共和国水土保持暂行纲要》以及 1963 年国务院连续发布的《森林保护条例》和《矿产资源保护条例》，部分工业企业还采

取了一定的防止污染工程措施。① 虽然没有专门的环保机构和明确的环境保护法规来解决工业化起步过程中产生的环境污染，但是，由于历史上积累的"环境红利"正处于逐步的释放期，使这一时期并没有产生严重的环境污染和环境事故。

（三）环境管理体制没有任何涉及，环境污染处在无部门监管的肆意排放状态

这个阶段环境管理体制的缺失与所处的国内外环境和政治经济社会形势有着密切的关系。一是工业化战略的影响。新中国成立后，中国形成并逐步实施高能耗、高污染的重化工业优先发展战略。上至决策机构和决策层，下至社会公众，都没有明确的环境保护意愿和现实诉求，更没有意识到重工业优先发展战略所必然产生的环境问题。再加之，百废待兴的现实环境和严峻的周边环境使有限的社会资源不得不被配置到工业化进程当中。二是"大跃进"和"文化大革命"的影响。极"左"思潮不信也不承认有环境污染问题，并将环境公害称为"资本主义制度的产物"。如仅 1958 年下半年，各地就动员了数千万社员大炼钢铁和大办工业，建成了简陋的炼铁、炼钢炉 60 多万个，小煤窑 59000 多个，小电站 4000 多个，小水泥厂 9000 多个。工业企业由 1957 年 17 万个猛增到 1959 年 31 万多个。② 在"文化大革命"中，工业建设只强调数量，一味地追求高产值；城市建设不加区别地提出了"变消费城市为生产城市"的口号，加重了对环境的污染危害，在"先生产，后生活"的方针指导下，城市规划工作废弛，建设布局混乱，忽视基础设施建设；农业生产片面强调"以粮为纲"，毁林、毁牧、围湖造田、搞人造平原等现象严重发展；在无政府状态下，对野生珍稀动植物资源滥猎滥采成风，致使许多珍稀动植物处于濒危状态。

**二　萌芽与起步阶段**

1972—1987 年，中国的环境管理从无到有正式走上历史舞台，政府环境保护基本模式也开始从群众动员型向政府管理型转变。专门的环境保护机构出现，环境管理政策开始出台，环境管理体制雏形开始显现。

---

① 《中国环境保护行政二十年》编委会：《中国环境保护行政二十年》，中国环境科学出版社 1994 年版，第 7 页。

② 《中国环境年鉴》编辑委员会：《中国环境年鉴（1990）》，中国环境科学出版社 1990 年版，第 3 页。

但是，由于环境保护的基础薄弱再加之对环境保护的重视程度依然不足，使得环境管理的效果并不明显。

（一）环境管理机构开始建立，但处于临时性、非正式性或非独立状态

1. 临时性

早期的机构是针对特定的环境污染事件日趋加剧而临时建立的。如针对工业污染十分严重的情况，国务院于1971年在国家计委成立了"三废"利用领导小组，但是，其职能仅仅体现在对工业"三废"的利用而进行浅层次的环境管理，以及部分地方政府相应地建立了相关机构。

2. 非正式性

在这段时期内，环境保护主要是由成立的政府非正式机构牵头进行。如1972年斯德哥尔摩人类环境会议后，由国家计委牵头成立了国务院环境保护领导小组筹备办公室，1974年成立了国务院环境保护领导小组，由计划、工业、农业、交通、水利、卫生等有关部委的领导人组成，下设办公室。在这期间，各省、自治区、直辖市和国务院有关部委也陆续建立起环境管理机构和环境保护科研、监测机构。1979年《中华人民共和国环境保护法（试行）》颁布，对国务院各部门和地方各级人民政府环境保护管理机构设置及职责做了明确规定①，从而为环境管理机构列入政府序列提供了法律依据。

3. 非独立性

尽管环境保护机构开始正式进入政府序列，但是，很长一段时期内都是作为政府机构的一个内设部门存在。如在1982年的机构改革中，国务院设立了城乡建设环境保护部，国务院环境保护领导小组办公室并入城乡建设环境保护部，成为城乡建设环境保护部环境保护局。此后，地方各级人民政府设立的环境保护机构也相继并入了建设部门。1984年，国务院做出了《关于加强环境保护工作的决定》②，决定成立国务

---

① 主要职责是在国务院领导下，负责制定环境保护的方针政策和规定，审定全国环境保护规划，组织协调和督促检查各地区、各部门的环境保护工作。

② 《中华人民共和国环境保护法（试行）》第二十六条规定，"国务院设立环境保护机构"。第二十七条规定，"省、自治区、直辖市人民政府设立环境保护局。市自治州、县、自治县人民政府根据需要设立环境保护机构"。第二十八条规定，"国务院和地方各级人民政府的有关部门，大中型企业和有关事业单位，根据需要设立环境保护机构"。

院环境保护委员会，主要任务是：研究审定环境保护的方针政策，提出规划要求，组织协调全国的环境保护工作。同时，《决定》对国务院有关部门及所属的大中型企事业单位和地方各级人民政府的环境保护机构设置及职责都做了明确的规定。1984 年年底，城乡建设环境保护部环境保护局改为国家环境保护局，成为相对独立的政府职能部门，仍由城乡建设环境保护部领导。地方各级人民政府也加强了环境保护机构建设，部分省、自治区、直辖市陆续恢复了一级局建制的环境保护机构，市县也对环境保护机构进行了调整，一些区、乡、镇配备了专职或兼职环境保护员。

4. 环境管理机构体系开始建立

1972—1987 年，中国环境管理具体事务的实施机构开始组建。一是环境监测机构确立。环境监测是实施环境管理和环境执法的基础，应该先行，但是由于对环境监测工作的认识局限，到 1977 年，中国才建立第一个独立的专业性环境监测机构。从 1978 年颁布《中华人民共和国环境保护法（试行）》之后，中国才开始有计划、有组织地建设全国环境监测机构，建立了中国环境监测总站，并由中央和地方共同组建成省、市、县三级环境监测站，到 1984 年 10 月，全国环境监测站达到 1144 个，17000 多人，并开始制定全国统一的监测方法、技术规范和监测质量。①但是离形成全国环境监测网络还有较大距离。二是环境监理机构开始试点。为进一步监督环保治理设施运行、排污许可证发放和污染事件处理，国家环境保护局在排污收费专职机构的基础上，开始尝试建立监理机构和队伍，并于 1986 年正式试点。三是其他环境事务机构开始建立。如在海洋环境管理中，1976 年国务院环境保护领导小组批准成立了渤黄海海域保护领导小组及办事机构，成为海洋环境管理的第一个综合性管理机构，1983 年进一步明确了沿海省份环境保护部门作为本行政区域内海洋环境管理工作的主管机构。放射物环境管理在 1973 年之前由污染源产生单位自行管理，之后开始授权环境管理机构进行管理。在中央和地方环境管理机构相继确定之后，生态管理才纳入议程，并从 1984 年起，在中央和地方环境保护管理主管部门设立生态自然保护机构。

---

① 《中国环境保护行政二十年》编委会：《中国环境保护行政二十年》，中国环境科学出版社 1994 年版，第 125 页。

（二）环境管理方针、法律法规、工具开始建立并发挥作用

1. 环境保护开始纳入国民经济和社会发展计划，并被确定为基本国策

1973 年召开的第一次全国环境保护会议通过了《关于保护和改善环境的若干规定》，确定了有史以来的第一个环保战略方针："全面规划、合理布局、综合利用、化害为利、依靠群众、大家动手、保护环境、造福人民。"1979 年制定的《中华人民共和国环境保护法（试行）》要求将环境保护纳入国民经济计划之中，1982 年，国家计委第一次把环境保护正式纳入国家"六五"计划，从而奠定了环境保护在国民经济发展中的地位。与此同时，在"六五"和"七五"期间都制订了环境保护五年计划。1981 年国务院发布的《关于在国民经济调整时期加强环境保护工作的决定》要求各级人民政府必须把保护环境管理和自然资源目标、措施都纳入国民经济和社会发展计划。1983 年年底，召开了第二次全国环境保护会议，将环境保护确立为基本国策。

2. 以《中华人民共和国环境保护法（试行）》制定和实施为契机，环境保护开始纳入法制化管理的轨道

中国的环境保护法制建设是与环境保护事业发展相辅相成的。从 1973 年制定第一个综合性环境保护行政法规——《关于保护和改善环境的若干规定》开始，中国的环境立法起步和进程较快，相继颁布了一系列环境保护的法律、法规和规章，环境保护的法律体系在这一阶段已初步形成。在宪法层面，1978 年和 1982 年颁布新修改的《中华人民共和国宪法》第一次将环境保护列入国家根本大法并对环境管理和污染防治做出了重要规定。在环境保护法律层面，1979 年制定了中国第一部环境保护基本法——《中华人民共和国环境保护法（试行）》，正式标志着中国的环境保护事业开始走上法制化的轨道，并陆续颁布了 3 部环境保护专门法律。[1] 在环境保护行政法规上，由国务院制定或批准的涉及环境保护的规范性文件有 17 部，如《征收排污费暂行办法》（1982）、《国务院关于环境保护工作的决定》（1984）等。在环境保护的部门规章上，由国务院有关部门制定的与环境保护有关的规范性规章达到 13 部。环境保护的地方法规与规章，主要是由各省、自治区和直辖市人大常委会及其常务

---

[1] 即《中华人民共和国海洋环境保护法》（1982）、《中华人民共和国水污染防治法》（1984）和《中华人民共和国大气污染防治法》（1987）。

委员会制定的地方环境保护法规，省级地方人民政府制定的地方环境保护规章。制定、签署或者参与具有法律约束力的环境标准和国际环境保护条约。

3. 开始建立并逐步形成环境管理三大政策

《中华人民共和国环境保护法（试行）》的颁布和环境保护国策的确立，都要求逐步建立和改进环境管理政策和实施手段。1983 年的第二次全国环境保护会议，为加强环境管理机构、调整不适应的环境管理体制提供了可能和条件，发布了"经济建设、城乡建设和环境建设同步规划、同步实施、同步发展，实现经济效益、社会效益、环境效益相统一"的指导方针，把强化环境管理作为环境保护的中心环节；推出了以合理开发利用自然资源为核心的生态保护策略；建立与健全环境保护法律体系，形成了中国环境保护管理的三大政策，即预防为主，谁污染、谁治理，强化环境管理的政策体系。"预防为主"的政策要求在国家的环境管理中，通过计划、规划及各种管理手段，采取防范性措施，防治环境问题发生。为具体贯彻"预防为主"的方针，这一时期陆续推行和确立了环境影响报告制度和"三同时"管理制度，《中华人民共和国环境保护法（试行）》的颁布和 1981 年实施的《基本建设项目环境保护管理办法》对"三同时"制度管理工作起到巨大的推动作用，"三同时"执行率从 20 世纪 70 年代后期的 40% 迅速上升到 80 年代前期的 75%。[1] 1978 年中央批转的《环境保护工作汇报要点》首次提出环境影响评价制度，之后《关于全国环境保护工作会议情况的报告》《中华人民共和国环境保护法（试行）》《基本建设项目环境保护管理办法》进一步促进了环境影响评价制度的推行，1986 年重新制定颁布的《建设项目环境保护管理办法》提出了更为完整、严密，更具法律强制性的环境影响报告制度。"谁污染、谁治理"原则要求对环境造成污染危害的单位或者个人有责任对其污染的环境进行管理，并承担治理费用。1982 年 1 月，中国正式提出排污费制度并初步试行。1982 年 7 月，《征收排污费暂行办法》正式实施，标志着排污收费制度在中国正式建立。"强化环境管理"是指通过制定法规，使各行业有所遵循，建立环境管理机构，加强监督管理。至此，这一阶段

---

① 《中国环境保护行政二十年》编委会：《中国环境保护行政二十年》，中国环境科学出版社 1994 年版，第 101 页。

初步形成建设项目环境影响评价、"三同时"和"排污收费"三项管理制度,进而奠定了中国环境管理政策的基础。

4. 开始以环境要素和环境地理为对象进行分类管理治理

在大气环境管理上,1973 年颁布了第一个综合性排放标准《工业"三废"排放标准》,1980 年国务院开始制定第一个大气环境质量标准,并于 1992 年颁布《大气环境质量标准》,分为三级,适用于三类不同地区,共包括 6 类污染物。为进一步强化大气污染法制化管理,1987 年颁布第一部空气质量法——《大气污染防治法》。在水环境管理上,1972 年的北京官厅水库事件正式揭开了中国水环境管理序幕,20 世纪 70 年代的水环境管理处于科研与监测阶段,水环境继续恶化,1984 年第六届全国人大五次会议通过《水污染防治法》,标志中国进入法制化水体环境管理新阶段。自政府介入环境领域以来,城市地区一直在环境管理中处于核心地位,城市环境管理主要遵循"预防为主、防治结合、综合治理"的理念,由于新中国成立后城市发展和工业布局缺乏应有的规划和布局,城市环境问题的复合性逐渐体现出来。1984 年发布的《中共中央关于经济体制改革的决定》首次提出,"城市政府应该集中力量做好城市的规划、建设和管理,加强各种公用设施建设,进行环境的综合整治",从此开启了延续至今的城市环境综合整治步伐。1985 年,《关于加强城市环境综合整治的决定》出台。针对农村生态环境起步较晚,力度较小,主要集中于农药安全管理和乡镇企业方面的情况,如 1982 年颁布的《农药登记规定》,对农药等农用化学品进行评审登记,1983 年国务院做出停止生产"六六六"和"滴滴滴"的决定,并进行了"全国粮食农药污染调查"。与此同时,海洋环境,噪声、振动及电磁辐射污染防治,固体废弃物和有毒化学品管理以及自然资源生态保护也都在这一时期起步。

(三) 条块结合的环境行政管理与财政投资体制开始建立

1. 条块结合的环境行政管理体制建立

《中华人民共和国环境保护法 (试行)》提出,从中央到地方都要设立环境保护机构,同时各级政府有关部门、大中型企业和事业单位可以根据需要设立环境保护机构,由此初步形成了条块结合的环境保护职责分工。在块方面,环境管理机构自上而下逐步建立。早在 1971 年国家计委成立"三废"利用领导小组之时,北京、河北等地也相应地成立了"三废"管理办公室或领导小组。1982 年的机构改革中,国务院设立了城乡建设环境保护部，全国由上到下形成了"城乡建设与环境保护一体化"的环境管理体制。在条方面，1984 年做出了《关于加强环境保护工作的决定》，国务院成立了由 24 个部委负责人组成的环境保护委员会，国务院有关部委及有关的工业部门相继成立了环境管理机构，配备了专职环境保护人员。中国人民解放军成立了全军环境保护委员会及其办事机构，大部分省份也相继成立了环境保护委员会，但是，这依然没有从根本上解决管理体制不顺的问题。

2. 环境保护财政投资成为建立环境财政体制和投融资体制的突破口

这一时期，中央与地方政府、同一级政府不同部门间开始就环境管理权限进行分工，同时，环境保护投资也被纳入基本建设预算投资之中，开始成为政府预算的一个支出科目。为推动环保事业的发展和配合环境管理改革，财政在环保产业和社会投融资体系尚未发展成熟的情况下，承担了环保事业的绝大部分支出，由于经济发展和生活水平提高带来的生产破坏与生活废弃物累积，支出重点集中在生活污染处置和建设等领域。据不完全统计，1973—1981 年，由国家财政安排的排污治理资金 5.04 亿元。[1] 之后，基于环境问题的日趋严重性和相应管理体制的建立，环境投融资渠道日趋多元化。1984 年，国务院颁发的《关于环境保护工作的规定》明确了环境保护投资的 8 个渠道。在中央与地方的环境财政体制上，初步建立了中央与地方间的包干补助制度。"六五"期间及之前，国家环保局包干补助地方的环境基本建设投资为 5.7043 亿元，占国家环保局基本建设投资总数的 76.35%。[2]

### 三　稳步发展阶段

（一）环境管理机构独立直属发展阶段，机构规模与结构不断调整

环境保护管理机构的非独立性使得环境监督管理部门受制于被监督部门的环境管理体制，难以在政府部门的综合决策功能中发挥作用，既不能保证环境管理机构有效地依法独立行使环境监督管理权，又不利于从宏观调控的高度来组织协调和指导全国环境保护工作。1988 年，国家环境保护局从城乡建设环境保护部划分出来，作为国务院的直属机构来

---

① 谢旭人：《中国财政改革三十年》，中国财政经济出版社 2008 年版，第 275 页。

② 《中国环境保护行政二十年》编委会：《中国环境保护行政二十年》，中国环境科学出版社 1994 年版，第 88 页。

统一监督管理全国环境保护工作。之后，地方环境管理机构改革也陆续开展，但是，进程相对缓慢。1988 年年底，全国共有 12 个省份建立了一级局建制的环境保护局，环境行政管理人员为 9000 余人。[①] 直到 2000 年，除西藏外，省级环保机构才全部由二级局升格为一级局，到 2001 年年底，全国 95% 左右的地市级和 95% 左右的县设立了独立的环保机构。2007 年，全部的地级市和 97% 的县设立了环境保护局。相比较而言，县级监察机构和监测机构以及乡镇环保机构发展较为滞后。2007 年年底，全国仍有 296 个县级单位和 847 个乡镇单位尚未设立监察机构和监测机构，同时，只有 3.8% 的乡镇设立了环境保护机构。环境保护机构进一步升格，1998 年国务院设立国家环境保护总局（正部级单位）。根据已有的统计资料，1990 年全国环境保护系统总人数为 65561 人，到 2007 年，迅速上升到 176988 人，年均增长 3.93%。在环境保护管理机构的结构方面，从不同级次政府的环境保护机构规模和不同环境管理事务的机构规模来看，环保行政机构人员数从 1992 年的 23188 人增加到 2007 年的 43626 人，年均增长 4.36%；环境监察机构人员数从 1992 年的 10024 人上升至 2007 年的 59477 人，年均增长 14.76%；环境监测机构人员从 1992 年的 33299 人提高到 2007 年的 51753 人，年均增长 2.83%。

（二）环境管理的法律法规、原则、方针和部分工具逐步完善，体系逐步形成

这一时期环境保护法律法规和部门规章的数量增长呈现明显的加快趋势。特别是 1996—2007 年，国家制定或修订了包括水污染防治、海洋环境保护、大气污染防治、环境噪声污染防治、固体废物污染环境防治、环境影响评价、放射性污染防治等环境保护法律，以及水、清洁生产、可再生能源、农业、草原和畜牧等与环境保护领域关系密切的法律；国务院制定或修订了《建设项目环境保护管理条例》《水污染防治法实施细则》《危险化学品安全管理条例》《排污费征收使用管理条例》《危险废物经营许可证管理办法》《野生植物保护条例》《农业转基因生物安全管理条例》和《全国污染源普查条例》等 60 余项行政法规；发布了《关于

---

[①]　《中国环境年鉴》编辑委员会：《中国环境年鉴（1990）》，中国环境科学出版社 1990 年版，第 214 页。

落实科学发展观加强环境保护的决定》《关于加快发展循环经济的若干意见》《关于做好建设资源节约型社会近期工作的通知》《国务院关于促进资源型城市可持续发展的若干意见》等法规性文件。国务院有关部门、地方人民代表大会和地方人民政府依照职权，为实施国家环境保护法律和行政法规，制定和颁布了规章和地方法规700余件。与此同时，环境保护标准体系在这一时期基本建立形成，国家环境保护标准包括国家环境质量标准、国家污染物排放（控制）标准、国家环境标准样品及其他国家环境保护标准；地方环境保护标准包括地方环境标准和地方污染物排放标准。截至2005年年底，国家颁布了800余项国家环境保护标准，地方共制定了30余项环境保护地方标准。1998年，国务院发布了《全国生态环境建设规划》，启动了天然林保护工程。"九五"时期，颁布了《国务院关于加强环境保护若干问题的决定》《全国生态环境建设规划》和《全国生态环境保护纲要》。

（三）环境政策工具、手段日趋多样化

这一时期召开的三次全国环境会议①推进了环境政策工具、手段日趋多样化，环境管理的思路也开始出现重大转变。1996年正式实施《污染物排放总量控制计划》和《跨世纪绿色工程规划》，2002年首次提出环境保护是政府的一项重要职能，2006年提出了"三个转变"：从重经济增长轻环境保护转变为保护环境与经济增长并重，从环境保护滞后于经济发展转变为环境保护与经济发展同步，从主要用行政办法保护环境转变为综合运用法律、经济、技术和必要的行政办法解决环境问题。在引进和创建市场方面，这一时期也进行了排污权交易实践，分三批先后在16个省、自治区、直辖市，6个市和7个省、自治区、直辖市分进行二氧化硫排放总量控制及排污交易试点。少许的环境补贴也在这一时期开启，但是补贴所产生的依赖心理和盲目行为也开始凸显。同时，绿色信贷、环境强制险、环境审计等手段也开始破冰。作为政府调控环境的最直接手段——环境财政手段在这时期得到了重大进展，包括环境财政支出和收入的环境财政体制在这一时期初步建立，2006年环境保护支出科目被正式纳入国家财政预算，环境因素被逐步纳入各项税制改革考虑的因素

---

① 分别是1996年7月、2002年1月和2006年4月召开的第四次、第五次和第六次全国环保会议，虽然第三次环保会议于1989年召开，但是，主要内容属于前一时期的总结。

中，其中排污费征收使用实行了严格的"收支两条线"管理，并被专项用于环境污染防治，二氧化硫排污费征收范围扩大、标准也进一步提高，实行城市污水、垃圾、危险废弃物收费政策。

总体来看，这一时期环境容量成为区域布局的重要依据，环境管理成为结构调整的重要手段，环境标准成为市场准入的重要条件，环境成本成为价格形成机制的重要因素。环境管理正进入以保护环境优化经济增长的新阶段。

（四）环境分权管理体制中的集权调整

1994年，中国正式实施分税制改革，并由此扭转了中央收入占整个财政收入比重持续下滑的趋势，提高了中央政府在财政分配中的地位。财政体制改革给整个环境保护管理带来了重要影响：一是直接提高了中央政府在整个环境管理中的地位，提升了协调和处理地区间环境污染外溢问题及纠纷的能力；二是伴随着地方政府财力的上移和事权逐步下放，地方政府可支配财力比重开始下降并在一定程度上影响着地方政府环境保护（投入）能力；三是基于地方基本预算收支的不平衡性，中央财政开始在转移支付制度设计中逐步纳入了环境因素，这主要体现在专项转移支付中，如中央环保专项资金、中央财政主要污染物减排专项资金、"三河三湖"及松花江流域污染防治专项资金、城镇污水处理设施配套管网以奖代补资金、中西部执法专项资金、自然保护区专项管理资金、畜禽养殖污染防治专项资金和农村环保专项资金等（王金南，2009；马中，2011）。由于分税制改革进一步理顺和稳定了政府间的财政管理，增强了中央宏观调控能力，这一时期环境保护投入大大增加。仅1996年和1997年两年，全国环境保护投资共910.7亿元，接近"七五"期间环保投资总额的两倍，在1998年的积极财政政策实施背景下，中央财政对环境保护投入呈几何级数增长（谢旭人，2008）。

1988—2007年，在环境管理体制上出现了几个较大变化：一是国家层面的环境管理能力不断提升。这一时期，环境监管地位不断强化，职能不断拓展。如环境监理的行政执法地位得到进一步明确，全国环境监测总站成立，国家环保局升格为环境保护总局（1998），环境应急、污染控制等机构相继健全。二是地方环境机构不断健全，规格不断提升。到1994年，全国30个省、自治区、直辖市，除西藏外，都设置了独立的环保机构，其中，一级局20个，较改革前增加了8个；计划单列市、省会城市、省辖市全都为一级局。1999 年，地方省级政府机构改革工作全面展开，其中，环保部门被明确为需要加强的执法监督部门。在地方政府机构改革中机构编制总数大幅度精减的形势下，地方环境保护机构总体规模稳中有升。到 2001 年年底，全国 95% 的地市级环保机构独立设置，人员编制精减 10%—15%，低于地市一级 25%—30% 的总体精减比例，机构职能普遍得到加强。但是，总体上看，地方环保能力建设还是相对滞后于中央环境机构建设。三是"条块"协调机制开始建立。为处理环境保护部门分割问题，中央层面开始建立部际协调机制；同时，为协调地方政府间的环境纠纷和督促地方政府加强环境监管，从 2007 年开始，陆续设立了 6 个大片区环境保护督查中心和 6 个核辐射安全监督站。四是环境保护纳入地方政府政绩考核的机制逐步建立。为提高环境保护工作在地方各级政府工作中的地位，1995 年，中组部下发了《关于加强和完善县（市）党委、政府领导班子工作实绩考核的通知》，明确地将环境保护工作纳入县市党委、政府领导班子工作实绩考核指标体系。之后，环境保护政绩考核制度逐步进行试点并推开。2006 年，中组部印发了《体现科学发展观要求的地方党政领导班子和领导干部综合考核评价试行办法》，将"环境保护"这一项目明确地列为地方党政领导班子和领导干部的政绩考核评价要点，并提出了主体功能区规划中 4 类开发区域的环保绩效考核指标与考核办法的建议。五是环保机构和人事双重管理体制建立并逐步推广。为避免部分地区地方政府对环境保护执法监督工作的不正当行政干预，1995 年，对"下级环保局长任免调动需征求上级组织部门意见或上级组织部门备案"的管理模式进行试点，变"块块型"干部管理模式为半垂直的"条块结合型"干部管理模式，1996 年正式确定环境保护部门领导管理体制改为双重领导[①]，以地方为主的行政和人事管理体制。六是环境保护垂直管理开始试点。为避免基层环保机构在实施环境监管过程中受到同级政府的不当干扰，从 1995 年起，尝试在部分市辖区实施环保派出机构试点。2002 年，陕西省率先在全省范围实行市以下环境保护机构垂直管理，目前，江苏、河北、辽宁、山东等地在不同区域范围和事务领域实施了垂直管理。

---

① 参见《中共中央组织部关于调整环境保护部门干部管理体制有关问题的通知》（组通字〔1999〕35 号）。

### 四 加速发展阶段

（一）环境管理机构升格快速发展

2008 年 3 月 18 日，十一届全国人大一次会议决定将国家环境保护总局调整设置为环境保护部，为国务院组成部门。7 月 10 日，国务院办公厅印发《关于印发环境保护部主要职责内设机构和人员编制规定的通知》（国办发〔2008〕73 号）。10 月 29 日，环境保护部印发《关于印发〈环境保护部机关"三定"实施方案〉的通知》（环发〔2008〕104 号）。在地方党委、政府高度重视与机构编制部门的大力支持下，各省、自治区、直辖市环保部门机构改革取得重大进展。截至 2009 年年底，全国 30 个省、自治区、直辖市（不含西藏）环保部门成为政府组成部门，有 26 个省、自治区、直辖市环保部门完成了机构改革。与改革前相比，环保部门机构编制普遍得到了加强，机关平均内设机构由 9 个增至 12 个，平均行政编制由 69 人增至 83 人。其中，长期以来一直是全国省级环保部门中唯一副厅级机构的西藏自治区环保局，这次机构改革后升格为"厅"，作为政府组成部门，机构编制得到了大幅增加。

（二）环境政策内涵日趋丰富、政策工具日趋精细

第七次全国环境保护大会、十八大和十八届三中全会将生态文明上升到五位一体发展战略中，并强调建设生态文明，必须建立系统完整的生态文明制度体系，用制度保护生态环境，健全自然资源产权制度和用途管制制度，划定生态红线，实行资源有偿使用制度和生态补偿制度，改革生态环境保护管理体制。针对不同的政策工具，环评制度改革，下放部分环境审批权，事业单位环评机构体制改革，细化为战略环评、规划环评和项目环评。十八届三中全会提出"加快生态文明制度建设"。环境经济政策日益成为这一时期环境政策改革创新的主要内容，2012 年银监会和环保部发布《绿色信贷指引》，明确绿色信贷的支持方向和重点领域，对国家重点调控的限制类以及有重大环境和社会风险的行业制定专门的授信指引，实行有差别、动态的授信政策。环境审计被确定为审计署六大类审计类型（参见《2008 年至 2012 年审计工作发展规划》），2007 年采取"区域限批"措施，从发展源头控制污染。暂停 10 个市、2 个县、5 个开发区和 4 个电力集团的环评审批，震慑了环境违法行为。此外，还加大了环境宣传力度。通过发布《环境信息公开办法（试行）》，

保障公众环境知情权、参与权和监督权。

针对不同环境要素，2009 年国务院办公厅转发《重点流域水污染防治专项规划实施情况考核暂行办法》。目前，重点流域省界断面水质考核制度全面建立，成为推动重点流域水污染防治的关键抓手；2008 年修订后的《水污染防治法》正式实施，首次发布了《社会生活环境噪声排放标准》。2010 年，建立健全区域污染联防联控新机制，国务院办公厅转发《关于推进大气污染联防联控工作改善区域空气质量指导意见》，圆满地完成了上海世博会、广州亚运会空气质量保障任务。2013 年，国务院发布《大气污染防治行动计划》，提出了 10 条 35 项综合治理措施。《水污染防治行动计划》和《土壤环境保护和污染治理行动计划》处于编制中。《清洁水行动计划》于 2014 年出台。2011 年，国务院印发了《关于加强环境保护重点工作的意见》和《国家环境保护"十二五"规划》，国务院批复《重金属污染综合防治"十二五"规划》和《湘江流域重金属污染治理实施方案》，出台了《全国地下水污染防治规划》和《长江中下游流域水污染防治规划（2011—2015 年)》。国务院颁布实施《太湖流域管理条例》和《放射性废物安全管理条例》，首次开展全国范围的环境污染与人群健康综合调查。2012 年，国务院先后批复《重点流域水污染防治规划（2011—2015 年)》和《重点区域大气污染防治"十二五"规划》。制定并实施环境空气质量新标准，74 个城市（京津冀、长三角、珠三角等重点区域以及直辖市、省会城市和计划单列市）的 496 个监测点位已按新标准开展细颗粒物、臭氧等项目监测并发布数据。发布《环境保护综合名录（2012 年版)》，在 15 个省、自治区、直辖市开展环境污染强制责任保险试点；起草《全国环境功能区划纲要》，开展省级环境功能区划编制试点；水体污染控制与治理科技重大专项实施取得新进展；发布环境保护标准 68 项。

（三）环境管理体制出现新的变化和趋势

在 2008 年的政府机构改革中，国家环境保护总局调整设置为环境保护部，为国务院组成部门。中央与地方之间、各部门之间有关环境保护责任的划分继续沿用原有体制，原有环境管理体制改革继续推进，主要体现在中央对地方政府环境治理的干预和调控程度不断加强以及地方环境治理激励与约束开始强化。一是将环境保护因素正式列入均衡性转移支付标准财政支出测算中，同时加大了对重点生态功能区转移支付力度和生态考核（从政治激励转向经济激励）。2010 年，《全国主体功能区划分规划》正式下发，基于不同区域的资源环境承载力、现有开发强度和未来发展潜力，以是否适宜或如何进行大规模高强度工业化、城镇化开发为基准将国土划分为优先开发区域、重点开发区域、限制开发区域和禁止开发区域。作为对主体功能区的配套财政政策，中央财政在均衡性转移支付标准财政支出测算中，考虑属于地方支出责任范围的生态保护支出项目和自然保护区支出项目，通过明显提高转移支付系数等方式弥补地方政府在一般预算中的环境保护支出不足问题，《2011 年中央对地方均衡性转移支付办法》首次将环境保护因素正式列入均衡性转移支付标准财政支出测算中。为引导地方政府加强生态环境保护，提高国家重点生态功能区的生态环境考核和地区基本公共服务能力，国家层面又进一步出台了《国家重点生态功能区转移支付办法》。二是尝试性地协调地方政府之间开展跨流域、跨地区生态补偿。按照"谁开发、谁保护"、"谁受益、谁补偿"的原则，建立生态补偿机制，以此矫正资源开发和环境保护过程中的成本—收益不对等问题，并做出激励与约束。2007 年，从国家层面正式开启生态补偿试点工作①，其中，中央与地方政府间的生态补偿已经通过转移支付办法体现，由于生态环境资源分布的广泛性，再加之地区之间、地区与部门间在财政关系和生态环境保护关系上缺乏有效的协同机制、协调机制，地区间生态补偿成为整个生态补偿机制的重点和难点。由中央政府组织协调的第一个跨流域生态补偿试点，在安徽省和浙江省之间正式实施。自 2008 年起，中央财政对国家重点生态功能区范围内的部分县（市、区）实施转移支付，涉及 20 多个省、自治区、直辖市，支持的县（市、区）由 221 个增加到 486 个，2009—2011 年 58个县域生态环境质量得到改善，占 12.8%，380 个县保持稳定，占84.1%，2012 年国家生态补偿的总投入为 1500 亿元，其中中央财政 780亿元，占 52%。② 三是节能减排进入地方政府政绩考核评价体系中（约束进一步细化）。作为对纳入环境保护政绩考核机制的体现和细化，主要污染物排放总量减少开始纳入国民经济和社会发展规划纲要的约束性指

---

① 2007 年 8 月，《国家环境保护局关于开展生态补偿试点工作的指导意见》正式下发，《生态补偿条例》正在制定过程中。

② 《生态补偿机制该如何制定？——全国人大常委会委员建议尽快解决七大问题》，《中国环境报》2013 年 5 月 3 日。

标之中，并在 2007 年正式实施节能减排统计监测及考核方案，对地方政府及官员实施问责制和一票否决制。国务院印发了《关于印发节能减排综合性工作方案的通知》《关于印发国家环境保护"十一五"规划的通知》和《批转节能减排统计监测及考核实施方案和办法的通知》等一系列重要文件。四是以大气污染治理为契机实施大气污染联防联控机制。2010 年，环保部等九部委共同制定了《关于推进大气污染联防联控工作改善区域空气质量的指导意见》，依靠区域内地方政府间对区域整体利益所达成的共识，运用组织和制度资源打破行政区域界线，来解决区域性、复合型大气污染问题。目前，该机制在环保部协调下已经在京津冀及周边地区、长三角、珠三角开始试点。

我国历次环保大会及其主要内容如表 3-2 所示。

表 3-2　　　　　　　我国历次环保大会的主要内容

| 环保大会 | 主要内容 |
| --- | --- |
| 第一次全国环境保护会议（1973 年 8 月 5—20 日） | 由国务院委托国家计委在北京组织召开的第一次全国环境保护会议，揭开了中国环境保护事业的序幕。会议通过了《关于保护和改善环境的若干规定》，确定了"全面规划、合理布局、综合利用、化害为利、依靠群众、大家动手、保护环境、造福人民"的"32 字方针"，这是中国第一个关于环境保护的战略方针 |
| 第二次全国环境保护会议（1983 年 12 月 31 日至 1984 年 1 月 7 日） | 将环境保护确立为基本国策。制定经济建设、城乡建设和环境建设同步规划、同步实施、同步发展，实现经济效益、社会效益、环境效益相统一的指导方针，实行"预防为主，防治结合"、"谁污染、谁治理"和"强化环境管理"三大政策。此外，初步规划出到本世纪末中国环境保护的主要指标、步骤和措施。会议具有鲜明的中国特色，推进了中国环境保护事业发展 |
| 第三次全国环境保护会议（1989 年 4 月 28 日至 5 月 1 日） | 第三次全国环境保护会议评价了当前的环境保护形势，总结了环境保护工作的经验，提出了新的五项制度，加强制度建设，以推动环境保护工作上一新的台阶。提出要加强制度建设，深化环境监管，向环境污染宣战，促进经济与环境协调发展 |

续表

| 环保大会 | 主要内容 |
|---|---|
| 第四次全国环境保护会议<br>（1996 年 7 月） | 国务院召开的第四次全国环境保护会议，提出保护环境是实施可持续发展战略的关键，保护环境就是保护生产力。国务院做出了《关于加强环境保护若干问题的决定》，明确了跨世纪环境保护工作的目标、任务和措施。江泽民总书记发表重要讲话，指出，"保护环境的实质是保护生产力"。这次会议确定了坚持污染防治和生态保护并重的方针，实施《污染物排放总量控制计划》和《跨世纪绿色工程规划》两大举措。全国开始展开了大规模的重点城市、流域、区域、海域的污染防治及生态建设和保护工程。环境保护工作进入了崭新的阶段 |
| 第五次全国环境保护会议<br>（2002 年 1 月 8 日） | 国务院召开的第五次全国环境保护会议，提出环境保护是政府的一项重要职能，要按照社会主义市场经济的要求，动员全社会的力量做好这项工作。会议的主题是贯彻落实国务院批准的《国家环境保护"十五"计划》，部署"十五"期间的环境保护工作 |
| 第六次全国环境保护大会<br>（2006 年 4 月 17—18 日） | "三个转变"，一是从重经济增长轻环境保护转变为保护环境与经济增长并重，把加强环境保护作为调整经济结构、转变经济增长方式的重要手段，在保护环境中求发展。二是从环境保护滞后于经济发展转变为环境保护与经济发展同步，做到不欠新账、多还旧账，改变先污染后治理、边治理边破坏的状况。三是从主要用行政办法保护环境转变为综合运用法律、经济、技术和必要的行政办法解决环境问题，自觉遵循经济规律和自然规律，提高环境保护工作水平。这是做好新时期环保工作的关键，是实现环保目标和任务的保证 |
| 第七次全国环境保护大会<br>（2011 年 12 月 20—21 日） | 基本的环境质量是一种公共产品，是政府必须确保的公共服务。把环境保护摆在与经济社会发展同等重要的位置，更加注重发挥环境保护倒逼经济发展方式转变的作用，统筹推进排污总量削减、环境质量改善、环境风险防范和城乡环境保护公共服务均等化，着力促进节约发展、清洁发展和安全发展 |

# 第四章　中国环境质量的经济效应研究

污染与增长是对立统一的。本章主要从效率视角切入，基于中国实际，运用经济学及相关学科的基本原理，从宏观和微观两个层面，采取规范和实证、动态和静态多种分析方法，测度中国环境污染变化所带来的经济影响效应。在研究思路上，将环境污染作为外生变量，考察和评估中国环境污染变化对健康人力资本和经济增长的影响，并揭示其内在机理与传导机制。

## 第一节　环境质量、规制政策与经济绩效：
## 　　　　地级市层面视角

### 一　问题提出

当前，中国正处于经济社会重大转型的战略机遇期，同时也面临着巨大风险挑战。其中，环境风险是诸多风险中最不应忽视的风险之一，对污染进行规制无一例外地成为发达国家和发展中国家进行环境治理的首选工具及必要条件，发达国家的经验表明，环境规制不仅会影响到污染物排放量和环境质量，而且还会渗透到经济社会的方方面面来影响结构、效率和公平。因此，环境规制能否实现"降污"和"增效"的"双赢"已成为各国选择和评判环境规制政策的基本标准。仔细梳理中国环境政策的取向目标，不难发现，早期的政策初衷大多在不妨碍经济发展的前提下来对污染进行适度控制，虽然这内生于当时的主客观环境，但是，不可否认的是，环境规制政策无力确实是造成中国环境困局的基本制度成因（齐晔等，2008；包群等，2013；Jie He 和 Wang Hua，2012）。20世纪90年代后，中国政府和领导人逐渐认识到环境保护与经济发展之间的协调关系，逐步将保护环境提升到与经济增长并重的地位，提出了

"坚持在发展中保护，在保护中发展"的基本方针。那么，我们需要知道的是，环境保护是否与经济发展同步了，换言之，环境规制政策在实现降低污染提升环境质量的同时，是妨碍经济发展还是促进经济发展？这构成了本部分研究的主要内容。

中国的环境管理（规制）体制始建于 20 世纪 70 年代，在此后 40 多年的发展中，环境管理机构逐步建立、管理手段不断丰富和优化、监督管理体制基本建立和逐步完善。1973 年后，中国环境管理逐步进入常态化管理轨道，确立第一个环境管理战略的"32 字方针"。1989 年，《中华人民共和国环境保护法（试行）》颁布，初步形成环境管理的三大政策（预防为主，"谁污染、谁治理"，强化环境管理）；之后，环境管理领域中的环境影响评价制度、"三同时"管理制度、征收排污费制度、城市环境综合整治定量考核制度、环境保护目标责任制度、排污申报登记和排污许可证制度、限期治理制度以及污染集中控制"八项制度"建立和完善，构成了中国环境规制体系的"组合拳"。随后，我国环境保护领域的规制政策都在这一基础上进行拓展，当然，在不同的环境要素领域，分别颁布和实施了具体的空气污染、水污染、固体废弃物、噪声、放射性污染等法律法规。伴随着污染形势的日趋紧迫和环境规制手段实施问题频现，中国政府开始在环境规制体系中逐步融入市场机制和社会参与手段，如排污权交易制度、环境金融信贷政策、环境强制责任险和环境审计等经济手段以及环境信息披露制度、公众监督参与等社会手段开始实施。总体上看，中国的环境政策大体上分为两类：一类是政府直接管制政策；另一类是环境经济政策，并呈现经济激励政策和直接管制政策相混合的综合性趋势（杨朝飞、王金南，2010）。长期以来，中国的环境质量尤其是空气质量问题为社会公众所诟病，尽管近年来空气质量呈现出一定的下降趋势（见图 4-1），但是，《2012 年全球竞争力报告》显示，中国的空气质量在 133 个国家中，排名倒数第二，细颗粒物（PM2.5）、氮氧化物和二氧化硫分列倒数第四位、第二位和第三位。那么，这是否意味着中国的环境政策尤其是空气质量政策是无效的呢？

环境产权、污染外部性以及环境公共品等经典理论为环境规制提供了充足的理由，但是，环境规制作为一项干预行为，并不能独立于规制活动所涉及的各个利益主体，环境规制的过程是一系列相关主体的博弈过程（王建明和王俊豪，2011；张红凤等，2013），因此，环境规制的充要条件还须谨慎验证。这意味着纵使环境规制的理由是充分的，但是，环境规制没有达到预期的目标甚至造成了经济扭曲和福利损失，环境规制也被认为是不当的，如果环境规制可以兼顾"环境质量的改善"和"经济

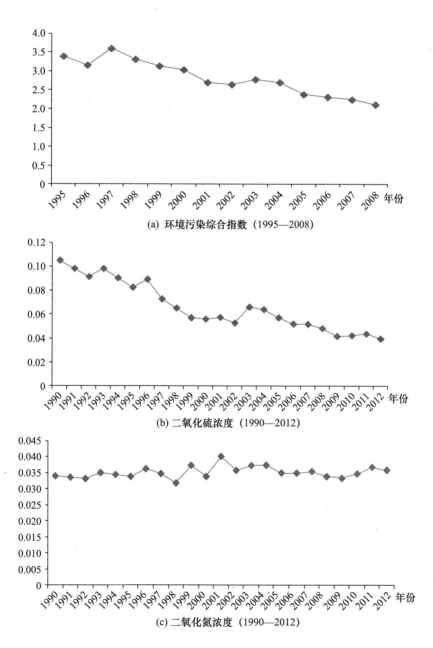

(a) 环境污染综合指数（1995—2008）

(b) 二氧化硫浓度（1990—2012）

(c) 二氧化氮浓度（1990—2012）

(d) PM10浓度（1990—2012）

**图 4 – 1　中国城市空气质量变化**

资料来源：根据《中国环境年鉴》提供的重点城市空气质量浓度进行年度平均计算得到。

绩效的提升"，那么环境规制必然是有效且充要的，但是，更多的研究选取的是其中一项目标或者更加细分的环境要素、产业部门和经济领域进行。进一步地，通常环境规制带有一定的内生性，与所在地区的生态环境和经济社会发展水平密切相关，甚至存在着相互决定的互为因果关系，这也为有效识别环境规制的效果增添了难度。

相比较已有研究，本书的可能贡献体现在：（1）首次利用国务院 2003 年批准划分的"大气环境质量非达标城市"和"大气环境质量达标城市"作为处理组和对照组，来克服既有文献中存在的内生性难题，尽管是否为"非达标"城市是与其以往空气质量相关的，但是，"达标城市"和"非达标城市"的划分却带有明显的外生冲击，即划分的标准、门槛和时间是由中央政府统一制定的，而且这两类城市的环境质量变化具有同趋势性，后文也表明了环境规制对环境质量的影响具有明显外生性；同时，以 2003 年作为断点年份与中国环境规制的实施特性是密切相关的，环境法律的执行和实施相比较环境法律立法本身更具有强制性和规制性特征（包群等，2013），对此，我们还控制了 2000 年《大气污染防治法》二次修改带来的影响；虽然并非首次利用准实验方法来评估环境规制的经济环境效应，但所借助的准实验机会可能更为"自然"和"外生"，即相比较根据污染物平均水平来进行主观分组更为客观；同时，为了进一步预防受人为因素干扰所导致的"处理组"和"参照组"可能还存在的非随机划分问题，采用基于趋势评分匹配的双重差分法来解决选择性偏差。（2）在研究的视角和内容上，立足城市层面，同时评估了环境规制的"降污"和"增效"效应，进而更全面和客观地比较和审视环境规制的成本与收益。这是因为，环境管制绝非仅仅针对工业部门，所产生的影响也非限定于工业部门，污染也非仅来自工业部门，如果将样本仅限于工业部门以及环境质量指标限于工业污染物排放，得到的结论就不能全面地反映环境规制的真实影响，将经济绩效进一步分为总体经济效应和分项经济效应。总体经济效应包括经济增长、全要素生产率、环境全要素生产率和劳动生产率，分项经济效应包括就业率、经济结构、房地产开发、外商直接投资、公共交通和技术进步，国外部分研究已经表明，环境规制与这些经济变量之间存在着广泛的联系，而国内研究只是少部分关注了其中一些影响，本书希望在两者之间搭建更加明确和全面的联系。（3）基于地区制度特征，还进一步从市场化程度、政府质量、融资约束、社会资本和所有制结构等方面解释了环境规制效应的地区差异。

## 二　制度背景与准实验设计

### （一）制度背景

由于空气污染的严重性和高显示度，再加上空气污染源与国民经济中的主要产业密切相关以及空气污染的健康危害相对更大，使大气污染治理成为中国环境治理的重点之一。从 1973 年政府正式介入环境领域以来，颁布的环境法律法规和实施的系列环境政策也大都针对空气污染。1987 年，中国政府颁布实施了《大气污染防治法》（APPCL1987），在当时产生了积极的作用，全国 32 个环保重点城市大气中总悬浮颗粒物平均浓度从 1986 年的 560 微克/立方米下降至 1992 年的 345 微克/立方米。但是，由于大气污染依然十分严重，带有明显命令控制型的计划经济特征的环境规制政策与市场经济发展不协调，再加之该法的原则性过强，难以操作。全国人大于 1994 年启动了《大气污染防治法》修改议程，并于1995 年颁布了新的《大气污染防治法》（APPCL1995），针对 APPCL1987的不足，正式推广排污许可证制度、修订排污费制度、推进限期治理、实施城市大气环境质量分级控制、总量控制制度，同时针对燃煤污染控制、酸雨及二氧化硫控制、氮氧化物控制、机动车管理和大气污染防治管理体制进行了系统改革。① APPCL1995 有力地推动了煤炭清洁利用，加快了严重污染大气的落后工艺和设备的强制淘汰步伐，一些重点地区开始了对酸雨和二氧化硫的控制。但是，由于对大气污染严重性和发展趋势认识不足，APPCL1995 与之后的各项经济社会制度改革相互叠加，摩擦、矛盾等不适应性突出，全国人大于 2000 年左右再次启动《大气污染防治法》修改，主要在以下五个方面进行了重大调整和补充：（1）划定大气污染防治重点城市，并要求限期达标；（2）控制煤烟污染，推广清洁能源；（3）机动车的制造、使用、燃油等方面监督检查的具体规定；（4）消耗臭氧层物质生产、进口的管理，以及最终停止其生产、使用；（5）防止扬尘污染；鼓励支持大气污染治理新技术。同时，就以下四个方面的法律制度和管理措施，做了重要调整：（1）禁止超标排放，超标必将受到法律处罚；（2）建立大气污染总量控制和排污许可证制度；（3）变超标收费为按排污总量收费；（4）将限期治理制度由管理措施改为法律责任，加大惩罚力度。其中，大气污染防治重点城市限期达标制度带有明显规制属性和综合性，该制度要求划定的环保重点城市采取多种手段对大气污染进行控制和治理，在规定时限内实现大气污染的好转并达到国家规定的大气污染二级标准。

　　虽然该制度在 2000 年就已经颁布，但是，由于具体的实施细则和执行办法并未出台，同时环保重点城市以及达标和非达标城市也没有具体划定，到 2002 年年底，国务院正式批准《大气污染防治重点城市规划方案》，确定 113 个大气污染防治重点城市名单，并根据 2000 年城市大气污染数据，将 113 个重点城市划分为 39 个大气环境质量达标城市和 74 个大气环境质量未达标城市，要求到 2005 年，已经达标的 39 个城市大气中二氧化硫、二氧化氮、总悬浮颗粒物和可吸入颗粒物浓度保持在相应的大气环境质量标准以内；未达标的 74 个城市应达到大气环境质量标准。2003 年年初，国家环保总局正式下发《关于大气污染防治重点城市限期达标工作的通知》（以下简称《通知》），要求"大气污染质量尚未达标的大气污染防治重点城市要结合本地的实际情况，抓紧编制大气质量限

---

① 大气排污许可证制度主要在水污染控制领域实施以及 16 个城市大气排污控制中进行试点；排污收费制度确立了"污染者负担"原则；限期治理主要使用分级管理办法，对环保部门权力进行了限制；分级管理根据城市大气治理和城市性质及目标，将城市划为三级，不同等级城市对应不同等级的国家大气环境质量标准，并首次提出限期达标计划。

期达标规划"。《大气污染防治重点城市规划方案》（以下简称《方案》）①
的防治措施中明确提出了"推行清洁生产，从源头控制污染"。即通过产
业结构调整，采取关停并转措施，淘汰技术落后、能耗高、污染环境的
企业；加快以节能降耗、综合利用和污染治理为主要内容的技术改造，
控制工业污染；鼓励企业建立环境管理体系，在有条件的企业推广
ISO14000 环境管理体系认证。

（二）准实验设计

选择 2003 年作为准实验的时间断点主要是基于以下几个方面的考虑：

第一，由于法律和法规本身存在一定差异性，尽管法规在法律效力
上低于法律，但是，在执行力上却有着相对优势，法规主要是起到引导
法律如何执行的功能。正如包群等（2013）的经验证据所指出的，单纯
的环保立法并不能抑制当地污染排放，只有在环保执法力度严格或是当
地污染相对严重的省份，通过环保立法才能起到明显的环境改善效果。
因此，2002 年年底和 2003 年年初下发和实施的《方案》和《通知》可
以进一步看作是 APPCL2000 的实施法。

第二，仅就该制度本身而言，从调整能源消费结构，划定禁燃区；
推进清洁生产，调整产业结构，从源头控制污染，加强技术改造，建立
企业环境管理体系；强化对机动车污染排放监管，采取综合措施治理空
气建筑扬尘，提高城市绿化率；强化环境法治，严格环境行政监督、环
境监测和环境监管等方面进行了全方位部署，可称之为综合性的环境规
制政策。同时，2000—2002 年，该制度并未实质性运行，在 2002 年及之
前，环保重点城市并不知道会根据 2000 年的环境污染指数来划分达标城
市和非达标城市。也就意味着，从 2003 年开始实质性实施环保重点城市
限期达标制度以及达标和非达标城市化划分，可以看作是环境规制政策
的一项准实验。

第三，2003 年下发的《通知》依据各城市以往年份的环境质量，将
环保重点城市进一步划分为"大气环境质量达标城市"和"大气环境质
量非达标城市"，相比较以往研究根据环境污染的平均值之上和之下来划
分"达标"和"非达标"，外生性和准实验性质相对强；《通知》明确要
求"大气环境质量非达标城市"限期达标，符合环境规制属性。国外的

① 具体参见 http://www.zhb.gov.cn/gkml/zj/bgt/200910/t20091022_173815.htm。

研究也大多基于环境规制部门的"达标"和"非达标"划分来识别环境规制的经济效益、健康效益和社会效益等（Greenstone et al.，2012；Laura and Sndra，2014；Gray et al.，2014）。

第四，从事实来看，环境质量特别是"达标城市"和"非达标城市"的环境质量确实在 2003 年前后出现了分化。从 1999 年起，国家实施环境质量城市分级制度，如图 4 - 2 所示，2003 年之前，空气质量达到国家二级及以上标准的城市比重始终维持在 35% 以下，从 2003 年起，空气质量达到国家二级标准的城市比重呈现出持续显著的上升趋势，到 2005 年达到 51.9%，2012 年达到 91.4%，空气质量居于国家三级标准和劣三级标准的城市比重则呈现出显著下降趋势，到 2005 年，两类空气质量标准的城市比重分别下降至 37% 和 10.6%，到 2012 年，则降至 7.1% 和 1.5%。为了进一步证明划分的可靠性，我们还分别观察了 2003 年前后"空气质量达标城市"和"空气质量非达标城市"环境污染综合指数、可吸入颗粒物浓度、氮氧化物浓度和二氧化硫浓度的变化差异（见图 4 - 3）。我们发现，对于"空气质量达标城市"而言，2003 年前后，环境污染综合指数和三类空气污染物浓度保持相对稳定，分别出现了小幅下降和上升；对于"空气质量非达标城市"而言，2003 年之后，环境污染综合指数和三类空气污染物浓度出现了较大幅下降，趋势非常明显。因此，基于上述三方面的考虑，选择 2003 年作为准实验的时间断点，选择"空气质量达标城市"和"空气质量非达标城市"作为准实验的"对照组"和"实验组"（处理组）来识别和评估环境规制对企业生产率的影响。

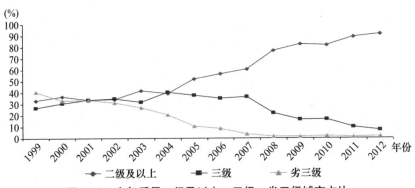

图 4 - 2　空气质量二级及以上、三级、劣三级城市占比

资料来源：根据《中国环境年鉴》提供的重点城市空气质量浓度进行年度平均计算得到。

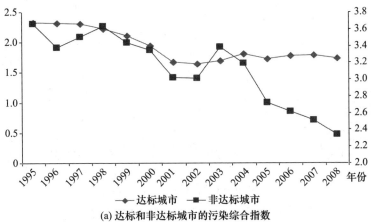

(a) 达标和非达标城市的污染综合指数

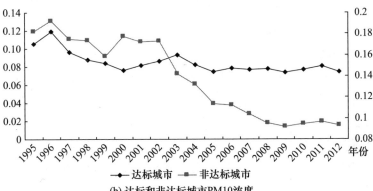

(b) 达标和非达标城市PM10浓度

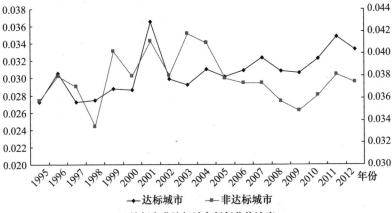

(c) 达标和非达标城市氮氧化物浓度

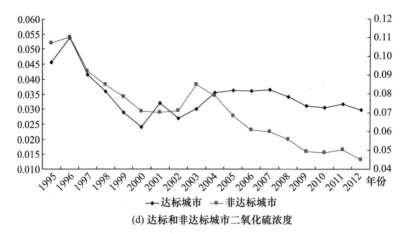

(d) 达标和非达标城市二氧化硫浓度

**图 4 - 3　达标城市与非达标城市分类空气质量变化**

资料来源：根据《中国环境年鉴》提供的重点城市空气质量浓度进行年度平均计算得到。

### 三　估计模型与指标选取

（一）模型设定

为了从经验上识别限期达标制度实施后环境规制对污染和经济绩效的影响，我们利用限期达标制度实施后所引起的"达标城市"和"非达标城市"之间以及达标前后变化所提供的一个准自然实验机会，来识别环境规制对环境质量改善和经济社会绩效变化的影响。

为了估计限期达标制度对环境质量和经济社会绩效的影响，我们主要采用双重差分方法，该方法已经被广泛地运用于以政策效应评估为核心的健康经济学、环境经济学和公共经济学等多学科领域。依据该方法适用性和研究需要，首先，根据《方案》和《通知》中"在 2000 年城市大气污染现状分析的基础上"划分"大气环境质量达标城市"和"大气环境质量非达标城市"，分别作为研究的对照组和处理组；其次，以《方案》和《通知》出台的 2003 年作为准实验的时间断点，将样本的时间区间（1997—2008 年）划分为限期达标制度实施前后两个时期；最后，通过设置 Unattainment 和 $K_t$ 两个哑变量来分别划分达标城市和非达标城市、限期治理前和限期治理后，具体来说，当所在城市为达标城市时，Unattainment 的赋值为 0，即为对照组；当所在城市为非达标城市时，Unattainment 的赋值为 1，即为处理组。当所处时间在 2003 年之前时，赋值为 0；当在 2003 年及之后时，$[(1-\theta_t)\,Y_t = C_t + \dot{K}_t + \xi A_t]$ 赋值为 1。根据拉简和津盖尔斯

（Rajan and Zingales，1998）、巴特尔等（Bertr et al.，2007）以及李树和陈刚（2013）的模型设置方法，基本模型表示为：

$$y_{it} = \beta_0 + \beta_1 Unattainment + \beta_2 D_{03} + \beta_3 Unattainment \times D_{03} + \varepsilon_{it} \qquad (4-1)$$

式中，下标 $i$ 和 $t$ 分别表示城市和年份，$\varepsilon$ 为随机扰动项。被解释变量 $y_{it}$ 表示受环境规制影响的环境质量和经济社会绩效变量，在本部分，我们主要从环境质量变化和经济社会绩效变化两个角度分别考察环境规制的影响，依此判断环境规制是否可以实现"降污"和"增效"的双赢。进一步地：

$$EQ_{it} = \beta_0 + \beta_1 Unattainment + \beta_2 D_{03} + \beta_3 Unattainment \times D_{03} + \varepsilon_{it} \qquad (4-2)$$

式（4-2）表示环境规制对环境污染影响的回归方程，$EQ$ 表示环境质量（污染），通过式（4-2）可以发现，处理组（大气环境质量非达标城市）在限期达标制度实施前后两个时期的环境质量为：

$$EQ_{it} = \begin{cases} \beta_0 + \beta_1 + \varepsilon_{it} & 限期达标之前(dt = 0) \\ \beta_0 + \beta_1 + \beta_2 + \beta_3 + \varepsilon_{it} & 限期达标之后(dt = 1) \end{cases} \qquad (4-3)$$

同时还可以发现，对照组在限期达标制度实施前后两个时期的环境质量为：

$$EQ_{it} = \begin{cases} \beta_0 + \varepsilon_{it} & 限期达标之前(dt = 0) \\ \beta_0 + \beta_2 + \varepsilon_{it} & 限期达标之后(dt = 1) \end{cases} \qquad (4-4)$$

通过式（4-3）和式（4-4）可以得到，大气环境质量非达标城市在限期达标制度实施前后的环境质量差异为 $\beta_2 + \beta_3$，大气环境质量达标城市在限期达标制度实施前后的环境质量差异为 $\beta_2$。将大气环境质量非达标城市在限期达标制度实施前后的环境质量差异，减去大气环境质量达标城市在限期达标制度实施前后的环境质量差异，就可以得到限期达标制度对环境质量变化的净影响 $\beta_3$，这是因为，$\beta_1$ 反映的是非达标城市相对于达标城市不随时间变化的差异，$\beta_2$ 反映的是限期达标制度实施前后除去该制度以外的其他因素对环境质量的影响。因此，$\beta_3$ 是关注的核心系数，即可以识别环境规制（即实施限期达标制度）对环境质量的纯影响。

同理，我们还可以进一步通过该方法来识别环境规制所产生的经济绩效，即：

$$PF_{it} = \beta_0 + \beta_1 Unattainment + \beta_2 D_{03} + \beta_3 Unattainment \times D_{03} + \varepsilon_{it} \qquad (4-5)$$

式中，$PF$ 表示由环境规制所带来的各类经济社会效应变量，根据数据的可得性和研究的需要，相应的经济效应变量包括总体经济效应和分项经济效应，总体经济效应包括经济增长、收入、全要素生产率和劳动生产率；分项经济效应包括就业率、就业结构、产业结构、房地产开发、外商直接投资、卫生支出、公共交通和技术进步。

为了进一步控制 2000 年大气污染防治法修订所产生的影响，我们还在式（4-1）、式（4-2）和式（4-5）式中引入了 2000 年的虚拟变量 $D_{03}$，以控制大气污染防治法 2000 年修订可能产生的影响。

（二）指标选择与数据描述

1. 指标选择

（1）环境污染（质量）。通常，环境污染指标的度量可以通过污染物排放和环境污染浓度来反映，前者属于源头性指标，但是，往往由于污染源无法穷尽以及统计申报制度的特定缺陷，使该指标的真实性大打折扣（清华大学公共管理学院，2010）；后者则属于结果性指标，主要利用技术手段对环境中的污染物浓度进行监测和测度，可以较为真实地反映所在地区环境污染程度，但是，该指标易受气候、地形等自然条件的影响。主要选取环境污染浓度指标来反映环境污染（质量），采用双重差分方法以及控制时间、地区和气候（气温、降雨）等多重手段可以有效缓解该指标的不足，更加真实地反映环境质量。具体来说，我们主要选择环境保护部公布的环保重点城市空气综合污染指数、二氧化硫浓度、二氧化氮（或氮氧化物）浓度和可吸入颗粒物（或总悬浮颗粒物），该数据来自分布于环保重点城市的空气质量国控网监测的实时数据，并进行年度汇总得到的空气综合污染指数是各项空气污染物的单项因子指数加权，参加空气综合污染指数计算的污染物包括可吸入颗粒物（或总悬浮颗粒物）、二氧化硫和二氧化氮（或氮氧化物）三项。同时，进一步选取污染物排放强度和处理利用率指标（具体包括单位面积工业废气排放量、单位面积工业二氧化硫排放量、单位面积工业粉尘排放量、单位面积工业烟尘排放量以及工业二氧化硫处理率、工业粉尘处理率和工业烟尘处理率）来表征环境质量状况，进行稳健性分析。

（2）总体经济效应指标。依据已有研究（Greenstone et al.，2012），将受环境规制影响的综合性经济指标确定为经济增长、收入水平、劳动生产率和全要素生产率，其中，经济增长为各城市实际 GDP 增长率，收入水平用城市的人均实际 GDP 表示，参照刘修岩（2009）、张海峰等（2010）的做法，劳动生产率用各地区实际 GDP 除以当年实际就业人数得到劳均产出，全要素生产率采用 DEA - Malmquist 方法和 Malmquist -

Luenberger 指数方法（以下简称 ML 指数方法）测算得到①，前者为不考虑环境因素下（以下简称 ML 指数方法）城市层面的全要素生产率，后者为考虑资源环境因素下的全要素生产率。

（3）分项经济社会效应指标。为进一步细化环境规制对不同经济指标产生的影响，还进一步选取了就业率、就业结构、产业结构、房地产开发、外商直接投资、公共交通和技术进步、绿化率等指标。具体来说，对于就业率，采用单位就业人数占总人口比重表示；对于就业结构，主要观察对污染密集型行业就业的影响，因此，我们采用每万人采掘业和制造业就业人数表示；对于产业结构，主要关注环境规制对产业结构调整是否会产生显著影响，我们使用第二产业占比度量；对于房地产开发，主要通过房地产行业来评估环境规制后环境质量改善所带来的经济价值，采用房地产开发投资占固定资产投资比重表示；对于公共交通，主要关注环境规制是否对交通工具选择产生影响，用每万人公共营运汽电车表示；对于技术进步，主要关注环境规制是否诱致了技术改进和创新，用全要素生产率测算中的技术进步指数表示；为了识别环境规制引致污染下降所导致的医疗支出下降，我们还选择万人病床数表示医疗成本。

（4）其他控制变量。参照以往研究（张红凤，2008；宋马林和王舒鸿，2013），所用控制变量包括人均实际 GDP、城镇化、人口密度、资本存量、固定资产投资、劳动力、人均财政支出等。

（5）地区特征变量。基于数据的可得性，以及环保重点城市与所在省份经济社会和环境特征的高度相似性，地区特征变量数据主要采用"以省级为主、地级为辅"的原则，市场化程度、所有制特征、政府质量和社会资本主要采用省级数据，辐射地级市；融资约束采用地级市数据。具体来说，市场化程度采用樊纲（2011）提供的市场化指数，最新的《中国市场化指数：各地区市场化相对进程 2011 年报告》只提供了至 2009 年的分省数据，我们采用趋势平滑方法进一步推算得到 2010 年的分省市场化指数。所有制特征主要用国有控股工业企业资产/规模以上工业企业资产；政府质量采用动态主成分方法合成税收负担、公共产品供给

---

① "好"产出选用各地级市及以上城市 1997 年为基期的实际地区生产总值，"坏"产出为工业废水、工业二氧化硫和工业粉烟尘，劳动投入采用历年各地级市从业人员数，资本投入采用永续盘存法估算的按可比价格计算的资本存量。具体过程可参见王兵、吴延瑞、颜鹏飞（2008、2010）。

和产权保护，其中，税收负担＝各地区税收总额/国内生产总值；公共产品供给由人均教育经费、万人病床数和万人图书册数合成得到；产权保护采用樊纲市场化指数中的产权保护指数。社会资本采用结构方程 MIMIC 方程测算，将社会资本作为隐变量，并充分考虑影响社会资本的原因，如全球化、收入差距、就业状况、财政福利、财政风险、社会组织和社会沟通等因素，并以营商环境、契约状况、社会服务、社会流通和社会共享作为指标变量，建立 MIMIC 模型，来测算社会资本的相对规模。对于融资约束，受简泽等（2013）的做法启示，用地区贷款余额占 GDP 比重近似替代，比重越小，表示融资约束越强。

2. 数据描述与方法选择

表 4－1 是模型主要变量定义与描述性统计。实证分析的数据以 1997—2010 年 113 个环保重点城市的数据为主，考虑数据的可得性，在制度特征变量上选用这些城市所在省份的部分变量。归结起来，数据主要包括五大类指标，分别是环境质量和污染排放及治理指标、总体经济效应指标、分项经济社会效应指标、控制变量指标和地区特征变量指标。

双重差分客观估计的一个重要前提是公共政策的变化必须是外生的，即在理论上不能与回归方程的误差项相关，因此，该方法的一个潜在风险就是被实验的对象未必是被随机地选入处理组和对照组，如果有（未被观测到的）与本部分关心的因变量（如环境污染）相关的因素同时影响到一个地级市是否进行环境规制，那么不进行规制的地级市就不构成有效的对照组。对此，采用基于趋势评分匹配的双重差分法，该方法可以有效地控制"选择性偏差"问题，正如毛捷等（2011）所指出的，原有的双重差分方法尽管可以捕捉到处理组和对照组的特定行为变化前后的相对差异，但是，该方法不能控制这类内生性问题：由于政策对象不是随机决定的（如本部分中环保达标与非达标城市的划分不能够完全排除人为因素干扰），这种偏差会使得解释变量与残差之间产生关联，从而导致内生性问题。该方法的原理是：

首先，借助特征变量重估每一观察对象为处理组的概率，即趋势评分：

$$p_i(X) = Pr(D_i = 1 \mid X_i) = F[h(X_i)]$$

式中，$D_i$ 表示处理组哑变量，$F(\cdot)$ 为 Logistic 分布函数，$h(\cdot)$ 为第 $i$ 个地区特征变量（$X_i$）的线性函数。

其次，依据趋势评分结果，重新匹配处理组与对照组，匹配的准则是趋势评分满足平衡性。

表 4 - 1 描述性统计结果

| 变量类型 | 变量名称 | 平均值 | 方差 | 样本数 | 备注（指标解释单位等） |
|---|---|---|---|---|---|
| 环境质量和污染排放及治理指标 | 空气综合污染指数 | 2.7686 | 1.1825 | 1067 | 由各类空气污染物加权合成而来 |
| | 二氧化氮浓度 | 0.0387 | 0.0157 | 1229 | 毫克/立方米 |
| | 二氧化硫浓度 | 0.0565 | 0.0365 | 1294 | 毫克/立方米 |
| | 可吸入颗粒物浓度 | 0.1171 | 0.0615 | 1221 | 毫克/立方米 |
| | 工业废水排放强度 | 10.2837 | 13.6164 | 1233 | 工业废水排放量/土地面积 |
| | 工业废气排放强度 | 1.4364 | 2.2047 | 1189 | 工业废气排放量/土地面积 |
| | 工业二氧化硫排放强度 | 82.6889 | 100.8029 | 1231 | 工业二氧化硫排放量/土地面积 |
| | 工业烟尘排放强度 | 36.7410 | 52.7368 | 1232 | 工业烟尘排放量/土地面积 |
| | 工业粉尘排放强度 | 35.2581 | 62.0039 | 1177 | 工业粉尘排放量/土地面积 |
| | 工业固体废弃物排放强度 | 0.6467 | 1.1474 | 1189 | 工业固体废弃物排放量/土地面积 |
| | 工业二氧化硫去除率 | 0.3259 | 0.2271 | 1201 | 工业二氧化硫去除量/（工业二氧化硫排放量＋工业二氧化硫去除量） |
| | 工业烟尘去除率 | 0.9335 | 0.1029 | 1223 | 工业烟尘去除量/（工业烟尘排放量＋工业烟尘去除量） |
| | 工业粉尘去除率 | 0.8453 | 0.1778 | 1056 | 工业粉尘去除量/（工业粉尘排放量＋工业粉尘去除量） |
| | 工业固体废弃物利用率 | 0.5830 | 0.0951 | 1164 | 直接来自《中国环境年鉴》 |

续表

| 变量类型 | 变量名称 | 平均值 | 方差 | 样本数 | 备注（指标解释单位等） |
|---|---|---|---|---|---|
| 总体经济效应指标 | 全要素生产率 | 1.0011 | 0.2007 | 1456 | 根据 DEA – Malmquist 测算得到 |
| | 环境全要素生产率 | 0.8432 | 0.479 | 1433 | 根据 ML 指数方法测算得到 |
| | 技术进步率 | 0.9621 | 0.1758 | 1456 | 来自 DEA – Malmquist 测算 |
| | 劳动生产率 | 14.0015 | 14.0251 | 1568 | 实际 GDP/劳动就业人数 |
| | 人均实际 GDP | 3.0156 | 2.7763 | 1561 | 以 1997 年为基期 |
| | 实际 GDP 增长率 | 12.5656 | 8.0060 | 1550 | $(\text{GDP}_{it} - \text{GDP}_{it-1})/\text{GDP}_{it-1}$ |
| 分项经济社会效应指标 | 就业情况 | 0.2368 | 0.1148 | 1561 | 单位就业人数占总人口比重 |
| | 第二产业就业占比 | 50.5761 | 12.6908 | 1563 | % |
| | 制造业就业占比 | 0.4188 | 0.9149 | 1563 | 制造业占第二产业就业比重 |
| | 科技发展 | 0.0288 | 0.1649 | 1561 | 科研综合行业占就业人数比重 |
| | 外商直接投资 | 0.0428 | 0.0927 | 1466 | 外商直接投资占国内生产总值比重 |
| | 公共交通发展 | 33.8999 | 20.1076 | 1557 | 万人公共交通车辆数 |
| | 绿化率 | 34.2967 | 9.0814 | 1561 | % |
| | 房地产投资 | 0.2236 | 0.1231 | 1552 | 房地产投资占固定资产投资比重 |
| | 医疗服务 | 31.4145 | 24.57 | 1517 | 万人病床数 |
| 控制变量指标 | 固定资本 | 3.0072 | 4.5035 | 1568 | 固定资本存量/国内生产总值 |
| | 城镇化率 | 0.6846 | 0.2021 | 1318 | 城镇人口占总人口比重 |
| | 第二产业占比 | 47.4683 | 15.5948 | 1563 | 第二产业产值/国内生产总值 |
| | 人口密度 | 0.1334 | 0.0964 | 1561 | 人口规模/国土面积 |
| | 劳动力数量 | 45.8668 | 68.4100 | 1537 | 单位就业人数 |
| | 人均财政支出 | 0.3128 | 0.2985 | 1568 | 人均财政支出 |

| 变量类型 | 变量名称 | 平均值 | 方差 | 样本数 | 备注（指标解释单位等） |
|---|---|---|---|---|---|
| 地区特征变量指标 | 市场化程度 | 5.6801 | 2.2082 | 430 | 樊纲（2012）市场化指数 |
| | 融资约束 | 0.9790 | 0.5326 | 1542 | 贷款余额/国内生产总值 |
| | 所有制特征 | 0.6172 | 0.1942 | 428 | 国有控股工业企业资产/规模以上工业企业资产 |
| | 政府质量 | 0.5435 | 0.1336 | 430 | 根据企业税收负担、公共品供给和产权保护加权合成得到 |
| | 社会资本 | 0.0349 | 0.0495 | 430 | 采用结构方程MIMIC方程 |

最后，利用匹配数据进行相关实证分析。经过趋势评分匹配滞后，处理组和对照组的差异显著缩小，使得"选择性偏差"得到了控制。

**四　实证结果及解释**

实证研究主要分为以下几个部分：首先是分析环境规制对环境质量的影响，验证环境规制的"降污"效应；其次是环境规制的总体经济效应和分项经济社会效应评估，验证环境规制的"增效"效应；再次是环境规制效应的地区异质性检验，主要探讨地区特征所引致的环境规制效应差异；最后是稳健性检验。

**（一）环境规制对环境质量的影响**

本部分，因变量主要选取了113个环保重点城市的空气综合污染指数、二氧化硫浓度、二氧化氮浓度、可吸入颗粒物浓度，均为实地环境监测合成数据。表4-2的第（1）、（3）、（5）和（7）个回归为仅控制了时间效应和个体效应的结果，余下的为加入控制变量后的回归结果，对于控制变量，我们主要选取了人均实际GDP、产业结构、外商直接投资和城镇化率，模型的总体拟合优度较好。我们发现，对于这四类环境质量指标而言，2003年实施的"限期达标"环境规制政策，对环境质量确实产生了积极的作用。当没有加入其他变量时，该项政策实施，使得"非达标"城市的空气污染综合指数、二氧化硫浓度、二氧化氮浓度和可吸入颗粒物浓度分别相对下降了0.2271、0.009、0.019和0.0655，当加入控制变量后，四类空气污染物浓度分别下降0.2403、0.0083、0.0182和0.0588。这说明，环境规制政策实施在一定程度上达到了降污的效果。

进一步观察发现，相比较达标城市，非达标城市总体环境污染程度依然较高，这一点通过 Unattainment 变量的系数可以得到证明。其他控制变量的结果也基本符合我们的预期，人均实际 GDP 越高的城市，空气质量相对越好；第二产业比重越高的城市，空气质量相对越差，外商直接投资对所在城市空气环境质量的影响并不确定，而现阶段的城镇化加剧了空气质量的恶化。

表 4－2　　　　　　　　　　环境规制对空气质量影响回归结果

| 变量 | lgAPI | | 二氧化氮 | | 二氧化硫 | | PM10 | |
|---|---|---|---|---|---|---|---|---|
| | (1) | (2) | (3) | (4) | (5) | (6) | (7) | (8) |
| Unattainment $\times D_{03}$ | －0.2271* | －0.2403* | －0.0090* | －0.0083* | －0.019* | －0.0182* | －0.0655* | －0.0588* |
| | (0.000) | (0.000) | (0.010) | (0.004) | (0.001) | (0.004) | (0.000) | (0.000) |
| Unattainment | 0.7079* | 0.6721* | 0.0159* | 0.0146* | 0.0496* | 0.0429* | 0.0968* | 0.0889* |
| | (0.000) | (0.000) | (0.000) | (0.000) | (0.000) | (0.000) | (0.000) | (0.000) |
| $D_{03}$ | －0.0965** | －0.0258 | －0.0027 | －0.0029 | 0.0028 | 0.003 | －0.0103 | －0.0036 |
| | (0.027) | (0.576) | (0.207) | (0.208) | (0.328) | (0.318) | (0.289) | (0.654) |
| pgdp | | －0.028* | | －2.72e－06 | | －0.0000* | | －0.0001* |
| | | (0.003) | | (0.535) | | (0.002) | | (0.000) |
| indus | | 0.0019 | | 0.0001 | | 0.0001*** | | 0.0008* |
| | | (0.209) | | (0.134) | | (0.086) | | (0.000) |
| fdi | | 0.1087 | | 0.0001*** | | －0.0002** | | －0.0001 |
| | | (0.68) | | (0.088) | | (0.015) | | (0.792) |
| urban | | 0.1113*** | | 0.0076*** | | 0.0036 | | 0.0215** |
| | | (0.073) | | (0.054) | | (0.552) | | (0.011) |
| constant | 0.6112* | 0.4945* | 0.0336* | 0.0286* | 0.0310* | 0.040* | 0.089* | 0.0587* |
| | (0.000) | (0.000) | (0.000) | (0.000) | (0.000) | (0.000) | (0.000) | (0.000) |
| year$^{2000}$ | 是 | 是 | 是 | 是 | 是 | 是 | 是 | 是 |
| $R^2$ | 0.5773 | 0.5753 | 0.2576 | 0.3658 | 0.3604 | 0.3579 | 0.4603 | 0.5311 |
| 城市数 | 113 | 110 | 113 | 110 | 113 | 110 | 113 | 110 |
| 样本数 | 850 | 896 | 115 | 949 | 1168 | 1106 | 1108 | 879 |

注：括号内为 p 值，*、**和***分别表示在 10%、5% 和 1% 的水平上显著，年份和地市固定效应控制。

为了进一步检验环境规制政策随时间推移对环境质量所产生的影响，将式（4-2）进一步扩展为如下形式：

$$EQ_{it} = \beta_0 + \beta_1 Unattainmet + \beta_2 D_{03} + \beta_3 Unattainmet \times D_{03}$$
$$+ \sum_{j=2004}^{2012} \alpha_j Unattainmet \times D_{03} \times year^j + \varepsilon_{it} \qquad (4-6)$$

式中，$year^j$ 表示年度哑变量，其赋值在第 $j$ 年为 1，其他年份为 0。上述扩展式不仅可以反映限期达标制度对环境质量的影响是否存在滞后效应，而且还可以进一步反映环境规制政策效果的可持续性，对此进一步将数据时间延伸到 2012 年，以期在一个较长时间段观察环境规制的"降污"效应，结果如图 4-4 所示。倍差法估计量与 2004 年哑变量交互项（$Unattainmet \times D_{03} \times year^{2004}$）的回归系数相对较小且不显著，但是与之后年份哑变量的交互项回归系数显著上升，这表明，该项政策的实施存在一年左右的时滞。进一步的观察发现，该项政策的降污效果大致到 2008 年和 2009 年达到最佳值，之后年份的效果呈现出较为明显的相对下降趋势。这表明，环境规制在中短期内的实施效果可能较为明显，从较长时期来看可能面临着较大的不确定性，其中的原因可能在于：（1）制度实施具有较强的路径依赖、惯性和惰性，使得环境规制的边际效应呈现出先上升后下降的"U"形趋势；（2）这与当前以"行政命令"为主体的环境规制工具体系密切相关，短期效果可能立竿见影，但是，长期效果面临着交易成本上升、信息不对称加剧和逆向选择等问题。

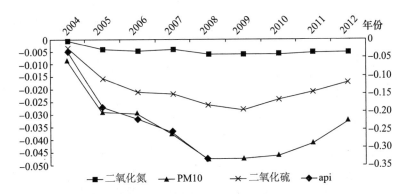

图 4-4　限期达标制度对空气环境质量影响系数变化（2004—2012 年）

因此，中国现有的环境规制在短期内会降低污染、改善环境质量，更长时间内面临着不确定性。

（二）环境规制的经济绩效评估

接下来，从环境规制的总体经济效应和分项经济社会效应来综合评估环境规制的"增效"效应。

1. 环境规制的总体经济效应评估

表4-3提供了环境规制总体经济效应的回归结果。列（1）至（5）分别显示了环境规制的倍差法估计量 Unattainmet $\times D_{03}$ 对经济增长（GROWTH）、人均 GDP（PGDP）、全要素生产率（TFP）、环境全要素生产率（ETFP）和劳动生产率（LP）的回归结果。具体来说，环境规制对经济增长产生了一定的负向作用。如列（1）所示，倍差法估计量 Unattainmet $\times D_{03}$ 的系数为负，但不显著，尽管相比较达标城市，非达标城市的经济增长率依然较高，但是，由于在2003年实施了以限期达标为要求的综合性环境规制政策，使得在其他条件相同的情况下，该政策的实施会使得非达标城市的经济增长相对下降一个百分点左右，由于经济增长率的相对下降，相应地，也会使人均实际 GDP 出现下降，列（2）的结果提供了相应的证据。

表4-3　　　　　　环境规制的总体经济效应回归结果

| 变量 | GROWTH (1) | PGDP (2) | TFP (3) | ETFP (4) | LP (5) |
|---|---|---|---|---|---|
| Unattainment $\times$ $D_{03}$ | -1.1189 (0.119) | -0.6001 (0.156) | -0.0027 (0.894) | 0.0145*** (0.0999) | 0.595*** (0.091) |
| Unattainment | 1.2822* (0.000) | -1.358* (0.000) | -0.0555* (0.001) | -0.0345* (0.0345) | -6.374* (0.000) |
| $D_{03}$ | 5.3383* (0.000) | 1.6675* (0.000) | 0.0182 (0.537) | 0.0842** (0.017) | 7.723* (0.000) |
| labor | 0.0159* (0.001) | 0.0075* (0.000) | -0.0002 (0.129) | -0.0003** (0.06) | -0.0485* (0.000) |
| captial | -3.199* (0.000) | 3.58* (0.000) | -0.0289 (0.182) | -0.0153*** (0.06) | 12.48* (0.000) |
| fdi | 16.47* (0.00) | -3.80* (0.000) | 0.0245*** (0.085) | 0.1336*** (0.054) | 7.345 (0.000)* |
| Tech | -1.496 (0.701) | 4.596** (0.035) | 5.4956* (0.000) | 3.214* (0.000) | 7.356* (0.0000) |

续表

| 变量 | GROWTH (1) | PGDP (2) | TFP (3) | ETFP (4) | LP (5) |
|---|---|---|---|---|---|
| constant | 8.3724* (0.000) | 2.1502* (0.000) | 0.9192* (0.000) | 0.0039* (0.895) | 14.59* (0.000) |
| year$^{2000}$ | YES | YES | YES | YES | YES |
| R$^2$ | 0.2531 | 0.6532 | 0.3634 | 0.4545 | 0.3180 |
| 城市数 | 111 | 111 | 111 | 111 | 111 |
| 样本数 | 1087 | 1079 | 1029 | 1184 | 1137 |

注: *、**、***分别表示在10%、5%和1%的水平上显著, 括号内数字为 p 值。

进一步观察环境规制对全要素生产率和环境全要素生产率的影响。我们发现, 对于不考虑环境因素的全要素生产率而言, 倍差法估计量 Un-attainmet×D$_{03}$ 的系数为负, 但不显著, 这表明在现阶段的中国, 环境规制实施可能会部分地影响全要素生产率增长, 进而影响经济增长。现阶段的中国, 经济增长还主要是依靠劳动和资本两项生产要素的推动, 由于环境规制政策实施, 使得真实用于生产中的劳动和资本相对降低, 在不考虑环境投入和产出的情况下, 必然使得全要素生产率下降。但是, 如果考虑环境因素的全要素生产率, 则结果会出现"逆转"。如列 (4) 环境规制对环境全要素生产率的影响为正, 这是因为, 环境规制的实施, 使得"坏"产出相对降低, 同时投入要素的有效性也会大大增加, 使得考虑环境因素的全要素生产率提高。

最后, 还进一步关注环境规制对劳动生产率的影响。通常而言, 在其他要素不变的情况下, 对劳动生产率的影响主要是通过劳动力数量和质量两个途径。在列 (5) 中, 环境规制对劳动生产率的影响在1%的水平上显著为正, 环境规制的实施有效提升了劳动生产率。我们认为, 这可能与环境规制实施所带来的劳动就业人数下降和劳动者健康人力资本改善有关, 这在后面的研究中得到了证明。

总体来看, 2003年实施的限期达标制度对经济增长和全要素生产率产生了不显著的负向影响, 而对环境全要素生产率和劳动生产率产生了显著的正向作用。

2. 环境规制的分项经济社会效应评估

接下来观察环境规制的分项经济社会效应, 进一步挖掘环境规制影响整体经济社会效应的途径。表4-4提供的是环境规制分项经济社会效应回归结果，具体包括对就业率、就业结构（包括第二产业和制造业就业）、技术进步、房地产投资和外商直接投资的影响。在过去的若干年中，许多政策制定者认为环境规制是"就业杀手"，他们认为，环境规制会影响企业的生产成本、削减企业的竞争优势和生产规模，进而减少了企业的劳动力需求。但是，也有研究指出，公众开始逐渐地支持该假说，即更严格的环境政策不仅能够促进国家竞争力提高而且还能够改善就业条件，例如可以改善工作地的环境，而且环境保护还会新增就业机会。在实证结果中，我们发现，2003年实施的限期达标环境规制政策对就业产生了不利影响，倍差法估计量 Unattainment $\times D_{03}$ 的系数显著为负，我们认为，环境规制主要集中于第二产业尤其是工业领域，而第二产业是中国经济发展的支柱产业，就业人数相对较多，尽管产业结构在调整，但是，第二产业就业占比从1997年的23.69%上升到2012年的30.29%，而事实上，列（2）和列（3）的回归结果也从另一方面证明了解释。环境规制对第二产业就业比重和制造业就业比重的影响显著为负，这说明，环境规制政策实施使得第二产业和制造业就业人数出现了一定程度的相对下降，环境保护所带来的新增就业机会无法抵消环境规制所带来的失业数，以美国为例，由于环境政策的引入和力度强化，美国制造业就业人数从1970年占总就业人数的25.3%下降到2012年的9%（Greenstone et al.，2012）。因此，在环境规制过程中辅之以适当的就业扶持和失业补偿配套政策显得尤为重要，这对于缓解环境规制的阻力和降低交易成本具有重要意义。对于技术进步而言，我们发现环境规制系数显著为负，这意味着环境规制并没有立竿见影地引致技术创新。

基于上述的分析，似乎得到了环境规制的一系列负向悲观效应，但实际情况可能并非如此。外商直接投资通常被认为与环境污染有着千丝万缕的联系，以往研究既证实了外商直接投资有利于改善环境质量，但也有研究反驳了这一观点，佐证了"污染避难所"假说，这也暗含着环境规制可能不利于吸引外资的含义。我们无意验证外商直接投资对环境的影响，而是从一个准实验的视角更为客观地观察环境规制实施是否会影响外资进入，我们非常清晰地发现，倍差法估计量 Unattainment $\times D_{03}$ 的系数显著为正，这表明对于现阶段环境污染加剧和环境质量不佳的中国而言，环境规制的实施可能是一项有利于吸引外资的政策，环境规制所引致的污染下降和环境质量改善有利于提升辖区投资软环境，环境质量也能够从另一个角度为辖区良好的制度环境提供显著的信号，特别是在当前环境形势极为严峻的条件下显得尤为重要，良好的环境质量也无形之中降低外资的运行成本并提高生产效率。

表 4 - 4　　　　　　　　环境规制的分项经济社会效应回归结果

| 变量 | 就业率<br>（1） | 第二产业<br>就业（2） | 制造业就业<br>（3） | 技术进步<br>（4） | 房地产<br>（5） | 外资<br>（6） |
|---|---|---|---|---|---|---|
| Unattainment ×<br>$D_{03}$ | − 0. 0113 **<br>（0. 042） | − 3. 3825 *<br>（0. 000） | − 0. 0128 *<br>（0. 008） | − 0. 0265 **<br>（0. 020） | 0. 0314 *<br>（0. 001） | 0. 0277 *<br>（0. 000） |
| Unattainment | − 0. 0171<br>（0. 187） | 3. 194<br>（0. 148） | 0. 0149 ***<br>（0. 083） | 0. 0107<br>（0. 533） | − 0. 0534 *<br>（0. 003） | − 0. 0565 *<br>（0. 000） |
| $D_{03}$ | − 0. 062 *<br>（0. 000） | 3. 255 *<br>（0. 000） | − 0. 0745 **<br>（0. 031） | − 0. 0436 **<br>（0. 014） | − 0. 0105<br>（0. 228） | − 0. 0257 *<br>（0. 000） |
| pgdp | 0. 0059 *<br>（0. 000） | − 0. 079 ***<br>（0. 053） | 0. 0086<br>（0. 317） | − 0. 0017 **<br>（0. 0348） | 0. 0008 **<br>（0. 06） | − 0. 0027 *<br>（0. 001） |
| Labor/keji | 0. 001 *<br>（0. 000） | 0. 002 ***<br>（0. 077） | 0. 0002<br>（0. 346） | | | 0. 0003 ***<br>（0. 067） |
| ndus/urban | 0. 002 *<br>（0. 000） | 0. 005 *<br>（0. 000） | 0. 003<br>（0. 456） | 0. 4953 **<br>（0. 036） | 0. 0414 **<br>（0. 037） | 0. 0292 *<br>（0. 000） |
| fdi | 0. 2619 *<br>（0. 000） | − 11. 95 **<br>（0. 016） | 0. 555<br>（0. 224） | 0. 043 ***<br>（0. 069） | | |
| constant | 0. 1043 *<br>（0. 000） | 48. 14 *<br>（0. 000） | 0. 383 *<br>（0. 000） | 0. 9792 *<br>（0. 000） | 0. 2099 *<br>（0. 000） | 0. 0677 *<br>（0. 000） |
| $year^{2000}$ | 是 | 是 | 是 | 是 | 是 | 是 |
| $R^2$ | 0. 4676 | 0. 4000 | 0. 486 | 0. 313 | 0. 4945 | 0. 4078 |
| 城市数 | 111 | 111 | 111 | 111 | 112 | 111 |
| 样本数 | 1289 | 1306 | 1347 | 1278 | 1206 | 1203 |

注：*、**和***分别表示在10%、5%和1%的水平上显著，括号内数字为p值。

此外，还关注了环境规制对房地产市场投资的影响，从理论上讲，房地产投资是房价和房地产需求的函数。不能否定的是，中国的房价收入比过高、房地产市场泡沫等问题可能存在，但是，就房屋的本身价值而言，内含着所处辖区的交通基础设施、公共服务和生态环境等。确实有许多因素助推着中国房价的提高，如何识别和剥离不同因素的影响也是解开房价之谜的重要理论工作。我们利用基于趋势评分的倍差法来探讨环境规制所引致的污染下降和环境质量改善是否会助推房地产市场投资。回归结果如表4-4中列（5）所示，尽管相比较非达标城市的房地产投资占比低于达标城市，而且2003年后，房地产投资占比也确实出现了一定程度的下降，但是，倍差法估计量Unattainment×$D_{03}$的系数显著为正，这说明，环境规制实施对房地产市场投资的净影响为正，即环境规制的实施助推了房地产市场投资行为，这也在一定程度上解释了中国房地产市场过热的部分原因。但是，环境规制对房地产市场的影响不足以改变房地产市场的基本面，因此，也只是从环境规制角度提供了一项影响房价上涨的间接证据。

接下来，我们进一步关注了环境规制对卫生成本、公共交通、绿化率和城镇化的影响。总体来看，环境规制政策的实施，使得非达标城市的每万人病床数出现了显著的相对下降［如表4-5列（1）Unattainment×$D_{03}$的系数显著为负］，虽然相比较达标城市，非达标城市的万人病床数依然较高，而且2003年后万人病床数也呈现更为显著的上升，但是由于环境规制政策的实施，相比较达标城市，非达标城市的卫生成本出现了下降。这主要是因为，规制政策的实施，使得非达标城市的环境质量改善程度相对更大，环境污染的降低和环境质量改善，会显著地减少疾病发病率和死亡率，降低医疗卫生成本。

近年来，私人交通工具的快速发展使得汽车尾气成为城市空气污染的重要来源，发展公共交通和提高绿化率被认为是改善城市环境质量和生态环境的重要手段，这是进行环境规制的重要工具。如表4-5列（2）和列（3）所示，2003年实施的限期达标环境规制政策，使得非达标城市的万人公共交通工具数量和绿化率出现相对增加和提高。此外，环境规制政策实施对城镇化的影响为负但不显著［如表4-5列（4）］，这是因为，环境规制的实施可能减少了城市就业机会，但是，第二产业和制造业也仅仅是城市就业机会来源的一部分，伴随着环境质量的改善以及产业结构的转型，环境规制对城镇化的不利影响会越来越弱。

表 4 - 5　　　　　　　　　　环境规制的分项经济社会效应回归结果

| 变量 | 卫生成本<br>（1） | 公共交通<br>（2） | 绿化率<br>（3） | 城镇化<br>（4） |
|---|---|---|---|---|
| Unattainment × $D_{03}$ | -0.345 ***<br>(0.093) | 2.7265 *<br>(0.001) | 1.8026 **<br>(0.016) | -0.0291<br>(0.18) |
| Unattainment | 1.59<br>(0.485) | -3.771<br>(0.173) | -3.623 *<br>(0.004) | 0.104<br>(0.633) |
| $D_{03}$ | 3.24 *<br>(0.000) | -3.521 *<br>(0.000) | 3.528 *<br>(0.000) | 0.0339 *<br>(0.003) |
| pgdp | 0.569 ***<br>(0.056) | 0.4298 **<br>(0.022) | 0.5542 *<br>(0.000) | 0.0113 *<br>(0.000) |
| fiscal | 0.085 *<br>(0.007) | 0.556 ***<br>(0.058) | 0.0678 *<br>(0.000) | 0.0586 *<br>(0.000) |
| Urban/labor | 15.68 *<br>(0.000) | 13.561 *<br>(0.000) | 0.4274<br>(0.786) | 0.0001<br>(0.502) |
| Citysize/gyjy | 29.444 *<br>(0.000) | 36.806 *<br>(0.000) | 11.606 *<br>(0.006) | 0.002 *<br>(0.000) |
| constant | 30.567 *<br>(0.000) | 21.929 *<br>(0.000) | 30.046 *<br>(0.000) | 0.3983 *<br>(0.000) |
| year$^{2000}$ | 是 | 是 | 是 | 是 |
| $R^2$ | 0.6788 | 0.5673 | 0.5474 | 0.4896 |
| 城市数 | 112 | 112 | 112 | 112 |
| 样本数 | 1217 | 1211 | 1213 | 1216 |

注：*、**和***分别表示在10%、5%和1%的水平上显著，括号内数字为 p 值。

综合上述分析，我们发现，尽管环境规制对经济增长产生了不显著的负向影响，而且确实不利于全要素生产率增加和技术进步，但是，环境规制及其所引致的环境质量改善却刺激了外商直接投资和房地产投资，提高了劳动生产率，降低了医疗卫生成本，促进了公共交通发展和绿化率提高。而且相比较负向影响，正向影响可能由于传导途径的（如环境质量改善和健康水平提高）滞后性，会使得正向效应逐步凸显。为了进一步验证环境规制对全要素生产率、技术进步和经济增长的影响是否会随时间发生变化，我们采用了与第一部分实证分析类似的做法，在模型

（3）的基础上引入倍差法估计量与 2004 年及其之后若干年哑变量的交互

项（$\sum_{j=2004}^{2010} a_j \text{Unattainment} \times D_{03} \times \text{year}^j$），不同时间点的回归系数如图 4 - 5

所示，环境规制对全要素生产率和技术进步的负向影响呈现先增强后减弱的"U"形结构，而对经济增长的负向影响呈现出逐步减弱并由负变正的转换，从中长期来看，环境规制可以对经济增长产生积极的促进作用。结论不仅证实了环境规制是可以与经济增长实现协调的，而且还发现，除自身原因外，环境规制要实现对经济增长的促进作用，在很大程度还取决于环境规制所带来的"减排降污"效应及其所带来的系列环境红利，即环境规制所产生的正向经济社会效应可以逐步地抵消环境规制所带来的扭曲效应。

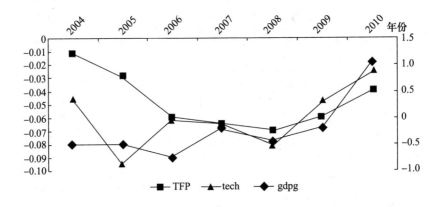

图 4 - 5　环境规制对全要生产率、技术进步和经济增长影响系数变化

（三）环境规制效应的异质性

环境规制对环境质量和经济社会的影响还与所处的制度环境密切相关，这是因为：环境规制作为一项制度安排，也需要实施的制度环境，包括正式的制度和非正式制度安排；从环境治理的本质来看，属于公共治理的范畴，环境治理绩效的好坏不仅依赖政府规制手段，而且还依赖于市场化政策、社会政策以及规制政策实施主体本身的质量和结构安排。

这里我们主要选取了五类地区制度特征变量来反映环境规制实施所处的政府环境、市场环境和社会环境，分别为市场化程度（Market）、融资约束（EFD）、政府质量（GQ）、社会资本（SCI）和所有制特征

（SOE）。表4－6反映的是环境规制对环境质量影响的制度异质性，因变量我们选择了空气污染综合指数，所列示的回归结果均包含控制变量。第一个回归为市场化程度对环境规制"减污"效应的影响，我们发现三重交互项（Unattainment × $D_{03}$ × Market）的系数在10%的水平上显著为负，对于市场化程度越高的城市而言，环境规制的"降污"效应可能更为明显。第二个回归为融资约束与环境规制的交互项回归结果，我们发现，变量 Unattainment × $D_{03}$ × EFD 的系数显著为正，这表明，对于融资约束越低的地区而言（即 EFD 越大），环境规制的"降污"效应相对较弱，这是因为，高污染行业大多集中于资本密集型领域当中，对资金的需求相对较强，如果融资约束较低，意味着相应的融资成本较低，高污染行业扩大生产规模的激励越强，因而对环境质量可能产生不利影响，这也是近年来，环境金融尤其是绿色信贷政策逐步成为中国环境规制体系中市场激励型政策的重要工具的重要原因，通过限制融资渠道和提高融资成本来倒逼高污染行业的技术创新和产业升级。第三个回归为政府质量与环境规制的交互项（Unattainment × $D_{03}$ × GQ）回归结果，我们发现，该变量的系数为在5%的水平上显著为负，这表明，对于政府质量较高的地区，环境规制对环境质量的改善效应可能更为明显，这是因为，对于政府质量较高的地区，环境政策制定和实施效率可能更高，无形中降低了环境规制实施的交易成本和信息不对称问题，遏制了环境规制中的寻租腐败问题。第四个回归为社会资本与环境规制的交互项（Unattainment × $D_{03}$ × SCI），其系数在5%的水平上显著为负，这也表明，对于社会资本较高的地区，环境规制对环境质量的改善效果更为明显，我们认为，这与社会资本的运作机制密切相关，社会资本机制中的信任、互惠、规范与准则以及网络组织沟通有利于降低环境公共治理过程中的交易成本，提高环境集体行动成功概率。最后一个回归为所有制结构与环境规制的交互项（Unattainment × $D_{03}$ × SOE），我们发现该变量的系数在1%的水平上显著为正，这表明，对于国有经济占比较高的地区，环境规制对环境质量的改善作用相对较弱，国有企业在外部补贴、产权保护、税收和市场机会上具有非对称的优势。这意味着，由于其具备与环境规制机构更大的博弈能力和消化政策额外成本的能力以及软约束，国有企业相对更少地受到环境规制的影响（Huang，2003）。

表 4-6　　　　　　　　　环境规制对环境质量影响的制度异质性

| 变量 | lgAPI (1) | lgAPI (2) | lgAPI (3) | lgAPI (4) | lgAPI (5) |
|---|---|---|---|---|---|
| Unattainment × $D_{03}$ × Markelt | -0.045* (0.000) | | | | |
| Unattainment × $D_{03}$ × EFD | | 0.0045** (0.036) | | | |
| Unattainment × $D_{03}$ × GQ | | | -0.003** (0.045) | | |
| Unattainment × $D_{03}$ × SCI | | | | -0.034** (0.017) | |
| Unattainment × $D_{03}$ × SOE | | | | | 0.173*** (0.082) |
| Unattainment × $D_{03}$ | -0.223* (0.002) | -0.194* (0.003) | -0.256* (0.003) | -0.277* (0.000) | -0.293* (0.000) |
| Unattainment | 0.569** (0.023) | 0.467* (0.000) | 0.497* (0.000) | 0.555*** (0.084) | 0.567* (0.000) |
| $D_{03}$ | -0.013 (0.382) | -0.023 (0.236) | -0.026*** (0.09) | -0.0338* (0.002) | -0.042 (0.128) |
| control | 是 | 是 | 是 | 是 | 是 |
| year$^{2000}$ | 是 | 是 | 是 | 是 | 是 |
| $R^2$ | 0.453 | 0.457 | 0.463 | 0.449 | 0.504 |
| 城市数 | 110 | 110 | 110 | 110 | 110 |
| 样本数 | 896 | 879 | 839 | 857 | 852 |

注：*、**和***分别表在10%、5%和1%的水平上显著，括号内数字为p值。

　　接下来，我们还进一步关注了五类制度变量对环境规制的生产率效应的影响，总体来说，实证结果与研究假说预期一致：对于市场化程度相对较高的地区，环境规制的对全要素生产率的扭曲相应相对较低，这是因为市场化程度高的地区，市场激励环境和竞争环境相对优越，使得企业在面临环境规制时，更能够激励企业灵活性地采取适应性措施，尽可能地降低环境规制的不利影响；对于融资约束越强的地区，环境规制对全要素生产率的扭曲效应更弱，这是因为，当融资约束较弱时，企业融资成本较低，往往采用更为粗放式的生产经营方式，即使面临着环境规制的约束，较低的融资成本可能成为企业"应对之需"；对于政府质量和社会资本越高的地区，环境规制对全要素生产率的扭曲影响相对更弱，但是不显著，这是因为全要素生产率更多地属于企业生产行为，政府部门和社会部门还不足以影响到环境规制的企业生产效率效应。对于所有制结构而言，国有经济占比较高的地区，环境规制的生产率扭曲虽然较弱，但是，并不明显。这表明，尽管国有企业由于特殊的政治地位、博弈谈判能力使得其相对更少地受到环境规制的影响（Huang，2003），但是，这并未转化为环境规制所引致的更低的生产率扭曲效应。我们认为，这主要源于环境规制对不同所有制企业生产率影响的差异并不明显，因为在面临环境规制，非国有企业灵活性更强、环境遵从性更高，在同等条件下能更快地摆脱环境规制对生产率的不利影响；而国有企业由于其相对较重的政策包袱，在面临环境规制时，将更多资源和精力集中于讨价还价以及政策性包袱处理上，再加之较弱的融资约束，使得其生产率并不会因为较少受到环境规制的影响而扭曲更小。

表 4 - 7 　　　　　　　　　　环境规制对生产率影响的制度异质性

| 变量 | TFP (1) | TFP (2) | TFP (3) | TFP (4) | TFP (5) |
|---|---|---|---|---|---|
| Unattainment × $D_{03}$ × Market | 0.013 * (0.005) | | | | |
| Unattainment × $D_{03}$ × EFD | | - 0.006 ** (0.044) | | | |
| Unattainment × $D_{03}$ × GQ | | | 0.058 (0.103) | | |
| Unattainment × $D_{03}$ × SCI | | | | 0.008 (0.24) | |
| Unattainment × $D_{03}$ × SOE | | | | | 0.0024 (0.37) |
| Unattainment × $D_{03}$ | - 0.0019 (0.134) | - 0.004 (0.048) | - 0.004 (0.498) | - 0.0037 (0.392) | - 0.004 (0.075) |
| Unattainment | - 0.0483 (0.005) | - 0.0456 (0.146) | - 0.0585 (0.83) | - 0.0489 (0.48) | - 0.0583 (0.129) |

续表

| 变量 | TFP (1) | TFP (2) | TFP (3) | TFP (4) | TFP (5) |
|---|---|---|---|---|---|
| $D_{03}$ | 0.024 (0.841) | 0.043 (0.45) | 0.042 (0.67) | 0.049 (0.84) | 0.066 (0.019) |
| control | 是 | 是 | 是 | 是 | 是 |
| $year^{2000}$ | 是 | 是 | 是 | 是 | 是 |
| $R^2$ | 0.432 | 0.552 | 0.516 | 0.551 | 0.663 |
| 城市数 | 111 | 111 | 111 | 111 | 111 |
| 样本数 | 857 | 859 | 859 | 853 | 855 |

注：*、**和***分别表示在10%、5%和1%的水平上显著，括号内数字为p值。

（四）稳健性检验

1. 替换指标和准倍差法：对其他空气污染物排放的影响（工业废气、工业二氧化硫、工业烟尘和工业粉尘）

前文在检验环境规制的"降污"效应时，主要是选择了来自环境监测的空气质量指标，监测数据更多地反映的是一个地区的环境质量结果，尽管控制了气温和降雨两个自然变量以及地区固定效应，但是依然不能排除其他自然因素的冲击。我们选择污染物排放的源头指标，来验证环境规制的"减排"效应。由于影响环境质量的因素非常多，环境污染的来源也相对较多，以往的大部分研究也都指出，对于正处于工业化中后期的中国而言，工业污染依然是影响环境质量和环境污染的重要来源，对此，采用基于趋势评分方法的倍差法来检验环境规制对工业空气污染排放量及其去除率的影响。检验结果如表4-8所示，我们主要选取工业空气污染物排放强度和去除率作为被解释变量，2003年所实施的限期达标制度在不同显著水平上相对降低了工业废气排放强度、工业二氧化硫排放强度、工业烟尘排放强度和工业粉尘排放强度，同时提高了工业二氧化硫、工业烟尘和工业粉尘的去除率。这表明，之前的检验是稳健的。

接下来，由于2003年实施的限期达标制度并非完全针对空气污染及其相关行业，可能也会影响到其他非空气污染及其相关行业的生产行为，

**表 4 - 8 环境规制对其他空气污染排放物及处理利用情况的影响**

| 变量 | Indus – gas (1) | Indus – so₂ 排放强度 (2) | Indus – so₂ 去除率 (3) | Indus – smoke 排放强度 (4) | Indus – smoke 去除率 (5) | Indus – dust 排放强度 (6) | Indus – dust 去除率 (7) |
|---|---|---|---|---|---|---|---|
| Unattainment × $D_{03}$ | - 0. 397 \*\*\* (0. 064) | - 11. 33 \*\* (0. 015) | 0. 009 \*\*\* (0. 081) | - 8. 255 \*\*\* (0. 094) | 0. 006 \*\*\* (0. 073) | - 10. 125 \*\* (0. 015) | 0. 0201 \*\* (0. 044) |
| Unattainment | 0. 443 \*\* (0. 026) | 40. 847 \*\* (0. 013) | - 0. 0389 (0. 264) | 34. 262 \* (0. 000) | - 0. 0113 (0. 603) | 29. 952 \*\* (0. 014) | - 0. 0008 (0. 982) |
| $D_{03}$ | 0. 075 (0. 507) | - 4. 263 (0. 519) | 0. 176 \* (0. 000) | - 9. 372 \* (0. 001) | 0. 03 \*\*\* (0. 081) | - 8. 4758 \*\* (0. 04) | 0. 061 \*\* (0. 04) |
| control | 是 | 是 | 是 | 是 | 是 | 是 | 是 |
| year$^{2000}$ | 是 | 是 | 是 | 是 | 是 | 是 | 是 |
| $R^2$ | 0. 563 | 0. 573 | 0. 485 | 0. 576 | 0. 511 | 0. 49 | 0. 608 |
| 城市数 | 103 | 110 | 112 | 112 | 112 | 106 | 106 |
| 样本数 | 819 | 869 | 1115 | 1132 | 1123 | 1077 | 907 |

注：\*、\*\* 和 \*\*\* 分别表示在 10%、5% 和 1% 的水平上显著，括号内数字为 p 值。

对此进一步采用 Nunn 和 Qian（2011）提出的一种准倍差法进行估计，即构造空气污染综合指数与时间虚拟变量的交互项（dAPI × dt）来替换原有的环境规制交互项，dAPI × dt 反映了 2003 年的限期达标规制政策所产生的经济社会效应，是如何随着空气污染物浓度而变化的，因而具有了倍差法的优点。我们发现结论也基本与上述回归结果一致，如表 4 - 9 所示，以经济增长为例，dAPI × dt 的系数为负，但不显著。对于其他变量如全要素生产率、环境全要素生产率、就业、外商直接投资和卫生医疗成本的影响如列（2）至列（6）所示，在此不赘述。

**表 4 - 9 环境规制的经济社会效应：准倍差法估计**

| 变量 | GROWTH (1) | TFP (2) | ETFP (3) | 就业率 (4) | FDI (5) | 卫生成本 (6) |
|---|---|---|---|---|---|---|
| dAPI × dt | - 0. 01 (0. 168) | - 0. 0008 \* (0. 004) | 0. 003 \*\* (0. 045) | - 0. 0016 \*\*\* (0. 076) | 0. 0026 \* (0. 000) | - 0. 028 \* (0. 004) |
| dAPI | - 0. 445 (0. 534) | - 0. 032 \*\*\* (0. 064) | - 0. 0384 (0. 234) | 0. 0541 \* (0. 000) | - 0. 0213 \* (0. 000) | 0. 132 \* (0. 000) |
| $D_{03}$ | 1. 636 \*\*\* (0. 088) | - 0. 0863 \* (0. 001) | 0. 174 \* (0. 004) | - 0. 0377 \* (0. 000) | - 0. 0422 \* (0. 000) | - 0. 345 \* (0. 000) |

续表

| 变量 | GROWTH<br>(1) | TFP<br>(2) | ETFP<br>(3) | 就业率<br>(4) | FDI<br>(5) | 卫生成本<br>(6) |
|---|---|---|---|---|---|---|
| control | 是 | 是 | 是 | 是 | 是 | 是 |
| year$^{2000}$ | 是 | 是 | 是 | 是 | 是 | 是 |
| R$^2$ | 0.523 | 0.354 | 0.405 | 0.2752 | 0.664 | 0.348 |
| 城市数 | 113 | 112 | 112 | 112 | 110 | 112 |
| 样本数 | 948 | 899 | 928 | 949 | 900 | 910 |

注：*、**和***分别表示在10%、5%和1%的水平上显著，括号内数字为p值。

2. 反事实估计：对其他污染物排放的影响（工业废水、工业固体废弃物）

同时，我们还通过2003年实施的规制政策对非空气污染物排放的影响作为一种反事实估计，以此来判断环境规制政策的效果。回归结果如表4-10所示，我们发现，环境规制政策的实施，不但没有降低工业废水和工业固体废弃物的排放量，反而增加了这两类非空气污染物的排放强度，降低了工业固体废弃物的利用率，但是并不显著。这表明结果并不存在系统性的差异，前文的估计结果是稳健的。

表4-10　　　环境规制对其他污染物排放的影响：反事实估计

| 变量 | Indus－water<br>discharge (1) | Indus－waste | |
|---|---|---|---|
| | | Discharge (2) | Utiliz－rate (3) |
| Unattainment × D$_{03}$ | 0.619<br>(0.443) | 0.1092***<br>(0.091) | −0.0088<br>(0.121) |
| Unattainment | 1.449<br>(0.574) | 0.3304<br>(0.132) | 0.0444**<br>(0.011) |
| D$_{03}$ | −0.3018*<br>(0.000) | 0.1646*<br>(0.001) | −0.0255*<br>(0.000) |
| control | 是 | 是 | 是 |
| year$^{2000}$ | 是 | 是 | 是 |
| R$^2$ | 0.411 | 0.446 | 0.312 |
| 城市数 | 112 | 106 | 106 |
| 样本数 | 1113 | 1069 | 1096 |

注：*、**和***分别表示在10%、5%和1%的水平上显著，括号内数字为p值。

3. 替换样本：环保重点城市和非重点城市的差异比较

尽管原有的环保重点城市中达标城市和非达标城市存在着差异化的环境规制冲击，但不可否认的是，环保重点城市中达标城市也面临着"稳定环境质量"的约束，使得原有的处理组和控制组划分可能存在着系统性偏误。对此，我们进一步调整了所选择的控制组和处理组，将环保重点城市作为处理组，而将非环保重点城市作为对照组，这样做的优点在于，非环保重点城市并不会受到行政上的环境规制干预，因此，准实验性更强。回归结果如表 4-11 所示，我们发现，结论依然与前文基本一致。即环境规制政策实施，使重点城市的二氧化硫排放强度和工业烟尘排放强度出现了相对下降，而对重点城市的经济增长和全要素生产率产生了不显著负向影响。

表 4-11  环境规制的经济效应评估：重点城市与非重点城市的倍差法

| 变量 | Indus $-\delta_i$ (1) | Smoke (2) | GROWTH (3) | TFP (4) |
|---|---|---|---|---|
| Unattainment $\times D_{03}$ | -18.04 * (0.000) | -3.27 (0.655) | -1.6225 (0.164) | -0.0139 (0.237) |
| Unattainment | 54.60 (0.106) | 11.22 (0.234) | 2.331 * (0.000) | 0.307 * (0.002) |
| $D_{03}$ | -81.75 * (0.000) | -11.235 (0.116) | 6.44 * (0.000) | -0.008 ** (0.026) |
| control | 是 | 是 | 是 | 是 |
| year$^{2000}$ | 是 | 是 | 是 | 是 |
| $R^2$ | 0.345 | 0.381 | 0.492 | 0.341 |
| 城市数 | 286 | 286 | 287 | 286 |
| 样本数 | 2252 | 2249 | 3410 | 3370 |

注：*、** 和 *** 分别表示在10%、5%和1%的水平上显著，括号内数字为 p 值。

## 五  结论

改善环境质量、促进经济发展与生态环境的协调性和可持续性是国家环境治理体系和治理能力现代化的终极目标（周生贤，2014）。环境规制被认为是实现这一目标的重要手段，客观评估环境规制的经济社会效应，揭示效应的内在传导机制，具有重要的理论价值和现实意义。首次利用国务院 2003 年实施的限期达标制度所划分的"达标城市"和"非达标城市"作为识别环境规制的准实验机会，利用基于趋势评分的双重差分方法，有效控制了内生性和选择性偏差问题，全面评估了环境规制的"降污"和"增效"效应（又被称为"双赢"效应），并从制度特征差异的角度探讨了环境规制"双赢"效应的异质性，为进一步从制度层面推动环境规制改革提供了思路，最后采用替换样本和指标、准倍差法以及反事实估计的稳健性分析证实了前述实证结果的可靠性。归结起来，得到的结论包括：（1）环境规制在短期内可以降低污染和改善环境质量，但中长期面临着不确定性和反复性，例如，十余年来中国环境规制手段和环境政策不断推陈出新的背景下，2003 年规制政策实施后，尽管环境质量出现了一定程度改善，但是，到 2012 年之后环境污染又出现了加剧趋势。这一方面源于制度实施具有较强的路径依赖、惯性和惰性，使得环境规制的边际效应呈现出先上升后下降的"U"形趋势；另一方面与当前中国以"行政命令"为主体的环境规制工具体系密切相关，短期效果可能立竿见影，但是，长期效果面临着交易成本上升、信息不对称加剧和逆向选择等问题。（2）短期来看，环境规制会降低技术进步和全要素生产率，随着环境规制的其他经济社会效应的凸显，特别是环境规制政策及其所引致的"降污"效应可以有效提高劳动生产率、增加外商直接投资和房地产投资以及降低健康成本、促进公共交通、绿化发展以及降低社会运行的交易成本，环境规制对经济增长的不利效应会被逐步抵消，并由负转正，实现环境保护与经济发展的可协调性，这一点也体现在环境规制对环境全要素生产率的促进上。这表明：环境规制对经济增长的影响主要取决于：环境规制对技术进步和全要生产率的影响与环境规制及其"降污"效应所带来的系列社会经济收益，在一定程度上，环境规制的"减排降污"效应还影响着甚至决定着"经济增长"效应。（3）环境规制的经济社会效应受制于地区特征制度环境，市场化程度越高、国有经济比重越低、融资约束越强、政府质量越高和社会资本越充分，环境规制的降污效应越强，对全要素生产率的扭曲效应越低，进而可以更好地实现环境保护与经济发展的可持续性，因此，良好的制度环境，对于放大环境规制的正向效应和减弱扭曲效应，具有重要的意义。

# 第二节　环境污染成本与企业生产率：
## 工业企业微观层面经验证据

### 一　问题提出

改革开放30多年来，中国发展有两个最明显的特征：持续、快速的经济增长以及相应出现的经济、社会以及生态环境领域的深刻变化。在环境保护领域体现得尤为明显，以至于中国环境可持续发展所面临的挑战，可能是世界上最为复杂和困难的，环境治理的难度可想而知。其中，尤以大气污染最为突出，《2012年全球竞争力报告》显示，中国的空气质量在133个国家中，排名倒数第二，细颗粒物（PM2.5）、氮氧化物和二氧化硫分列倒数第四、第二和第三位；2012年年底和2013年年初全国多地持续大范围的雾霾天气"举世瞩目"。中国空气污染每年造成的经济损失，基于疾病成本估算相当于国内生产总值的1.2%，基于支付意愿估算则高达3.8%（亚洲开发银行和清华大学，2012）。当前，大气污染主要来源于企业部门和工业部门，对正处于经济发展赶超阶段和工业化中后期的中国而言，处理好环境治理与经济发展及工业发展关系，其重要性是不言而喻的。十八届三中全会明确提出了"建设生态文明，必须建立系统完整的生态文明制度体制，用制度保护生态环境"。因此，科学有效评估环境规制的系列经济社会效应对于进一步完善环境规制体制大有裨益。

传统意义上的政府管制主要集中于经济领域以及通信、天然气、交通运输等行业中，始于20世纪六七十年代的新管制浪潮，政府管制进一步拓展到社会领域，并被认为有（或应当有）责任保护环境质量和个人在日常生活中的健康和安全。世界各国的环境管制也正是在这一时期开启的，如美国、英国、法国、日本和中国等国家的环境管理机构都是在这一时期建立起来。早期的环境规制观点认为，从性质上讲，环境政策目标主要不是经济方面的，市场物品被牺牲以增加非市场物品，尽管外部性为管制提供了经济的解释，但效率并不是环境管制的基本目的（Burgess，2003）。这一观点很快被研究者所批判和现实证伪：一种观点认为，环境管制存在着巨大的减排和治污成本，会进一步降低企业生产率和市场竞争力（Gray，1987），反而会影响环境规制实施的效果，并且环境管制本身能不能降低污染也值得怀疑（Magat and Viscusi，1990；Laplante and Rilstone，1996）；另一种观点则认为，实施环境规制降低污染的同时，如果可以进一步平衡规制的成本和收益，按照最小成本来实现这些目标，将最符合社会利益（Porter and van der Linde，1995）。以至于在不存在管制的条件下抱怨市场失灵的经济学家，也开始讨论甚至批评起环境管制如何运行的问题，即使他们也赞成管制所试图要实现的目标。

环境规制作为一项干预行为，并不能独立于规制活动所涉及的各个利益主体，环境规制的过程是一系列相关主体的博弈过程（王俊豪，2007；张红凤等，2013）。生产率常常被当作经济发展的代理变量来处理与环境规制的关系问题。但是，有关环境规制与生产率关系的研究至今未达成一致（Gray，1987；Greenstone et al.，2012；Gray and Shad begian，2014），我们认为，可能存在以下几方面的原因：（1）污染和规制具有强烈的异质性，即各个国家和地区环境污染是根植于各个国家和地区经济发展方式、消费结构、历史习惯等因素，环境规制更是根植于各个国家特定的制度环境和激励约束机制体系，因此，规制的效应差异带有一定的客观必然性。（2）绝大部分研究将落脚点集中于行业、产业、地区和国家层面（Chunhong Zhang et al.，2011；张成，2011；王兵、吴延瑞、颜鹏飞，2008；包群等，2013；李树、陈刚，2013），而忽视了与生产率联系最为密切的企业。这是因为，即使所处同一行业、产业和地区的企业，可能由于企业特征的差异，所产生的影响也是存在异质性的；而且不同企业会依据其企业特征、行业特征和地区特征对环境规制做出不同的反应。（3）在环境规制指标的选取上，具有较强的主观性和内生性，大多数研究采用污染排放强度、环保机构和人员等投入、环境税费、治污成本等替代性指标（Berman and Bui，2001；Managi et al.，2005；Hamamoto，2006；Lanoie et al.，2008；Yang，2011；Becker，2011），不可否认，这些指标与环境规制高度相关，但是却具有明显的内生性和单一性，即与污染的实际水平、规制的效应指标也密切相关，因而无法将所产生的影响完全归结为环境规制本身，更何况这些指标也只是从某一方面或某一角度反映了环境规制水平。进一步看，传统度量方法无法将环境规制的政策效果与其他因素（如经济发展水平、从业结构、对外开放）分离开来，因而得到的结论可能并不可靠和稳健。

基于中国工业企业数据库企业层面的数据，利用 2003 年实施的环保重点城市"达标"与"非达标"制度这一准实验机会来考察环境规制是否以及如何影响企业生产率。与以往研究相比，本书的优势和可能贡献体现在：

首先，经过 30 多年的发展，中国的环境规制形成了"以行政命令手段为主、市场手段和社会手段为辅"的综合体系，综合性是中国环境规制的一大特征之一，所选择的环保重点城市限期达标制度是这一制度的最好体现（后文将详细解释说明），利用以限期达标制度中的"达标"与"非达标"之分作为环境规制的一项外生冲击，运用倍差法更为客观地考察环境规制的影响，不仅有效地规避了数据无法客观度量环境规制的限制，更为关键的是解决以往研究中该指标选择的主观性和内生性问题。目前，准实验方法已经成为解决了因果识别问题特别是内生性问题最为重要的处理手段之一，期望基于一个有效地准实验机会来识别环境规制的经济效应。

其次，与以往国内绝大多数研究集中于行业和地区层面相比，除季永杰和徐晋涛（2006）、曹静和詹昊（2011）等极少数研究外，几乎没有涉及环境规制对企业生产率影响，绝大多数文献集中于从业、地区层面，随着统计数据可获得性的增加，有关环境规制效应文献也逐步从宏观走向微观，在数据上，我们将 1998—2007 年全国规模以上工业企业数据库与地级市层面的环境规制数据及经济社会指标匹配，利用更为全面和完善的面板数据，更为稳健和有效的评估环境规制效应。

最后，环境规制政策实施会对包括技术进步、股票市值、就业、外商直接投资、产业结构、劳动生产率等多个变量产生影响，但是，相比较传统的财务业绩或者其他单一指标，以全要素生产率表征的企业生产率更能根本性地反映环境规制的经济效应（张军等，2003；孔东民等，2014；简泽，2014），而且环境规制政策如何影响到企业生产率仍然是一个黑箱性质的问题，希望利用一个更为客观地刻画环境规制的准实验机会，从企业层面考察环境规制对全要素的影响及其企业、行业和地区异质性，进一步从技术创新、融资约束和资源再配置三个维度揭示环境规制影响企业生产率的传导机制及其背后的故事，搭建起宏观环境公共政策与微观企业行为及绩效之间的关系，为宏观政策如何影响微观个体行为提供相关的经验证据。

## 二　模型设定、变量选择与数据描述

### （一）模型设定

在参照格林斯通等（Greenstone et al.，2012）、罗拉和桑德拉（Laura and Sandra，2014）等模型的基础上，结合准实验分析框架和路径，基本模型为：

$$TFP_{cit} = \beta_0 + \beta_1 Unattainment_{ci} + \beta_2 D_t + \beta_3 Unattainment_{ci} \times D_t + \lambda X_{cit} + \alpha_i + \varepsilon_{it}$$

$$(4-7)$$

式中，下标 $c$ 表示地区（城市），$i$ 表示企业，$t$ 表示时间。$TFP_{cit}$ 表示以企业层面全要素生产率为代表的被解释变量，在这个准自然实验中，我们用哑变量 $D_t$ 表示时间断点，它在 2003 年之前取值为 0，在 2003 年（包含 2003 年）之后取值为 1；用 Unattainment$_{ci}$ 来表示处理组和对照组的区分，Unattainment$_{ci}$ = 1 表示处于"空气质量非达标城市"之中的企业，这些企业所在的城市需要按照国务院规定限期达到空气质量二级标准，Unattainment$_{ci}$ = 0 为对照组，表示处于"空气质量达标城市"之中的企业，这些企业所在的城市只需要稳定空气质量即可。Unattainment$_{ci}$ × D$_t$ 为关注的核心解释变量，即通过该变量的系数来识别环境规制对企业生产率的影响。此外，$\beta_1$ 表示的是非达标城市中企业生产率相对于达标城市企业生产率不变随时间变化的差异，$\beta_2$ 反映的是限期达标制度实施前后，除去该制度以外的其他因素对企业生产率的影响。

式（4-7）暗含的假设是，同一城市的企业对环境规制的变化具有相同的反应。然而，如果企业的异质性是重要的，那么对于同一城市的不同企业，可能会对环境规制作出不同的反应。我们在式（4-7）的基础上引入了一系列企业特征与 Unattainment$_{ci}$ × D$_t$ 的三重交互项（Unattainment$_{ci}$ × D$_t$ × EF$_{cit}$），以描述同一城市内不同企业对环境规制变化可能做出的不同反应，式（4-7）进一步拓展为：

$$TFP_{cit} = \beta_0 + \beta_1 Unattainment_{ci} + \beta_2 D_t + \beta_3 Unattainment_{ci} \times D_t +$$
$$\beta_4 Unattainment_{ci} \times D_t \times EF_{cit} + \lambda X_{cit} + \alpha_i + \varepsilon_{it} \qquad (4-8)$$

式中，$EF_{it}$ 表示一系列企业特征，包括企业年龄（age）、企业规模（size）、企业所有制属性（ownership）、是否为出口企业（export）、资本劳动比（caplab）。

同理，产业特征也会影响到企业对环境规制变化的反应，环境规制的实施往往具有强烈的产业差异，即可能针对不同污染排放强度的行业实施差异化的规制政策；同时产业竞争的差异也会影响不同产业内企业对环境规制做出的反应。因此，我们在式（4-7）的基础上，从产业特征的角度进行拓展，引入产业特征对 $Unattainment_{ci} \times D_t$ 的三重交互项（ $Unattainment_{ci} \times D_t \times industry_{ht}$ ），以识别产业特征差异对环境规制生产率效应的影响：

$$TFP_{cit} = \beta_0 + \beta_1 Unattainment_{ci} + \beta_2 D_t + \beta_3 Unattainment_{ci} \times D_t +$$
$$\beta_4 Unattainment_{ci} \times D_t \times industry_{ht}^i + \lambda X_{cit} + \alpha_i + \varepsilon_{it} \qquad (4-9)$$

式中，$industry_{ht}^i$ 表示第 $i$ 个企业所处行业的特征变量，主要包括产业竞争度（HHI）、行业的污染密集度（Pintensity）。

与此同时，差异化的地区特征也会影响到企业对环境规制变化的反应，由于环境规制政策实施主要由地方政府推动，必然会受到地方政府机制的影响，同时一个地区的市场化程度和社会力量也在一定程度上激励和约束着地方环境规制的执行，因此，有必要观察地区特征是否会以及如何影响到辖区企业对环境规制的反应。在式（4-7）的基础上，从地区特征的角度进行拓展，引入地区特征对 $Unattainment_{ci} \times D_t$ 的三重交互项（ $Unattainment_{ci} \times D_t \times Area_{ct}$ ），以识别地区特征差异对环境规制生产率效应的影响：

$$TFP_{cit} = \beta_0 + \beta_1 Unattainment_{ci} + \beta_2 D_t + \beta_3 Unattainment_{ci} \times D_t +$$
$$\beta_4 Unattainment_{ci} \times D_t \times Area_{ct} + \lambda X_{cit} + \alpha_i + \varepsilon_{it} \qquad (4-10)$$

式中，地区特征变量（$Area$）主要包括地区市场化（Market）、政府质量（GQ）、社会资本（SC）、环境偏好（Ecpre）和地区融资约束。

最后，我们还分别从企业和产业层面探讨环境规制影响企业生产率的渠道。在企业层面，主要观察环境规制对技术创新、中间成本和融资约束的影响；在产业层面，主要观察环境规制是否会通过影响产业层面进入退出和跨企业资源再配置来影响产业全要素生产率：

$$IN_{cit} = \beta_0 + \beta_1 Unattainment_{ci} + \beta_2 D_t + \beta_3 Unattainment_{ci} \times D_t + \lambda X_{cit} + \alpha_i + \varepsilon_{it}$$
$$(4-11)$$

$$IC_{cit} = \beta_0 + \beta_1 Unattainment_{ci} + \beta_2 D_t + \beta_3 Unattainment_{ci} \times D_t + \lambda X_{cit} + \alpha_i + \varepsilon_{it}$$
$$(4-12)$$

$$EFD_{cit} = \beta_0 + \beta_1 Unattainment_{ci} + \beta_2 D_t + \beta_3 Unattainment_{ci} \times D_t + \lambda X_{cit} + \alpha_i + \varepsilon_{it}$$
$$(4-13)$$

$$Allocation_{ht} = \beta_0 + \beta_1 Unattainment_{ht} + \beta_2 D_t + \beta_3 Unattainment_h \times D_t + \lambda X_{ht} +$$
$$\alpha_h + \varepsilon_{it} \qquad (4-14)$$

式中，*IN*、*IC* 和 *EFD* 分别表示企业的技术创新、中间成本和融资约束，$Allocation_{ht}$ 表示产业层面（h）的进入退出和跨企业资源配置状况。

（二）变量选择与数据描述

本部分数据建立在国家统计局 1998—2007 年的规模以上工业企业年度数据（ASIP），涵盖了全部国有及年主营业务收入在 500 万元以上的非国有工业法人企业，由于该数据库跨越了 2003 年前后的两个时间段落，因而非常适合用来考察国务院实施"环保重点城市限期达标制度"后环境规制变化对企业生产率的影响。地区层面的数据主要来自《中国城市统计年鉴》（1999—2008）以及樊纲等（2011）编制的市场化指数。

主要参照布兰特等（Brandt et al.，2012）的做法对原始数据进行处理：第一，采用序贯识别法先根据相同的企业代码识别同一家企业，然后以企业名称匹配企业代码无法识别的样本，最后利用法人代表、地区、电话号码的综合信息进一步匹配剩余样本。第二，以分行业、省份的资本增长率近似企业的资本存量增长率，进而估计出中国工业企业数据库中企业的实际资本存量。第三，将所有企业的劳动工资等量调整至国民核算中的份额，以纠正该偏差。第四，由于 2003 年前后四位数产业的统计口径发生了重要变化，我们采用布兰特等的方法，统一了全部四位数产业的统计口径。第五，进行总产出的估算与价格平减以及中间投入品的价格平减，最后根据研究需要对样本进行了筛选。

全要素生产率是分析的核心，归结起来，目前估计 TFP 的方法大致分为以下几类：一是参数方法，主要是通过设置生产函数，运用回归方法来测算索洛残值来度量 TFP，但是，该方法的假设过于松弛和简单，使函数设定并不符合现实，因而得到的结果存在加大偏误，特别是在微观层面逐步地弃用（聂辉华、贾瑞雪，2011；鲁晓东、连玉君，2012；张天华，2014）。二是非参数方法，主要为数据包络法、随机前沿分析、指数法以及代理变量法，这类方法尽管也得到了广治的使用，而且也不需要先验的对生产函数进行设定，但是，由于一些假设过于严格，如对异常值比较敏感，而且在估计过程中需要对不同企业进行比较，因而某个企业的测量误差将影响所有企业生产率估计（Van Biesebroeck，2007）。三是半参数方法，即将生产函数估计和非参数估计结合起来的 OP 方法

(Olley and Pakes，1996）和 LP 方法（Levinsohn and Petrin，2003），该方法能够有效地降低生产函数估计中的联立性偏误和选择偏差，而且还可以缓解异常值的敏感性问题。根据鲁晓东和连玉君（2012）以及张天华（2014）的研究发现，利用 LP 方法测算得到的结果并不显著地优于 OP 方法，因此，主要利用半参数 OP 法测算企业层面的 TFP，同时借鉴 Levinsohn 和 Petrin（2003）的做法，把企业的中间投入量作为不可观察的生产率冲击的代理变量。为了保证实证结果的稳健性，同时还利用 LP 方法测算 TFP。图 4 - 6 显示的是基于 OP 方法计算得到的达标城市和非达标城市企业生产率变化，从描述性分析看，2003 年及之后，相比较达标城市的企业，非达标城市的企业生产率明显出现相对上升趋势。

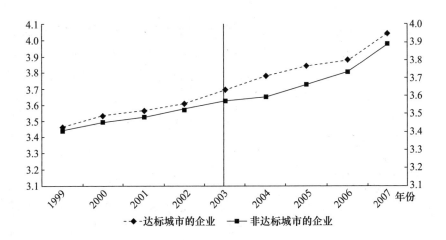

图 4 - 6 达标城市和非达标城市企业生产率变化（1999—2007 年）

其他数据主要来自企业、产业和地区三个层面。

1. 企业层面数据

为了控制和识别企业一些重要变量的影响，我们构造了包括企业年龄（age）、企业规模（size）、企业所有制属性（ownership）、是否为出口企业（export）、技术选择（R&D）、产品创新率（IN）、资本密度（KI）、中间成本（IC）、融资约束（EFD）等一系列企业特征变量和控制变量，具体来说，依据企业成立时间推算出每个企业的年龄 lgage（对数形式），由企业对数形式的实际总资产 lgscale 度量企业规模，用国有资本占企业实收资本的比重度量各个企业的所有制特征（ownership），用虚拟变量表

示企业是否为出口型企业，用对数形式的劳均资本拥有量，即资本密度
lgKI 度量企业在劳动和资本之间的技术选择状况；用企业的中间投入除
以企业总产值的商度量企业单位产出的中间投入成本，近似反映企业的
实际生产成本；企业用研发与开发支出占企业销售收入的比重度量企业
的研究与开发强度（R&D），同时还用产企业新产品产值占总值比重反
映产品创新率，近似度量企业的技术创新情况；融资约束采用商业信用
（Rece）、银行信贷（Inte）和政府补贴（Sub）表示，借鉴江静
（2014）的做法，分别为用应收账款/（主营业务收入 + 产成品）、利息
支出/（主营业务收入 + 产成品）、补贴收入/（主营业务收入 + 产成
品）度量。

2. 产业层面数据

我们分别构造了四位数和二位数产业层面数据。在四位数产业层面
上，构造了市场份额的赫芬达尔指数（HHI）来反映国内产品市场的竞
争程度。参照简泽等（2012）的做法，先计算各个企业的销售收入占其
所在四位数产业销售收入合计的份额；然后，在四位数层面上加总企业
层面市场份额的平方。赫芬达尔指数（HHI）具体由特定市场上所有企
业的市场份额的平方和来表示：

$$HHI = \sum_{i=1}^{N} \left( \frac{X_i}{X} \right)^2$$

式中，$N$ 表示某产业（行业）内的企业数量，$X_i$ 表示第 $i$ 个企业的
规模，$X$ 表示市场总体规模。HHI 越小，说明市场被许多竞争性企业分
割，竞争度越高；反之，则趋于垄断性。

此外，2003 年，原国家环保总局发布了《关于对申请上市企业和申
请在融资的上市企业进行环境保护核查的通知》，首次将 13 个行业[①]界定
为需要进行环保核查的重污染行业，并将规制范围首次扩大到已上市公
司的再融资行为。参照李树和陈刚（2013）的思路，我们将上述 13 个行
业按照二分位行业划分标准，归为九类从业，并将其确定为高污染行业，
以企业是否属于该行业为标准设置高污染行业的虚拟变量，如果该企业

---

① 2003 年上市审查行业包括冶金、化工、石化、煤炭、火电、建材、造纸、酿造、制药、
发酵、纺织、制革和采矿业。

属于这九类行业①，则 Pintensity = 1，否则为 0。

最后，我们还关注了产业层面进入退出和跨企业资源再配置状况的影响，借鉴布兰特等、简泽等的做法，从 1999 年开始，把第一次出现在数据库的企业定义为进入企业，相应地，曾经出现但从某一年份开始不再出现在数据库的企业被定义为该年的退出企业，用 $NE_{h(t)}$、$NX_{h(t)}$ 和 $NT_{h(t)}$ 分别表示产业 h 在第 t 年的进入企业数、退出企业数和企业总数，进入率和退出率可以用 $NR_{h(t)} = NE_{s(t)}/NT_{s(t-1)}$ 和 $XR_{h(t)} = NX_{s(t)}/NT_{s(t-1)}$ 表示。跨企业的资源再配置通常被描述成一个创造性的破坏过程（Davis and Haltiwanger，1992；Foster et al.，2006）。依据简泽等（2012）做法计算了 1999—2007 年四位数产业层面的产出创造率和破坏率，其中，产出创造率包括新企业进入导致的产业层面的产出增长率 $OCE_{h(t)}$ 和在位企业产出扩张导致的产业层面的产出增长率 $OCC_{h(t)}$；产出破坏率包括企业退出引起的产业层面的产出减少率 $ODX_{h(t)}$ 和部分在位企业产出收缩引起的产业层面的产出减少率 $ODC_{h(t)}$。

3. 地区层面数据

地区特征变量我们选择地区市场化（MK）、政府质量（GQ）、社会资本（SC）、环境偏好（EP）、地区融资约束（EFD）。市场化用樊纲（2010）提供的各个省份的市场化程度近似度量所辖市的市场化程度；政府质量用公共产品供给和产权保护来度量，用医疗卫生公共产品供给和市场化指数中的产权保护指数合成得到；社会资本用互联网上网人数占总人口比重、固定电话数和移动电话数占总人口比重加权表示；环境偏好用所在城市的绿化率表示；地区融资约束用地区贷款余额占 GDP 比重近似替代，比重越小，表示融资约束越强。

三　实证检验与分析

在国内，环境规制是否以及如何影响到生产率至今还缺乏来自企业层面的经验证据，为了更客观地识别环境规制的生产率效应，引入了一个准自然实验来考察：（1）环境规制是否以及在多大程度上影响着平均企业生产率；（2）环境规制的生产率效应是否存在着企业异质性、行业异质性和地区异质性；（3）环境规制会通过哪些传导机制影响到企业生

---

① 07 石油开采、08 黑色金属采选、27 医药制造、28 化纤制造、31 非金属制品、32 黑色金属加工、33 有色金属加工、44 电力生产供应和 45 燃气生产供应。

产率。对此，实证分析将从以下几部分展开：

（一）环境规制、企业特征与生产率

基于前文分析，我们主要采用 OP 方法计算得到的企业生产率作为因变量，来观察环境规制的影响。表 4-13 的第一个回归同时控制了年份固定效应、个体固定效应和其他控制变量，直接考察环境规制代理变量 Un-attainment×D 的系数，该变量的系数在 5% 置信水平上显著为负，这表明在其他条件相同情况下，限期达标制度的实施会使得非达标地区企业的生产率相对下降 1.96%，这说明，环境规制政策对企业生产率产生了不利影响。如据《南方周末》报道，2014 年 2 月 21—26 日京津冀地区持续6 天的重污染天气中，仅石家庄就对共 2025 家企业进行了关、停、限和压减发电，146 座露天矿山和 35 座地下矿山全部关停，所有的采砂场也全部关停，直接经济损失达到了 60.3 亿元。对于其他控制变量，企业成立时间越长、规模越大、非国有企业、资本密度较低和出口企业的生产率相对较高。

表 4-12                     主要变量的描述性统计

| 变量名称 | | 均值 | 标准差 | 变量定义 |
|---|---|---|---|---|
| 全要素生产率指标 | TFP_OP | 3.7546 | 1.0462 | 使用 OP 法计算出的企业全要素生产率 |
| | TFP_LP | 6.3274 | 1.4796 | 使用 LP 法计算出的企业全要素生产率 |
| | TFP_TQ | 1.4975 | 2.4522 | 使用 Toornqvist 指数法计算企业全要素生产力 |
| 企业变量 | Age | 9.8573 | 10.1475 | 企业年龄：样本期年份距离开工时间的年数 |
| | Size | 4948.4827 | 134822.388 | 企业规模：企业资产总额（万元） |
| | Ownership | 0.3522 | 0.4632 | 企业所有制：国有资本占企业实收资本比重 |
| | Export | 0.1732 | 0.3208 | 出口企业：出口交货值占企业生产总值比重 |
| | lgLP | 3.9244 | 1.4329 | 劳动生产率：生产总值除以职工人数 |
| | lgPF | 0.0721 | 19.4758 | 利润率：利润总额除以资产总额 |
| | IN | 0.0357 | 0.1447 | 产品创新率：企业新产品产值占总产值比重 |
| | IC | 0.7231 | 0.1599 | 中间投入成本：中间投入除以企业总产值 |
| | KI | 29.7610 | 12.6882 | 资本密度：资本和劳动比 |
| | Rece | 0.2933 | 0.4392 | 商业信用：用应收账款/（主营业务收入＋产成品） |
| | Inte | 0.1849 | 0.2167 | 银行信贷：利息支出/（主营业务收入＋产成品） |
| | Sub | 0.0532 | 0.1943 | 政府补贴：补贴收入/（主营业务收入＋产成品） |

续表

| 变量名称 | | 均值 | 标准差 | 变量定义 |
|---|---|---|---|---|
| 行业变量 | HHI | 0.0783 | 0.9482 | 赫芬达尔指数：特定市场上所有企业的市场份额的平方和 |
| | Pin | 0.2500 | 0.4336 | 重污染行业 = 1，其他行业为 0 |
| | ER | 0.7038 | 0.0837 | 进入率 |
| | XR | 0.3121 | 0.1644 | 退出率 |
| | OCE | 0.4022 | 0.3917 | 新进企业进入产出增长率 |
| | OCC | 0.3624 | 0.2446 | 在位企业产出扩张导致的产业层面的产出增长率 |
| | ODC | 0.3133 | 0.1742 | 企业退出引起的产业层面的产出减少率 |
| | ODX | 0.4925 | 0.3384 | 部分在位企业产出收缩引起的产业层面的产出减少率 |
| 地区变量 | MK | 5.6290 | 2.0083 | 市场化：樊纲（2010）提供的省际市场化指数 |
| | GQ | 0.4758 | 0.0943 | 政府质量：公共产品供给和产权保护 |
| | SC | 0.6492 | 0.3482 | 社会资本：互联网上网人数占总人口比重、固定电话数和移动电话数占总人口比重加权平均 |
| | EP | 0.4227 | 0.1231 | 环境偏好：所在城市的绿化率 |
| | EFD_A | 0.9734 | 0.5381 | 地区融资约束：所在城市贷款余额占 GDP 比重 |

　　为了进一步考察环境规制生产率效应的企业异质性，我们在表 4 – 13 第一个回归的基础上，分别引入环境规制变量 Unattainment × D 与其他企业特征变量的交互项，表 4 – 13 中的第二、第三、第四、第五和第六个回归结果分别汇报的环境规制变量与企业年龄、规模、所有制结构、资本密度和出口企业的交互项结果。我们发现，企业年龄与环境规制的交互项系数显著为正，成立时间越短的企业，更容易受到环境规制的不利影响，新成立的企业往往在生产资源配置、社会资本等方面面临着诸多不完善的地方，与制度环境的磨合需要一定时间，对政策反应往往准备不充分；企业规模与环境规制的交互项系数同样显著为正，相比较而言，规模越大的企业往往能够在一定程度上抑制环境规制的不利影响，规模越大的企业所配置的资源相对较多，应对环境规制的反应可能更为从容；所有制变量与环境规制交互项系数为正，但不显著，这意味着，国有企业和非国有企业受到环境规制的冲击所产生的影响可能并无太大区别；资本密度变量与环境规制的交互项系数显著为负，这表明，对于资本密度越高的企业，环境规制对生产率所产生的不利影响可能更为严重。

表4-13　　　　　　环境规制对（不同特征）企业生产率的影响

| | lgTFP_OP | lgTFP_OP | lgTFP_OP | lgTFP_OP | lgTFP_OP | lgTFP_OP |
|---|---|---|---|---|---|---|
| Unattainment × D | -0.0196** | -0.0185** | -0.0175*** | -0.0206 | -0.0172** | -0.0199** |
| | (0.033) | (0.017) | (0.003) | (0.135) | (0.015) | (0.048) |
| Unattainment | -0.0355*** | -0.0562 | -0.0777*** | -0.1567 | -0.0295*** | -0.0325*** |
| | (0.001) | (0.534) | (0.005) | (0.567) | (0.000) | (0.000) |
| D | 0.0570** | 0.0486* | 0.0325 | 0.0295*** | 0.0448* | 0.0352** |
| | (0.021) | (0.052) | (0.483) | (0.000) | (0.072) | (0.033) |
| lgage | 0.0066*** | 0.0098*** | 0.0093*** | 0.0091*** | 0.0082*** | 0.0085*** |
| | (0.000) | (0.000) | (0.000) | (0.000) | (0.000) | (0.000) |
| lgsize | 0.3952** | 0.4478* | 0.5002** | 0.5140** | 0.3245* | 0.3684** |
| | (0.018) | (0.093) | (0.048) | (0.033) | (0.075) | (0.015) |
| ownship | -0.1107*** | -0.1345*** | -0.1674*** | 0.1446* | 0.1782 | 0.0873** |
| | (0.000) | (0.000) | (0.005) | (0.057) | (0.245) | (0.038) |
| lgKI | -0.2045*** | -0.2567 | -0.2453** | -0.3067 | -0.3218 | -0.1957*** |
| | (0.005) | (0.1456) | (0.0456) | (0.2348) | (0.346) | (0.000) |
| export | 0.045** | 0.004 | 0.0325** | 0.0081** | 0.0094** | 0.0032 |
| | (0.028) | (0.135) | (0.0331) | (0.046) | (0.035) | (0.34) |
| Unattainment × DX lgage | | 0.008*** | | | | |
| | | (0.000) | | | | |
| Unattainment × DX lgsize | | | 0.047*** | | | |
| | | | (0.005) | | | |
| Unattainment × DX ownship | | | | 0.024 | | |
| | | | | (0.148) | | |
| Unattainment × DX lgKI | | | | | -0.0679*** | |
| | | | | | (0.006) | |
| Unattainment × DX export | | | | | | -0.038*** |
| | | | | | | (0.000) |
| 年份固定效应 | 是 | 是 | 是 | 是 | 是 | 是 |
| 企业固定效应 | 是 | 是 | 是 | 是 | 是 | 是 |
| 样本数 | 246754 | 213942 | 205967 | 224563 | 233281 | 194758 |
| 调整的 R² | 0.5453 | 0.5422 | 0.5145 | 0.5527 | 0.5733 | 0.5562 |

注：*、**和***分别表示在10%、5%和1%的水平上显著，括号内数字为p值。

为了进一步检验环境规制政策随时间推移对企业全要素生产率的影响，我们在模型（4-15）的基础上扩展如下：

$$TFP_{cit} = \beta_0 + \beta_1 Unattainment_{ci} + \beta_2 D_t + \beta_3 Unattainment_{ci} \times D_t +$$

$$\sum_{j=2004}^{2007} \alpha_j Unattainment_{ci} \times D_t \times year^j + \lambda X_{cit} + \alpha_i + \varepsilon_{it} \quad (4-15)$$

式中，$year^j$ 表示年度哑变量，其赋值在第 $j$ 年是 1，其他年份是 0。上述扩展式不仅可以反映限期达标制度对全要素生产率的影响是否存在滞后效应，而且还可以反映出环境规制生产率效应的可持续性。如图 4-7 所示，倍差法估计量与各年度哑变量的交互项系数全部呈现出负向关系，至少在环境规制实施后 5 年左右时间里，该政策对企业全要素生产率的不利影响是存在的，但这一不利效应呈现出逐年减弱趋势。

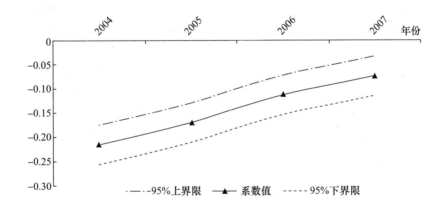

图 4-7　随时间变化的环境规制影响效应（2004—2007 年）

（二）环境规制、行业特征与生产率

2003 年实施的限期达标制度效应差异既可能来自企业自身特征，又可能与所处的行业特征密切相关。这是因为，不同行业由于其自身污染排放强度差异而面临着不同程度的环境规制。对此，我们在表 4-13 第一个回归模型的基础上，加入了行业竞争度和污染密度，同时在此基础上，进一步引入环境规制变量 Unattainment×D 分别与行业竞争度和污染密度的交互项，以此考察环境规制生产率效应所存在的行业异质性，回归结果如表 4-14 所示。

表 4 - 14　　　　　环境规制对不同行业特征企业生产率的影响

| | lgTFP_ OP | lgTFP_ OP | lgTFP_ OP |
|---|---|---|---|
| Unattainment × D | − 0. 0206 ** | − 0. 0210 *** | − 0. 0193 ** |
| | (0. 027) | (0. 000) | (0. 044) |
| Unattainment | − 0. 039 * | − 0. 042 ** | − 0. 033 *** |
| | (0. 067) | (0. 029) | (0. 000) |
| D | 0. 0446 | 0. 03778 ** | 0. 0456 * |
| | (0. 017) | (0. 028) | (0. 063) |
| lgage | 0. 0072 *** | 0. 0081 ** | 0. 0070 ** |
| | (0. 058) | (0. 024) | (0. 015) |
| lgsize | 0. 285 *** | 0. 321 *** | 0. 333 ** |
| | (0. 006) | (0. 009) | (0. 016) |
| ownship | − 0. 1067 * | − 0. 1567 ** | − 0. 093 ** |
| | (0. 064) | (0. 037) | (0. 0145) |
| lgKI | − 0. 2644 ** | − 0. 3452 ** | − 0. 3221 ** |
| | (0. 028) | (0. 042) | (0. 015) |
| export | 0. 0500 ** | 0. 036 | 0. 0346 |
| | (0. 021) | (0. 135) | (0. 485) |
| HHI | − 0. 025 *** | 0. 034 | − 0. 035 ** |
| | (0. 003) | (0. 322) | (0. 045) |
| PIN | − 0. 278 ** | − 0. 394 *** | − 0. 049 |
| | (0. 045) | (0. 003) | (0. 34) |
| Unattainment × DX HHI | | − 0. 062 *** | |
| | | (0. 000) | |
| Unattainment × DX PIN | | | − 0. 083 *** |
| | | | (0. 000) |
| 年份固定效应 | 是 | 是 | 是 |
| 企业固定效应 | 是 | 是 | 是 |
| 样本数 | 223578 | 214956 | 205868 |
| 调整的 $R^2$ | 0. 4452 | 0. 4752 | 0. 4943 |

注：*、**和***分别表示在10%、5%和1%的水平上显著，括号内数字为 p 值。

具体来说，第一个回归为加入了行业竞争度和污染密度后的回归结果，我们发现，环境规制变量对企业生产率的影响依然显著为负，同时，当企业所处的行业竞争度越高时（即 HHI 越小时），该企业的生产率越高，也就意味着，行业竞争可以提高企业生产率；此外，当企业所处的行业为污染密集型领域时，该企业的生产率可能相对较低。第二、第三个回归为加入了交互项后的结果，回归发现，环境规制变量与行业竞争度的交互项（Unattainment × DX HHI）系数在 1% 的水平上显著为负，这表明，环境规制对竞争度越高行业中企业生产率的不利影响可能相对较小，即行业竞争在一定程度上缓解了环境规制对企业生产率的不利影响，原因可能在于市场竞争有利于企业的资源配置，能够更好地抵御和应对环境规制所带来的不利影响。此外，环境规制与污染密集度的交互项（Unattainment × DX PIN）系数同样在 1% 的水平上显著为负，这表明，环境规制对污染密集型行业中企业生产率的负向效应更为明显。

（三）环境规制、地区特征与生产率

环境规制的经济效应到底有多大，在一定程度上还取决于规制政策利益相关方的综合博弈，而且制度环境的好坏能够在相当程度上抑制或者放大环境规制对生产率的扭曲效应，为了进一步检验环境规制的生产率效应是否会受到所处地区制度环境的影响，我们分别进一步加入了环境规制变量与地区市场化程度、政府质量、社会资本、环境偏好以及地区融资约束的交互项，回归结果如表 4 - 15 所示。

表 4 - 15　　　　环境规制对不同地区企业生产率的影响

| 变量 | lgTFP_ OP | lgTFP_ OP | lgTFP_ OP | lgTFP_ OP | lgTFP_ OP |
|---|---|---|---|---|---|
| Unattainment × D | - 0.0187 *** | - 0.0207 ** | - 0.0203 | - 0.0219 *** | - 0.0185 ** |
| | (0.006) | (0.023) | (0.341) | (0.000) | (0.045) |
| Unattainment | - 0.044 | - 0.048 ** | - 0.0521 *** | - 0.0356 ** | - 0.0632 * |
| | (0.342) | (0.044) | (0.000) | (0.042) | (0.078) |
| D | 0.0094 * | 0.0014 *** | 0.0167 *** | 0.0183 * | 0.0221 *** |
| | (0.058) | (0.009) | (0.000) | (0.063) | (0.000) |
| Unattainment × DX MK | 0.086 *** | | | | |
| | (0.006) | | | | |
| Unattainment × DX GQ | | 0.044 * | | | |
| | | (0.063) | | | |
| Unattainment × DX SC | | | - 0.001 | | |
| | | | (0.235) | | |

续表

| 变量 | lgTFP_OP | lgTFP_OP | lgTFP_OP | lgTFP_OP | lgTFP_OP |
|---|---|---|---|---|---|
| Unattainment × DX EP | | | | 0.038 ** | |
| | | | | (0.032) | |
| Unattainment × DX EFD_A | | | | | −0.0453 |
| | | | | | (0.673) |
| 其他控制变量 | 是 | 是 | 是 | 是 | 是 |
| 年份固定效应 | 是 | 是 | 是 | 是 | 是 |
| 企业固定效应 | 是 | 是 | 是 | 是 | 是 |
| 样本数 | 245696 | 254939 | 296422 | 247586 | 284581 |
| 调整的 $R^2$ | 0.4963 | 0.4843 | 0.4432 | 0.46552 | 0.4363 |

注：*、**和***分别表示在10%、5%和1%的水平上显著，括号内数字为 p 值。

由表4-15的结果可以发现，市场化程度与环境规制变量的交互项系数显著大于零，这表明，对于市场化程度越高地区的企业而言，环境规制对生产率所产生的不利影响可能会得到一定程度抑制，环境规制对企业生产率所产生的不利影响可能会下降8.6%；对于政府质量越高地区的企业而言，环境规制对生产率所产生的不利影响同样会得到一定程度抑制，环境规制对企业生产率的不利影响会下降4.4%；对于绿色偏好强度越大地区的企业而言，环境规制对生产率的不利影响会得到缓解，对企业生产率的不利影响会下降3.8%。此外，社会资本和地区融资约束所产生的作用可能并不明显。

归结起来，可以发现，环境规制对企业生产率的影响会因其企业特征差异、行业特征差异和地区特征差异而不同。规模较小、成立时间短、非国有企业、出口企业、资本密度较高的企业更容易受到影响，行业竞争度低和行业污染密集度高的企业，受到影响更大；市场化程度越低、社会资本越低、环境偏好越弱和地区融资约束越弱的地区，其企业更易受影响。

（四）影响渠道：技术创新、制造业费用、融资约束（商业信用、银行信用、政府补贴）和资源再配置

以往的研究大多忽视了环境规制是如何影响到企业生产率的，为了进一步检验环境规制影响企业生产率的传导机制，接下来主要通过两步

法进行：在第一步，我们将技术创新、中间成本和企业融资约束作为因变量，来验证环境规制对中间传导变量的影响，回归结果如表4－16所示；第二步，引入环境规制变量分别与技术创新、中间成本和企业融资约束的交互项，来验证环境规制是否会通过上述中间传导变量影响到企业生产率，回归结果如表4－16所示。

表4－16　　环境规制对企业技术创新、中间成本和融资约束的影响

| | IN | IC | Rece | Inte | Sub |
|---|---|---|---|---|---|
| Unattainment × D | − 0. 0114 ** | 0. 1947 * | 0. 0183 | 0. 0042 | 0. 0007 *** |
| | (0. 0467) | (0. 0653) | (0. 167) | (0. 182) | (0. 000) |
| Unattainment | 0. 047 * | 0. 007 *** | 0. 004 | 0. 0586 | 0. 2311 ** |
| | (0. 055) | (0. 000) | (0. 485) | (0. 242) | (0. 0283) |
| D | 0. 006 *** | − 0. 048 ** | 0. 0248 * | 0. 005 *** | − 0. 0002 |
| | (0. 000) | (0. 0456) | (0. 058) | (0. 000) | (0. 384) |
| lgage | 0. 079 *** | − 0. 056 | 0. 039 ** | 0. 0068 ** | 0. 0842 |
| | (0. 000) | (0. 569) | (0. 049) | (0. 028) | (0. 384) |
| lgsize | 0. 0394 | 0. 0359 ** | 0. 0084 *** | 0. 00381 | 0. 034 |
| | (0. 832) | (0. 0485) | (0. 000) | (0. 481) | (0. 193) |
| ownership | − 0. 0586 *** | 0. 0585 *** | 0. 146 * | 0. 385 | 0. 184 ** |
| | (0. 005) | (0. 000) | (0. 058) | (0. 596) | (0. 0185) |
| lgKI | 0. 156 ** | 0. 385 * | 0. 0496 * | 0. 0372 *** | 0. 0048 *** |
| | (0. 049) | (0. 0568) | (0. 0686) | (0. 000) | (0. 003) |
| export | 0. 0485 ** | 0. 018 | 0. 057 *** | 0. 008 | 0. 0381 ** |
| | (0. 032) | (0. 384) | (0. 000) | (0. 482) | (0. 022) |
| 年份固定效应 | 是 | 是 | 是 | 是 | 是 |
| 企业固定效应 | 是 | 是 | 是 | 是 | 是 |
| 样本数 | 258685 | 231046 | 247211 | 249688 | 215211 |
| 调整的 R² | 0. 5742 | 0. 4953 | 0. 4569 | 0. 5372 | 0. 521 |

注：＊、＊＊和＊＊＊分别表示在10%、5%和1%的水平上显著，括号内数字为p值。

由表4－16的回归结果可以发现，环境规制变量对以新产品产值占比表示的企业创新影响显著为负，新产品产值占比主要是从结果的角度来度量企业的创新程度，这表明，环境规制可能在一定程度上抑制了企业创新；同时，由于环境规制政策实施，必然会使得企业调整生产要素投

入和生产结构，因而对企业生产成本产生影响，我们用企业中间成本近似的替代企业的生产成本，我们发现，环境规制在10%置信水平上显著影响到企业中间成本，即意味环境规制提高了企业的中间成本。此外，进一步借鉴江静（2014）的做法，用企业应收账款率、利息支出率和政府补贴率从不同维度来度量企业融资约束，从表4-16第三、第四、第五个回归结果来看，环境规制对企业应收账款率和利息支出率的影响为正，但不显著；而对政府补贴率的影响显著为正，这表明，环境规制政策的实施并没有显著加剧企业的融资约束，反而使得部分企业可能获得了更多的补贴。

为了进一步识别技术创新、中间成本和融资约束对环境规制生产率效应的影响，在加入了相应的交互项后（见表4-17），发现企业创新程度越强的企业，往往更能抑制环境规制所带来的不利影响，结合表4-17第一个回归结果，我们认为，由于环境规制不利于企业创新能力提升，因此，由环境规制所带来的创新不足可能会制约企业生产率的提高；中间成本越高的企业，环境规制往往更不利于企业生产率的提升，因此，由环境规制所带来的中间成本上升在相当程度上也抑制了企业生产率的提升。进一步观察企业融资约束传导机制，我们发现，企业应收账款率度量的商业信用约束，其作用并不明显，而对于利息支出率和补贴率越高的企业而言，环境规制的负向不利效应可能更为明显，即由环境规制所带来的融资约束趋弱，可能不利于企业生产率的提升，由于融资约束较弱，企业往往缺乏激励和约束以通过生产结构调整来改善由环境规制所带来的生产率漏损。现阶段，商业信用约束并没有发挥出显著的激励约束效应，而银行信贷和政府补贴反而加剧了环境规制的不利影响。因而，技术创新、中间成本和融资约束确实成为环境规制影响生产率效应的重要传导机制。

表4-17　环境规制通过技术创新、中间成本和融资约束对企业生产率的影响

|  | lgTFP_OP | lgTFP_OP | lgTFP_OP | lgTFP_OP | lgTFP_OP |
| --- | --- | --- | --- | --- | --- |
| Unattainment × D | -0.0194*** | -0.0189** | -0.0144*** | -0.0185** | -0.0166*** |
|  | (0.003) | (0.038) | (0.000) | (0.037) | (0.004) |
| Unattainment | -0.008 | -0.0045*** | -0.0048*** | -0.0039 | -0.022 |
|  | (0.484) | (0.003) | (0.002) | (0.282) | (0.813) |

续表

| | lgTFP_ OP | lgTFP_ OP | lgTFP_ OP | lgTFP_ OP | lgTFP_ OP |
|---|---|---|---|---|---|
| D | 0.044 *** | 0.057 *** | 0.058 *** | 0.085 * | 0.024 ** |
| | (0.006) | (0.005) | (0.004) | (0.083) | (0.048) |
| Unattainment × DX IN | 0.0866 *** | | | | |
| | (0.000) | | | | |
| Unattainment × DX IC | | − 0.077 *** | | | |
| | | (0.000) | | | |
| Unattainment × DX Rece | | | − 0.009 | | |
| | | | (0.554) | | |
| Unattainment × DX Inte | | | | − 0.0338 *** | |
| | | | | (0.004) | |
| Unattainment × DX Sub | | | | | − 0.082 *** |
| | | | | | (0.000) |
| 其他控制变量 | 是 | 是 | 是 | 是 | 是 |
| 年份固定效应 | 是 | 是 | 是 | 是 | 是 |
| 企业固定效应 | 是 | 是 | 是 | 是 | 是 |
| 样本数 | 285744 | 294855 | 284949 | 274849 | 294832 |
| 调整的 $R^2$ | 0.5474 | 0.5732 | 0.5563 | 0.5522 | 0.5642 |

注：*、**和***分别表示在10%、5%和1%的水平上显著，括号内数字为 p 值。

环境规制的实施必然会引起行业内部及行业间的资源再配置和重组，对此，我们主要通过重污染行业虚拟变量 pollution 与时间虚拟变量 D 的交互项作为环境规制新的识别变量，从产业层面验证环境规制的效应（见表 4 - 18）。我们发现，该政策的实施使得重污染行业的进入率相对下降了6.29%、退出率相对上升了16.42%；进一步地，新企业进入导致的产业层面的产出增长率下降了2.85%，在位企业产出扩张导致的产业层面的产出增长率下降了9.47%；企业退出引起的产业层面的产出减少率上升了16.84%，在位企业收缩引起的产业层面的产出减少率上升了12.9%。这个结果意味着：环境规制政策实施确实带来产业内部和产业间的资源再配置，但该政策实施使重工业行业的产出水平显著下降，并没有带来绩效的改善。

因此，环境规制会通过企业技术创新、中间成本、融资约束和资源再配置影响到企业的全要素生产率。

表 4 - 18　　　　　　　　　环境规制对企业资源再配置的影响回归结果

| 变量 | ER | XR | OCE | OCC | ODC | ODX |
|---|---|---|---|---|---|---|
| D × pollution | - 0.0629 *** | 0.1642 *** | - 0.0285 * | - 0.0947 *** | 0.1684 *** | 0.1290 *** |
| | (0.000) | (0.008) | (0.0967) | (0.005) | (0.000) | (0.005) |
| D | 0.0028 | 0.0043 *** | 0.0028 *** | - 0.0008 ** | - 0.074 | 0.364 ** |
| | (0.3822) | (0.006) | (0.008) | (0.0484) | (0.205) | (0.043) |
| pollution | - 0.149 *** | - 0.342 *** | - 0.059 *** | - 0.004 ** | 0.321 * | 0.285 ** |
| | (0.008) | (0.003) | (0.000) | (0.005) | (0.068) | (0.014) |
| 其他控制变量 | 是 | 是 | 是 | 是 | 是 | 是 |
| 产业固定效应 | 是 | 是 | 是 | 是 | 是 | 是 |
| 年份固定效应 | 是 | 是 | 是 | 是 | 是 | 是 |
| 样本数 | 3792 | 3792 | 4239 | 4239 | 4248 | 4127 |
| 调整的 $R^2$ | 0.2942 | 0.2747 | 0.2846 | 0.2947 | 0.2446 | 0.2384 |

注: *、** 和 *** 分别表示在 10%、5% 和 1% 的水平上显著,括号内数字为 p 值。

(五) 稳健性分析

1. 利用 Toornqvist 指数法和 LP 方法测算企业 TFP

单纯地基于 OP 法计算的企业生产率可能还存在较强的单一性,对此,我们还进一步利用 TQ 指数法 (Toornqvist) 和 LP 方法测算企业 TFP,具体可参见孔东民等 (2014) 和鲁晓东等 (2013) 的做法。

表 4 - 19 中第一、第二个回归汇报的是环境规制变量以及相应的企业、产业和地区交互项对企业生产率的影响结果,我们发现,无论是选择 TQ 指数法 (Toornqvist) 还是 LP 方法测算得到的企业 TFP,环境规制的影响都显著为负,这表明结论是稳健性的,2003 年实施的限期达标制度确实影响了企业生产率的提升。其他层面的特征变量与环境规制的交互项对企业生产率的影响基本与前文的结论基本一致。

2. 对劳动生产率和利润率的影响

虽然企业生产率是表征企业竞争力和企业绩效的最为综合的指标,但是并不一定能够反映企业所有事实。对此,我们选择用劳动生产率和企业利润率作为因变量,从这两个维度考察环境规制对企业其他绩效指标的影响,相应的回归结果见表 4 - 19。

**表 4 – 19**　　　　环境规制及其交互项对生产率、劳动生产率和
利润率的影响：稳健性检验

| | lgTFP_LP | lgTFP_TQ | lgLP | lgPR |
|---|---|---|---|---|
| Unattainment × D | – 0. 0152 * | – 0. 0281 *** | 0. 0041 | – 0. 0329 *** |
| | (0. 082) | (0. 003) | (0. 298) | (0. 002) |
| Unattainment × DX lgage | 0. 0074 ** | 0. 0249 *** | 0. 0003 *** | 0. 0287 |
| | (0. 027) | (0. 000) | (0. 000) | (0. 216) |
| Unattainment × DX lgsize | 0. 032 *** | 0. 052 *** | – 0. 0482 ** | – 0. 0808 |
| | (0. 006) | (0. 000) | (0. 037) | (0. 193) |
| Unattainment × DX ownship | 0. 022 * | 0. 0205 | – 0. 0621 ** | 0. 1267 |
| | (0. 092) | (0. 184) | (0. 029) | (0. 329) |
| Unattainment × DX lgKI | – 0. 0592 *** | – 0. 0308 *** | 0. 0914 * | 0. 192 |
| | (0. 002) | (0. 007) | (0. 094) | (0. 482) |
| Unattainment × DX export | – 0. 037 *** | – 0. 029 *** | – 0. 042 *** | – 0. 005 |
| | (0. 000) | (0. 002) | (0. 0045) | (0. 378) |
| Unattainment × DX HHI | – 0. 059 *** | – 0. 0732 *** | 0. 164 *** | – 0. 0022 ** |
| | (0. 000) | (0. 000) | (0. 0041) | (0. 034) |
| Unattainment × DX PIN | – 0. 073 *** | – 0. 092 *** | – 0. 242 * | – 0. 048 * |
| | (0. 000) | (0. 003) | (0. 062) | (0. 0901) |
| Unattainment × DX MK | 0. 0033 *** | 0. 0068 *** | 0. 015 ** | 0. 003 |
| | (0. 002) | (0. 000) | (0. 025) | (0. 148) |
| Unattainment × DX GQ | 0. 0017 *** | 0. 0028 ** | 0. 039 | 0. 002 ** |
| | (0. 000) | (0. 0281) | (0. 247) | (0. 014) |
| Unattainment × DX SC | 0. 0222 ** | 0. 0384 | 0. 1309 | 0. 0029 |
| | (0. 038) | (0. 298) | (0. 682) | (0. 552) |
| Unattainment × DX EP | 0. 059 *** | 0. 026 ** | 0. 058 * | 0. 4843 |
| | (0. 000) | (0. 029) | (0. 0852) | (0. 497) |
| Unattainment × DX EFD_ A | – 0. 0389 ** | – 0. 0440 | 0. 0495 | 0. 039 |
| | (0. 039) | (0. 173) | (0. 132) | (0. 109) |

注：本部分仅列示了环境规制变量或环境规制变量与企业特征、行业特征和地区特征变量交互项的影响系数，为了节省空间，我们没有列出年度、行业、地区虚拟变量及控制变量的回归结果。 * 、 ** 和 *** 分别表示在10% 、5% 和1% 的水平上显著，括号内数字为 p 值。

表4－19中第三、第四个回归汇报的是环境规制及其与其他特征变量交互项对企业生产率影响的结果，可以比较明显地发现，环境规制对劳动生产率的影响为正，但不显著，我们认为，这可能是两方面原因造成的：一是环境规制也被称为"就业杀手"，国外部分经验研究已经证实了环境规制的实施会带来就业数量和就业率的下降，因而会引致劳均生产值的上升；二是环境规制带来的污染下降本身也提高了劳动生产效率。但是，如果考虑到环境规制也会引起企业产量下降等因素，那么环境规制对劳动生产率的影响可能面临着不确定性。同时，我们还发现，环境规制对利润率的影响显著为负，相比较达标城市的企业，非达标城市企业由于环境规制所引致的企业利润率下降了3.29%，这表明，环境规制的实施确实对企业经营绩效带来了一定的经济成本。

3. 使用环保重点城市和非重点城市之分进行分析

《大气污染防治重点城市规划方案》虽然将113个环保重点城市划分为"达标城市"和"非达标城市"，但是达标城市也同样面临着"稳定环境质量"的约束，因此，从全国范围来看，113个环保重点城市相比较其他非环保重点城市而言，也可认为，实施了不同程度的环境规制，对此，进一步调整了处理组和对照组，将环保重点城市作为处理组，将非环保重点城市确定为对照组，回归结果如表4－20所示，我们发现，即使调整了组别划分，环境规制对企业生产率的不利影响依然存在，而且进一步从原有的1.96%上升到2.37%，这再次表明，环境规制不仅会影响到企业生产率，也会影响到企业创新能力和融资约束，同时还带来企业资源的再配置，但并没有实现产业层面的绩效改善。

**表4－20　环境规制效应再检验：环保重点城市与非重点城市的准实验**

|  | Unattainment × D | 控制变量 | 年份固定效应 | 时间固定效应 | 样本 | 调整的 $R^2$ |
|---|---|---|---|---|---|---|
| TFP | − 0.0237 ** (0.020) | 是 | 是 | 是 | 586771 | 0.5475 |
| IN | − 0.0268 * (0.0578) | 是 | 是 | 是 | 573822 | 0.5572 |
| IC | 0.0863 (0.168) | 是 | 是 | 是 | 583922 | 0.5652 |
| Rece | 0.0125 (0.357) | 是 | 是 | 是 | 592245 | 0.6037 |
| Inte | 0.0136 (0.222) | 是 | 是 | 是 | 583925 | 0.5244 |
| Sub | 0.0016 * (0.073) | 是 | 是 | 是 | 578409 | 0.5478 |
| ER | − 0.0345 *** (0.007) | 是 | 是 | 是 | 3792 | 0.2494 |

续表

| | Unattainment × D | 控制变量 | 年份固定效应 | 时间固定效应 | 样本 | 调整的 $R^2$ |
|---|---|---|---|---|---|---|
| XR | 0.1264 *** (0.005) | 是 | 是 | 是 | 3792 | 0.342 |
| OCE | 0.0196 ** (0.0432) | 是 | 是 | 是 | 4239 | 0.2957 |
| OCC | −0.0855 * (0.053) | 是 | 是 | 是 | 4239 | 0.2831 |
| ODC | 0.1337 *** (0.008) | 是 | 是 | 是 | 4248 | 0.2794 |
| ODX | 0.2459 *** (0.000) | 是 | 是 | 是 | 4127 | 0.2825 |

注：本部分仅列示了环境规制变量的影响系数，第一列为各个回归方程中的因变量，为了节省空间，我们没有列出年度、行业、地区虚拟变量及控制变量的回归结果。 * 、 ** 和 *** 分别表示在 10% 、5% 和 1% 的水平上显著，括号内数字为 p 值。

## 四　结论

严峻的环境污染形势已经成为制约当下中国经济社会发展转型的关键性因素之一，对污染进行管制成为世界各国进行环境治理的基本手段，而环境规制的目标已经从早期的"降污"单一标准发展为"降污"和"增效"的双赢标准。其中，考察环境规制的经济效率是重要的标准之一，尽管有关中国环境规制经济效应的文献非常多，但是从企业层面来揭示环境规制生产率效应的文献几近空白，即使在产业、地区层面，有关环境规制影响企业生产率的"黑箱"至今也未有效"揭开"，即环境规制影响生产率的传导机制并不明确。

借助 2003 年国务院实施的环保重点城市限期达标制度作为识别环境规制的准实验机会，利用 1998—2007 年国家统计局提供的规模以上工业企业微观数据，采用双重差分方法评估了环境规制对企业生产率的影响、传导机制及其异质性，稳健性检验也证实研究结论的可靠性。具体来说，相比较达标城市企业，限期达标制度的实施使得非达标城市企业平均全要素生产率（TFP）相对下降 1.96% ，这一下降可能源于该政策一定程度上降低了企业创新能力、增加了中间成本，使得这些企业的投入增加而产出相对下降，环境规制的实施并没有带来企业层面融资约束的强化，使得企业缺乏外生倒逼机制来调整生产结构和降低生产成本，但是，环境规制对生产率的不利影响会随时间而减弱；同时环境规制使得重污染行业中企业进入率下降、退出率上升，但"一降一升"并没有带来产业层面重构和企业资源配置效率提升；从企业、产业和地区特征来看，成立时间短、规模小、非国有以及资本密度较高的企业，更易受到环境规制的不利影响，而市场化程度高、政府质量好、绿色偏好强地区的企业，不利效应则会得到一定抑制，行业竞争有利于缓解环境规制的不利影响。

# 小　结

从短期来看，环境规制可能难以实现降污和增效的双赢，但是，人们往往忽视环境规制实现"降污"之后所带来的长期收益和污染加剧所带来的短期隐性成本及长期机会成本，对于正处于经济发展重要转型期和环境污染形势极为严峻的中国而言，当政策短期内难以同时兼顾降污与增效的"双赢"时，实施一定程度的环境规制不失为适应经济新常态"调速换挡"的"次优"选择。汤普森等（Thompson et al.，2014）通过将经济学模型与气候变化模型结合估算了环境政策实施后地区空气质量的改善程度及其所避免的经济损失后发现，由于环境政策实施可以减少温室气体排放而有助于减轻空气污染，进而降低与此相关的疾病发病率，节省下来的公共卫生支出可部分地抵消甚至超过这些政策本身的执行成本，这一点与本章研究的结果相吻合。比实施一定程度环境规制更为重要的是，推动环境规制改革。以行政命令手段为主的规制体系对于当下和今后中国的经济发展越来越难以发挥有效的作用，传统的规制手段与现代市场经济发展和政府运行的摩擦会越来越大，也难以起到持续发挥环境规制"降污"效应的作用，而且不利于激励技术进步，影响经济发展。因此，积极发展环境市场，推行清洁能力、碳排放交易、排污权、水权交易，推进排污费改税以及更大程度的环境税改革，尽快推广环境金融、环境保险和环境审计等制度，具有重要价值。创造良好的制度环境对于放大环境规制的效应空间具有重要意义。加快生态文明制度建设不仅需要其内部制度创新，而且还必须依赖制度实施的环境，只有将环境保护进一步融入经济建设、政治建设、文化建设和社会建设中，才能更好地发挥市场、政府和社会三股力量的合力作用。

仅从企业生产率的角度而言，2003 年实施的环境规制政策在短期并没有带来"双赢"，而且环境规制的经济成本可能是巨大的。当然，这与环境规制的内部治理结构密切相关，发达国家早期环境规制政策实施的教训早已表明，过度依赖行政命令手段的环境规制不仅对减排降污的影响趋弱，而且还会带来巨大的经济损耗。因此，推动当下中国环境规制体制的市场化改革显得迫在眉睫，党的十八届三中全会提出了环境治理改革的路线图，正是着眼这方面的考虑。进一步看，创造良好的制度环境有利于降低和缓解环境规制对企业生产率的不利影响，这种制度环境既体现在产业层面的市场竞争度的提升，又体现在地区市场化程度、政府质量提升、社会绿色偏好以及绿色金融政策等方面。最后，需要指出的是，环境规制所带来的"外部性"可以看作是经济发展"负外部性"的一种补偿或者平衡，虽然不能忽视环境规制的经济成本，但是，也不能忽视环境污染的代价以及环境规制实现"降污"所带来的隐性和长期收益。

# 第五章 中国环境污染的健康人力资本与经济增长效应研究

　　首先借助于经济周期这一准外生的实验机会，考察经济周期波动过程中环境污染的变化所带来的健康人力资本变化，揭示了其传导机制，研究环境污染对健康人力资本的影响；进一步地，通过建立包含环境污染与健康的内生增长模型，数值模拟以及实证检验了环境污染如何通过健康影响经济增长。

## 第一节　环境污染与国民健康：来自经济周期的准实验

### 一　问题提出

　　健康被认为是一种重要的人力资本要素，是国民福祉的根本所在和经济发展的持续动力之一。在影响健康的诸多要素中，收入起着决定性的作用，当经济处于衰退或者经济发展疲软时期，健康状况往往很难得到改善甚至还会进一步恶化，而且早期的研究也指出，衰退时期，人们的生活消费习惯、精神状态等都会受到不同程度的冲击（Brenner et al.，1979），这也被称为"死亡反周期"现象。传统研究指出，经济危机可能会通过四种途径影响到健康：第一，危机会降低家庭收入。经济危机中，平均家庭收入会下降，家庭也必须通过一些途径进行调整适应。如果没有能力弥补整个短缺，那么消费将伴随着收入的下降而降低，相应的消费降低可能会对健康产生负面影响，直接的医疗健康消费将减少，其他消费支出也将相应调减，例如，食品消费的数量和质量都会降低因而使营养摄入减少，影响到整体健康和福利水平。第二，危机还会减少公共部门可支配的资源。由于健康支出是公共部门支出的重要组成部分，经济衰退时，赤字的上升将迫使公共部门减少改革医疗服务支出以降低赤字风险。第三，作为家庭应对风险的一个举措，家庭中更多的成员（包括妇女、儿童、老人等）会被发动去寻求工作，来应对经济危机的影响（Gonza'lez de la Rocha，1995，1998；Moser，1995；Cunningham，1998）。相较于发达国家，发展中国家对体力劳动的要求更高，进一步降低了健康。来自发达国家的证据也表明，相伴随而来的工作压力也会上升（Bosma et al.，1997）。第四，经济危机还使照料者进入劳动力市场，进一步降低了他们照顾其他更需要被照料者的能力。

但是，最近以鲁姆（Ruhm，1995，2000，2012，2013）为代表的一系列研究成果表明，在经济衰退时期，健康状况可能并不一定会恶化，其中死亡率在这一时期甚至下降，即存在"死亡顺周期"现象。"死亡顺周期"认为，由于闲暇时间增加和收入减少，个体行为将更加趋于健康；然而，最近研究分析提供的是这一方面研究的混合证据，两者的关系依然模棱两可。需要指出的是，无论是"顺周期"还是"反周期"理论，均对"经济周期"与"死亡率"之间关系机理的揭示过于单一。因此，有关这一话题的争议既需要从理论上进一步阐述经济周期与健康之间的内在传导机制，又要从实证角度给出综合、可靠的依据。

此外，在经济周期和国民健康之间可能有一项重要的传导变量长期被忽视，即环境污染。一方面，环境污染可能与经济周期波动高度相关，在不同的经济周期阶段，能源消费、污染物排放等都会出现巨大变化；另一方面，环境污染是国民健康极为重要的影响变量，世界卫生组织指出，环境污染大约可以解释30%以上的健康波动（WHO，2008）。在环境健康经济学的研究中，有许多文献正是借助于"经济周期"这一准外生性机会，来讨论环境污染与国民健康之间的关系。因此，我们有理由相信，基于环境污染对国民健康的重要影响，其可能成为经济周期与国民健康之间关系的重要的传导机制，当然，有待于进一步的实证检验。

需要指出的是，现有的绝大部分研究主要是从经验研究的视角来讨论经济周期与死亡率及国民健康之间的关系，我们认为，由此可能会带来两个方面的问题：一是以经验研究为主的分析往往缺乏对两者关系内在机制的阐述，仅就经济周期与某一健康结果进行验证，使两者关系研究缺乏应有的理论基础和综合判断；二是绝大多数研究集中于一国内部，主要是运用州（省）、县层面或者个体微观层面的面板数据和时间序列数据来研究两者之间的关系，但是，并没有综合控制可能存在的遗漏变量问题、混合因素、地区差异和时间差异等问题。基于一国内部的研究，往往带有很强的国别（地域）特征，换言之，一国内部不同地区所面临的经济周期往往是趋同的，而且中央政府主导以及协调地方政府实施相应的调控政策。这就意味着，一国内部的差异更多的是来自时间上的变动，进而使面板数据模型的有效性大打折扣。

基于此，我们在现有研究的基础上，从四个维度揭示经济周期与死亡率之间关系的内在机理。研究表明，"死亡顺周期"现象确实存在，而且会通过环境污染进行传导。在实证研究中，构建了一个跨国层面的面板数据库，在一个时间跨度长（1990—2010 年）、样本国家（地区）（89个）相对较多的范围内，充分利用来自截面和时间上的差异，从更为一般性的角度来验证经济周期、环境污染与国民健康之间的关系，同时对不同国家、不同群体和不同时间窗口进行了分组检验，并进一步通过替换指标、系统 GMM 和差分 GMM 方法进行了反复的稳健性检验，进而使研究结论更加普遍和可靠。

1978—2012 年中国失业度与死亡率变化的趋势大致如图 5 - 1 所示。

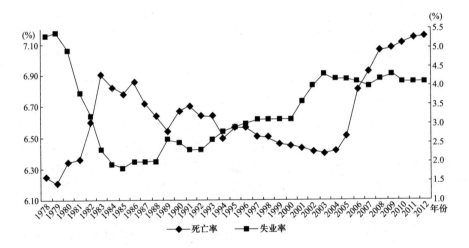

**图 5 - 1　1978—2012 年中国失业率与死亡率变化的趋势**

资料来源：《新中国六十周年统计资料汇编》和有关年份《中国统计年鉴》。

## 二　变量、模型与方法

本书主要利用的是 89 个具有典型代表国家和地区的 1990—2010 年的

面板数据，来分析经济周期、环境污染与国民健康之间的关系。遵循鲁姆（2000，2013a，2013b）的做法，其基本模型为：

$$M_{it} = \alpha_0 + \gamma U_{it} + \beta X_{it} + \delta_i + \mu_t + \varepsilon_{it} \qquad (5-1)$$

同时，我们还将进一步验证经济周期与环境污染之间的关系：

$$P_{it} = \alpha'_0 + \gamma' U_{it} + \beta' X_{it} + \delta'_i + \mu'_t + \varepsilon'_{it} \qquad (5-2)$$

进一步地，在式（5-1）中进一步引入环境污染变量：

$$M_{it} = \alpha''_0 + \gamma'' U_{it} + \beta'' X_{it} + \lambda P_{it} + \delta''_i + \mu'_t + \varepsilon'_{it} \qquad (5-3)$$

式中，$M_{it}$是被解释变量，它表示第 $i$ 个国家在第 $t$ 期的国民健康状况，根据世界卫生组织对健康的定义并在参照以往研究通行做法的基础上，我们用死亡率和预期寿命来表示，对于死亡率，我们进一步区分了总体死亡率、婴幼儿死亡率和 5 岁以下儿童死亡率；预期寿命分为总体预期寿命、男性预期寿命和女性预期寿命；无论是死亡率还是预期寿命，都能够从整体的角度度量国民的整体健康水平。

$U_{it}$表示的是宏观经济状况，在以往经济周期与死亡率之间关系的文献中，绝大多数采用失业率来度量，遵照惯例，本书也主要采用失业率来反映经济周期；同时，在稳健性分析中，我们还进一步采用 HP 滤波方法测度经济增长周期，目前，霍德里克—普雷斯科特（Hodrick - Prescott，HP）滤波方法被广泛地运用于经济周期的波动测度中。该方法的运用比较灵活，将间接周期看成是宏观经济对某一缓慢变动路径的一种偏离。该方法的原理是：设 $\{Y_t\}$ 为包含趋势成分和波动成分的经济时间序列，$\{Y_t^T\}$是其中含有的趋势成分，$\{Y_t^l\}$是其中含有的波动成分。相应地，$Y_t = Y_t^T + Y_t^l$，计算 HP 滤波就是从$\{Y_t\}$将$\{Y_t^l\}$分离出来，通常情况下$\{Y_t^l\}$被定义为求解：$\min \sum_{t=1}^{T} \{(Y_t - Y_t^T)^2 + \lambda [c(L) Y_t^T]^2\}$，其中，$c(L) = (L^{-1} - 1) - (1 - L)$，进一步可以得到求解：

$$\min \sum_{t=1}^{T} \left\{ (Y_t - Y_t^T)^2 + \lambda \sum_{t=2}^{T-1} [(Y_{t+1}^T - Y_t^T) - (Y_t^T - Y_{t-1}^T)]^2 \right\}$$

一般情况下，当时间序列单位为年时，根据一般经验，$\lambda$ 的取值为 100（高铁梅，2009）。

$P_{it}$表示第 $i$ 个国家第 $t$ 期的环境污染状况，环境污染指标采用的是 PM10 浓度和人均二氧化硫排放量，其中，PM10 是世界卫生组织和各个国家环境健康机构公认的影响健康的重要环境变量，PM10 本身包括

PM2.5，因此，使用该数据能够比较有效地度量各国的环境治理；同时我们还进一步引入戴维·I. 斯特恩（David I. Stern，2000，2004）利用历史数据测算的1850—2002年200个国家（地区）年度二氧化硫排放量，并通过平滑方法弥补了之后年份的缺失值。

$X_{it}$表示一组控制变量，根据之前的相关研究（Svensson，2007；Currie and Neidell，2005；Ruhm，2013），包括影响到健康的人口结构、教育、卫生医疗状况等。对此，分别使用老年抚养率和少儿抚养率、高等学校入学率、医疗卫生改善受益比和人均国民收入来度量。变量的具体描述性数据见表5－1。

表5－1　　　　　　　　　　主要变量的描述性分析数据

| 变量名称 | 最小值 | 最大值 | 观测值 | 变量说明 |
|---|---|---|---|---|
| 死亡率 | 3 | 17 | 1855 | 每千人死亡人数 |
| 5岁以下儿童死亡率 | 2 | 122 | 1848 | 每千名新生儿在年满5岁前的死亡概率 |
| 婴幼儿死亡率 | 8 | 106 | 1848 | 每千例活产儿1岁前死亡的婴儿数量 |
| 预期寿命 | 52 | 85 | 1863 | 出生时预期寿命（岁） |
| 男性预期寿命 | 50 | 88 | 1863 | 男性出生时预期寿命（岁） |
| 女性预期寿命 | 53 | 86 | 1863 | 女性出生时预期寿命（岁） |
| 失业率 | 0.6 | 30.7 | 1639 | 总失业人数占劳动力总数的比例 |
| 经济增长率周期 | －16.903 | 12.695 | 1794 | 经济增长率的波动 |
| PM10 | 36.338 | 230 | 1823 | 国家级直径小于10微米的颗粒物浓度 |
| 人均二氧化硫排放量 | 0.0024 | 1.406 | 1739 | 人均二氧化硫排放量（吨） |
| 人口数 | 24134 | 1.34e+09 | 1866 | 人口总数（人） |
| 少儿抚养率 | 13 | 48 | 1848 | 0—14岁人口占总人口比重（%） |
| 老年抚养率 | 1 | 23 | 1848 | 65岁及以上人口占总人口比重（%） |
| 高等教育入学率 | 3 | 55 | 1387 | 高等教育入学人数占比（%） |
| 工业增加值占比 | 15 | 61 | 1823 | 工业增加值占GDP比重（%） |
| 进出口占比 | 14 | 460 | 1811 | 进出口总额占GDP比重（%） |
| FDI占比 | －29.228 | 564.916 | 1756 | FDI净流入占GDP比重（%） |
| 城市化率 | 9 | 100 | 1869 | 城市人口占总人口比重（%） |
| 国民收入 | 800 | 67970 | 1734 | 按购买力平价度量的人均国民收入（美元） |
| 健康服务 | 18 | 101 | 1750 | 获得经过改善的卫生设施人口占比（%） |

基本模型采用面板固定效应分析方法，方程中的 $\delta_i$ 表示与特定国家相关的未观察因素，用以控制各国不被观察到的、不依时间变化的差异；$\mu_t$ 表示年份效应，用以控制各国共同面临的全球经济以及宏观经济周期波动的影响；$\varepsilon_{it}$ 表示随机扰动项；$\gamma'$ 表示的是当控制了污染水平后，经济周期对国民健康所产生的影响。

一般而言，健康带有明显的连续性和累积性，即当期的健康会明显地受到上一期健康状况的影响，因此，有必要在自变量中引入国民健康的滞后项，当引入国民健康的滞后项后，很可能出现滞后的国民健康对失业率的影响，更为关键的是滞后的国民健康与随机误差项之间也存在相关性，因而会使传统估计方法得到滞后项系数偏大，虽然通过一阶差分可以剔除不随时间变化的个体效应，但是，当计量方程中包含被解释变量中的一阶滞后项时，组内差分得到的滞后因变量和残差一阶差分是相关的。同时，因变量和自变量之间可能还会存在双向因果关系，健康状况的变化也会对失业率为代表的经济周期产生反向影响。上述问题的存在可能会使结论的可靠性大打折扣。对此，Anderson 和 Hsiao（1982）以及 Arellano 和 Bond（1991）分别提出的差分 GMM 和系统 GMM 方法能够有效地解决上述问题，同时使用系统 GMM 方法，之后的水平变量和差分变量分别作为差分方程内生变量和水平方程中相应水平值的工具变量，结果可能比差分 GMM 更为稳健和有效。

一般来说，在研究宏观经济状况对健康的影响时还需要关注两者之间的关系是否会随着时间的推移而改变，这也是以往研究中经常遇到的一个重要问题。其中一个典型的做法就是划分不同的时间段。然而，即使这样，估计的结果依然会对所选择的起始和结束年份比较敏感，换言之，由于样本时间区间起点时间和结束时间选择的不同，可能会对估计结果产生重要的影响。通常，有两种可选的方法：第一种方法是指定一个固定时间，然后依次对所有备选样本的时间窗口数据进行估计。例如，当使用以 10 年为长度 1990—2010 年范围的窗口期时，然后可以依次选择从 1990—1999 年到 2001—2010 年一共 12 个时期依次进行估计；第二种方法是，依然将估计区间定在 21 年，然后在模型中额外地加入一个时间趋势项：

$$M_{it} = \alpha_0 + \gamma U_{it} + \beta X_{it} + U_{it} \times T_t \varphi + \delta_i + \mu_t + \varepsilon_{it} \tag{5-4}$$

$$M_{it} = \alpha'_0 + \gamma' U_{it} + \beta' X_{it} + \lambda' P_{it} + U_{it} \times' T_t \varphi + \delta'_i + \mu'_t + \varepsilon'_{it} \tag{5-5}$$

式中，$T_t$ 表示一个线性趋势，设置第一个样本年份的值为 0（1990年），最后一个样本年份值为 1（即 2010 年）。相应的经济周期效应则可以被表述为 $\gamma'$（1990 年）和 $\gamma' + \varphi'$（2010 年），当使用的数据是从1990—2010 年时，$T_t = (t - 1990)/20$。相应地，$\varphi'$ 的 $p$ 值表示经济周期与健康之间的关系是否随时间的变化而改变。这两种方法本身而言各有优势，第一种方法不需要设置特定的参数而直接选择不同的样本时间区间进行估计；第二种方法则比较清晰地观察到经济周期对健康影响的时间趋势效应。在研究中，两种方法会相机选择使用。

### 三　实证报告

#### （一）经济周期与国民健康

表 5 - 2 显示的是经济周期与国民健康之间关系的基本回归结果，经济周期用失业率表示，国民健康分别用人口死亡率、5 岁以下儿童死亡率、婴幼儿死亡率和预期寿命表示，经过 Wald 检验与 Hausman 检验选择固定效应模型。同时模型还控制了一系列变量，包括人口因素变量、人口权重和其他社会经济因素（国民收入、教育、城市化和健康服务），时间效应和地区效应也被控制。

表 5 - 2 中方程（1）表示没有控制人口因素和人口权重下的结果，方程（2）在方程（1）的基础上加入了"失业率 × T"变量用以控制时间趋势的影响，方程（3）是在方程（2）的基础上控制了人口因素，方程（4）是在（3）的基础上再进一步控制了人口权重。通过比较方程（1）至方程（4）以及相应的回归结果可以发现，失业率与死亡率之间呈现出显著的负向关系，失业率越高，死亡率可能越低，即死亡率可能存在顺周期现象。同时，根据式 $T_t = (t - 1990)/20$，还可以进一步分析这种顺周期随时间是如何变化的，即 $\frac{\partial M}{\partial U} = \gamma + \varphi \times T_t$。以方程（4）的回归结果为例，在 1990 年，死亡率与失业率的关系系数为 -0.0049，2000年，该系数进一步会上升至 -0.0027，到 2010 年，则为 -0.0005。这说明，随着时间的推移，死亡率与失业率之间的顺周期关系会变弱。通过观察方程（3）和方程（4），发现是否控制人口规模权重对结果有一定的影响，当控制人口权重后，死亡率的顺周期系数稍小些，这说明，如果不控制人口权重，可能会夸大死亡顺周期。此外，我们还进一步加入了失业率平方，如方程（5）平方项系数不显著，这表明失业率与死亡率之

间可能呈现一种 "U" 形关系, 适度失业会带来死亡率的下降, 但过度失业并不利于健康。综上可以初步判断, 失业率与死亡率之间确实存在了顺周期关系, 但是, 这种关系随着时间的推移会进一步变弱, 也就是说, 这种顺周期关系可能是短期而非长期。

表 5 - 2　　　　　　　经济周期与国民健康的基本回归结果

| 变量 | 人口死亡率 | | | | | 5 岁以下儿童死亡率 | 婴幼儿死亡率 | 预期寿命 |
|---|---|---|---|---|---|---|---|---|
| | (1) | (2) | (3) | (4) | (5) | (6) | (7) | (8) |
| 失业率 | - 0.0017 ** | - 0.0044 *** | - 0.0052 *** | - 0.0049 *** | - 0.0046 ** | - 0.0175 *** | - 0.0189 *** | 0.0015 *** |
| | ( - 2.35) | ( - 3.24) | ( - 3.92) | ( - 5.45) | ( - 1.98) | ( - 9.02) | ( - 8.39) | (6.44) |
| 失业率平方 | | | | | 0.0000 | | | |
| | | | | | (0.16) | | | |
| 失业率×T | | 0.0046 ** | 0.0048 ** | 0.0044 ** | 0.0045 ** | 0.0193 *** | 0.0203 *** | - 0.0025 *** |
| | | (2.33) | (2.51) | (2.3) | (2.3) | (7.01) | (6.34) | ( - 7.16) |
| 系列人口因素 | 不是 | 不是 | 是 | 是 | 是 | 是 | 是 | 是 |
| 人口权重 | 不是 | 不是 | 不是 | 是 | 是 | 是 | 是 | 是 |
| $R^2$ | 0.1786 | 0.1815 | 0.5321 | 0.4933 | 0.4929 | 0.9686 | 0.4102 | 0.7221 |
| 样本国家 (地区) | 89 | 89 | 89 | 88 | 88 | 87 | 87 | 88 |
| 样本数 | 1631 | 1629 | 1629 | 1627 | 1627 | 1606 | 1606 | 1627 |

注: *、** 和 *** 分别表示在 10%、5% 和 1% 的水平上显著, 括号内数字为 p 值。因变量是取自然对数的死亡率。国家 (地区) 和时间固定效应被控制。所有的模型还控制了人口年龄结构, 即人口老龄化和少儿抚养率, 同时控制其他变量, 如国民收入、高等教育入学率、城市化率和健康服务。下同。

方程 (6)、方程 (7) 和方程 (8) 分别表示失业率与 5 岁以下儿童死亡率、婴幼儿死亡率和预期寿命之间关系的回归结构, 我们发现, 失业率与三类健康之间呈现出明显的顺周期关系, 失业率每提高 1 个百分点, 5 岁以下儿童死亡率、婴幼儿死亡率分别下降 1.75% 和 1.89%, 预期寿命会上升 0.15%。通过比较方程 (4)、方程 (6)、方程 (7) 可以发现, 5 岁以下儿童死亡率和婴幼儿死亡率的顺周期现象更为明显, 儿童和婴幼儿更容易受到经济周期的影响。同时进一步观察 "失业率×T" 可以发现，伴随着时间的推移，这种顺周期现象将逐步减弱。

（二）分组检验

为了进一步检验经济周期与不同样本组别健康的关系，在现有数据可得性的基础上，我们探讨了男性与女性、老龄人口以及发达国家和发展中国家的健康周期现象。表5-3显示的是不同组别的回归结果，同表5-2一样，我们依然控制了相应的变量和时间及地区效应，采用的是固定效应模型。不同组别的健康顺周期现象非常明显，当失业率每上升1%时，男性和女性预期寿命分别上升0.12%和0.18%，发达国家和发展中国家的死亡率分别下降0.39%和0.45%。同时通过在方程（3）中引入失业率与老龄人口占比的交互项来观测失业率对老龄人口群体健康的影响。我们发现，交互项的系数显著为负，这表明，老龄社会中，失业率与死亡率的顺周期更为明显。

表5-3                     经济周期与国民健康：分组检验

| | 男性预期寿命 | 女性预期寿命 | 老龄化社会 | 发达国家（死亡率） | 发展中国家（死亡率） |
|---|---|---|---|---|---|
| | （1） | （2） | （3） | （4） | （5） |
| 失业率 | 0.0012 *** | 0.0018 *** | -0.0026 * | -0.0039 * | -0.0045 ** |
| | (4.89) | (7.36) | (-1.51) | (-1.54) | (-2.73) |
| 失业率×T | -0.0018 *** | -0.0029 *** | 0.0053 ** | 0.0015 | 0.0044 * |
| | (-4.96) | (-8.15) | (2.7) | (0.36) | (1.95) |
| 失业率×占比老龄 | | | -0.003 ** | | |
| | | | (-2.15) | | |
| 失业率×收入 | | | | | |
| 系列人口因素 | 是 | 是 | 是 | 是 | 是 |
| 其他控制变量 | 是 | 是 | 是 | 是 | 是 |
| 人口权重 | 是 | 是 | 是 | 是 | 是 |
| $R^2$ | 0.7289 | 0.6799 | 0.4884 | 0.6257 | 0.4643 |
| 样本国家（地区） | 88 | 88 | 88 | 29 | 59 |
| 样本数 | 1627 | 1627 | 1627 | 588 | 1039 |

注：*、**和***分别表示在10%、5%和1%的水平显著，括号内数字为p值。

（三）分时间窗口

上述结果采用的是引入时间趋势项来控制存在的时间偏误，接下来，我们采用不同的样本时间区间进行估计。首先，我们固定时间长短，然后依次选择不同的起止年份来进行分析，图5－2、图5－3、图5－4和图5－5表示的时间区间为5年、10年、15年和17年的结果，起始年份均从1990年开始，实线表示失业率的回归系数变化趋势，虚线表示95%水平的稳健标准差，总体上看，失业率与死亡率之间存在比较明显的负向关系，失业率的增加可能会有利于死亡率的降低，即存在"死亡顺周期"现象；进一步观察可以发现，当时间区间进一步增加时，失业率的系数变化趋势更为平滑，这说明当时间区间更长时，顺周期现象可能更为明显，结果可能更为稳健；伴随着起始年份的逐步推移，失业率的系数进一步下降，"死亡顺周期"现象更为明显；进一步比较5年、10年、15年和17年区间内的死亡顺周期，我们发现，四个区间失业率系数的最小值分别是－0.0229437、－0.0101、－0.0091和－0.0078，这表明，随着样本时间范围的增加，"死亡顺周期"可能逐步减弱，这进一步说明"死亡顺周期"可能是短期和中期现象，而非长期现象。我们认为，如果失业率变化会带来死亡率比较平均的波动或者比较平稳波动的话，那么这

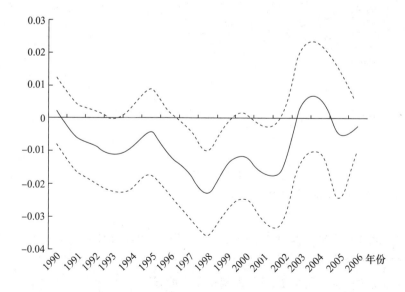

图5－2　初始年份的5年窗口期

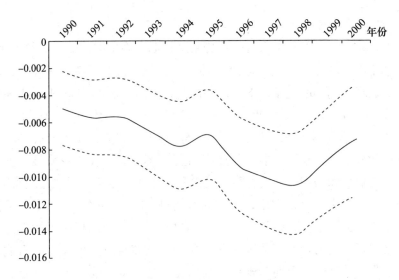

**图 5 - 3　初始年份的 10 年窗口期**

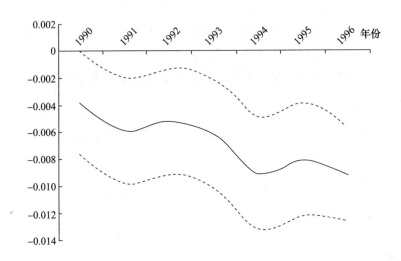

**图 5 - 4　初始年份的 15 年窗口期**

注：横轴年份为起始年份，即 1990—2005 年，下同。

背后可能存在失业率变化带来更为显著和明显的其他因素的变动，进而使死亡率变化更大，并且这种更为显著和明显的其他因素随着时间的推移可能更为凸显，尤其在目前表现得尤为明显。

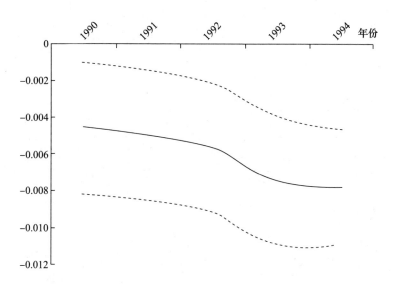

**图5-5 初始年份的17年窗口期**

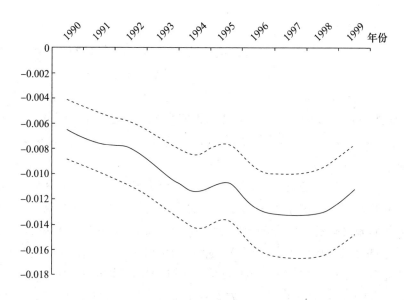

**图5-6 起始年份窗口期**

同时,我们还进一步改变了样本时间区间的选择方法,我们在"固定起始年份"或"固定结尾年份"的基础上连续不断变动样本时间区间,来观察"死亡顺周期"现象。结果如图5-6和图5-7所示。图5-6表示

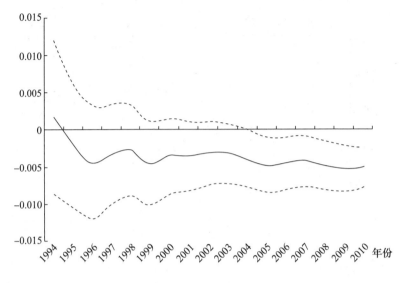

图 5 - 7　结尾年份窗口期

的是起始年份固定，且为 1990 年，然后分别选取 1990 年至 1994 + n 年
（n 为 1，2，…，16）的时间区间，我们发现，随着时间区间的增加，
"死亡顺周期"现象更为明显和平稳，且有不断增加的趋势。图 5 - 7 表
示的是结尾年份固定，且为 2010 年，然后分别选取 1990 + n 至年 2010 年
的时间区间（n 为 1，2，…，9），我们发现，随着时间区间逐步地向
2010 年逼近，失业率系数的绝对值越来越大，这种顺周期现象越来越
明显。

　　因此，我们有理由相信，在失业率短暂上升背后有一个更为关键的
因素在推动着国民健康水平的改善，这个关键因素在当前表现得尤为明
显，通过梳理现有文献和来自检验数据的证实，作为连接经济周期和国
民健康的因素，环境污染（环境质量）的可能性更为明显。这主要是因
为在全球范围内，在 102 类主要疾病、疾病组别和残疾中，环境风险因素
在其中 85 类中导致疾病负担，在全球范围内，估计 24% 的疾病负担（健
康寿命年损失）和 23% 的所有死亡（早逝）可归因于环境因素（WHO，
2004）；同时，环境污染（环境质量）与经济周期关系极为密切，经济衰
退时，大量的工厂关闭，经济活动也会相应地减少，工业污染源以及其
他的经济活动所产生的污染都会出现不同程度的下降，由经济衰退所导
致的污染物排放减少和环境质量的改善成为健康改善的一个重要传导路

径。而且环境污染对健康的影响可能会存在累积性，即长时期的污染暴露所累积的健康效应远大于一次性污染暴露所产生的健康危害，这也在一定程度上解释说明了为什么"随着时间区间逐步地向 2010 年逼近，失业率系数的绝对值越来越大，这种顺周期现象越来越明显"。因此，接下来，我们在上述回归的基础上，进一步引入环境污染变量，来考察这一被长期忽视的传导机制。

（四）经济周期、环境污染与国民健康

基于数据的可得性以及污染物变量的特征，本部分主要选取 PM10 和二氧化硫作为度量环境污染的主要指标，相应的回归结果如表 5 - 4 所示。方程（1）和方程（2）表示的是经济周期对环境污染的影响，可以发现，失业率与 PM10 和二氧化硫呈现出显著的负相关，其中当失业率每提高 1 个百分点时，PM10 和二氧化硫的浓度分别提高 0.3425% 和 0.0021%，这表明经济衰退时期的环境质量会出现不同程度的好转。我们在健康方程中进一步加入 PM10 和人均二氧化硫排放量，回归结果见方程（3）到方程（8），将表 5 - 4 中方程（3）、方程（4）、方程（5）回归结果与表 5 - 2 中的方程（4）进行比较可以发现，当加入 PM10 后，失业率的系数从 - 0.0049 上升至 - 0.00411，系数的绝对值下降了 16.12%，当加入人均二氧化硫排放量后，失业率的系数绝对值下降了 10.2%，当同时加入 PM10 和二氧化硫后，失业率系数的绝对值下降了 20.4%，这说明环境污染成为经济周期影响国民健康的重要传导渠道，经济衰退时期空气污染改善所带来的健康贡献大致占 20%，而且其中尤以 PM10 的贡献最大。同时，我们还进一步将表 5 - 4 中的方程（6）、方程（7）、方程（8）分别与表 5 - 2 中的方程（6）、方程（7）、方程（8）回归结果进行了比较，在此，我们仅引入 PM10 变量进行分析，当加入 PM10 变量后，失业率对与岁以下儿童死亡率、婴幼儿死亡率和预期寿命的影响系数的绝对值分别下降至 - 0.0141、- 0.0157 和 0.0014，分别下降了 19.42%、16.93% 和 6.67%。因此，有理由相信，环境污染是经济周期影响国民健康的一个不容忽视的传导途径，这也进一步证实了上述推测。

（五）稳健性检验

尽管失业率是度量经济周期的最为重要的指标之一，但是并不能包含经济周期的全部信息，同时考虑到国民健康存在时间上的动态关系以及可能存在的内生性问题，接下来，将进一步通过替换经济周期指标、引

表 5－4　　　　　　经济周期、环境污染与国民健康

| 变量 | PM10 | 人均二氧化硫排放量 | 死亡率 | | | 5 岁以下儿童死亡率 | 婴幼儿死亡率 | 预期寿命 |
|---|---|---|---|---|---|---|---|---|
| | (1) | (2) | (3) | (4) | (5) | (6) | (7) | (8) |
| 失业率 | -0.3425** | -0.0021* | -0.00411*** | -0.0044*** | -0.0039*** | -0.0141*** | -0.0157*** | 0.0014*** |
| | (-2.14) | (-1.95) | (-3.74) | (-3.89) | (-3.56) | (-8.60) | (-7.82) | (6.21) |
| 失业率×T | 0.2815* | 0.0004 | 0.0014*** | 0.0060** | 0.0301* | 0.1799*** | 0.01767*** | -0.0024*** |
| | (1.22) | (0.26) | (3.18) | (2.96) | (-0.9) | (6.38) | (-5.38) | (-6.96) |
| PM10 | | | 0.0014*** | | 0.0014*** | 0.0013*** | 0.0013*** | -0.0001*** |
| | | | (6.05) | | (6.25) | (4.4) | (3.8) | (-3.72) |
| 人均二氧化硫排放量 | | | | 0.0003** | 0.0002* | | | |
| | | | | (-1.76) | (-0.9) | | | |
| 系列人口因素 | 是 | 是 | 是 | 是 | 是 | 是 | 是 | 是 |
| 其他控制变量 | 是 | 是 | 是 | 是 | 是 | 是 | 是 | 是 |
| 人口权重 | 是 | 是 | 是 | 是 | 是 | 是 | 是 | 是 |
| 地区变量 | 是 | 是 | 是 | 是 | 是 | 是 | 是 | 是 |
| 时间变量 | 是 | 是 | 是 | 是 | 是 | 是 | 是 | 是 |
| $R^2$ | 0.5362 | 0.1235 | 0.5195 | 0.4899 | 0.5058 | 0.4171 | 0.9679 | 0.9755 |
| 样本国家 | 86 | 83 | 86 | 83 | 82 | 85 | 85 | 86 |
| 样本数 | 1594 | 1548 | 1594 | 1548 | 1528 | 1573 | 1573 | 1594 |

注：经济周期与环境污染的方程中，控制变量包括人口因素（老年抚养率和幼儿抚养率）和社会经济因素（工业增加值占比、FDI 比重、进出口比重和国民收入）。*，**和***表示在10%，5%和1%的水平上显著，括号内数字为 p 值。

入动态面板数据模型并考虑内生性问题进行稳健性检验，以保证分析的
可靠性。

1. 替换其他指标

在宏观经济学中，经济增长率的波动也常被用于经济增长周期的度
量，我们采取了 HP 滤波方法测度经济增长率的周期。表 5 - 5 为经济增
长周期、环境污染与国民健康的回归结果。除个别变量不显著外，经济
增长周期与各项国民健康指标之间呈现出显著的相关关系，国民健康顺
周期现象明显，进一步在方程（1）、方程（3）、方程（5）、方程（7）
的基础上，引入 PM10 指标，我们发现，经济增长周期变量的系数绝对值
均出现了不同程度的下降，这进一步证实了环境污染可能是经济周期影
响到国民健康的重要中介变量，表明结论是稳健的。

表 5 - 5　　　　经济增长周期、环境污染与国民健康（替换指标）

| | 死亡率 | 死亡率 | 5 岁以下儿童死亡率 | 5 岁以下儿童死亡率 | 婴幼儿死亡率 | 婴幼儿死亡率 | 预期寿命 | 预期寿命 |
|---|---|---|---|---|---|---|---|---|
| | (1) | (2) | (3) | (4) | (5) | (6) | (7) | (8) |
| 经济增长周期 | 0.0028** | 0.0024** | 0.0033* | 0.0026* | 0.0032* | 0.0025* | -0.0006* | -0.0005** |
| | (2.14) | (2.67) | (1.01) | (1.94) | (1.83) | (1.86) | (-1.72) | (-2.54) |
| 经济增长周期×T | 0.0001** | 0.0017* | 0.0067* | -0.0061* | -0.0066* | -0.0053** | -0.0009* | -0.0011* |
| | (2.03) | (1.52) | (-1.45) | (-1.3) | (-1.21) | (1.98) | (1.63) | (1.59) |
| PM10 | | 0.0005*** | | 0.0005* | | 0.0003* | | -0.0001** |
| | | (2.97) | | (1.82) | | (1.94) | | (2.31) |
| 其他控制变量 | 是 | 是 | 是 | 是 | 是 | 是 | 是 | 是 |
| 系列人口因素 | 是 | 是 | 是 | 是 | 是 | 是 | 是 | 是 |
| 人口权重 | 是 | 是 | 是 | 是 | 是 | 是 | 是 | 是 |
| 样本国家 | 88 | 86 | 87 | 85 | 87 | 85 | 88 | 86 |
| 样本数 | 1779 | 1733 | 1785 | 1712 | 1786 | 1712 | 1779 | 1733 |
| $R^2$ | 0.4140 | 0.4186 | 0.3453 | 0.3567 | 0.3365 | 0.3678 | 0.6407 | 0.6357 |

注：*、**和***表示在 10%、5% 和 1% 的水平上显著，括号内数字为 p 值。

2. 动态面板数据

表 5 - 6 显示的是采用系统 GMM 和差分 GMM 方法得到的稳健性检验
结果，同时，我们还进一步比较了考虑内生性前后的变化，我们的分析

以系统 GMM 的结果为准。系统广义矩估计的结果显示，AR（2）的检验结果支持了估计方程的误差项不存在二阶序列相关的原假设，汉森（Hansen）过度识别检验也不能拒绝工具变量有效的原假设，工具变量的选择是有效的。选取的国民健康指标为死亡率，经济周期指标为失业率。总体上看，国民健康的滞后项系数显著为正，国民健康确实存在很强的连续性，同时，失业率对死亡率的影响也同样显著为负，即存在明显的死亡顺周期现象。进一步分析发现，无论考虑内生性问题与否，采用系统 GMM 方法得到的失业率回归系数值均比原有静态面板数据模型的系数值出现了不同程度的下降，同时进一步考虑内生性问题，失业率的系数会进一步下降，这说明，之前的估计可能高估了失业率对国民健康的影响。即使如此，失业率对国民健康的影响依然显著稳健；当进一步加入PM10 后，失业率的系数绝对值同样出现了不同程度的下降，这再次证明了环境污染是经济周期影响国民健康的重要传导途径。差分 GMM 方法得到的结果与此基本一致。

### 四 结论

我们构建了一个跨国层面的面板数据库，在一个时间跨度长（1990—2010 年）、样本国家（地区）（89 个）相对较多的范围内，充分利用来自截面和时间上的差异，从更为一般性的角度来验证经济周期、环境污染与国民健康之间的关系，同时对不同国家、不同群体和不同时间窗口进行了分组检验，并进一步通过替换指标、系统 GMM 和差分 GMM 方法进行了反复的稳健性检验，进而使结论更加普遍和可靠。我们发现：经济周期与国民健康之间存在比较明显和显著的相关关系，当失业率上升时，各类国民健康状况会出现不同程度的改善；随着样本时间范围的增加，"死亡顺周期"可能逐步减弱，这说明"死亡顺周期"可能是中短期现象，而非长期现象；在健康方程中进一步加入环境污染指标，失业率的系数绝对值出现了比较明显的下降，环境污染成为经济周期影响国民健康的重要传导渠道，经济衰退时期空气污染改善所带来的健康贡献大致占20%，而且其中尤以 PM10 的贡献最大。分组检验中的结果同样支持这一结论，并且在老龄化社会和发展中国家，经济周期与国民健康的关系可能更为密切。在稳健性分析中，选择了失业率的替换指标以及采用了动态面板数据模型和相应的方法，依然证实了结论的稳健性和可靠性。此外，我们还引入了经济周期的平方项，发现平方项系数为正，这说明适

表5-6　经济周期、环境污染与国民健康（系统GMM和差分GMM）

| 变量 | 系统GMM | | | | 差分GMM | | | |
|---|---|---|---|---|---|---|---|---|
| | 不考虑内生性 | | 考虑内生性 | | 不考虑内生性 | | 考虑内生性 | |
| | (1) | (2) | (3) | (4) | (5) | (6) | (7) | (8) |
| L.因变量 | 0.8099*** | 0.7815*** | 0.8579*** | 0.8562*** | 0.1407*** | 0.1527*** | 0.1919*** | 0.2206*** |
| | (10.92) | (12.25) | (15.21) | (14.35) | (11.24) | (12.25) | (7.44) | (7.87) |
| 失业率 | -0.0027*** | -0.0021*** | -0.0012** | -0.0010** | -0.0022*** | -0.0016*** | -0.0036*** | -0.0030*** |
| | (-6.14) | (-3.87) | (-2.44) | (-2.45) | (-4.65) | (-3.43) | (-6.5) | (-4.76) |
| 失业率×T | 0.0038*** | 0.0035*** | 0.0014*** | 0.0015*** | 0.0016*** | 0.0012** | 0.0030*** | 0.0031*** |
| | (7.44) | (6.97) | (3.34) | (3.89) | (3.08) | (2.14) | (4.58) | (4.76) |
| PM10 | | 0.0014** | | 0.0022* | | 0.0013 | | -0.0019 |
| | | (2.15) | | (1.82) | | (0.15) | | (-0.02) |
| 系列人口因素 | 是 | 是 | 是 | 是 | 是 | 是 | 是 | 是 |
| 其他控制变量 | 是 | 是 | 是 | 是 | 是 | 是 | 是 | 是 |
| 人口权重 | 是 | 是 | 是 | 是 | 是 | 是 | 是 | 是 |
| AR(1) | 0.0000 | 0.0000 | 0.0000 | 0.0000 | 0.0000 | 0.0000 | 0.0000 | 0.0000 |
| AR(2) | 0.4524 | 0.4524 | 1.0000 | 1.0000 | 0.0766 | 0.0836 | 0.0990 | 0.1223 |
| 汉森检验 | 0.3842 | 0.3842 | 0.4893 | 0.4977 | 0.2875 | 0.3353 | 0.9471 | 0.9528 |
| 样本国家 | 88 | 86 | 88 | 86 | 88 | 86 | 88 | 86 |
| 样本数 | 1562 | 1540 | 1573 | 1540 | 1433 | 1405 | 1432 | 1405 |

注：*、**和***表示在10%、5%和1%的水平上显著，括号内数字为p值。

度失业会带来死亡率的下降，但是过度失业并不利于健康。

我们认为，将经济增长速度控制在适度的范围内有利于改善居民的健康福利，尤其是经济发展过热产生的环境污染过度排放是损害公众健康的重要来源，这进一步凸显了经济发展的健康代价以及经济适度放缓的健康收益。现阶段，中国正面临着经济发展的转型，这一转型过程中，经济增长速度已经出现了一定程度的放缓，尽管经济增长速度放缓可能会带来一定的成本，但是，也会额外带来健康水平的改善。这也说明，在评价经济增长速度放缓时，既需要考虑成本，也需要考虑收益，如健康。

## 第二节　环境健康效应与经济增长的关系

现有有关文献更多的是从污染对认知能力的影响，或者考虑污染对健康影响时环境政策对经济增长影响的角度来研究，而且这方面的理论研究和假设并没有得到应有的实证检验。据我们所知，目前国内研究还没有系统地考察污染、健康和经济增长三者之间的内在关系，传统观点认为通过污染来实现经济增长，再通过经济发展的成果来治理环境是可行的。但是，我们认为，环境污染可能并不会自动地实现经济增长，过度的污染可能还会拖累和阻碍经济增长，尤其是对健康人力资本的损耗会进一步降低教育质量、劳动供给和劳动生产率。因此，本书试图从理论和实证上来探讨污染是如何通过影响健康而拖累经济增长的，并进一步甄别了影响渠道。

### 一　实证准备

（一）计量模型与数据

首先检验环境污染对健康和经济增长的影响，来观察环境污染是否会通过健康影响到经济增长。在参考格罗斯曼（1972）、格金（Gerking，1986）、王俊（2007）、王弟海等（2008）宏观增长方程和健康方程的基础上，设定：

$$health_{it} = \alpha_0 + \alpha_1 environment_{it} + \sum \beta control_{it} + \gamma_i + \lambda_t + \varepsilon_{it} \quad (5-6)$$

$$pgdp_{it} = \alpha_0 + \alpha_1 environment_{it-1} + \sum \beta control_{it} + \gamma_i + \lambda_t + \varepsilon_{it} \quad (5-7)$$

式（5-6）和式（5-7）分别为健康方程和增长方程，其中，核心解释变量为环境污染。$health_{it}$ 表示健康，分别用预期寿命和死亡率表示，这是在国外的宏观健康生产函数中普遍使用的指标。环境污染指标选择单位资本的五类工业污染物（工业废水、工业废气、工业二氧化硫、工业烟粉尘和工业固体废弃物）及采用熵权法合成的污染指数来表示，这也是目前国内研究中普遍使用的污染变量。$pgdp_{it}$ 为实际人均 GDP。式（5-6）的控制变量包括教育人力资本（edu）、医疗卫生服务（medical）和人口结构（aging），需要指出的是，环境污染对经济增长的影响会存在一定的滞后期，当期的环境污染是在当期的经济发展过程中产生的，不会立刻对当期的经济增长产生影响，对此，我们通过环境变量滞后一期（$environment_{it-1}$）来考察上一期环境污染对经济发展的影响，同时，式（5-7）的控制变量包括劳动力（labor）、资本（capital）、技术（technology）等生产要素。

在式（5-7）的基础上，在自变量中分别加入健康因素，环境与健康的交互项，环境、健康和教育，环境、健康和医疗卫生的交互项，同样考虑到环境污染及其健康影响对经济增长的影响会存在滞后性，引入的变量均做滞后一期处理，得到：

$$gdpg_{it} = \alpha_0 + \alpha_1 environment_{it-1} + \alpha_2 health_{it-1} + \sum \beta control_{it} + \gamma_i + \lambda_t + \varepsilon_{it}$$
$$(5-8)$$

$$pgdp_{it} = \alpha_0 + \alpha_1 environment_{it-1} + \alpha_2 health_{it-1} + \alpha_3 environment_{it-1} \times$$
$$health_{it-1} + \sum \beta control_{it} + \gamma_i + \lambda_t + \varepsilon_{it} \qquad (5-9)$$

$$pgdp_{it} = \alpha_0 + \alpha_1 environment_{it-1} + \alpha_2 health_{it-1} + \alpha_3 environment_{it-1} \times$$
$$health_{it-1} \times edu_{it-1} + \sum \beta control_{it} + \gamma_i + \lambda_t + \varepsilon_{it} \qquad (5-10)$$

$$pgdp_{it} = \alpha_0 + \alpha_1 environment_{it-1} + \alpha_2 health_{it-1} + \alpha_3 environment_{it-1} \times$$
$$health_{it-1} \times medical_{it-1} + \sum \beta control_{it} + \gamma_i + \lambda_t + \varepsilon_{it}$$
$$(5-11)$$

劳动力和劳动生产率是影响经济增长的重要因素，而国外研究已经指出了污染对劳动力、劳动生产率的影响，对此，我们选择劳动力供给和劳动生产率作为污染健康效应拖累经济增长的重要渠道进行验证，得到：

$$labor_{it} = environment_{it-1} + \sum control_{it} + \gamma_i + \lambda_t + \varepsilon_{it} \qquad (5-12)$$

$$labproduct_{it} = environment_{it-1} + \sum control_{it} + \gamma_i + \lambda_t + \varepsilon_{it} \qquad (5-13)$$

式（5-12）表示的是环境污染对劳动力供给的影响，劳动力供给用劳动力数量表示。式（5-13）表示的是环境污染对劳动生产率的影响，劳动生产率采用劳均实际国内生产总值表示（张海峰、姚先国、张俊森，2010），在式（5-12）和式（5-13）的自变量中均加入环境与健康的交互项，来考察环境污染是否会通过健康来影响劳动力供给和劳动生产率，得到：

$$labor_{it} = \alpha_0 + \alpha_1 environment_{it-1} + \alpha_2 environment_{it-1} \times health_{it-1} +$$
$$\sum \beta control_{it} + \gamma_i + \lambda_t + \varepsilon_{it} \qquad (5-14)$$

$$labproduct_{it} = \alpha_0 + \alpha_1 environment_{it-1} + \alpha_2 environment_{it-1} \times health_{it-1} +$$
$$\sum \beta control_{it} + \gamma_i + \lambda_t + \varepsilon_{it} \qquad (5-15)$$

所使用的变量和定义以及数据描述如表 5-7 所示。鉴于数据的可得性，我们使用 1992—2011 年中国大陆 27 个省、自治区、直辖市（不含西藏、海南、重庆和四川）的面板数据进行实证检验。

表 5-7　　　　　　　　　变量选择与数据描述统计

| 变量名 | 均值 | 最大值 | 最小值 | 变量含义 |
|---|---|---|---|---|
| 人均实际 GDP（pgdp） | 0.7301 | 0.09364 | 4.4675 | 各省实际 GDP/总人数 |
| 实际 GDP 增长率（gdpg） | 0.1243 | -0.2123 | 0.4961 | 各省实际 GDP 增长率（1992 年为基期） |
| 环境污染合成指数（poll） | 1.5868 | 0.0380 | 21.9297 | 熵权法的五类污染物进行合成 |
| 死亡率（mortality） | 6.1953 | 4.21 | 8.5 | 死亡人口占总人口比重（1‰） |
| 预期寿命（expectancy） | 71.9859 | 56.0986 | 80.5228 | 岁 |
| 教育人力资本（edu） | 7.637 | 4.6078 | 11.2156 | 各省人均受教育年限，文盲、小学、初中、高中、大专及以上分别按照 0、6、9、12、16 计算 |
| 劳动生产率（labor - productivity） | 1.3939 | 0.18099 | 11.3294 | 各省实际 GDP/劳动就业人数 |
| 产业结构（industry） | 46.085 | 19.8 | 61.5 | 第二产业增加值/GDP |
| 城镇化（urban） | 0.4107 | 0.1443 | 0.893 | 城镇人口/总人口 |
| 医疗卫生服务（medical） | 30.0575 | 15.2759 | 59.644 | 病床数/人口（每万人病床数） |
| 人口结构（aging） | 0.0769 | 0.0336 | 0.1637 | 65 岁及以上人口/总人口 |

续表

| 变量名 | 均值 | 最大值 | 最小值 | 变量含义 |
|---|---|---|---|---|
| 劳动力（labor） | 0.5265 | 0.3637 | 0.7602 | 劳动就业人数/总人口 |
| 技术（technology） | 1.539 | 0.054 | 25.296 | 专利数/人口（每万人专利数） |
| 外商直接投资（fdi） | 0.0304 | 0.0002 | 0.2442 | 外商实际投资额/GDP |

（二）内生性讨论与方法选择

由于研究采用的是宏观面板数据，在进行检验分析时，必须考虑到内生性问题。内生性问题不仅源于个体特征与解释变量的相关性，而且还源于解释变量和被解释变量之间的互为因果关系，如环境污染与经济增长、健康与经济增长、环境污染与健康等。所面临的这些内生性问题是静态面板数据模型无法克服的。但是，当我们将环境污染、健康以及两者的交互项均做滞后一期处理后，内生性问题会得到一定程度的消除。通常，考虑到健康的连续性和经济增长的动态过程，当期的健康很大程度上依赖于上一期的健康状况，当期的经济水平也依然与上一期的经济状况相关，因此有必要在原有健康方程和增长方程的自变量中加入各自因变量的滞后一期项。此时，面对动态面板模型，可以使用阿雷拉诺等（Arelano et al.，1991，1995）提出的差分广义矩方法（DIFF - GMM），但是，布兰德尔和邦德（Blundell and Bond，1998）指出，差分 GMM 方法可能存在自变量滞后项和自变量差分滞后项的相关性不高而导致的弱工具变量问题。如果把自变量差分项的滞后项作为水平方程的工具变量，则它和自变量当期项的相关性将会更高，提高了工具变量的有效性，因而将差分方程和水平方程结合起来作为一个方程系统进行 GMM 估计，可称之为系统 GMM 方法，因此，估计方法分别采用 DIFF - GMM 和 SYS - GMM 两种方法进行估计，以后者为主。

二　实证结果汇报

（一）环境污染与国民健康

表 5 - 8 报告的是环境污染对国民健康的影响，分别采用固定效应、差分 GMM 和系统 GMM 方法，同时还汇报了相应的 F 检验值、AR（1）、AR（2）和萨根检验的 P 值。被解释变量分别用死亡率，预期寿命代替，主要解释变量环境污染合成指数的估计系数均显著地对健康产生了负面影响，即环境污染越严重，死亡率越高，预期寿命越低，越不利于健康

表 5 - 8　　　　　　　　　　　　　环境污染与健康的回归结果

| 解释变量 | 被解释变量：死亡率 | | | 被解释变量：预期寿命 | | |
|---|---|---|---|---|---|---|
| | FE<br>(1) | DIFF - GMM<br>(2) | SYS - GMM<br>(3) | FE<br>(4) | DIFF - GMM<br>(5) | SYS - GMM<br>(6) |
| L. 因变量 | | 0.1638***<br>(0.008) | 0.1345***<br>(0.000) | | 0.0439***<br>(0.000) | 0.0354***<br>(0.004) |
| L. poll | 0.0432**<br>(0.027) | 0.05**<br>(0.017) | 0.0355*<br>(0.072) | -0.245***<br>(0.000) | -0.2963***<br>(0.000) | -0.1686**<br>(0.016) |
| pgdp | -0.0385*<br>(0.093) | -0.0446<br>(0.14) | -0.0233<br>(0.502) | 1.755***<br>(0.006) | 2.651***<br>(0.001) | 0.406***<br>(0.000) |
| aging | 6.76***<br>(0.000) | 6.876***<br>(0.000) | 6.18***<br>(0.000) | 73.23***<br>(0.000) | 75.15***<br>(0.000) | 70.24***<br>(0.000) |
| edu | -0.234***<br>(0.000) | -0.2394***<br>(0.000) | -0.229***<br>(0.000) | 0.5043***<br>(0.000) | 0.4488***<br>(0.000) | 0.5148***<br>(0.000) |
| medical | -5.45e-07<br>(0.544) | -2.42E-07<br>(0.611) | 6.83e-07<br>(0.329) | 3.05e-6***<br>(0.006) | 3.28e-06**<br>(0.037) | 2.96e-06***<br>(0.004) |
| constant | 5.64***<br>(0.000) | 5.74***<br>(0.000) | 4.979***<br>(0.000) | 50.55***<br>(0.000) | 51.976***<br>(0.000) | 46.01***<br>(0.000) |
| 样本数 | 551 | 516 | 547 | 551 | 522 | 551 |
| $R^2$ | 0.823 | | | 0.884 | | |
| F 检验 | 34.54<br>(0.000) | | | 76.48<br>(0.003) | | |
| 萨根检验 | | 1.000 | 1.000 | | 1.000 | 1.000 |
| AR (1) | | 0.0002 | 0.0001 | | 0.0699 | 0.0648 |
| AR (2) | | 0.8399 | 0.9397 | | 0.2746 | 0.2291 |

注：*、**和***分别表示在10%、5%和1%的水平上显著，括号内数字为 p 值。

状况的改善。当考虑到污染与健康之间可能存在的内生性关系（Zivin and Neidell，2013），采用的差分 GMM 和系统 GMM 方法得到的回归系数均小于固定效应的结果，即固定效应模型可能会高估污染对健康的不利影响，但依然不会影响总体结果。

同时，将人均实际 GDP、人口结构（老龄化）和医疗卫生服务水平同时纳入模型中加以控制，我们发现，人均实际 GDP 越高，健康状况有不同程度的改善，人口老龄化是导致死亡率和预期寿命增加的重要关键变量，而医疗卫生水平在一定程度上改善了健康状况。

（二）环境污染、国民健康与经济产出

表 5 - 9 显示的是环境污染、国民健康与经济增长的回归结果。我们分别采用固定效应、随机效应、差分 GMM 和系统 GMM 方法进行估计，需要指出，由于经济发展是影响环境污染的重要因素，因此，如果简单采用固定效应和随机效应模型，而不考虑两者之间的内生关系，必然会出现偏误，对此，我们主要根据系统 GMM 方法的回归结果进行分析。因变量采用的是人均实际 GDP，首先考察环境污染对经济发展的影响，从系统 GMM 方法结果来看，滞后一期的环境污染确实会影响（拖累）经济发展，环境污染合成指数对人均实际 GDP 的回归系数为 - 0.0022，且显著。为了进一步验证环境污染是否会通过健康影响到经济增长，我们在方程（4）的基础上进一步引入了死亡率、污染与死亡率的交互项，见方程（5）和方程（6），我们发现，当引入死亡率指标后，环境污染对经济增长的系数依然为负，但系数绝对值出现一定程度的下降，并且死亡率对经济增长的影响同样为负；当进一步引入污染与死亡率的交互项后，发现交互项的系数为负，则表明，环境污染程度越高，由环境所带来的健康损害对经济增长的负面影响更为严重，可以进一步理解为，环境的健康损害越大时，环境污染对经济增长拖累效应更为明显。此外，为了进一步考察和识别教育和医疗是否缓解环境健康损害对经济增长所造成的不利影响，我们在方程（5）的基础上进一步引入了 poll × Mortality × edu 和 poll × Mortality × medical 两类交互项，回归结果见方程（7）和方程（8），非常明显的是，两类交互项的系数均为正，这进一步表明了理论分析部分数值模拟结果的可靠性，即教育水平越高的地区，环境健康损害对经济增长的不利影响会出现一定程度的下降；医疗卫生服务水平高的地区，环境健康损害对经济增长的不利影响同样会出现一定程度的下降。这说明，教育和医疗服务是规避环境健康经济风险的重要手段。具体表现在，教育水平有利于更好地掌握环境与健康知识，能够有效地识别和应对环境污染对健康所产生的直接的和潜在的影响，降低暴露于污染之中的概率；公共卫生服务能够及时地预防和治疗因环境污染所产生的健康危害。

表 5 - 9　　　　　　　　环境污染、国民健康与经济增长的回归结果

| 解释变量 | 被解释变量：人均实际 GDP | | | | | | | |
|---|---|---|---|---|---|---|---|---|
| | FE | RE | DIFF - GMM | SYS - GMM | SYS - GMM | SYS - GMM | SYS - GMM | SYS - GMM |
| | (1) | (2) | (3) | (4) | (5) | (6) | (7) | (8) |
| L. gdpg | | | 1. 0171 *** | 1. 091 *** | 1. 0717 *** | 1. 0738 *** | 1. 053 *** | 1. 008 ** |
| | | | (0. 000) | (0. 000) | (0. 000) | (0. 000) | (0. 002) | (0. 023) |
| L. poll | − 0. 0303 ** | − 0. 0309 ** | − 0. 0053 ** | − 0. 0022 * | − 0. 0016 * | − 0. 0008 ** | − 0. 0004 | − 0. 0007 |
| | (0. 024) | (0. 015) | (0. 048) | (0. 077) | (0. 086) | (0. 031) | (0. 76) | (0. 86) |
| L. Mortality | | | | | − 0. 0061 *** | − 0. 0024 | − 0. 0034 | − 0. 0027 |
| | | | | | (0. 000) | (0. 245) | (0. 338) | (0. 87) |
| L. poll × L. Mortality | | | | | | − 0. 0010 ** | | |
| | | | | | | (0. 046) | | |
| L. poll × L. Mortality × L. edu | | | | | | | 0. 0003 * | |
| | | | | | | | (0. 078) | |
| L. poll × L. Mortality × L. medical | | | | | | | | 0. 004 * |
| | | | | | | | | (0. 053) |
| labor | 1. 5336 *** | 1. 358 *** | 0. 3578 *** | 0. 354 *** | 0. 363 *** | 0. 321 *** | 0. 319 | 0. 254 * |
| | (0. 000) | (0. 000) | (0. 000) | (0. 000) | (0. 000) | (0. 000) | (0. 18) | (0. 08) |
| L. tech | 0. 0627 *** | 0. 0689 *** | 0. 0062 *** | 0. 0091 *** | 0. 0089 *** | 0. 010 *** | 0. 0092 *** | 0. 0077 * |
| | (0. 000) | (0. 000) | (0. 000) | (0. 000) | (0. 000) | (0. 009) | (0. 001) | (0. 056) |
| pcapital | 0. 583 *** | 0. 5452 *** | 0. 0742 *** | 0. 0301 *** | 0. 0442 *** | 0. 0421 *** | 0. 0382 ** | 0. 0357 * |
| | (0. 000) | (0. 000) | (0. 000) | (0. 000) | (0. 009) | (0. 003) | (0. 045) | (0. 067) |
| constant | − 0. 6077 *** | − 0. 4889 *** | − 0. 1693 *** | − 0. 1786 *** | − 0. 1463 *** | − 0. 274 ** | − 0. 293 * | − 0. 302 * |
| | (0. 000) | (0. 000) | (0. 000) | (0. 000) | (0. 000) | (0. 0047) | (0. 089) | (0. 098) |
| 样本数 | 551 | 551 | 522 | 551 | 549 | 549 | 549 | 549 |
| $R^2$ | 0. 8855 | 0. 885 | | | | | | |
| 萨根检验 | | | 1. 000 | 1. 000 | 1. 000 | 1. 000 | 1. 000 | 1. 000 |
| AR (1) | | | 0. 0217 | 0. 0207 | 0. 0233 | 0. 0278 | 0. 0345 | 0. 0251 |
| AR (2) | | | 0. 723 | 0. 7135 | 0. 7226 | 0. 5496 | 0. 785 | 0. 794 |

注：*、**和***分别表示在10%、5%和1%的水平上显著，括号内数字为 p 值。

物质资本投入和劳动投入对于经济发展的系数最大，且显著性更高，而技术对我国实际产出的影响相对较小，这表明我国实际产出水平的增长和经济增长还主要依赖于劳动力和物质资本，技术进步和创新对我国经济增长的贡献还显不足。这也是今后加快转变经济增长方式，向依靠技术和创新渠道的集约型发展方式转变。

（三）影响渠道检验

劳动力和劳动生产率是影响经济增长的重要因素，对此，我们通过检验环境污染对劳动力供给和劳动生产率的影响来考察环境健康损害影响经济增长的渠道。回归结果如表 5 – 10 所示，均采用的系统 GMM 方法，系统 GMM 估计通过了萨根检验和扰动项差分的自相关检验。我们发现，环境污染对劳动力供给和劳动生产率的影响均显著为负，即过高的环境污染制约劳动力供给以及影响劳动生产率。对此，我们分别在各自的方程中进一步引入死亡率指标、死亡率与环境污染的交互项指标，来考察环境污染是否会通过影响健康而进一步影响到劳动力供给和劳动生产率。我们发现，死亡率、死亡率与环境污染交互项的系数均为负，证明了这一影响渠道的存在性，这与卡尔森等（Carson et al.，2011）、齐文和内德尔（Zivin and Neidell，2012）、克雷伊等（Clay et al.，2010）的结论一致。

表 5 – 10　　　　　　环境污染与劳动力供给和劳动生产率回归结果

| 变量 | 被解释变量：劳动力供给 | | | 被解释变量：劳动生产率 | | |
|---|---|---|---|---|---|---|
| | （4） | （5） | （6） | （7） | （8） | （9） |
| L. 因变量 | 0. 908 *** | 0. 858 *** | 0. 828 *** | 1. 138 *** | 1. 091 *** | 0. 849 *** |
| | (0. 000) | (0. 000) | (0. 000) | (0. 000) | (0. 000) | (0. 000) |
| L. poll | − 0. 0007 *** | − 0. 0005 * | − 0. 0002 * | − 0. 009 *** | − 0. 0072 *** | − 0. 0053 * |
| | (0. 009) | (0. 075) | (0. 067) | (0. 000) | (0. 000) | (0. 092) |
| L. mortality | | − 0. 0038 | − 0. 0002 | | − 0. 0336 *** | 0. 034 |
| | | (0. 24) | (0. 43) | | (0. 000) | (0. 78) |
| L. poll × L. mortality | | | − 0. 0001 ** | | | − 0. 003 *** |
| | | | (0. 035) | | | (0. 07) |
| gdpg | 0. 019 ** | 0. 2075 ** | 0. 193 *** | | | |
| | (0. 041) | (0. 023) | (0. 005) | | | |

续表

| 变量 | 被解释变量：劳动力供给 | | | 被解释变量：劳动生产率 | | |
|---|---|---|---|---|---|---|
| | （4） | （5） | （6） | （7） | （8） | （9） |
| edu | -0.0031 *** | -0.0022 | -0.003 | 0.033 *** | 0.0234 *** | 0.045 * |
| | (0.009) | (0.257) | (0.297) | (0.000) | (0.000) | (0.054) |
| L. tech | -0.0008 | -0.0009 | -0.0002 | 0.005 *** | 0.0035 | 0.0019 ** |
| | (0.195) | (0.13) | (0.295) | (0.001) | (0.196) | (0.043) |
| pcapital | -0.0066 | -0.0068 | -0.009 ** | -0.035 | 0.0275 | 0.094 * |
| | (0.324) | (0.257) | (0.039) | (0.168) | (0.537) | (0.056) |
| labor | | | | -1.27 *** | -1.1268 *** | -1.099 *** |
| | | | | (0.000) | (0.000) | (0.000) |
| constant | 0.069 * | 0.0902 * | 0.078 ** | 0.518 *** | 0.666 *** | 0.754 *** |
| | (0.086) | (0.061) | (0.043) | (0.000) | (0.000) | (0.000) |
| 样本数 | 551 | 549 | 549 | 551 | 549 | 549 |
| 萨根检验 | 1.0000 | 1.0000 | 1.0000 | 1.000 | 1.000 | 1.000 |
| AR（1） | 0.0036 | 0.0051 | 0.0049 | 0.0451 | 0.048 | 0.055 |
| AR（2） | 0.3800 | 0.3871 | 0.764 | 0.4026 | 0.4298 | 0.654 |

注：* 、 ** 和 *** 分别表示在10%、5%和1%的水平上显著，括号内数字为 p 值。

（四）稳健性检验

考虑到环境污染、健康与经济增长之间存在的联立性和相互关系，我们进一步采用联立方程组进行稳健性检验。采用的是三阶段最小二乘方法，相应的回归结果如表5-11所示。方程（1）、方程（4）和方程（5）构成了一个联立方程组，方程（2）和方程（3）所对应的健康方程和污染方程未显示。我们发现环境污染确实会对经济增长产生不利影响，环境污染越严重，越不利于经济发展水平的提升；当进一步引入死亡率及其与污染的交互项后，发现污染对人均实际GDP的影响系数出现了不同程度的下降，同时污染与死亡率的交互项系数同样为负，这表明，上述检验是可靠的，环境污染越严重，环境的健康损害就越会拖累经济增长，健康是环境污染影响经济增长的重要传导渠道。

**表 5 – 11** 　　　　环境污染、健康与经济增长联立方程组回归结果

| 变量 | pgdp（1） | pgdp（2） | pgdp（3） | mortality（4） | poll（5） |
|---|---|---|---|---|---|
| L. poll | − 0.016761 * | − 0.0127 ** | − 0.0094 ** | 0.0635 ** | |
| | （0.071） | （0.017） | （0.043） | （0.012） | |
| L. mortality | | − 0.055 ** | − 0.033 | | |
| | | （0.041） | （0.67） | | |
| L. poll × L. mortality | | | − 0.0034 ** | | |
| | | | （0.0145） | | |
| labor | − 0.3422 ** | − 0.102 | − 0.094 * | | |
| | （0.038） | （0.622） | （0.067） | | |
| technology | 0.0782 *** | 0.076 *** | 0.065 *** | | |
| | （0.000） | （0.000） | （0.002） | | |
| pcapital | 0.2839 *** | 0.286 *** | 0.254 *** | | |
| | （0.000） | （0.000） | （0.000） | | |
| aging | | | | 25.57 *** | |
| | | | | （0.000） | |
| edu | | | | − 0.4466 *** | |
| | | | | （0.000） | |
| medical | | | | − 2.61e − 06 *** | |
| | | | | （0.001） | |
| pgdp | | | | − 0.038 * | 0.91 *** |
| | | | | （0.059） | （0.001） |
| urban | | | | − 5.29 *** | |
| | | | | （0.000） | |
| industre | | | | − 0.004 | |
| | | | | （0.743） | |
| fdi | | | | − 12.07 *** | |
| | | | | （0.000） | |
| population | | | | − 0.0003 *** | |
| | | | | （0.000） | |
| _cons | − 2.651 *** | − 2.23 *** | − 2.15 *** | 10.68 *** | 23.14 *** |
| | （0.000） | （0.000） | （0.000） | （0.000） | （0.000） |
| 时间效应 | 控制 | 控制 | 控制 | 控制 | 控制 |
| 省份效应 | 控制 | 控制 | 控制 | 控制 | 控制 |
| $R^2$ | 0.8833 | 0.8845 | 0.8953 | 0.4434 | 0.4204 |
| $\chi^2(p)$ | 4631.93 | 4624.88 | 4765.49 | 502.68 | 422.31 |
| | （0.0000） | （0.0000） | （0.0000） | （0.0000） | （0.0000） |

注：*、** 和 *** 分别表示在10%、5% 和1% 的水平上显著，括号内数字为 p 值。

### 三　结论

在布兰查（1985）世代交叠模型的基础上，纳入人力资本积累和环境因素，考察了环境污染是如何通过健康影响到经济增长，以及教育人力资本和医疗服务在其中的作用。研究发现，平衡增长路径中的最优增长率受到环境污染的负向影响，这一结果不因代际的消费替代弹性而改变，环境因素对长期最优增长的影响可以由污染对预期寿命的影响来解释。因此，健康因素确实是环境污染影响经济增长重要的渠道。进一步的数值模拟也证明了这一结论的可靠性，还发现当环境因素在效用函数中的比重越大时，经济增长率越高，健康部门的生产效率越高时，经济增长率越高。这暗含着污染健康效应对经济增长所产生的负面效应会得到缓解。如果教育行为的效应越大时，经济增长率也越高，同样暗含着污染健康效应对经济增长所产生的负面效应会得到缓解。由此可见，人们对环境的重视程度越高，越有利于经济增长。在理论分析的基础上，运用1992—2011年中国大陆27个省、自治区、直辖市的数据，运用面板数据模型的差分 GMM 和系统 GMM 方法在克服内生性影响的基础上，考察了环境污染健康和经济增长的影响。研究发现，环境污染确实对国民健康产生了显著的负面影响；环境污染还会通过健康而影响到经济增长，经济发展过程中产生的污染反过来会制约经济增长；环境污染的健康损害还会进一步影响到教育人力资本积累、劳动力供给和劳动生产率。最后通过联立方程组进行的稳健性检验，进一步表明了结论是稳健的。

## 小　结

理论分析和实证检验对应的政策含义都是非常明显的，传统观点认为，通过污染来实现经济增长，再通过经济发展的成果来治理环境是可行的。但是，我们认为，环境污染可能并不会自动地实现经济增长，过度的污染可能还会拖累和阻碍经济增长，尤其是对健康人力资本的损耗会进一步降低教育质量、劳动供给和劳动生产率。经济发展过程中的环境代价和健康代价是综合评估经济发展质量的重要参考标准。同时，根据已有的研究发现，环境污染对健康的影响带有明显的"亲贫性"，即环境污染所产生的健康损害存在明显累退性分布，中低收入群体和经济欠发达地区的环境健康损害成本更高，从社会总体福利的角度来看，环境污染的健康损害不仅存在效率损失，而且还进一步加大了社会不平等，最终拖累经济发展。对此，我们认为，应高度重视经济发展过程中的环境污染，树立"保护生态环境就是保护生产力，改善生态环境就是发展生产力"的理念，同时加强环境教育，普及环境健康知识，持续提升医疗卫生服务水平，既在事前有效地预防环境健康风险，又进一步提高污染致病的治疗水平。

# 第六章　中国环境污染的不平等效应研究

本章关注的主要是环境污染变化所产生的一系列公平或者不平等议题。我们提出了"环境健康贫困"的观点，凸显了环境污染是影响甚至是构建社会公平的关键要素之一，因环境污染变化导致的国民健康受损问题，又因不同的人对同一环境风险的规避能力不同，导致受损的程度不同，并由此将其视为"社会不公平的一个新的来源"。换言之，社会不公除了传统意义上的收入、财富占有不公以外，还有一个新的不公平来源或者表现形式——污染、健康受损不公，环境基本公共服务供给与分享不公以及由此导致的环境污染差异，该部分测度了环境污染变化导致的国民健康变化及不平等程度，揭示了其内在机理及传导机制。

## 第一节　引言

改革开放 30 多年来，中国的发展有两个显著特征：持续、快速的经济增长以及相应出现的经济和社会结构的深刻变化。这在环境保护领域体现得尤为明显，中国环境可持续发展所面临的挑战，可能是世界上最为复杂和困难的（亚洲开发银行，2012），由环境所引发的健康风险和危害也早已成为国家、社会和公众最为关注的公共话题之一。中国政府和领导人已经在多个文件及讲话中着重强调"环境保护和治理要以解决损害群众健康突出的环境问题为重点"[①]，早在 2007 年，就出台了中国环境与健康领域的第一个纲领性文件——《国家环境与健康行动计划（2007—2015）》，提出了六大行动策略和三大保障政策。与此同时，社会

---

[①] 包括十八大报告、《国家环境保护"十二五"规划纲要》、习近平同志在中央政治局有关生态文明健康集体学习中的讲话，等等。

公众也不断通过"集体行动"诉求着环境健康权利，特别是近年来，由环境健康直接引发和间接引起的环境群体性事件急剧爆发，年均增长率高达29%。[①] 而这背后所折射的正是中国环境健康领域极其严峻的现实，《2010 年全球疾病负担评估报告》显示，中国室外空气污染在当年很大程度上导致了 123.4 万人过早死亡以及 2500 万健康生命的损失，已经成为世界环境疾病负担最高的国家之一，1990—2010 年，由室外空气污染导致的疾病负担增长了 33%。[②] 与此同时，严峻的资源环境形势不仅引发了公众对环境健康的严重担忧，还进一步加剧了贫富差距和社会不公（中国环境与发展国际合作委员会，2013）。例如，农村贫困人口生活的地区大多生态富足但脆弱，依赖环境生存的人们为了获得更多的生产生活资料而不得不破坏环境，贫困人口几乎没有选择在哪儿生活的权利，且大多面临着空气和水污染；又如，土地用途变更、工业项目选址以及突发性环境事件（如化学品污染）或慢性污染问题（如空气质量问题），都会对中低收入群体特别是贫困人口造成过多影响，加剧已经存在的不平等或贫困现象，并在代际传递，引致代际不平等。2004 年，世界银行的 *Cost Pollution In China* 报告已经指出，中国环境污染健康负担不仅总量大，而且在地区间、城乡间和群体间存在严重的分布不对等，成为引发社会不平等的新的来源。当环境污染与健康、收入、贫困以及不平等等问题相互交织和相互影响时，就极有可能陷入甚至被锁定在"环境健康贫困陷阱"之中，污染损害健康—诱发疾病—损害劳动能力—加重经济负担并影响就业与劳动收入—陷入贫困而不能自拔，如此恶性循环。由污染所引起的健康效率损失和公平问题可进一步看作是中国所面临的"中等收入陷阱"风险的影响因素和重要来源。

环境、健康与不平等同样是世界性的话题和全球关注的热点。图 6 - 1 至图 6 - 4 反映的是 1990—2010 年世界各国环境污染、预期寿命、贫困、收入不平等的相关关系。从图 6 - 1 可以知道，以 PM10 为表征的环境污染与各国（地区）预期寿命呈现明显的负向关系，环境污染越严重的地区，疾病健康负担更大。在 102 类主要疾病、疾病组别和残疾中，环

---

① 《近年来中国环境群体性事件高发年均递增 29%》，http：//money. 163. com/12/1027/02/8EPP4IHP00253B0H. html。

② http：//news. xinhuanet. com/yzyd/health/20130402/c_ 115245288. htm。

境风险因素在其中 85 类中导致疾病负担，在全球范围内，估计 24% 的疾病负担（健康寿命年损失）和 23% 的所有死亡（早逝）可归因于环境因素。由于各国（地区）环境风险和享有卫生保健的机会不同，使发展中地区全部死亡的 25% 可归因于环境因素，而在发达地区只有 17% 的死亡是出于此类原因（WHO，2004）。如图 6 - 2 和图 6 - 3 所示，PM10 与两类贫困指标呈现比较明显的正向关系，无论是按照世界银行设定的每天 1.25 美元标准线的贫困率，还是以各国贫困线标准计算的贫困率，均表明，环境污染越严重的地区，贫困人口占比越高，环境污染可能成为引发贫困新的来源。[①] 通过图 6 - 1、图 6 - 2 和图 6 - 3 可以推测，健康可能是环境污染引发或者加重贫困的重要渠道。尽量减少接触环境风险因素间接有助于减贫，这是因为许多环境污染疾病导致丧失收入，而且生产性家庭成员的残疾或死亡可能影响整个家庭。此外，我们还进一步关注了环境污染与收入不平等的关系（见图 6 - 4），环境污染越严重的国家（地区），其内部的收入不平等程度越高，综合图 6 - 1、图 6 - 2、图 6 - 3 和图 6 - 4，可以进一步推测，环境污染可能会引发或者进一步加剧收入不平等。

目前，包含效率、公平和干预三维视角的环境健康经济学在国外正在迅速兴起，成为经济学尤其是环境经济学和健康经济学与自然科学交叉

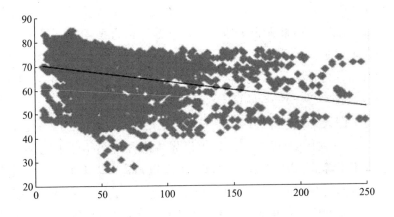

**图 6 - 1　PM10 与预期寿命的关系**

---

①《国务院关于印发国家环境保护"十二五"规划的通知》，http://www.gov.cn/zwgk/2011 - 12/20/content_2024895.htm。

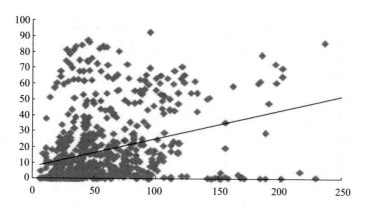

图 6-2　PM10 和贫困 PPP 的关系

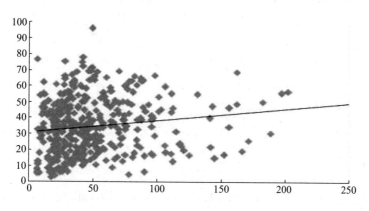

图 6-3　PM10 和贫困水平的关系

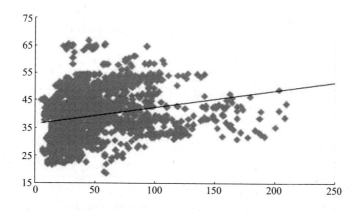

图 6-4　PM10 和基尼系数的关系

资料来源：WDI 数据库、UTIP 数据库。

研究中最具成长性和现实关怀的领域之一（Graff Zivin and Matthew Neidell，2013）。在中国，相关研究更多地集中在自然科学中流行病学和环境科学领域，不可否定的是，自然学科在这一主题的研究上具有某种程度的先天优势，经济学从效率和公平视角对该问题进行研究须依托环境流行病学和环境毒理学中所阐释的环境健康病理学机理；但是，环境流行病学和环境毒理学往往对环境健康问题背后所涉及的经济社会因素及影响无从下手，而不考虑经济社会因素，会导致环境健康政策的制定往往缺乏针对性和有效性，而经济学具有将内生机理转化为现实政策含义及其启示的优势，将研究的视角进一步延伸到"环境—健康—经济—社会"四维的动态关系上。因此，从理论机制阐释和经验检验的角度研究中国环境健康问题中的效率和公平话题，具有极强的理论价值和现实意义。

本章将侧重从公平的视角来研究环境健康问题，同时兼顾环境健康背后的效率问题。我们的贡献主要体现在三个方面：一是构建一个简单的世代交叠模型，来考察污染健康效应背后的动态福利变化。二是将CGSS（2006）调查的个体数据与县市数据相嵌套，采用多层广义线性回归模型检验了社会经济地位是如何通过环境污染影响到居民健康及不平等。三是将环境流行病学中所使用的污染物浓度健康反应方程与疾病健康货币支付意愿有机结合，以 PM10 为例，测算了中国 112 个重点城市环境污染的健康负担、经济价值及其地区分布，比较了纳入环境健康成本前后各城市间经济不平等的变化。此外，还进一步从实证角度来验证环境污染对健康的影响以及环境污染如何通过健康影响到收入不平等。

# 第二节　理论分析框架

本部分构建了一个简单的世代交叠模型，来研究健康与环境污染之间的相互关系，基于初始的环境质量状况，来分析污染是如何通过影响健康进而陷入"低预期寿命—低环境质量"的"环境贫困陷阱"。在其他条件既定的情况下，起步于高污染的地区（个体、国家），面临着高度的健康风险威胁，很容易锁定在"环境健康陷阱"中；而起步于低污染地区（个体、国家），健康风险相对较小，陷入该陷阱的概率也相对较小，进而可以实现"低污染、高寿命"的稳态。因此,高污染与低污染地区(个体、国家)的福利差异会进一步拉大,加剧社会不平等。

在布兰查(1985)的基础上,我们引入了无限期经济,代理人分为儿童、成年和老年三代。所有的决策是由成年人完成,前两代生存安全,第三期生存不确定。依据 Ikefuji 和 Horii(2007)的做法,效用函数为:

$$U(c_t, \ e_{t+1}) = \ln c_t + \pi_t \gamma \ln e_{t+1} \tag{6-1}$$

效用主要来自成年时期的消费($c_t$)和年老时期的环境质量($e_t +$ 1);$\gamma$($>0$)表示代理人对未来环境质量的偏好(绿色偏好);$\pi_t$ 表示存活概率(依赖于继承的环境质量);$e_t$ 包含环境状况(水、空气和土壤等环境要素的质量)和资源利用(生物多样性、森林和渔业资源等),还可以进一步看作是环境资源的使用和非使用价值。将 $e_{t+1}$ 引入效用函数主要是基于 Popp(2009)所定义的"弱利他主义"。换言之,基于享受更好的环境质量或将更好的环境馈赠于下一代的需要,代理人可能会有意愿参加环境保护和改善环境质量。代理人的预算约束为:

$$w_t = c_t + m_t \tag{6-2}$$

其收入主要用于消费和环境保护($m_t$)。在基准模型中,$w_t$ 被假定为外生的。遵循约翰和皮切尼诺(John and Pecchenino, 1995)、奥诺(Ono, 2002),环境质量可以表示为:

$$e_{t+1} = (1 - \eta) e_{t+1} + \sigma m_t - \beta c_t - \lambda Q_t (0 < \eta < 1 \text{ 和 } \beta, \ \sigma, \ \lambda > 0) \tag{6-3}$$

式中,$\eta$ 表示环境自然恶化率,$\sigma$ 表示环境保护效率,$\beta$ 表示由消费所产生的环境污染率,同时还考虑外部效应(如外部经济)对环境的影响 $\lambda Q_t > 0$($< 0$)。

消费 $c_t$ 下降会对环境产生双重效应。通过参数 $\beta$(缓解自然资源的压力或降低污染)和免费资源保护(放松预算约束)直接影响到环境质量,式(6-3)表明,代理人不能通过其行为来调节当前的环境质量 $e_t$,当前的环境质量仅仅依赖于上一代的选择。

在式(6-2)和式(6-3)的条件下,最大化式(6-1),得到:

$$m_t = \frac{\lambda Q_t - (1 - \eta) e_t + [\beta + \gamma (\beta + \sigma) \pi_t] w_t}{(\beta + \sigma)(1 + \gamma \pi_t)} \tag{6-4}$$

$$c_t = \frac{(1 - \eta) e_t + \sigma w_t - \lambda Q_t}{(\beta + \sigma)(1 + \gamma \pi_t)} \tag{6-5}$$

通过式(6-4)和式(6-5)发现,消费和环境保护均受到收入的正向影响：更富裕的国家（地区、个人）更倾向于环境保护投资。此外，当前的环境质量对消费有积极的影响，但是，对环境保护有消极影响：如果继承的环境质量较好，代理人保护环境的动力相对较低。这一结果与约翰和皮切尼诺（1994）、奥诺（2002）的结论一致。

在我们的模型中，预期寿命对环境保护有特殊的效应：

$$\frac{\partial m_t}{\partial \pi_t} = \frac{\gamma\left[(1-\eta)e_t\right] + \sigma w_t - \lambda Q_t}{(\beta + \sigma)(1 + \gamma \pi_t)^2} \tag{6-6}$$

更高的存活概率将增加人们对未来环境的关注，因而更注重保护。此外，$Q_t$ 越大，表明需要更多的环境投资。$(1-\eta)\ e_t - \lambda Q_t$ 表示过去和外部环境状况对最优选择的影响。

将式（6-4）和式（6-5）代入式（6-3），得到以下描述环境质量变化的动态式：

$$e_{t+1} = \frac{\gamma \pi_t}{1 + \gamma \pi_t}\left[(1-\eta)e_t + \sigma w_t - \lambda Q_t\right] \tag{6-7}$$

虽然预期寿命依赖于环境质量，但是，我们一直假定 $\pi_t$ 是外生的。这里，引入 $\pi_t = \pi(e_t)$，其中，$\pi'(\cdot) > 0$，$\lim_{e \to 0} \pi(e) = \pi^1$ 和 $\lim_{e \to \infty} \pi(e) = \pi^2 \leq 2$。事实上，Elo 和 Preston（1992）、Pope 等（1995）和 Yaduma 等（2013）医学、流行病学以及经济学的研究都已经指出环境对成年死亡率的影响。$\pi(e_t)$ 反映的是环境质量转化为存活率的技术要素，如医疗效率等。代理人不能通过投资于环境保护而改善存活率，如式（6-3），当前的环境选择（$m_t$）影响到未来的环境状况。任何环境保护投资对于未来而言都是值得的，由此产生一个代际外部性。

动态模型（6-7）可以进一步表示为：

$$e_{t+1} = \frac{\gamma \pi(e_t)}{1 + \gamma \pi(e_t)}\left[(1-\eta)e_t + \sigma w_t - \lambda Q_t\right] \equiv \phi(e_t) \tag{6-8}$$

因此，稳态均衡可以为固定点 $e^*$，使 $\phi(e^*) = e^*$，如果 $\phi'(e^*) < 1$（>1），则稳态（不稳定）。由于转换函数 $\phi(e_t)$ 的形状，可以得到不同的结果。为简便起见，假定 $w_t$ 和 $Q_t$ 不仅外生而且固定，即 $w_t = w$ 和 $Q_t = Q$。只要 $\phi(\cdot)$ 对于任何 $e_t$ 为凹函性，我们就能够获得唯一的稳态。如果 $\phi(\cdot)$ 先凸后凹，那么可能出现非历态和多重稳态，表现出一个拐点。在这种情况下，就依赖初始条件，一个经济要么结束于高环境质量或者低环境质量（$e_H^*$ 和 $e_L^*$）。接下来，需要强调的是，凹凸转换函数 $\phi(e_t)$ 是由

凹凸生存概率 $\pi(e_t)$ 产生的：在低环境状况下，改善环境质量只会带来存活率较小的提升，但是，如果超越了环境质量门槛，将转换为更高的预期寿命，假定 $\pi(e_t)$ 的函数形式遵从这一思想。例如，函数描述的环境恶化的效应（对既定生态系统或者健康）本身是凹凸的。阿罗等（2003）所解释的自然的非凹形经常表现为反馈效应，反过来就意味着存在生态阈值并由此产生多重均衡。生态系统中的门槛效应、剂量反应函数、非平滑动态等都是自然科学的假设（Scheffer et al.，2001）。如 Baland 和 Platteau（1999）所指出的，在自然资源的生态过程中，存在开采的门槛，当超过这一门槛时，整个生态系统将以非连续的方式从一个均衡移动到另一个均衡。

多重均衡的可能性就意味着"环境贫困陷阱"的存在。接下来，将与存活概率相关的函数形式引入继承的环境质量中：

$$\pi(e_t) = \begin{cases} \pi^1 & if\ e_t < \tilde{e} \\ \pi^2 & if\ e_t \geq \tilde{e} \end{cases} \qquad (6-9)$$

式中，$\tilde{e}$ 表示环境质量的外生门槛值，超过（低于）这一门槛值，存活概率就会高（低）。显然，$\pi^2 > \pi^1$。$\tilde{e}$ 依赖诸如医疗效应、健康保健质量等元素。例如，一个较低的 $\tilde{e}$ 可以被非常有效的医疗技术所解释，该技术能够在极为糟糕的环境状况下使预期寿命更长；相反，一个较高的 $\tilde{e}$ 可能代表着发展中国家的情况，健康服务过于糟糕使任何的环境恶化都容易转化为更高的死亡率。转换函数可表示为：

$$\phi(e_t) = \begin{cases} \dfrac{\gamma\,\pi^1}{1+\gamma\,\pi^1}\big[(1-\eta)e_t + \sigma w - \lambda Q\big] & if\ e_t < \tilde{e} \\[2mm] \dfrac{\gamma\,\pi^2}{1+\gamma\,\pi^2}\big[(1-\eta)e_t + \sigma w - \lambda Q\big] & if\ e_t \geq \tilde{e} \end{cases} \qquad (6-10)$$

如果存在这样的条件：$\dfrac{\gamma\,\pi^1}{1+\gamma\,\pi^1} < \dfrac{\tilde{e}}{\sigma w - \lambda Q} < \dfrac{\gamma\,\pi^2}{1+\gamma\,\pi^2}$，动态方程（6-10）允许两个稳态结果 $e_L^*$ 和 $e_H^*$（$e_L^* < \tilde{e} < e_H^*$），因此，可以进一步得到：

$$e_L^* = \frac{\gamma\,\pi^1}{(1+\gamma\eta\,\pi^1)}(\sigma w - \lambda Q) \text{ 和 } e_H^* = \frac{\gamma\,\pi^2}{(1+\gamma\eta\,\pi^2)}(\sigma w - \lambda Q) \qquad (6-11)$$

很明显，可以发现环境质量的稳态值与存活率和收入正相关，而与外部效应负相关。如图 6-5 所示，门槛值 $\tilde{e}$ 确定贫困陷阱：当经济发端介于 0 和 ẽ 环境质量时，就会到达均衡点 A，该稳态表示着较低的环境质量 ($e_L^*$) 和较短的预期寿命 ($\pi^1$)；然而，如果初始条件 $e_0 \geqslant \tilde{e}$ 时，经济就可以稳定在更高的稳态均衡点 B 上，意味着与更高环境质量和 ($e_H^*$) 相关的更长预期寿命 ($\pi^2$)。

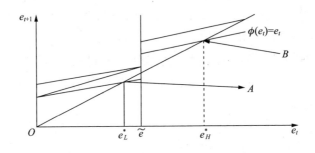

图 6 - 5  不同均衡点的污染与健康

当初始的环境质量低于门槛值 ẽ，存活率低于 $\pi^1$。正如前部分讨论的，更短的预期寿命意味着对未来的关注降低：对于给定收入，在最优化式 (6 - 4) 和式 (6 - 5) 选择，更低的存活率将使代理人用消费替代环境保护。因此，来自式 (6 - 10)，环境质量下降，稳定于更低的均衡值 $e_L^*$；相应地，当 $e_0 \geqslant \tilde{e}$ 时，经济就会在 $e_H^*$ 点形成更高的均衡。因此，可以推断，对于任意地区（个人、国家）而言，初始的环境质量差异会形成各自的稳态均衡点，不同均衡点意味着不同的福利水平，即初始环境质量差异会产生福利水平的差异，低稳态均衡点的地区（个人、国家），其健康水平会受到影响而下降，进而使代理人采用消费来代替环境保护，排放更多污染物导致环境质量进一步恶化，形成"高污染—低健康—高消费—高污染"的陷阱；高稳态点的地区（个人、国家），其健康水平相对更高，因而代理人更为关注环境保护，进而排放物减少且环境质量进一步改善，从而形成"低污染—高健康—低消费—低污染"的良性循环。

上述理论模型主要从一般性角度讨论了环境质量阈值前后的健康负担，论证了"污染健康陷阱"的可能性。那么，从微观机制来看，处于经济社会弱势地位的群体，其更容易暴露于环境污染之中，即使面临着同等的环境污染暴露水平，社会经济地位弱势的群体由于缺乏应有的风险规避能力，使其更易于受到环境污染的影响，所产生的健康负担可能更重，加剧了个体间的健康不平等，污染具有典型的"亲贫性"。同时，依据经典的环境库兹涅茨曲线，在经济发展的早期阶段，环境污染会快速上升（环境质量下降），在这一阶段，任何地区和国家都可能陷入"高污染—低健康—高消费—高污染"的陷阱当中，如果不进行相应的干预，这种风险就有可能转化为现实。对处于经济发展中早期阶段的地区而言，其环境污染的风险暴露较大，所产生的健康绝对负担较重，相比较其规模更小的经济收入（经济基础）而言，这一地区由环境污染所产生的相对健康负担可能更重，因此会进一步加剧地区间的经济不平等。如果上述微观机制存在，进一步地，在一个地区内部和城乡之间，同样可能会存在由于污染所引致的差异化暴露水平和差异化健康效应所导致的不平等，即污染会导致地区内部和城乡间不平等。上述思路均有待进一步的经验证明，基于此，我们提出了三个基本假设：

假设6-1：环境污染是社会经济地位影响健康不平等的重要传导机制；

假设6-2：经济发展落后的地区，环境健康负担更重，由此加剧地区间不平等；

假设6-3：环境污染越严重的地区，健康负担会进一步加剧地区内部和城乡间的不平等。

环境污染、健康不平等与贫困陷阱的关系如图6-6所示。

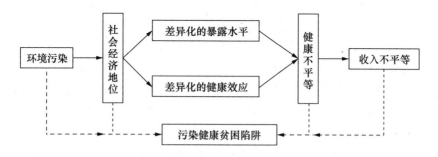

图6-6　环境污染、健康不平等与贫困陷阱的关系

# 第三节　环境污染、社会经济地位与健康不平等

## 一　数据来源与变量设置

本章使用的是市县级层面数据及嵌套其中的微观个体数据，数据类型为数据截面型数据。个体样本数据来源于中国综合社会调查（CGSS2006）的居民问卷。市县级层面的数据来自《中国区域经济统计年鉴》《中国县（市）社会经济统计年鉴》《全国地市县财政统计资料》《中国环境年鉴》以及部分地方性统计年鉴。CGSS系列调查项目收集了包括调查对象个人基本情况（性别、年龄、户籍、健康、收入、婚姻）、家庭基本情况、教育与职业、性格与态度、社会交往与求职等方面的数据信息。其中，与本书直接相关的调查内容包括被访者的健康状况、社会经济特征和公共服务的利用情况等方面的数据信息。

针对健康指标，目前已有的研究主要是从医学、机体功能和主观三个方面来进行评价（解垩，2009）。相比较而言，三个方面的指标各有优缺点，这主要取决于各项指标的优势与研究需要的契合度。主要选取自评健康作为评价个体健康状况的指标，这样做的原因在于：一是自评健康在指标综合性、易得性和稳健性三个方面具有显著的优势（齐良书，2006；齐良书、李子奈，2011）；二是环境因素被认为是影响健康的一个极为重要的因素之一，而且来自医学方面的证据表明，越来越多的疾病与环境因素有关，单纯依赖于某一健康指标很难反映出环境因素的真实影响。因此，自评健康在表征健康状况时的优势在很大程度上能够契合分析环境与健康关系研究的需要。具体来说，自评健康主要通过"您觉得您的身体健康状况是？"来获取，由于属于有序响应变量，我们采用赋值法，很不健康=1，比较不健康=2，一般=3，比较健康=4，很健康=5。

社会经济地位（SES）是结合经济学和社会学关于某个人工作经历和个体或家庭基于收入、教育和职业等因素相对于其他人的经济和社会地位总体衡量，在目前有关健康的研究中越来越受到重视（齐良书，2006；Keng and Sheu，2013）。常见的社会经济地位度量指标包括综合指标和单项指标，为更加细致和准确地探寻社会经济地位影响环境与健康关系的

一种传导机制，主要通过表征社会经济地位的各个单项指标进行度量，目前，最为常见的社会经济地位指标包括收入、教育和职业。考虑到中国社会经济发展的实际，我们还将选择户籍、社会资本、社会保障等。其中，收入主要由全年职业收入和职业外收入加总构成，并取对数；教育指标具体处理如下（王天夫、崔晓雄，2010）：没受过任何教育和私塾=1，小学=6，初中=9，高中教育程度=12，中专及职高教育程度=13，大专教育程度=15，大学教育程度=17，研究生及以上教育程度=20；职业指标做如下处理，党政机关=1，企事业单位=2，无单位/自雇/自办（合伙企业）=3；户籍指标为，城市户籍（直辖市城区、省会城市城区和地级市城区）=1，县镇户籍（县级市城区和集镇街道）=2，农村户籍=3；社会资本主要根据政治面貌确定，共产党员=1，民主党派=2，共青团员=3，群众=4；社会保障主要根据医疗保险而定，公费医疗=1，基本医疗保险=2，基本和补充医疗=3，完全没有=4。

对于环境污染指标，我们选择的是辖区排放的工业废水、工业二氧化硫和工业烟尘排放量。由于样本所在县（市）并没有在统计年鉴上公布这三项污染指标，因此退而求其次，选择的是样本所在地级市三项污染排放指标。为了进一步准确地衡量影响健康的环境污染暴露水平，我们用工业废水排放量、工业二氧化硫排放量和工业烟尘排放量分别除以所在地级市的国土面积，进而得到环境污染的平均暴露水平，即单位面积污染浓度。同时，我们还进一步选取国家环境保护部公布的重点城市空气质量监测数据，包括 PM10、二氧化硫、二氧化氮。由于污染暴露对健康的影响具有一定的潜伏期，上述六类污染指标均选取 2003—2006 年的平均值，县级层面的其他控制变量也做同样处理。

基于已有文献的分析和总结，居民健康水平还与年龄、性别（男性=1）等因素有关（牛建林，2013），我们也一并纳入模型加以控制。在县级层面，控制了其他社会经济和公共服务指标，主要包括经济发展水平（人均实际 GDP）、城市化率（城镇人口占总人口比重）、公共支出（人均财政支出）、医疗卫生服务（每万人病床数）和人口密度（总人口/行政区划面积）。除上述变量外，我们还进一步加入了省份虚拟变量，省份虚拟变量是为了进一步控制不可观测的地区效应，例如，一个地区范围内的生产生活习惯或者一个省域范围内受到共同外部冲击等都可能影响辖区居民的健康水平等。具体的变量设置和描述性统计见表 6-1。

表 6 - 1　　　　　　　　　个体和市县层面描述性统计分析

| 变量 | 均值 | 标准差 | 样本 | 最小值 | 最大值 |
|---|---|---|---|---|---|
| 个人层面变量 | | | | | |
| 自评健康 | 3.681 | 1.04439 | 6000 | 1 | 5 |
| 收入对数 | 13.6290 | 3.52440 | 5795 | 4.6052 | 16.8112 |
| 教育 | 11.348 | 3.867 | 5998 | 1 | 20 |
| 职业 | 2.02751 | 1.3896 | 4180 | 1 | 3 |
| 户籍 | 2.2718 | 1.75236 | 6000 | 1 | 3 |
| 社会资本 | 3.59166 | 0.95955 | 6000 | 1 | 4 |
| 医疗保障 | 2.95654 | 1.3415 | 6000 | 1 | 4 |
| 家庭规模 | 3.21616 | 1.40300 | 6000 | 1 | 14 |
| 性别 | 1.518 | 0.4997 | 6000 | 1 | 2 |
| 年龄 | 43.2081 | 14.0919 | 6000 | 18 | 98 |
| 地区层面变量 | | | | | |
| 废水（吨/平方公里） | 1.1337 | 1.6994 | 91 | 0.0048 | 9.9847 |
| 二氧化硫（吨/平方公里） | 8.5666 | 9.9485 | 91 | 0.0483 | 55.5667 |
| 烟尘（吨/平方公里） | 2.8032 | 2.7471 | 91 | 0.0141 | 13.6724 |
| PM10（微克/立方米） | 109.4 | 26.9 | 46 | 36.8 | 169.8 |
| 二氧化硫（微克/立方米） | 59.9 | 23.3 | 46 | 8.7 | 108.1 |
| 二氧化氮（微克/立方米） | 40.4 | 26.9 | 46 | 12.5 | 69.4 |
| 人均实际 GDP（万元） | 2.2874 | 3.1920 | 112 | 0.2806 | 27.1258 |
| 城市化率 | 0.4305 | 0.3546 | 112 | 0.02 | 1 |
| 公共支出（万元） | 0.2515 | 0.3407 | 112 | 0.043 | 3.062 |
| 医疗卫生服务 | 36.504 | 24.954 | 112 | 4.625 | 130.180 |
| 人口密度 | 0.2723 | 0.7029 | 112 | 0.0005 | 3.9761 |

## 二　研究方法

社会科学的基本假设是：个体并不是生活在真空中，个体的行为既受到其自身个体特征的影响，也受到其所处环境的影响。因此，在相应的研究当中，经常涉及分层数据结构，这类数据往往是以一个层级的数据嵌套在另一层级中的形式出现。个体层次的健康和社会经济地位、地区层面的环境和经济社会发展特征所构成的两层数据就是我们关注的重点，需要同时对这两个层面进行分析。传统线性模型的基本假设是线性、正态、方差齐性及独立。而后两条假设在类似数据结构的镶嵌型取样中往往不能成立。例如，同一县（市）内的个体比不同县（市）的个体之间更加接近或者相似，这样，不同县（市）的抽样可能是独立的，但是，同一县（市）内的抽样在很多变量上可能取值相似，造成县（市）内个体相似的某些变量，由于我们不会对其加以观测和控制，因而消融在线性模型的误差中，加大误差项（张雷等，2005）。此外，传统的统计方法不能解决的另一个问题则是，在样本规模不相等（如不同县市的个体样本数不同）时，无法对方差和协方差成分进行估计。多层线性模型就是为应对和处理此类数据产生的，在早期，研究者通常是在个体层上进行回归分析，把回归系数保存下来，并将这些统计量与第二层所观察到的变量混合在一起进行另一个回归，因而被称为"回归的回归"。虽然真正意义上的多层线性回归模型与早期处理在概念和原理上有相似之处，但是，在统计估计和验证方法方面却有很大的改进，结果更为稳健。多层线性模型使用的是收缩估计（Shrinkage Estimation），比使用 OLS 进行的"回归的回归"更为稳定或精确。①

　　需要指出的是，常规的多层线性模型的因变量被要求为连续变量，在实际研究中，有些变量是类别变量、顺序变量或者计数变量，例如，研究所需要的因变量就为顺序变量，因而常规多层线性模型不能对这些数据进行分析。因此，我们进一步选择多层线性模型中处理非连续变量的多层广义线性，也被称为随机效应的广义线性模型。其基本原理是第一层通过定义一个非线性转换函数对顺序变量模型进行分析。我们首先分解出地区间与地区内部的健康不平等各自占有多大比例，多层线性模型的主要优点在于能够将总体健康不平等分解到不同层次上，并给出一个量化的指标来表示不同层次上健康不平等占总体健康不平等的份额，这一结果主要通过零模型来完成，零模型方程式如下：

　　第一层：$health_{ij} = \beta_{0j} + r_{ij}$

---

① 主要原因是，当某些第二层的单位只有少量的个体样本时，比如，某一地区的个体样本只有几个，而其他地区则有很多个体样本时，以小样本为基础的回归估计是不稳定的，这种情况下，多层线性模型用两个估计的加权综合作为最后的估计，一是来自每个地区的 OLS 估计，二是第二层或地区间数据的加权最小二乘（WLS）。最后的估计是根据工作小组的样本大小进行加权，以上两种估计中，样本规模小者更为依赖第二层的 WLS 估计，而样本规模较大者则更为依赖第一层的 OLS 估计。

式中，$Var(r_i) = \sigma^2$　　　　　　　　　　　　　　　　　　　　　(6-12)

第二层：$\beta_{0j} = r_{00} + \mu_{0j}$。

式中，$Var(\mu_{0j}) = r_{00}$。　　　　　　　　　　　　　　　　　　(6-13)

　　式（6-12）中，$health_{ij}$ 为被解释变量，表示个体 $i$ 在地区 $j$ 中的健康状况，$\beta_{0j}$ 表示第一层截距，$r_{ij}$ 表示随机效应，$r_{00}$ 表示第一层截距在第二层的固定效应，$\mu_{0j}$ 表示第二层随机效应。要确定 $Y$ 的总体变异中有多大比例是由第二层的差异造成的，就需要计算一个跨级相关 ICC（Intra-Class Correlation）。若 ICC 值太小，表明样本之间差异不显著，判别的标准为 ICC 大于 0.05 以上才适合进行第二层分析（S. Mithas et al.，2007）。根据地区之间和地区内部方差成分可以计算各地区间居民健康不平等占全体居民健康不平等的份额，按照纳入不同污染物考量后的分层分解结果发现，分别考虑工业废水、工业废气、工业烟尘、PM10、二氧化硫、二氧化氮后，地区间健康不平等的贡献分别为 5.86%、9.63%、4.53%、10.45%、7.26% 和 7.78%。这表明，地区间健康不平等对总体健康不平等的贡献较大，这可能隐含着地区间差异化的污染暴露水平是引致健康不平等的重要原因。此外，地区内健康不平等对总体健康不平等的贡献高达 90% 以上，这同时也隐含着地区内可能存在不同的污染暴露水平以及差异化的污染健康效应。

表6-2　　　　　　　　　　各地区居民健康不平等的分层分解

| 随机效应 | | 方差成分 | 方差占比（%） | 自由度 | $\chi^2$ | p 值 |
|---|---|---|---|---|---|---|
| 工业废水 | 层级1 | 0.0035 | 5.86 | 90 | 765.84 | 0.000 |
| | 层级2 | 0.0562 | 94.14 | | | |
| 工业废气 | 层级1 | 0.0037 | 9.63 | 90 | 732.66 | 0.000 |
| | 层级2 | 0.0347 | 90.37 | | | |
| 工业烟尘 | 层级1 | 0.0032 | 4.53 | 90 | 798.14 | 0.000 |
| | 层级2 | 0.0673 | 95.47 | | | |
| PM10 | 层级1 | 0.0067 | 10.45 | 45 | 442.48 | 0.000 |
| | 层级2 | 0.0574 | 89.55 | | | |
| 二氧化硫 | 层级1 | 0.0054 | 7.26 | 45 | 493.44 | 0.000 |
| | 层级2 | 0.0689 | 82.74 | | | |

| 随机效应 | | 方差成分 | 方差占比（%） | 自由度 | $\chi^2$ | p 值 |
|---|---|---|---|---|---|---|
| 二氧化氮 | 层级 1 | 0.0057 | 7.78 | 45 | 433.56 | 0.000 |
| | 层级 2 | 0.0675 | 82.22 | | | |

通过零模型可以发现，各地区之间确实存在显著的健康不平等，说明有必要引入包含个人层次和地区层次的多层线性模型。接下来，重点分析地区特征（主要是环境污染）对居民健康影响的两种不同机制与途径：一是环境污染直接对个体健康的影响，即不同污染暴露水平所导致的健康损害；二是环境污染通过个体经济社会特征（社会经济地位）作用于居民健康的跨层次效应。基于此，我们在个体和地区两个层次分别加入相应的自变量，形成如下多层次模型：

第一层模型：

$$health_{ij} = \beta_{oj} + \beta_{1j} \times inc_{ij} + \beta_{2j} \times edu_{ij} + \beta_{3j} \times occupation_{ij} + \beta_{4j} \times census_{ij} +$$
$$\beta_{5j} \times socaptial_{ij}\beta_{6j} \times security_{ij} + \beta_{7j} \times fsize_{ij} + \beta_{8j} \times gen_{ij} +$$
$$\beta_{9j} \times age_{ij} + r_{ij} \quad\quad (6-14)$$

第二层模型：

$$\beta_{oj} = \gamma_{00} + \gamma_{01} \times pollution_j + \gamma_{02} \times economic_j + \gamma_{03} \times urban_j +$$
$$\gamma_{04} \times expenditure_j + \gamma_{05} \times medical_j + \gamma_{06} \times density_j + \mu_{0j}$$

$$\beta_{1j} = \gamma_{10} + \gamma_{11} \times pollution$$
$$\beta_{2j} = \gamma_{10} + \gamma_{21} \times pollution$$
$$\beta_{3j} = \gamma_{30} + \gamma_{31} \times pollution$$
$$\beta_{4j} = \gamma_{40} + \gamma_{41} \times pollution \quad\quad (6-15)$$
$$\beta_{5j} = \gamma_{50} + \gamma_{51} \times pollution$$
$$\beta_{6j} = \gamma_{60} + \gamma_{61} \times pollution$$

### 三 回归结果

表 6 - 3 列示的自变量分为两个层级，需要指出的是，层级 1 自变量下的截距项的回归系数表示的是个体特征对健康的影响效应，层级 2 自变量的回归系数表示的是地区特征（主要是环境污染）对于个体特征影响健康效应的结构性调整。

表 6 - 3　　　　　　　　　　多层线性模型回归结果

| 因变量 | 自评健康 | | | | | |
|---|---|---|---|---|---|---|
| 污染物 | 工业废水 | 工业废气 | 工业粉尘 | PM10 | 二氧化硫 | 二氧化氮 |
| 固定效应 | | | | | | |
| 截距 | 0.865 *** | 0.877 *** | 0.845 *** | 0.994 *** | 0.995 *** | 0.982 *** |
| | [0.000] | [0.000] | [0.000] | [0.000] | [0.000] | [0.000] |
| 污染 | -0.034 *** | -0.066 *** | -0.027 | -0.195 *** | -0.125 ** | -0.132 *** |
| | [0.005] | [0.000] | [0.224] | [0.000] | [0.014] | [0.008] |
| 人均实际GDP | 0.014 *** | -0.004 ** | -0.015 | 0.023 *** | 0.033 *** | 0.037 *** |
| | [0.000] | [0.043] | [0.189] | [0.000] | [0.000] | [0.000] |
| 城镇化率 | 0.032 ** | 0.014 * | -0.003 * | -0.034 *** | -0.004 | 0.005 |
| | [0.034] | [0.067] | [0.065] | [0.024] | [0.157] | [0.244] |
| 公共支出 | 0.003 | 0.005 ** | 0.004 * | 0.013 ** | 0.015 | 0.011 |
| | [0.149] | [0.043] | [0.056] | [0.33] | [0.567] | [0.375] |
| 医疗卫生服务 | 0.045 ** | 0.042 ** | -0.007 | 0.067 * | 0.065 * | 0.058 * |
| | [0.033] | [0.045] | [0.105] | [0.089] | [0.079] | [0.084] |
| 人口密度 | 0.003 | 0.001 | -0.002 | 0.001 | -0.003 | 0.005 |
| | [0.254] | [0.423] | [0.337] | [0.376] | [0.375] | [0.316] |
| 收入 | | | | | | |
| 截距 | 0.074 ** | 0.087 ** | 0.044 ** | 0.032 ** | -0.025 ** | -0.021 ** |
| | [0.026] | [0.024] | [0.028] | [0.037] | [0.038] | [0.039] |
| 地区污染 | 0.346 | 0.135 *** | 0.24 | 0.467 *** | 0.375 | 0.227 *** |
| | [0.152] | [0.002] | [0.253] | [0.007] | [0.177] | [0.008] |
| 教育 | | | | | | |
| 截距 | 0.004 * | 0.005 * | 0.003 * | 0.002 ** | 0.0001 ** | 0.0001 ** |
| | [0.065] | [0.089] | [0.075] | [0.043] | [0.047] | [0.044] |
| 地区污染 | -0.077 | 0.085 * | 0.063 * | 0.036 ** | -0.021 ** | 0.018 ** |
| | [0.146] | [0.095] | [0.093] | [0.037] | [0.035] | [0.035] |
| 职业 | | | | | | |
| 截距 | -0.043 | -0.067 * | -0.041 * | -0.0067 * | -0.0058 * | -0.0044 * |
| | [0.168] | [0.093] | [0.097] | [0.057] | [0.058] | [0.053] |
| 地区污染 | -0.0864 | -0.1047 | -0.733 * | -0.0135 *** | -0.0124 *** | -0.009 *** |
| | [0.135] | [0.167] | [0.084] | [0.004] | [0.005] | [0.007] |

续表

| 因变量 | 自评健康 | | | | | |
|---|---|---|---|---|---|---|
| 污染物 | 工业废水 | 工业废气 | 工业粉尘 | PM10 | 二氧化硫 | 二氧化氮 |
| 户籍 | | | | | | |
| 截距 | -0.069 | -0.056* | -0.033* | -0.024** | -0.027* | -0.0017* |
| | [0.567] | [0.083] | [0.067] | [0.043] | [0.078] | [0.068] |
| 地区污染 | -0.126** | 0.093** | -0.057** | 0.056** | -0.066*** | -0.041*** |
| | [0.034] | [0.047] | [0.043] | [0.014] | [0.008] | [0.006] |
| 社会资本 | | | | | | |
| 截距 | -0.005 | -0.003 | -0.006 | -0.007 | -0.004 | -0.001 |
| | [0.789] | [0.768] | [0.774] | [0.531] | [0.437] | (0.528) |
| 地区污染 | -0.015 | 0.06 | 0.021* | 0.022 | 0.018 | 0.005 |
| | [0.106] | [0.116] | [0.094] | [0.136] | [0.178] | [0.179] |
| 社会保障 | | | | | | |
| 截距 | -0.029* | -0.022* | -0.013* | -0.006** | -0.008** | -0.005** |
| | [0.005] | [0.005] | [0.005] | [0.017] | [0.016] | [0.019] |
| 地区污染 | -0.055* | -0.052* | -0.04* | -0.015** | 0.004*** | -0.007** |
| | [0.056] | [0.058] | [0.059] | [0.012] | [0.007] | [0.010] |
| 家庭规模 | | | | | | |
| 截距 | 0.07 | 0.004* | 0.001 | 0.003* | 0.003 | 0.004* |
| | [0.126] | [0.096] | [0.287] | [0.060] | [0.135] | [0.054] |
| 性别 | | | | | | |
| 截距 | 0.038* | 0.042 | 0.022 | 0.037* | 0.031* | 0.027 |
| | [0.096] | [0.106] | [0.284] | [0.066] | [0.089] | [0.178] |
| 年龄 | | | | | | |
| 截距 | -0.004* | -0.007 | -0.005 | -0.006* | -0.007* | -0.006 |
| | [0.070] | [0.120] | [0.134] | [0.099] | [0.094] | [0.106] |

注：*、**和***分别表示在10%、5%和1%的水平上显著，括号内为p值，同时第一、第二层次上所有自变量均进行总平均数中心化处理。

（一）地区环境变量对健康的影响

就平均健康而言，我们发现，无论是选择污染物排放还是环境质量监测指标都对居民自评健康产生了显著的负向影响。具体来说，工业污染物排放用单位面积的污染物排放量（工业废水、工业废气和工业粉尘）度量，环境质量监测指标选择的是PM10、二氧化硫和二氧化氮浓度，当工业废水、工业废气和工业粉尘的单位行政面积排放量每提高1个百分点时，自评健康下降一个等级的概率分别提高3.4%、6.6%和2.7%；当PM10、二氧化硫和二氧化氮浓度每提高1个百分点时，自评健康下降1个等级的概率分别上升19.5%、12.5%和13.2%，其中尤以工业废气和PM10的影响最大。这表明，污染的暴露水平越高，健康危害越大。

（二）个体变量（社会经济地位）对健康的影响

我们主要选取了收入、教育、职业、户籍、社会资本和社会保障作为表征个体社会经济地位的指标。从这些指标的截距项系数来看，我们发现，收入水平总体上对健康的影响并不完全确定，但是，相对而言收入水平越高，自评健康状况越好；教育水平越高，居民的健康状况越好；从职业状况来看，受雇于个体私营企业的群体所反映的自评健康状况相对较低；从户籍状况来看，城镇居民的健康状况普遍好于农村居民，从社会资本和社会保障来看，社会资本的影响不明显，而医疗保障相对健全的群体，健康状况普遍要好。

（三）污染变量影响社会经济地位的健康效应

多层线性模型可以描述个体社会经济地位（层级1）对于健康的影响是如何随着地区特征（环境污染）的不同而变化的，这样的结果是由模型中嵌套于层级1自变量下的层级2自变量的回归系数来显示的。

在层级1变量收入项下，相对于其他地区，地区污染水平更高或环境质量越差的地区，收入水平对健康不平等的影响更为突出。具体来说，当污染物浓度水平进一步增加时，收入对健康的影响会进一步提高，这也意味着收入对健康不平等的影响会进一步拉大。我们认为，相比较低收入群体，中高收入群体对污染的关注和偏好程度高，并且具备更强的经济能力来规避污染所带来健康风险。

在层级1变量教育项下，前面提到了教育水平越高的群体，自评健康状况越好，进一步观察教育项下的污染变量系数发现，对于空气污染物而言，污染浓度越高的地区，教育对健康的影响将会进一步强化，这说明，教育对健康不平等的影响会随着污染浓度的提高而加大。这主要源于教育水平高的人群，所学习和掌握污染规避知识和策略的能力更强，而且对环境质量的偏好更强。

在层级1变量职业项下，环境污染的系数为负，这表明，在环境质量越差的地区，中高职业群体的健康状况与中低职业群体的健康差距会进一步拉大，环境污染是职业地位影响健康不平等的重要传导途径。事实上，中高职业群体的职业特征决定了其暴露于室外污染中的概率相对较低，而中低职业群体往往集中于室外体力劳动工作，污染的暴露概率更大，一旦污染加剧，对中低职业群体的影响更大，进一步加剧了其健康负担。

在层级 1 变量户籍项下，不同污染物对城乡居民健康影响的差异较大，具体来说，在工业污染物尤其是工业废水和工业粉尘越严重的地区，城乡居民健康差距会进一步拉大，农村居民健康的影响更为明显；而在 PM10 浓度越高、工业废气越严重的地区，城乡居民健康的差距会缩小，这表明空气污染尤其是 PM10 对城镇居民健康的影响更为明显。这一结论与当下中国城市和农村各自所面临的环境污染形势不谋而合，即城市地区的环境风险主要来自空气污染，而农村地区的环境风险主要来源于水污染①。

在层级 1 变量社会资本项下，环境污染对社会资本健康效应的调节作用不明显，环境污染越严重的地区，社会资本对健康不平等的影响有大有小。我们认为，可能从短期来看，社会资本还没有显现出对污染健康状况的实际影响。

在层级 1 变量社会保障项下，我们发现，环境污染越严重的地区，是否拥有医疗保险对健康的影响将会进一步拉大，污染越严重的地区，所引发的健康风险越大，医疗保险可以看作健康风险的重要规避手段，因此，医疗保险在污染越严重的地区所产生的健康功效可能明显。因此，是否拥有医疗保险以及医疗保险的程度也在一定程度上影响着污染的健康风险程度。换言之，环境污染会加剧是否拥有以及拥有医疗保险不同报销程度群体间的健康不平等。

不难发现，社会经济地位较低的群体普遍面临着更高的污染健康风险，污染所带来的健康损害会进一步拉大不同社会经济地位群体间的健康不平等，污染是社会经济地位影响健康不平等的重要传导机制。

---

① 《国务院关于印发国家环境保护"十二五"规划的通知》，http://www.gov.cn/zwgk/2011 - 12/20/content_ 2024895. htm。

# 第四节　环境健康损害评估与地区间不平等

## 一　环境污染的健康负担及其经济价值

考虑到大气污染是目前中国环境污染最为严峻的领域，也是损失评价中最重要的组成部分。国内外环境健康学中的一些经验研究主要选取了PM10、二氧化硫和二氧化氮三类典型空气污染物进行健康负担的测算与经济价值的评估。由于这三类污染物之间的化学和生物相关性，在很多情况下被视为空气污染混合物。现有这方面的研究主要采取两种方式来进行估算，一是分别测算三类污染物的健康负担，然后选取健康负担重的污染物作为研究对象；二是将三类污染物的健康负担相加，得到汇总的健康负担。相比较而言，后者可能会高估环境污染的健康负担，借鉴於方等（2007）的做法，考虑到PM10是几种有毒空气污染物的重要介质，本书选取PM10作为唯一的空气污染因子进行健康影响评价。

### （一）环境污染的健康负担

对于环境污染的健康负担测算，是由流行病学研究来完成的，基本的思路是：首先确定空气污染因子及其阈值，然后根据所选择的健康结果构建空气污染因子与健康结果的暴露反应关系模型，一旦确定污染物暴露的危险系数（$\beta$），那么就可以估算出大气污染健康结果的相对危险度（RR），最后根据健康经济损失的计算模型评估环境健康经济损失或者经济负担。其中最关键的是确定污染物暴露的危险系数（$\beta$）。

通常大气污染水平与暴露人群的健康结果之间往往呈现出比较明显的统计学特征，即污染浓度—健康反应方程。目前，这一领域公认的大气污染健康结果的相对危险度（RR）基本上符合一种污染物浓度的线性或对数线性关系（Aunan and Pan，2004；於方等，2007；Victor et al.，2010），线性关系可以表示为：

$$RR_{it} = e^{(\alpha+\beta c)}/e^{(\alpha+\beta c_0)} = e^{\beta(c_{it}-c_0)} = e^{\Delta c_{it}\beta}$$

对数线性关系可以表示为：

$$RR_{it} = e^{(\alpha+\beta\ln c_{it})}/e^{(\alpha+\beta\ln c_0)} = e^{\beta(\ln c_{it}-\ln c_0)} = \beta e^{\ln(c_{it}/c_0)} = \beta(c_{it}/c_0)$$

借鉴於方等（2007）的做法，为了避免出现 $c_0 = 0$ 的情况，在分子和分母上各加上1，得到：

$$RR_{it} = \left[ (c_{it} + 1) / (c_0 + 1) \right]\beta$$

式中，$c_{it}$ 表示 $i$ 地区第 $t$ 年的某种污染物浓度，$c_0$ 表示空气质量健康阈值，$\Delta c_{it}$ 表示 $i$ 地区第 $t$ 年超过空气质量健康阈值的范围；$RR$ 表示 $i$ 地区第 $t$ 年的某种污染物浓度的健康效应相对危险程度。

污染物暴露的危险系数 β 值主要依据以往研究者对中国相关的研究确定。以往的文献大多通过 Meta 分析[①]和统计学趋势分析方法来确定不同危害结局的暴露反应函数关系，而且长期队列研究[②]成为目前评价大气污染对人体健康慢性效应的最好方法之一。同时，世界银行、美国的长期队列研究和中国的生态学研究表明，PM10 的浓度每增加 1 微克/立方米，死亡率增加的百分比会随着污染物浓度水平的变化而变化，相比较而言，PM10 浓度的边际健康损失是下降的，即 β 值是动态变化的。因此，采取指数函数插值法进行分段测算，具体是：当 PM10 的浓度 $c_{it}$ 大于等于 150 微克/立方米时，浓度每增加 1 微克/立方米，全因死亡率增加 0.12%；当 PM10 的浓度 $c_{it}$ 小于等于 40 微克/立方米采用美国队列研究的结果是，浓度每增加 1 微克/立方米，全因死亡率增加 0.24%；当 PM10 的浓度 $c_{it}$ 大于 40 微克/立方米且小于 150 微克/立方米时，暴露反应关系采用指数函数内插（即符合对数线性关系）方法计算得到，根据检验估计，相应的 $\beta = 0.0024/1.006321^{(PM10-40)}$。

污染所带来的健康负担，不仅包括死亡负担，而且还包括引发的各类疾病负担，根据目前已经明确的疾病负担，主要包括咳嗽、支气管炎、哮喘和急诊。根据 Victor Brajer（2010）的系统总结，我们确定了这四类疾病负担相应的 β 值。[③] 但是，由于 Victor Brajer（2010）得出的主要是 TSP 浓度的 β 值，因此，我们借鉴 Yuyu Chen 等（2013）的做法，将 TSP 进一步转换成 PM10，其中，南方城市 TSP/PM10 转换系数为 0.45，北方城市 TSP/PM10 转换系数为 0.57。

---

[①]　PM10、二氧化硫和二氧化氮是目前世界卫生组织和各个国家公认的影响健康的重要空气污染物质，参见《世界卫生组织关于颗粒物、臭氧、二氧化氮和二氧化硫的空气质量标准（2005 年全球更新版）》《中华人民共和国环境空气质量标准》（GB 3095 - 2012）。

[②]　队列研究是将人群按是否暴露于某污染物及其暴露程度分为不同亚组，追踪其各自的结局，比较不同亚组之间频率的差异，从而判定暴露因子与健康结果之间有无因果关联及关联大小的一种观察性研究方法（Barto，2004）。

[③]　咳嗽、支气管炎（急性）、哮喘和急诊的 β 值分别为 0.0012、0.0048、0.001882、0.0003668。

　　一旦确定了环境污染的健康危害，就能够评估由此所带来的经济价值或负担。目前已有的健康危害经济评估方法包括医疗费用法、修正的人力资本法、经济损失评价法和支付意愿方法。相比较而言，目前全面评估污染健康经济价值的文献大多使用的是支付意愿方法①，该方法能够有效地反映个体的健康偏好及其经济价值。从1995年至今，有五篇比较典型的文献对中国的健康支付意愿、生命价值和死亡价值进行了研究，包括重庆（Wang and Mullahy，2006）、北京（Zhang，2002）、北京和安庆（Hammitt and Zhou，2006）、成都（Guo，2006）、上海和重庆（World Bank，2007），基本涵盖了中国的东部、中部、西部地区；同时，在计算疾病成本时，采用的是支付意愿（WTP）和疾病成本方法（COI），这是因为，疾病成本方法的优点在于能够直接地测算疾病的医疗成本，而支付意愿方法可以有效地评估疾病的福利成本。具体详见表6-4。

表6-4　　　　　　　　健康结果的经济价值（支付意愿方法）

| 健康结果 | 每例货币价值（2004年价格） | 评估方法 | 来源 |
| --- | --- | --- | --- |
| 死亡 | 864500 | WTP | Hammitt 和 Zhou，Wang 和 Mullahy，Guo、World Bank、Zhang |
| 疾病 | | | |
| 咳嗽 | 166 | WTP | Hammitt 和 Zhou |
| 支气管炎 | 202 | WTP | Yang 和 Xu |
| 哮喘 | 180 | COI | Lai 等 |
| 急诊 | 323 | COI | Buxton 等 |

（二）环境污染健康负担的经济价值评估

评价空气污染健康危害的一般公式为：

$$P_{di} = (f_{pi} - f_{ti}) \times P_e$$

式中，$P_{di}$表示由污染造成的健康危害数量（如过早死亡人数、住院人数、急诊人数等），$f_{pi}$表示污染条件下健康危害终端$i$的年发生率，$f_{ti}$表示

_____

① 在欧美发达国家，采用的也是类似支付意愿（WTP）的统计生命价值（VSL）来进行评估。

健康危害终端 $i$ 的基线，即清洁空气条件下健康危害终端 $i$ 的年发生率，$P_e$ 表示暴露人口。$f_{ti}$ 可以从健康危害的一般表达式得到，即 $f_{pi} = f_{ti} \times \exp(\Delta c_i \times \beta_i / 100)$，因此，$f_{ti} = \dfrac{f_{pi}}{exp(\Delta c_i \times \beta_i / 100)}$。由于 $RR = f_p / f_t$，因此，

$$P_{di} = \frac{(RR_i - 1)}{RR_i} \times f_{pi} \times P_e。$$

最后，由污染所带来的健康经济损失为：

$$PHC = P_{di} \times WTP。$$

$f_{pi}$ 可以看作是所在地区的死亡率，由于现有的年鉴没有提供 113 个重点城市 2003—2010 年，全样本的死亡率，因此，我们近似地使用所在省份的死亡率来替代。同时，对于污染的暴露人口指标，我们选取的是所在城市市辖区的人口总数，这是因为，现有的环境监测站几乎全部位于重点城市的城区之内，恰好可以与市辖区的人口相对应。

环境污染所产生的健康损害与经济负担如表 6-5 所示，以 PM10 为代表的空气污染所产生的健康损害带来了较大的经济负担，2003—2010 年，污染的健康成本大致占 GDP 的 1.7%—4.8%。与其他病因不同，污染的健康损害是由带有明显负外部性的行为所引起的，而成本则往往由私人承担，加剧了个体的经济负担。平均收入处于前 20% 的地区，环境污染健康损害的绝对经济成本和相对经济成本较低，而处于后 80%—100% 的地区，不仅污染健康损害的绝对成本较大，并且相对经济成本也高；进一步来看，污染健康损害的相对成本呈现出明显的累退分布，即收入水平越低的地区，所承担的污染健康成本更高，如图 6-7 至图 6-12 所示。不

表 6-5　2003 年、2006 年和 2010 年不同收入组地区的环境健康经济成本分布

单位：元

| 年份 | 分组 | 收入 | 污染调整后的收入 | 污染的健康成本（占比%） |
|---|---|---|---|---|
| 2003 | 平均收入 | 22496.69 | 21735.09933 | 761.5879（4.756） |
| | 前 20% | 42827.7 | 42090.05 | 737.656（2.003） |
| | 前 20%—40% | 24262.78 | 23526.78 | 735.991（3.063） |
| | 中 40%—60% | 19248.58 | 18512.01 | 736.575（3.874） |
| | 后 60%—80% | 14855.48 | 14066.21 | 789.264（5.363） |
| | 后 80%—100% | 9440.625 | 8629.996 | 810.6291（9.727） |

续表

| 年份 | 分组 | 收入 | 污染调整后的收入 | 污染的健康成本（占比%） |
|---|---|---|---|---|
| 2006 | 平均收入 | 33441.15 | 32785.8779 | 655.2719（2.779） |
| | 前20% | 66625.67 | 66014.56 | 611.110（1.111） |
| | 前20%—40% | 36083.98 | 35401.85 | 682.1328（1.905） |
| | 中40%—60% | 27589.56 | 26912.89 | 676.666（2.442） |
| | 后60%—80% | 20341.29 | 19725.84 | 625.446（3.077） |
| | 后80%—100% | 13548.48 | 12863.46 | 685.019（5.502） |
| 2010 | 平均收入 | 48298.35 | 47679.10507 | 619.2458（1.7587） |
| | 前20% | 93256.93 | 92683.06 | 573.869（0.69） |
| | 前20%—40% | 52925.43 | 52303.62 | 621.814（1.128） |
| | 中40%—60% | 39427.41 | 38794.95 | 632.461（1.61） |
| | 后60%—80% | 29952.06 | 29312.53 | 639.534（2.141） |
| | 后80%—100% | 19721.43 | 19118.9 | 602.528（3.258） |

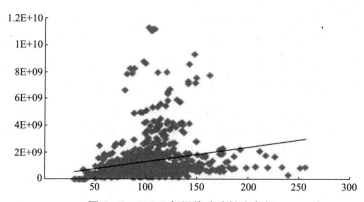

图6-7　PM10与污染疾病健康负担

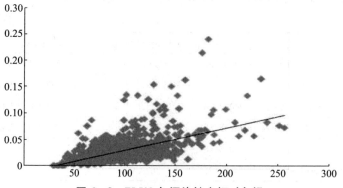

图6-8　PM10与污染健康相对负担

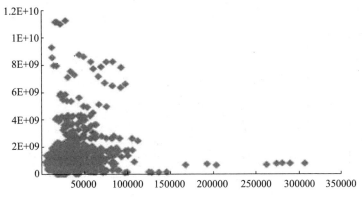

图 6-9 经济发展水平与污染健康负担

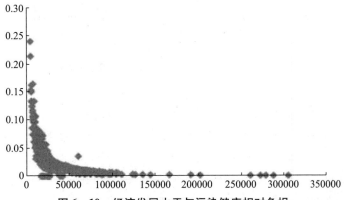

图 6-10 经济发展水平与污染健康相对负担

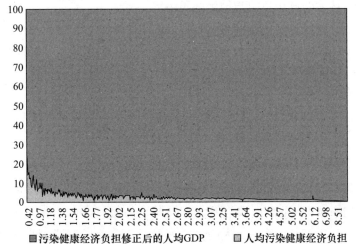

图 6-11 污染健康疾病负担分布

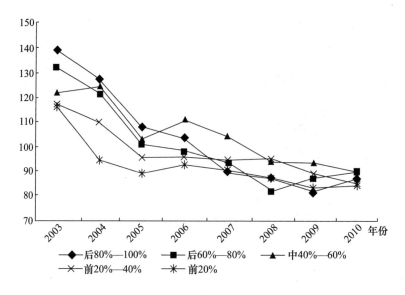

图 6 - 12　不同收入水平地区的 PM10 平均浓度变化

同地区的污染健康损害和成本是与其所面临的污染暴露水平高度相关，2003—2010 年，伴随着污染暴露水平的下降，污染的健康损害（绝对规模和相对规模）呈现出比较明显的下降趋势。低收入地区所面临的污染暴露与其收入水平严重不对等，尽管其污染的暴露水平下降相对较多，但是其污染健康损害的相对负担依然最重。

二　环境的健康负担与地区间不平等

为了计算收入（福利）不平等，我们使用基尼系数和泰尔指数（T 指数和 L 指数，即泰尔指数和泰尔 L 指数）。由于分析的对象为 113 个重点城市，因而测算的基尼系数主要反映的是城市间的不平等。对此，我们采用迪顿（Deaton，2003）的方法，基尼系数的计算公式为：

$$基尼系数 = \frac{N+1}{N-1} - \frac{2}{N(N-1)\bar{\gamma}} \sum_{i=1}^{i} n_i y_i [\rho_i + 0.5(n_i - 1)] \quad (6-16)$$

式中，$N$ 表示城市数量，$y_i$ 表示城市 $i$ 的平均收入，$\bar{\gamma}$ 表示平均收入，$\rho_i$ 表示第 $i$ 个城市的位序。基尼系数的取值范围为 0—1，$n_i$ 表示城市 $i$ 的人数。如果城市 $i$ 的总人数为 $n_i$，相同城市的每一个人的收入假定相同，那么，第 $i+1$ 城市的第一个人的排序为：$\rho_{i+1} = \rho_i + n_i$，那么城市 $c$ 所有人的平均排序为 $\bar{\rho}_{i+1} = \rho_i + 0.5 n_i (n_c - 1)$。

泰尔 T 指数和泰尔 L 指数是不平等测量中广义熵的组成部分，由于假设每个城市的个人收入相等，泰尔 T 指数可以计算为：

$$泰尔\ T\ 指数 = GE(1) = \sum_{i=1}^{N} \frac{y_i}{N} \frac{y_i}{Y} \ln\left(\frac{y_i}{\gamma}\right) = \sum_{i=1}^{i} \frac{n_c}{N} \frac{y_i}{\gamma} \ln\left(\frac{y_i}{\gamma}\right)$$

$$(6-17)$$

泰尔 T 指数的范围为 0—ln(N)，其中，0 表示完全平等，而 ln(N) 表示最不平等。泰尔 L 指数又被称为平均滞后偏差测度方法，可以表示为：

$$泰尔\ L\ 指数 = GE(0) = \sum_{i=1}^{N} \frac{y_i}{N} \ln\left(\frac{\bar{\gamma}}{y_i}\right) = \sum_{i=1}^{i} \frac{n_c}{N} \ln\left(\frac{\bar{\gamma}}{y_i}\right) \qquad (6-18)$$

利用上述方法，我们分析了 2003—2010 年污染对收入不平等的影响。同时为了确定不平等测度以及受污染影响后的收入不平等是否显著，采用了拔靴（Bootsrap）技术（Efron and Tibshirani, 1993）来估计标准误差。我们对所有的不平等指标（基尼系数和泰尔指数）均进行 2000 次的重复计算抽样。同时，收入不平等与污染影响后的收入不平等之间的差异也采取了 2000 次的自主重复抽样。

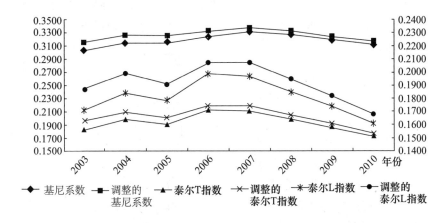

**图 6 - 13　2003—2010 年纳入污染健康成本前后地区间不平等指数**

由于环境污染所产生的经济负担在不同地区的分布是不一致的，经济发展相对落后的地区，污染的健康相对成本较高，如果上述论断正确，那么就有理由相信，污染所产生的健康成本可能会进一步加剧地区间的不平等。我们分别选取了基尼系数、泰尔 T 指数和泰尔 L 指数三类指标，发现 2003—2010 年，污染所带来的健康成本，显著地影响和加剧了地区间不平等，在基尼系数中，污染健康负担对地区间经济不平等的贡献为 1.33%—3.84%；在泰尔 T 指数中，污染健康负担对地区间经济不平等的贡献为 2.64%—7.24%；在泰尔 L 指数中，污染健康负担对地区间经济不平等的贡献为 4.51%—9.19%。此外，伴随着环境质量特别是经济落后地区环境质量的改善，污染健康负担对地区经济不平等的贡献呈现下降的趋势。在中国，由于健康疾病成本大部分依然由普通公众所承担①，如果按照 2012 年个人卫生费用占 33.4% 计算，由污染所产生的疾病健康成本占个人收入的比重还将进一步提高，所带来的收入不平等还会进一步加剧。更为关键的是，由于污染产生疾病的病理路径尚未得到完全认清，再加之污染致病有一定的潜伏期和累积效应，相比较其他致病因子，由污染所产生的疾病成本更多地为个人所承担。此外，还发现，2003—2010 年，环境污染对地区间不平等的贡献度呈现出一定程度的下降趋势，我们认为，这主要源于这一时期 PM10 浓度呈现出比较明显的下降趋势，而且相比较经济发达地区，经济落后地区的 PM10 浓度下降幅度更大。这从另一个侧面间接说明，环境污染的健康负担及其分布会对地区间不平等产生重要影响，也恰恰说明环境污染可能是不平等产生的新来源。

## 第五节　环境健康负担与地区内<br>（城乡间）不平等

　　接下来，将进一步证明，在地区内部，由污染所产生的健康负担是如何影响到地区内不平等。一方面，地区内部不同群体之间同样也会出现类似地区间不同污染暴露的情况；另一方面，即使面临着同等的污染暴露水平，但是，由于干预手段的差异，环境污染同样可能带来不同健

---

　　① 根据《2011 年我国卫生和计划生育事业发展统计公报》，我国个人卫生支出占卫生总费用比重从 2008—2011 年连续三年下降。但是，2011 年依然为 34.8%，而政府卫生支出占30.7%，社会卫生支出占34.6%。《2012 年我国卫生和计划生育事业发展统计公报》显示，个人卫生支出比重依然达 33.4%。

康状况和不平等。

## 一　计量模型、变量与数据

为了从实证的角度更为严谨地验证环境污染对健康和收入不平等的影响，基于1998—2011年的分省、自治区、直辖市面板数据模型，来进行计量分析。

首先，检验环境污染对健康的影响，基本模型为：

$$health_{it} = \alpha_0 + \beta_1 pollution_{it} + \sum control_{it} + \varepsilon_{it} \quad\quad (6-19)$$

式中，$health_{it}$表示第$i$省、自治区、直辖市第$t$年的健康水平，我们使用宏观健康生产函数中常用的指标来表示死亡率和预期寿命；核心解释变量为$pollution_{it}$，用所在地区的五类工业污染物及其合成指数（熵权法）表示；$control_{it}$为控制变量，用来控制影响死亡率和预期寿命的其他因素，包括人口结构（65岁以上人口占比）、收入水平（人均实际GDP）、教育（平均受教育年限）、医疗卫生服务（每万人病床数）等。

其次，重点关注环境污染对健康的影响，模型为：

$$Inequality_{it} = \alpha_0 + \beta_1 pollution_{it} + \sum control_{it} + \varepsilon_{it} \quad\quad (6-20)$$

式中，$Inequality_{it}$表示所在省、自治区、直辖市的不平等状况，采用胡祖光（2004）的基尼系数简易计算公式得到。$pollution_{it}$的度量指标与式（6-19）相同。控制变量$control_{it}$包括影响到收入不平等的其他因素，如经济发展水平、教育、对外贸易（进出口占GDP比重）和城镇化。

最后，我们在式（6-20）的基础上引入健康变量，得到式（6-21），来观察健康变量引入前后环境污染对不平等的影响。

$$Inequality_{it} = \alpha_0 + \beta_1 pollution_{it} + \beta_2 health_{it} + \sum control_{it} + \varepsilon_{it}$$

$$(6-21)$$

如果直接采取上述单方程模型进行估计，会面临着由内生性问题所导致的测量偏误。其一，方程本身的联立性。收入不平等会受到环境污染、健康等因素的影响，但反过来，环境污染也会受到收入不平等的影响，同时，影响健康的因素同样包括收入不平等和环境污染，这些多重的双向因果关系会稀释解释变量的外生性假设。其二，测量误差。例如，在健康方程的解释变量中，环境污染与收入不平等、人口结构与环境污染都是高度相关的，将其引入一个计量模型中，可能造成严重的多重共线。其三，遗漏变量。在健康和收入不平等的方程中可能会遗漏制度、文化和地理位置等变量,这些影响将被归入误差项中。如果遗漏变量与其他解释变量之间存在相关性,将进一步导致估计系数的偏误。

不难发现,考虑到污染的内生性以及多重双向因果关系,即使采用动态面板 GMM 方法也无法克服这些问题。因此,进一步加入污染方程,构建一个联立方程组。联立系统估计方法主要有单方程估计方法和系统估计方法,相比较前者,后者是同时估计全部结构方程,同时得到所有方程的参数估计量,具有良好的统计特征。当方程右边变量与误差项相关,且残差存在异方差和同期相关时,三阶段最小二乘法(3SLS)能够有效地考虑方程之间的相关关系。考虑到面板数据在截面维度的特定差异,各省份间由于经济发展水平和其他经济社会因素的差异性,在估计方程中均加入了截面固定效应来进行控制。

实证分析所使用的变量及其含义如表 6-6 所示,数据区间和时间分别为 27 个省(自治区、直辖市)和 1998—2011 年,所使用的数据来自历年《中国统计年鉴》《中国环境年鉴》《中国教育年鉴》和各省、自治区、直辖市统计年鉴。

表 6-6　　　　　　　　　　主要变量统计描述

| 变量名称 | 均值 | 最小值 | 最大值 | 变量含义 |
| --- | --- | --- | --- | --- |
| 基尼系数 | 38.5164 | 23.1 | 49.3 | 五等分建议算法 |
| 城乡收入差距 | 2.9435 | 1.6226 | 4.7586 | 城镇居民可支配收入/农村居民纯收入 |
| 污染指数 | 3.6699 | 0.2287 | 21.8386 | 单位资本的污染物合成指数(熵权法) |
| 死亡率 | 6.0893 | 4.21 | 7.91 | 年死亡人数/年平均人数 |
| 预期寿命 | 72.9968 | 65.8283 | 80.5228 | 参照胡英(2010)及杨继军、张二震(2013)[①] |
| 第二产业占比 | 47.5513 | 23.0894 | 61.5 | 第二产业增加值占 GDP 比重(%) |
| 人均实际 GDP | 0.7226 | 0.0992 | 3.0424 | 人均实际 GDP(万元) |
| GDP 增长率 | 13.55 | -6.66 | 30.59 | GDP 增长率(%) |
| 进出口 | 0.3322 | 0.032 | 1.7215 | 进出口总额占 GDP 比重(%) |
| 人口结构 | 8.3795 | 4.0488 | 16.374 | 65 岁以上人口占总人口比重(%) |

①　根据胡英(2010)及杨继军、张二震(2013),利用 1990 年和 2000 年各地区人口死亡率和老年人口比重进行回归计算,得到回归方程:预期寿命 = 80.52283 - 9.905654 ×(人口死亡率/65 岁以上人口比重)。

续表

| 变量名称 | 均值 | 最小值 | 最大值 | 变量含义 |
|---|---|---|---|---|
| 城市化 | 44.06 | 17.44 | 89.3 | 城镇人口占人口比重（%） |
| 教育人力资本 | 8.0091 | 4.9062 | 11.2156 | 人均受教育年限 |
| 医疗卫生服务 | 12.7899 | 1.3 | 41.6148 | 每万人病床数 |
| 财政支出 | 1162.656 | 44.09 | 6712.4 | 人均财政支出 |

## 二　实证结果和解释

表6-7列示了联立方程组三个方程的回归结果。回归结果式（1）和式（2）表示的是主要变量为基尼系数和死亡率的回归结果，式（3）至式（4）为基尼系数和预期寿命的回归结果，式（5）至式（6）为城乡收入差距和死亡率的回归结果，式（7）至式（8）为城乡收入差距和预期寿命的回归结果。这样分类回归是为了进一步通过替换不同变量来保证结论的可信度。联立方程组可以有效地控制模型中所存在的多重双向因果关系，这是一般单方程模型中无法有效克服的问题，使回归结果相对稳健。

表6-7　　　　　　　　　　　　　回归结果

| 方程 | (1) | (2) | (3) | (4) | (5) | (6) | (7) | (8) |
|---|---|---|---|---|---|---|---|---|
| 不平等指标 | 基尼系数 | | | | 城乡收入差距 | | | |
| 环境污染 | 1.473*** [0.000] | 1.098** [0.021] | 1.498*** [0.000] | 0.527 [0.236] | 0.233*** [0.000] | 0.199 [0.107] | 0.236*** [0.000] | 0.216* [0.096] |
| 国民健康 | | 0.0848*** [0.001] | | -0.798** [0.019] | | 0.001** [0.020] | | -0.018* [0.062] |
| 人均实际GDP | 4.399*** [0.001] | 3.872*** [0.002] | 4.447*** [0.001] | 3.194** [0.014] | 0.698*** [0.000] | -0.725*** [0.000] | 0.696*** [0.000] | 0.654*** [0.000] |
| 教育 | -0.058 [0.865] | -0.411 [-0.238] | -0.08 [0.813] | 0.369 [0.498] | -0.073 [0.123] | -0.053 [0.271] | -0.075 [0.111] | -0.043 [0.547] |
| 进出口 | -4.87*** [0.000] | -4.756*** [0.000] | -5.19*** [0.000] | -4.212*** [0.000] | -0.345*** [0.003] | -0.355*** [0.003] | -0.34*** [0.000] | -0.322** [0.015] |

续表

| | (1) | (2) | (3) | (4) | (5) | (6) | (7) | (8) |
|---|---|---|---|---|---|---|---|---|
| 健康指标 | 死亡率 | | 预期寿命 | | 死亡率 | | 预期寿命 | |
| 城市化 | −2.085 | −4.579 | −1.162 | −7.517 | −0.208 | −0.196 | −0.154 | −0.327 |
| | [0.411] | [0.145] | [0.659] | [0.078] | [0.559] | [0.608] | [0.674] | [0.503] |
| 财政支出 | 0.000*** | 0.000*** | 0.000*** | 0.000*** | 0.000*** | 0.000*** | 0.000*** | 0.000*** |
| | [0.002] | [0.002] | [0.002] | [0.002] | [0.006] | [0.005] | [0.006] | [0.008] |
| 截距项 | 32.92*** | 43.73*** | 32.686*** | 94.306*** | 2.371*** | 2.125*** | 2.359*** | 3.627 |
| | [0.000] | [0.000] | [0.000] | [0.000] | [0.000] | [0.001] | [0.000] | [0.173] |
| $R^2$ | 0.654 | 0.653 | 0.664 | 0.667 | 0.745 | 0.742 | 0.782 | 0.786 |
| 环境污染 | 0.019* | 0.038 | −0.0222* | −0.025* | 0.044* | −0.049 | −0.013* | −0.006* |
| | [0.067] | (0.415) | [0.077] | [0.074] | [0.038] | [0.342] | [0.088] | [0.094] |
| 收入不平等 | 0.069*** | 0.0677*** | −0.0127 | −0.023 | 0.805*** | 0.808*** | −0.352 | −0.332 |
| | [0.000] | [0.001] | [−0.703] | [0.483] | [0.000] | [0.000] | [0.327] | [0.357] |
| 人口结构 | 0.289*** | 0.305*** | 0.529*** | 0.504*** | 0.273*** | 0.271*** | 0.519*** | 0.517*** |
| | [0.000] | [0.000] | [0.000] | [0.000] | [0.000] | [0.000] | [0.000] | [0.000] |
| 人均实际GDP | −0.155 | −0.115 | −0.056 | −0.504*** | −0.375** | −3.85** | 0.075 | 0.054 |
| | [0.336] | [0.479] | [0.833] | [0.000] | [0.032] | [0.03] | [0.808] | [0.861] |
| 教育 | −0.304*** | −0.312*** | 0.634*** | 0.624*** | −0.22*** | −0.227*** | 0.573*** | 0.579*** |
| | [0.000] | [0.000] | [0.000] | [0.000] | [0.002] | [0.002] | [0.000] | [0.000] |
| 医疗卫生服务 | −0.001 | −0.002 | 0.0328*** | 0.037*** | 0.002 | 0.002 | 0.031*** | 0.03*** |
| | [0.745] | [0.696] | [0.000] | [0.000] | [0.604] | [0.686] | [0.001] | [0.001] |
| 截距项 | 3.504*** | 3.388*** | 63.67*** | 64.31*** | 3.655*** | 3.693*** | 64.592*** | 64.537*** |
| | [0.003] | [0.004] | [0.000] | [0.000] | [0.000] | (0.000) | [0.000] | [0.000] |
| $R^2$ | 0.534 | 0.538 | 0.574 | 0.571 | 0.496 | 0.493 | 0.493 | 0.495 |
| 污染方程 | | | | | | | | |
| 人均实际GDP | −2.844*** | −2.9*** | −2.914*** | −3.165*** | −2.615*** | −2.668*** | −2.591*** | −2.643*** |
| | [0.000] | [0.000] | [0.000] | [0.000] | [0.000] | [0.000] | [0.000] | [0.000] |
| 产业结构 | −0.02 | −0.03 | −0.018 | −0.04 | −0.021 | −0.015 | −0.02 | −0.021 |
| | [0.196] | [0.105] | [0.245] | [0.067] | [0.213] | [0.341] | [0.215] | [0.212] |
| 进出口 | 2.625*** | 2.38*** | 2.701*** | 1.874** | 0.987* | 1.025* | 0.978* | 0.987* |
| | [0.000] | [0.001] | [0.000] | [0.013] | [0.071] | [0.057] | [0.081] | [0.077] |
| 技术 | 0.031 | 0.049 | 0.037 | 0.099 | 0.012 | 0.016 | 0.009 | 0.021 |
| | [0.485] | [0.345] | [0.409] | [0.111] | [0.795] | [0.72] | [0.84] | [0.674] |

续表

| 健康指标 | (1) | (2) | (3) | (4) | (5) | (6) | (7) | (8) |
|---|---|---|---|---|---|---|---|---|
| | 死亡率 | | 预期寿命 | | 死亡率 | | 预期寿命 | |
| 城市化 | 0.689 ** [0.016] | 0.665 ** [0.02] | 0.632 * [0.051] | 0.656 ** [0.044] | 1.413 *** [0.002] | 1.237 *** [0.004] | 0.994 *** [0.006] | 0.965 *** [0.004] |
| 收入不平等 | 0.549 *** [0.000] | 0.519 *** [0.000] | 0.549 *** [0.000] | 0.445 *** [0.000] | 3.028 *** [0.000] | 3.046 *** [0.000] | 3.042 *** [0.000] | 3.091 *** [0.000] |
| 截距项 | -15.38 *** [0.000] | -13.623 *** [0.000] | -15.467 *** [0.000] | -10.107 *** [0.008] | -2.683 [0.251] | -3.024 [0.177] | -2.734 [0.244] | -2.864 [0.216] |
| $R^2$ | 0.885 | 0.884 | 0.913 | 0.917 | 0.932 | 0.936 | 0.915 | 0.914 |

注：*、**和***分别表示在10%、5%和1%的水平上显著，括号内数字为p值。

通过观察表6-7回归结果，可以发现，当有效控制了内生性和多重共线问题后，环境污染确实会比较显著地影响到收入不平等，在不平等方程中，环境污染对基尼系数和城乡收入差距的系数几乎全部显著正相关。当环境污染合成指数每提高1%，基尼系数会上升1.473%和1.498%，城乡收入差距会增加0.233%和0.236%。由此可以初步判断，环境污染是影响收入不平等的重要因素。为进一步分析环境污染是否会通过健康而影响到收入不平等，在回归式（1）、式（3）、式（5）、式（7）的不平等方程中引入了死亡率和预期寿命两项健康变量，这是因为，按照巴伦和肯尼（Baron and Kenny，1986）、Xinshu Zhao 等（2010）提出的中介变量检验方法，自变量可以显著解释中介变量，中介变量能够显著解释因变量，在控制中介变量后，自变量与因变量关系为不显著，则可以认为存在完全中介过程，若自变量与因变量的关系依然显著，则说明存在部分中介过程。我们发现，当引入国民健康因素后，环境污染对收入不平等的影响出现了不同程度的下降，这说明，环境污染对收入不平等的影响可能会通过健康因素进行传导；通过进一步观察健康方程可以发现，当控制了影响收入不平等和健康的其他因素后，环境污染对国民健康的影响为负，而国民健康对收入不平等的影响为正，即环境污染恶化了国民健康状况，由此所带来的国民健康状况恶化进一步加剧了收入不平等。这表明，环境污染对中低收入阶层和农村居民所带来的健康负担可能更重，中低收入群体和农村居民不成比例地承担了环境污染所带来的健康负担。

我们认为，这是两方面原因造成的。一方面，中低收入群体和农村居民所面临的污染暴露水平更高。例如，流动人口大部分来自这一群体，规模大，目的地的劳动力市场在一定程度上会对流动者设置就业壁垒，而流动者自身较低的知识和技能水平，决定了流动者大多集中于高强度、超长时间的领域当中，工作环境的公共卫生风险和安全隐患突出。而且流动者较低的社会经济地位和流动性特征决定了其居住环境往往具有明显的临时性特征，居住条件和安全卫生设施匮乏。Ethan 和 Chunbo（2012）针对中国的实证研究已经证实了这一情况。此外，中低收入群体和农村居民居住的地区，往往是"三无"企业（"隐形经济"）的聚集地，环境监管极为薄弱（Amit K. Biswas，2012），无形之中，加剧了这些群体的污染暴露。另一方面，中低收入群体和农村居民的污染干预收入缺失和匮乏，在相当程度上加剧了污染暴露后致病程度。污染干预通常需要依赖于私人干预和公共干预，私人干预依赖于已有的污染防范知识和工具，公共干预依赖于政府提供的污染信息和基础设施。很显然，中低收入群体和农村居民，所拥有的污染防范知识比较匮乏，而且也缺乏承担污染防范工具的经济能力；而且在现有的环境基本公共服务供给体制下，污染信息发布和环境基础设施大多偏向城市，农村居民缺乏获取污染信息的渠道以及享受环境基础设施的机会。

此外，我们还进一步观察了相关变量之间的其他关系。如健康方程所示，收入不平等成为影响国民健康的重要原因，在污染方程中，收入不平等还会进一步加剧环境污染。

# 第六节　跨越"环境健康贫困陷阱"的进一步讨论

最近，托马斯·巴塞蒂（Thomas Bassetti，2013）基于马尔科夫链的联合分布方法总结了 1970—2006 年 126 个国家人均收入与污染之间关系的动态分布和演进。如图 6 - 14 所示，在这一时间段内，传统国家大致会经历四个阶段：$S_1$（低收入—低污染）、$S_3$（低收入—高污染）、$S_9$（高收入—高污染）和 $S_7$（高收入—低污染），但是，$S_3$ 和 $S_9$ 是两个最难转折的点，均可看作是污染陷阱。目前，发展中国家主要集中在 $S_3$ 和 $S_6$ 区域当中，主要发达国家则集中在 $S_8$ 和 $S_7$ 区域中。这表明，发展中国家正面临着"污染贫困陷阱"的威胁。

**图 6 - 14　普遍的发展路径**

资料来源：托马斯·巴塞蒂（2013）。

　　根据当下中国的经济发展水平和污染程度，中国可能正处于 $S_6$ 区域中，即步入了中等收入国家行列，但是，面临着巨大的环境污染压力。目前的研究者已经从收入分配、需求结构、产业结构、城市化进程、人口结构、制度和技术进步等方面指出，中国可能面临着"中等收入陷阱"（楼继伟，2010；郑秉文，2011；蔡昉，2012；张德荣，2013），但是，很少从环境污染的角度来分析"中等收入陷阱"。经典的环境库兹涅茨曲线指出，经济发展处于早中期阶段的经济体，环境污染将会快速上升，只有在经济发展水平迈过某一门槛，环境质量才会出现改善的趋势。处于中等收入阶段的中国，环境污染还在继续增加，环境质量并没出现根本性好转，这不仅加速了健康人力资本的快速折旧，而且还会进一步影响到劳动生产率和经济增长；同时由污染所导致的不平等，会影响社会分化和稳定，由环境污染所引致的健康损失是影响中国"中等收入陷阱"风险的重要因素。环境污染还可能与其他因素相互叠加，进一步加剧"中等收入陷阱"，如现有的收入分配状况、经济结构、城市化、人口结构以及制度的不完善都在相当程度上会加剧环境污染，放大了"污染健康陷阱"风险。此外，环境污染对健康的影响还会进一步恶化经济形势，如减少劳动力供给、降低劳动生产率、不利于人力资本积累（Gilliland et al.，2001；Carson et al.，2011；Hanna and Oliva，2011；Zweig et al.，2009；Sanders，2012；Graff Zivin and Neidell，2013），进而拖累经济增长。图 6 - 15 刻画了 1992—2011 年中国省级层面的环境污染与实际 GDP

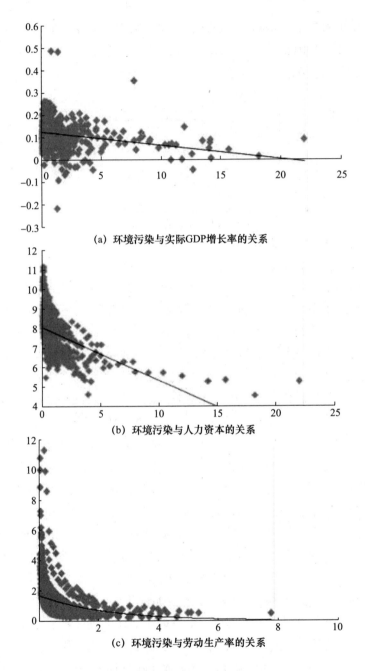

(a) 环境污染与实际GDP增长率的关系

(b) 环境污染与人力资本的关系

(c) 环境污染与劳动生产率的关系

图 6 – 15　环境污染与实际 GDP 增长率、人力
资本和劳动生产率的关系（1992—2011 年）

增长率、人力资本和劳动生产率的关系，比较明显地可以看出，环境污染与其他三类经济变量之间呈现出显著的负相关。当下，我国生态环境指数一直呈下降趋势。2012年全国PM2.5达标重点城市仅占5.4%。空气、地表水、地下水、土壤污染严重，与污染直接相关的"穷癌"（肺癌、肝癌、食道癌、直肠癌和胃癌等）成为高发癌症，甚至出现了"癌症村"。值得重视的是，污染具有典型的"亲贫性"，健康负担呈累退分布：农村、欠发达地区、低收入群体因环境污染导致的健康损害更大、负担更重，污染致病致贫或返贫现象凸显。由此看来，"污染健康陷阱"会进一步导致"环境健康贫困陷阱"风险的生成。

"环境健康陷阱"意味着这些国家（或者地区、个人）会在相当长的时间内经历环境恶化以及低寿命。一些国家的数据显示，前者可能比后者更为普遍。当然，一些典型案例说明，环境恶化并不意味着更低的寿命，这主要源于经济增长一方面恶化了环境，另一方面则有更充足的资源用于提高寿命（规避风险）。但是，依然有许多国家的环境恶化带来了预期寿命的下降。例如，迈克尔等（Michael et al., 2004）指出，1990—2001年有40多个国家经历寿命的减少；他们进一步指出，世界范围内健康（以预期寿命表示）的分化和发散在很大程度上可以被由环境变化所带来的健康风险所解释。当然，这些国家主要集中在非洲。非洲地区预期寿命的下降（死亡和疾病风险的上升）是与环境资源、污染和气候变化管理不善密切相关（Patz et al., 2005）。

正处于经济社会重大改革期和转折期的中国，应高度重视"污染健康贫困陷阱"风险。对于采取什么样的手段来规避"环境贫困陷阱"以及哪些因素会导致地区（个人、国家）陷入"高污染—低寿命"的低稳态均衡中，对于政策制定者而言至关重要。假定一个经济体在初始状态中就陷入了"低环境质量—低预期寿命"的低均衡点A。依据理论部分的分析，有多种途径来规避或者跨越该陷阱：

第一，当环境门槛值$\tilde{e}$足够小，以致低于$e_L^*$，就可以消除低稳态均衡，因而就可以促使该地区（个人或国家）跃入更高的均衡点B。这种情况，可以通过改善医疗绩效来实现。这种情况中关键的一点是，与$e_L^*$联系的$\pi^2$来代替$\pi^1$。这意味着更为关注未来，更多的环境保护而减少当期消费，进而最终收敛到高稳态均衡点$B(e_H^*, \pi^2)$。

第二，对于一个固定的门槛值$\tilde{e}$，一个地区（个人、国家）还可以通

过提高转换函数 $\phi(e_t)$ 以使低稳态均衡点 A 消失，进而逃离贫困陷阱。提高转换函数的方法有两种：一是持续的收入扩张；二是环境负外部性持续的降低。

第三，通过增加 $\phi(e_t)$ 的倾斜度来消除低稳态均衡 A，例如，在恶化的环境 $\pi^1$ 中持续地提高存活率可以用来解释转换函数更陡峭，相似的通过医疗科学中的技术进步来降低 $\tilde{e}$ 也是提高转换函数倾斜度的方法。

同时，如果出现与上述状况相反的情况，那么这种机制就有可能导致地区（个人、国家）滑落至相反的方向。例如，w 和 Q 的增加都有可能导致高均衡点 B 消失，经济可能由此陷入贫困陷阱。

从经验证据的结论来看，污染是否会加剧不平等和贫困还取决于风险的规避手段，这种风险规避手段包括私人规避手段和公共规避手段，由于污染具有明显的外部性和公害品属性，使公共干预和规避手段显得尤为重要。在中国，基本环境质量被看作是政府应该确保的基本公共品，环境保护事业是一项民生事务。① 但是，由于环境保护事业起步晚、基础薄弱以及分布的不均等，现阶段的基本环境质量不但没有得到应有的保证，而且在地区间、城乡间和群体间存在严重的分布不均等，再加之，由于基本的环境公共服务（环境监管、环境监测、环境信息、环境基础设施等）的总量不足和分布失衡，使公众在私人规避行为选择上缺乏准确的信息和可靠的制度环境。进一步地，贫困既是一种收入贫困，更是可行能力剥夺的贫困（阿玛蒂亚·森，2012）。很显然，可行能力剥夺的贫困必然导致收入的贫困。作为公民权利的环境权，是形塑公民可行能力的基本要素之一，是可行能力的重要组成部分。按照森的逻辑进行推导，环境权的缺失也是造成贫困的重要原因。同时，可行能力的缺失往往是缺乏自由所造成的，即经济条件、社会机会、透明性保证和保护性保证等。进一步延伸，并结合中国的现实，环境权缺失所导致的贫困，往往是由于缺乏基本经济基础、公共机会和服务所引起的。

---

① 李克强：《基本的环境质量是政府必须确保的公共服务》，http://www.chinanews.com/gn/2011/12-21/3546661.shtml。

# 小　结

在研究和政策制定、国内与国际发展计划以及非政府组织的工作中，环境与健康问题通常被区别对待，但是，有充分的理由来关注环境和健康两者间的关联，特别在减少贫困和促进可持续发展与公平发展的大环境下更是如此（Jennifer，2010）。持续严峻的环境污染形势成为建设美丽中国和构建生态文明制度体系的关键障碍。其中，环境污染加剧不仅导致了严重的健康经济负担，而且成为加剧社会不平等新的来源，引起了社会公众和政策决策者的急切关注。本章结合现有文献和构建的世代交叠模型，提出了"污染健康陷阱"问题，同时基于社会经济地位不同，环境污染会引致差异化的污染暴露水平和污染健康效应，带来健康不平等，进而成为加剧社会不平等新的来源。将个体社会经济特征数据与地市污染数据有机嵌套，利用广义多层线性回归模型发现，污染是社会经济地位影响健康及其不平等的重要传导机制，社会经济地位较低的群体，更容易暴露于污染之中，健康影响更大；经济发展落后的地区，环境污染的健康经济负担较重，污染的健康经济负担呈现出明显的累退分布，即收入水平越低的地区，所承担的污染健康成本更高，对基尼系数的贡献为1.33%—3.84%，对泰尔T指数的贡献为2.64%—7.24%，对泰尔L指数的贡献为4.51%—9.19%；利用1998—2011年省级面板数据联立方程组模型，进一步验证和解释了污染通过健康影响地区内和城乡间不平等。由于污染带有明显的"亲贫性"以及当下污染形势的严峻性，在一段时期内中国可能面临着较为突出的"污染健康贫困陷阱"风险。能否突破或者规避"污染健康陷阱"，有赖于污染水平下降、环境健康技术升级、环境基本公共服务供给和均等化水平提升以及相应保障机制的建立。

细化对不同污染物健康负担的分析，评估污染健康负担在微观个体间的分布和对个体间不平等的影响，合理划分居民、社会和政府三者间的污染健康成本，是有待于进一步研究的问题。

# 第七章 中国环境分权体制的
# 环境质量效应研究

本章从环境管理体制视角，将环境分权与集权体制纳入分析框架之中，探讨和检验了不同类型的环境分权体制所带来的环境治理绩效的差异；在此基础上，分析了中国环境管理体制存在的问题与缺陷，提出了中国环境体制分权应该进行结构化改革的建议与路径。

## 第一节 问题提出

中国具有世界上最为复杂的自然环境和社会经济状况，这使中国在实现可持续绿色发展的过程中所面临的问题在全世界范围内都是前所未有的（ADB，2012）。近年来，由环境污染日益加剧和环境基本公共服务供给严重不足之间矛盾所引发的环境问题是中国在环境治理过程中所遭遇的一个前所未有的难题。环境基本公共服务是由政府主导提供的为保障和满足全体公民在生存和发展过程中基本环境质量需要的公共服务，包括环境监测、环境监察、环境行政管理以及相应的环境管理法律、法规和制度安排，如果应有的环境基本公共服务得不到保障，个人、企业和社会组织往往缺乏足够的条件、激励和约束来履行环境保护义务和责任，往往还会使污染快速增加和危害急剧扩散。在中国，环境基本公共服务供给低效不仅仅是技术和财力问题，更是分权制度安排所产生的激励扭曲和约束不足问题。也正如 Chenggang Xu（2011）所指出的，中国的制度看似并不足以支撑持续的增长，这是因为，地区分权的威权体制越来越难以在环境治理、腐败、不平等、社会不稳定治理中发挥作用。在目前中国财政分权的激励和约束之下，将环境基本公共服务供给责任下放给地方政府而建立起的分权型环境管理体制已经暴露出明显的问题。[①] 因此，在分权的激励体制下，如何选择合理的环境基本公共服务供给分权度是解决中国环境问题的前提和制度基础。

环境污染所产生的外部性在美国、欧盟等诸多联邦制国家（地区）以及中国这样的后起发展中国家和地区已经成为一个司空见惯的急速加剧的问题。环境保护职能在不同级次政府之间进行合理配置已经被认为是制定环境政策来解决这一问题的关键"药方"（Sigman，2007；H. Spencer Banzhaf and B. Andrew Chupp，2010），因而形成了一个根植于财政分权理论的环境联邦主义理论（Qates，1999；2002）。环境联邦主义所要解决的根本问题不在于到底是环境保护集权还是分权更有利于环境治理，而在于确定一个最优的环境保护分权程度。[②] 也正如 Levinson（2003）和 Dalmazzone（2006）所指出的，一方面，实施统一集权的环境政策既可以规避地方政府放松环境管理避免向"底线赛跑"，还可以发挥集中管理的规模经济优势，但是，这往往会忽视地方异质性；另一方面，地方政府能够根据成本收益考虑到各自的异质性，能够更好地回应辖区居民的环境需求，但是，往往会忽视辖区间的环境污染外溢问题。这两种极端情况有利于进一步明确集权和分权优劣，凸显确立合理分权程度的重要性。从理论上讲，外溢程度和辖区间异质性影响着环境保护事权的划分，如 Ferrara、Mssios 和 Yildiz（2010）发展了一个包含两个地区、两种在辖区间产生外部性问题的产品模型和一个完全竞争的市场，分析在分权和集权政府体制下环境政策绩效，发现，分权体制下是弱化了还是强化了环境标准和税收，取决于地区间两种产品生产的比较优势和污染的外溢程度。同时，Spencer Banzhaf 和 B. Andew Chupp（2012）提出一个简单的模型，揭示了还有第三种因素存在，即公共品供给边际成本的形状：如果边际成本为凸形，那么边际减排成本弹性更大，相比较集权体制，这种情况所造成的福利损失更大；如果边际成本曲线为凹，那么

　　① 2012—2013 年，在中国东中部大部分地区持续出现的严重雾霾天气并不仅仅是由某一省份或城市自身的原因所引发的，而是各省、自治区、直辖市（城市）"集体行动"的结果。

　　② 郑永年、吴国光（2007）指出，看待问题的方式应该力求跳出"集权""分权"二分法，摆脱"集权—分权—再集权"的历史循环所带给人们的相应的思想模式，而是致力于寻求一种满足目标函数的制度设计来平稳解决中央和地方关系。

结果相反，作者使用一个有关美国电力部门的标准萨缪尔森模型，实证探讨了美国空气污染中的这种变化机制。此外，尼尔·D. 伍兹和马修·波托斯基（Neal D. Woods and Matthew Potoski，2010）探讨了州使用地方清洁空气机构的情况，并评估了致使州政府将空气质量政策的权力下放给地方政府的原因，州大量地借助地方空气清洁机构，并在空气质量标准制定、空气质量监测和实施监管等方面下放权力部分源于既有的政策权力分权结构和体制的倾向，又与特定问题和相关环境利益集团有关，地方机构在美国空气质量监管方面发挥着重要的作用，州向地方机构分权的动态变化值得进一步的深入研究。进一步看，评估环境分权效应还需要对环境保护的分权程度进行度量，已有的研究主要是通过间接方式来解决这一问题的。一些研究通过法律制度证据和事实特征来判断样本国家（地区）是分权还是集权，在这个前提下分析地方政府的行为及其对环境所产生的影响，进而绕开了直接测算环境分权度的问题。例如在美国，联邦法律直接赋予州和地方政府在环境监测、环境监管甚至在环境政策制定上的决定权，在这样的制度条件下，通过地方政府行为及其策略就能够有效判断环境联邦主义的影响（Arik Levinson，1997；Fredriksson and Millimer，2003；Hilary Sigman，2005；Nicholas Lutsey and Daniel Sperling，2008）。Huihuideng Xinyezheng 和 Huang Fanghuali（2012）按照同样的思路，基于中国环境保护很大程度上属于地方政府责任的事实，使用来自中国城市层面的数据，检验了城市政府在进行有关环境保护支出决策上的策略行为，城市政府往往会选择通过降低环境保护支出作为对相邻地区增加环境保护支出的反映，因此，分权体制下环境保护公共服务往往会存在供给不足。张征宇、朱平芳（2010）指出，中国经济分权与上级政府考核提拔地方官员的单一模式给予了地方官员在任期内为获得政治晋升追求地方经济高速增长的巨大动力，分权体制下环境政策与其他财税政策一样，是争夺区域内资本与劳动力等流动要素的辅助手段之一。这在一定程度上解释了为什么近年来地方政府环境投入与收效不成比例。此外，一些研究者基于环境联邦主义从属于财政分权的事实，将财政分权指标近似地代替环境联邦主义，进而用财政分权来刻画分权后地方政府的行为逻辑和结果（傅勇，2010；张克中、王娟、崔小勇，2011）。

　　尽管环境联邦主义所要解决的是环境保护事权在不同级次政府间的

划分问题，但事实上，间接方式所刻画的环境联邦主义无法准确真实地反映中央政府与地方政府之间环境保护责任的划分，这一点在中国目前"条块"环境管理体制下显得尤为明显。而且根据先验的证据判断一个国家是否属于环境分权体制，并以地方政府的环境治理行为和策略互动来判断环境分权体制的优劣，无论是在逻辑上还是在研究精确性上都有较大的改进空间。更何况，在更多的时候政府间环境事权划分是一个渐进的动态变迁和互动博弈均衡过程，只有寻找刻画环境事权划分变化的直接度量指标，才能全面挖掘和运用这一过程中的有效信息做出相应的判断。需要指出的是，尽管环境分权是从财政分权中延伸出来的，但是在中国语境下，财政分权更多隐含的是"政治集权和经济集权"相结合激励机制（张军，2007），而环境分权所表示的是以环境基本公共服务为核心的环境管理权或环境事权的下放程度，如果将两者混淆使用，不仅掩盖甚至"浪费"了环境分权背后有益信息，而且无法有效辨别中国环境管理体制不顺、环境问题频发背后的制度成因，更何况有关中国是否属于环境保护分权的研究并没有达成一致（李伯涛、马海涛，2009）。

基于此，拟在以下几个方面来回应已有研究涉及不足的领域：一是主要从环境正外部性矫正的角度着手，从财政支出干预转换成的环境行政（包括环境教育、环境科研等）、环境监管、环境监测等环境基本公共服务切入，一改近年研究偏向于从负外部性矫正和市场化方法的倾向性（林伯强、李爱军，2012；乔晓楠、段小刚，2012；陈诗一，2012；宋马林、王舒宏，2013；李树、陈刚，2013），立足环境基本公共服务的视角，探究政府间环境保护事权（职能）划分；二是着眼于环境管理体制变迁，梳理环境分权演进的历程，并在此基础上构建契合中国环境管理实际的环境分权指标，评估 1993—2010 年中国环境分权程度及其变化趋势；三是依据中国环境事务的特征，将环境分权进一步细分为环境行政分权、环境监测分权和监察分析，研究不同类型环境分权与环境污染之间的关系及其效应机理，以此为中国环境事权划分或环境管理体制的结构性改革提供经验证据。

# 第二节　环境联邦主义与中国环境分权指数

## 一　中央与地方之间的环境分权程度测算

由于环境保护具有很强的正外部性，再加之产权界定不清晰或者难以界定，市场供给失灵在所难免，这种比较明显的非排他性和非竞争性特征使其具有公共产品（服务）的属性，因而形成了公共需求和政府责任。相比较其他公共服务，环境保护公共服务由于其自身的复杂性（主要体现在极强的外部性），原有的财政分权理论很难全面兼顾和反映环境保护领域的特殊性，因而环境联邦主义应运而生。在中国，环境保护事权的划分比较细致，具体包括环境政策的制定、环境监测、环境监察、环境基础设施、环境投融资、环境信息服务、环境科研、环境教育等。结合已有的文献和相应环境事权优先次序安排，主要集中探讨环境行政服务与管理、环境监测权和环境监管权力三个具体方面。接下来，将主要结合环保机构及人员设置和变迁过程来透视环境事权的设定与划分，原因如下：从一般意义上讲，机构和人员编制是政府提供公共服务和职能实现的载体，特别是在中国，政府机构编制设置与变化是集中反映政府职能和权力划分的重要风向标，因此，特定领域机构及人员的规模与结构在很大程度上能够揭示公共服务的供给状况。同时，不同级次政府该项事务所依托机构和人员设置能够在一定程度上体现该项事务在不同级次政府间的具体划分。例如，在中国，政府部门要实施环境保护事务，往往都会成立相应的实施机构并辅之以相应的工作人员，从中央到地方均是如此，而且还会根据事务的多寡来决定人员编制，也被称为"三定"。在相关的法律法规约束下，从中央到地方，机构和人员规模都呈现出一个相对稳定的态势，机构膨胀问题虽然时有发生，但是相比较其他强势部门，环境保护部门的总体规模更为稳定，更多的变化体现在不同级次政府和不同环境事务领域相应环境部门和人员的再组合，1992—2010 年，国家级、省级、地市级、县级和乡镇级环保机构人员占比呈现出此消彼长的趋势，其中，国家级、县级和乡镇级环保机构人员占比呈上升趋势，而省级和地市级环保系统人员占比呈下降趋势。由于机构和人员特别是财政供养问题是中国政府体制改革的一个缩影，政府体制改革很多深层次的问题都会在财政供养问题中得到集中反映（程文浩、卢大鹏，2010），不同级次政府环保机构人员规模及占比变动反映的可能是以环境管理事权划分为核心的环境管理体制变动。从国际通行的分权度量指标来看，人员分布和支出分配均可衡量（ABD，2012），环境分权在很大程度上隶属于管理分权，相比较支出分配，人员分布更符合环境分权的本质内涵。因此，运用不同级次政府环境保护部门的人员分布特征来刻画这一事实存在较强的适用性和可行性。

基于环境管理和支出的数据的特征，按照级次划分，环境保护分权可分为中央与地方环境保护分权和省以下环境保护分权，主要探讨中央与地方环境保护分权（具体分权度量指标和变量含义见表 7 – 1）。为进一步缓解内生性问题，剔除经济因素的影响，将以 $[1 - (GDP_{it}/GDP_t)]$ 对所有的分权指标进行平减。需要指出的是，采用机构人员分布来测算环境分权存在三个现实问题：一是机构人员数能否真实反映所在级次政府的环境事权，人员多寡可能凸显的是环境管理的效率。我们认为，在现有的人事制度环境下，地方政府确实存在扩大机构编制的冲动，但是，由于各地区所面临的人事制度环境差异不大，人事编制在很大程度上由上级政府控制，同时人事编制往往是受瞩目的焦点，外部监督压力大，因此，运用该指标可以有效地反映各个地区的环境相对分权程度，个别地区的环境机构人员非正常变化并不足以影响相对分权度。我们还发现，相比较各地区总体财政供养人员变化，环保机构人员的变化更为平稳。二是地方环保机构人员数是否还隐含着中央转移支付或者中央干预介入的因素，如果不剔除中央因素是否会影响环境分权度的准确性。我们认为，即使中央转移支付因素被涵盖其中，也不会实质性影响地方环境分权，这是因为，地方环境保护机构人事关系和财政关系均隶属于地方政府，地方环境管理权或者事权并不会因此发生较大变化，而且中央政府将环境因素正式列入均衡性转移支付计算公式中予以考虑是从 2007—2011 年开始的，这已经不在所考察的时间区间内，尽管在这之前，中央对地方会存在涉及环境事务的专项转移支付，但是这些专项转移支付不仅规模小，而且年度变化幅度并不大，因此，是否考虑转移支付因素并不会实质性影响分权的度量。三是所有省份在同一时点都对应着相同的分母——全国人均环境机构人员数，意味着同一时点的截面差异完全来自分子——各省人均环境机构人员数。我们认为，这并不构成影响环境分权的问题，而所需要的恰恰是来自这种截面上的异质性，在中国，法律法规并没有清晰地列出（或列全）和划分出中央和地方政府之间的环境事权，往往地方政府在环境管理上拥有极大的自由裁量权，人员的增加所反映的就是地方政府对所涉及领域环境事权的介入，因此，这种来自分子层面的差异性正好反映的就是地区间环境事权的不同。正如图7-1和图7-2反映的分权趋势与历史变迁梳理的事实完全吻合，这也在相当程度上印证了测算结果的可靠性。但是，必须指出的是，该指标度量也存在一定的局限性，正如中国"条块"结合的环境管理体制所指出的，环境管理并不仅限于环境保护机构，而且也广泛地分布于同级其他机构之中；再如是否会存在环境分权度量的内生性问题，可能是经济发展程度高、污染程度严重的地区所设置的环境人员多。笔者既承认以上这些问题，但同时也认为，在现有的数据条件下，该指标在一定程度上还会存在较大的适用性，而且已经通过人均化和GDP平减等方式消除可能存在的内生性问题。

表7-1　　　　　　　　　　环境分权度量指标及变量含义

| 分权类型和分权指标 | | 公式 | 变量含义 |
|---|---|---|---|
| 中央与地方环境保护分权 | 总体环保分权（ED） | $ED_{it} = \left[\dfrac{(LEPP_{it}/POP_{it})}{NEPP_t/POP_t}\right] \times \left[1 - \left(\dfrac{GDP_{it}}{GDP_t}\right)\right]$ | $LEPP_{it}$、$LEAP_{it}$、$LEMP_{it}$、$LESP_{it}$、$LEEP_{it}$分别表示第$i$省第$t$年环保系统人员、环保局行政人员、环保监察人员、环保监测人员、环保支出总数 |
| | 环保行政分权（EAD） | $EAD_{it} = \left[\dfrac{(LEAP_{it}/POP_{it})}{NEAP_t/POP_t}\right] \times \left[1 - \left(\dfrac{GDP_{it}}{GDP_t}\right)\right]$ | $NEPP_t$、$NEAP_t$、$NEMP_t$、$NESP_t$、$NEEP_t$分别表示第$t$年全国（含中央与地方）环保系统人员、环保局、环保监察人员、环保监测人员、环保支出总数 |
| | 环保监察分权（EMD） | $EMD_{it} = \left[\dfrac{(LEMP_{it}/POP_{it})}{NEMP_t/POP_t}\right] \times \left[1 - \left(\dfrac{GDP_{it}}{GDP_t}\right)\right]$ | |
| | 环保监测分权（ESD） | $ESD_{it} = \left[\dfrac{(LESP_{it}/POP_{it})}{NESP_t/POP_t}\right] \times \left[1 - \left(\dfrac{GDP_{it}}{GDP_t}\right)\right]$ | $POP_{it}$表示第$i$省第$t$年人口规模 $POP_t$表示第$t$年全国总人口规模 |
| | 环保支出分权（EPD） | $EPD_{it} = \left[\dfrac{(LEEP_{it}/POP_{it})}{NEEP_t/POP_t}\right] \times \left[1 - \left(\dfrac{GDP_{it}}{GDP_t}\right)\right]$ | $GDP_{it}$表示第$i$省第$t$年国内生产总值 $GDP_t$表示第$t$年全国国内生产总值 |

## 二　中国环境分权结果（1992—2010年）分析

总体上看，中国的环境管理从属于一种分权的体制，无论是在环境规划、计划和投资等综合性事务，还是在环境影响评价、环境监测、环境监管以及具体的环境要素管理中，地方政府在财力、人员编制和实际管控上均具有充足的自由裁量空间。如图 7 - 1 所示，1992—2010 年，中国环境管理的平均分权度为 1.039，换言之，在大部分年份当中，由于环境管理权配置到地方，大部分省份的环境机构平均规模高于全国平均规模。事实上，中国的环境分权程度处于较高水平。以中央环境保护机构规模为例，与美国、日本、欧盟等国家（地区）相比（见表 7 - 2），中国环境保护部人员数量仍处于较低水平，环境行政管理呈现出明显的"金字塔"形。

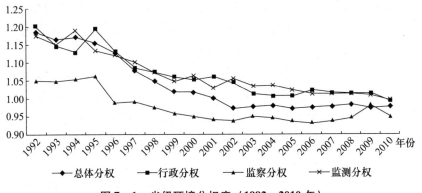

图 7 - 1　省级环境分权度（1992—2010 年）

表 7 - 2　　　　　　　　中国与主要发达国家中央环保机构和预算

| 国家（年份） | 机构名称 | 人员（人） | 预算 | 中央经费占比（%） |
|---|---|---|---|---|
| 美国（2011） | 国家环保局 | 17359 | 84.49 亿美元 | — |
| 日本（2011） | 环境省 | 1298 | 197.94 亿美元 | 45.02 |
| 英国（2011） | 环境署 | — | 44.85 亿英镑 | 40 |
| 法国（2009） | 资源与环境保护部 | 2531 | 31.45 亿欧元 | — |
| 德国（2009） | 联邦环境、自然保护与核安全部 | 2000 | 82.1 亿欧元 | — |
| 中国（2011） | 环境保护部 | 3020 | 74.19 亿元（剔除转移支付） | 2.8(包含转移支付后为 61.45)[①] |

资料来源：《外国环境公共治理：理论、制度与模式》，中国社会科学出版社 2014 年版；Ma, Z., 2009, China's Environmental Protection Administrative System: Analysis and Recommendations. Unpublished Report Prepared for the World Bank, Washington D. C.；《中国环境统计年鉴》(2012)，中国环境科学出版社 2012 年版。

---

① 2011 年，中央和地方环境保护财政支出分别为 74.19 亿元和 2566.79 亿元，其中地方环境保护财政支出中有 1548.84 亿元的中央转移支付（财政部，2011）。

　　在这一时区，环境分权度呈现出下降趋势。1992年，环境分权度达到1.18，2010年环境分权度降至0.978。这一过程中，中国环境保护部机构人员数也呈现明显的上升趋势。这背后所体现的环境管理和环境事务的上移，或者说，在以往尚未涉及的环境管理事务大部分由中央政府承担，由此所引致的上一级特别是中央政府的环保机构人员规模扩大。

　　在具体的分项环境管理事务中，行政分权度从1992年的1.2下降至2010年的1.06，历史上很长一段时间内，地方环保行政机构行政隶属、人事任免和财政资金关系完全由地方政府进行管理，直到1995年，才正式确定环境保护部门领导管理体制改为"双重领导、以地方为主"的行政和人事管理体制，同时财政预算关系保留在地方。在这之后，上一级政府（包括中央政府）才开始逐渐对地方环境行政管理进行实质性的介入。在环境监察事务中，中央和地方分权度从1992年的1.04下降至2010年的0.95，相较于环境行政分权和监测分权，环境监察分权程度略低。这背后所反映的逻辑是，环境监察是由原有的环境监理演变而来，其职能范围在不断拓展，具体事务包括排污费管理、行政执法处罚、监察稽查以及相关的环保专项行动，事务繁杂但监察力量较为薄弱，更为关键的在于，这些事务的直接对象就是地方短期经济增长所带来的负面影响，被认为是给地方经济发展"揭黑"，因而地方政府对环境监察的重视程度较低，相应地所给予的人员编制和经费也会相对偏低。环境监测是开展环境管理的基础，1992—2010年，中国的环境监测分权度从1992年的1.17下降至2010年的0.99，监测分权度相对较高。实际上，地方环境监测机构的建立早于中央环境监测机构，根据行政级别划分，目前在各行政区域内分别建立了国家级、省级、市级和县级环境监测网。各级环境监测站及监测网分别对各级行政区域内的环境质量、污染源、突发性环境事件以及其他环境事项进行监测。从分级监测的初步效果来看，常常由于技术手段和监测标准的不统一及其他因素的影响，使监测结果不一致，而且由于监测机构的地方行政隶属关系，部分地区监测结果难以真实反映地方环境质量。这背后所凸显的是地方政府对环境质量话语权的争夺，特别是当中央政府将地区环境质量作为地方政府及官员绩效考核的内容而相应的环境监测标准尚未实现统一时，地方政府争夺环境监测权的激励更强，更何况这背后所涉及的是中央政府与地方政府以及地区间基于环境因素的转移支付和生态补偿以及跨区环境纠纷处理。

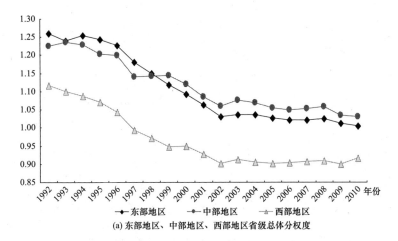

(a) 东部地区、中部地区、西部地区省级总体分权度

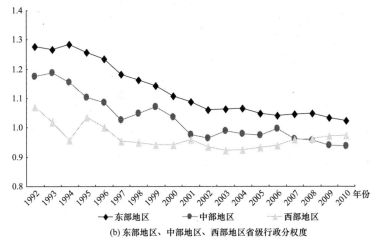

(b) 东部地区、中部地区、西部地区省级行政分权度

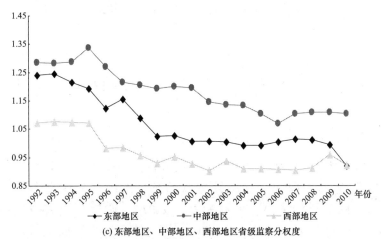

(c) 东部地区、中部地区、西部地区省级监察分权度

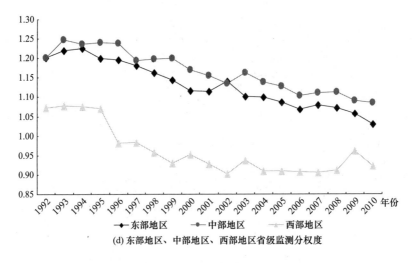

(d) 东部地区、中部地区、西部地区省级监测分权度

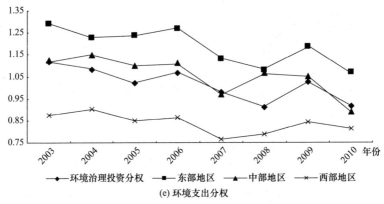

(e) 环境支出分权

图7-2　全国和东部地区、中部地区、西部地区环境分权

# 第三节　中国的环境分权体制与污染治理

## 一　模型设定、变量和数据

本部分将重点从省级层面观察环境分权如何影响到各地区的环境污染（治理），即中国式环境联邦主义的环境效应。在参照 Zhuravskaya（2000）、Faguet（2004）、世界银行（2007）、张军等（2007）、傅勇（2010）等有关分权与公共物品供给关系模型的基础上，同时纳入环境管

理分权指数和财政分权指标，控制财政分权激励条件下，考察环境管理向地方政府分权对地区环境质量的影响，基本模型如下：

$$POL_{i,t} = \alpha_0 + \beta_1 ED_{i,t} + \beta_2 FD_{i,t} + \sum \alpha_j CT_{ijt} + \eta_i + \mu_t + \varepsilon_{i,t} \quad (7-1)$$

式中，$i$ 和 $t$ 分别表示省份和年份，$POL$ 表示所在地区环境污染水平[①]，$ED$ 和 $FD$ 分别表示地区环境分权程度和财政分权度，$CT$ 表示影响地区污染水平的其他控制变量，$\eta$ 和 $\mu$ 分别表示不可观测的地区和时间特定因素，$\varepsilon$ 为残差项。

我们主要选择了静态面板数据模型、动态面板数据模型和空间动态面板数据模型，选择静态面板数据模型主要是基于与其他两类模型进行参照比较的需要，对此主要选择了静态面板数据模型中的固定效应模型。考虑到模型本身所面临的内生性风险以及因变量存在的滞后效应，引入动态模型滞后项可以较好地控制滞后因素，同时将滞后一期的内生变量作为其工具变量，运用系统 GMM 方法可以较好地缓解内生性问题，见式 (7-2)。

$$POL_{i,t} = \alpha_0 + \beta_0 POL_{i,t-1} + \beta_1 ED_{i,t} + \beta_2 FD_{i,t} + \sum \alpha_j CT_{ijt} + \eta_i + \mu_t + \varepsilon_{i,t}$$
$$(7-2)$$

最后考虑环境问题的空间维度特征，进一步将空间因素纳入其中。需要指出的是，一个地区环境质量如何被该地区以往或其他地区排污所影响，既要考虑空间特征，又应考虑时间效应。[②] 安塞林等（Anselin，2008）、Lee 和 Yu（2010）、埃尔霍斯特（Elhorst，2012）发展一种新的空间计量建模和估计方法——动态空间面板数据模型，动态空间面板数

---

①　环境污染既可表示各地区真实的污染排放状况，又能够在一定程度上刻画所在地区的环境规制水平（Cole and Elliott，2003；张文彬、张理芃、张可云，2010）。因此，通过对影响因变量的观察可以同时反映污染排放的地区溢出效应，还能够反映环境规制竞争关系。该变量的度量指标将在后文详述。

②　污染物在空间移动的过程中所发生的物理变化和化学变化会影响流体介质污染的扩散速度和轨迹。在大气层中形成最终污染物（如硫酸或硝酸）之前需要较长时间的反应期，少则1—6天，多则4年甚至16年（Golomb and Gruhl，1981；T. Okita, H. Hara, N. Fukuzaki，1996；Jai Shanker Pandey，Rakesh Kumar，Sukumar Devotta，2005）。例如，在污染物扩散的过程中可以穿越介质，如空气污染物的干沉积物和雨沉物对地面污染有影响，某些地面的物质（肥料中的硝酸盐）逐渐在河流和湖泊中溶解，蒸发则把一些污染物从水系重新带到空气中（Siebert Horst，1985；Junling An，Hiromasa Ueda，Zifa Wang，Kazuhide Matsuda，Mizuo Kajinoc and Xinjin Cheng，2002），不仅污染物扩散外溢具有一定的滞后性，而且辖区内的部分污染物会滞留而累积起来。显然原有的静态空间面板无法有效回应这些可能的问题。

据模型通过同时将空间滞后因变量和时间滞后因变量引入模型，既能够检验未列入计量模型的潜在因素对环境污染及治理的影响，同时还可以有效地解决污染物排放及其影响滞后所带来的估计偏误，见式（7－3）。

$$POL_{i,t} = \alpha_0 + \beta_0 W \ln POL_t + \beta_{01} POL_{i,t-1} + \beta_1 ED_{i,t} + \beta_2 FD_{i,t} + \sum \alpha_j CT_{ijt} +$$
$$\eta_i + \mu_t + \varepsilon_{i,t} \qquad\qquad (7－3)$$

目前，动态空间面板数据模型的估计方法有三种，分别是最大似然估计方法（ML）或准最大似然估计方法（QML）、工具变量法或广义矩估计方法（IV/GMM）和贝叶斯马尔科夫链蒙特卡洛方法（MCMC）（Hsiao et al. , 2002；Lee and Yu, 2010；Elhorst, 2010；2012）。其中，MCMC 主要用于动态空间面板数据模型的预测和估计方法评估上，可详见 Baltagi 等（2012）。因此，ML 和 GMM 方法是目前国外进行动态空间面板模型估计的两种最主要方法。应用于动态空间面板数据的模型的 ML 方法是在借鉴 Bhargava 和 Sargan（1983）、Nerlove 和 Balestra（1996）近似思想理论的基础上对传统 ML 估计①的一种改进，改进后的 ML 方法首先用一阶差分消除固定效应，然后考虑用每个空间单位一阶差分观察值密度函数的乘积来建立一阶差分模型的无条件似然函数，对于 W，选择的是地理相邻的空间权重。

在具体的度量指标选择上，我们将因变量环境污染（质量）指标分别用人均工业废水、人均工业废气、人均工业二氧化硫、人均工业粉尘、人均工业烟尘以及人均工业固体废弃物表示，同时，借鉴 Ma Jianqin（2010）的方法，运用熵权法对六类污染物进行合成得到环境污染综合指数，来考察环境分权对不同污染物以及总体污染状况的影响。核心解释变量环境分权来自第二部分的测算数据，即环境分权、环境行政分权、环境监测分权和环境监察分权，以此检验环境分权对环境质量的影响以及不同环境分权影响的差异（见图 7－3）。作为模型的制度性控制变量，在借鉴陈硕（2012）有关财政分权度量指标有效性检验的证据，选择财政自给度作为度量指标。对于其他控制变量，在总结以往研究的基础上，经济发展水平、四化因素（工业化、信息化、城镇化和农业现代）、人力资本、地区开放程度和地区治理环境等因素可能会影响到所在地区的环

---

① 具体可参见 Yu 等（2008）、Lee 和 Yu（2010）。

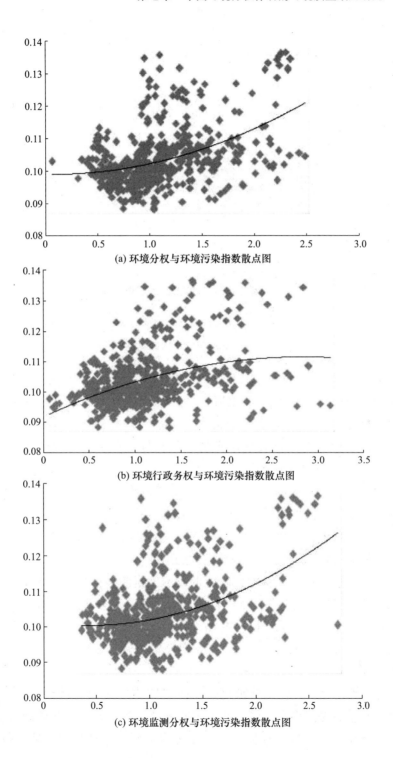

(a) 环境分权与环境污染指数散点图

(b) 环境行政务权与环境污染指数散点图

(c) 环境监测分权与环境污染指数散点图

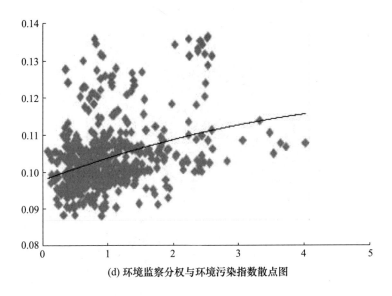

(d) 环境监察分权与环境污染指数散点图

图7-3 环境分权、环境行政分权、环境监测分权、环境监察
分权与环境污染指数散点图

境污染（质量）。相应的各因素选取的依据和代理变量情况说明如下：

经济发展水平（pgdp）。以往研究均表明，污染的排放量与经济发展水平之间存在倒"U"形关系，也被称为环境库兹涅茨曲线。对此，以人均国内生产总值作为经济发展水平的度量指标，在回归方程中同时加入pdgp的一次项和二次项。

第二产业比重（indu）。环境污染加剧和恶化是工业化之后的现象，工业化更是各类污染物质产生的主要来源，用第二产业增加值占国内生产总值比重来表示，第二产业本身就是以工业为主导的产业，而且使用该指标能够更好地覆盖到应有的工业企业。

科技信息化水平（tech）。企业的技术创新能够有效地改变对传统能源的过度依赖，同时有利于加速工艺过程的改造，降低污染物质的排放，而且还能够加速对污染物质的处理，因此，在一定程度上科技信息化水平有利于强化对环境污染物质的控制。选取各地区的研发经费支出与GDP之比来衡量。

城镇化率（urban）。城镇化是当前"四化"建设的重要组成部分，城镇化水平的提高将不仅使人口向中心城镇集聚，改变着和刺激着新的社会经济需求，直接对环境容量产生冲击，而且还通过引致部分行业、产业的发展而对环境质量产生更大的压力。该指标用非农人口占总人口比重来衡量。

人力资本水平（human）。人力资本水平的提升将会引致更大的产品需求；但是也会带来对更高环境质量的需求和偏好。使用全部6岁及6岁以上人口的平均受教育年限来度量，按照惯例，把小学、初中、高中和大专及以上的受教育年限分别记为6年、9年、12年和16年，则各地区的平均受教育年限计算公式为：

小学人口比重×6 + 初中人口比重×9 + 高中人口比重×12 + 大专及以上人口比重×16

地区开放程度（open）。地区开放程度所表征的是外部因素对本地经济社会环境影响的程度，我们选择进出口总额占GDP比重作为地区开放程度的指标。

地区治理环境（corrup）。地区治理环境所表征的是地区发展的"软环境"，这种"软环境"的好坏将会通过环境管理和治理能力进而影响到环境质量。选自每万人贪污腐败立案数来表征地方政府的治理水平。

以上所有数据均来自《中国环境年鉴》《中国环境统计年鉴》《中国统计年鉴》《中国科技统计年鉴》和《中国检察年鉴》，所有货币单位表示的指标均以1992年的价格指数为基期进行价格平减。变量的描述性统计见表7-3，同时由于西藏和重庆数据的独特性，分别采取删除和并入四川两种方式处理。

表7-3　　　　　　　　　　相关变量的描述性统计

| | 变量 | | 平均值 | 标准差 | 最小值 | 最大值 | 样本数 | 单位 |
|---|---|---|---|---|---|---|---|---|
| 因变量 | 污染综合指数 | Ppoll | 0.1034 | 0.0090 | 0.0880 | 0.1365 | 551 | — |
| | 工业废水 | Pwater | 17.4740 | 11.3079 | 3.2522 | 101.8825 | 551 | 吨/人 |
| | 工业废气 | Pgas | 1.9687 | 1.9045 | 0.2070 | 25.7883 | 551 | 亿标立方米/万人 |
| | 工业二氧化硫 | Pdioxide | 147.6019 | 95.6833 | 22.7335 | 589.0349 | 551 | 吨/人 |
| | 工业烟尘 | Psoot | 75.7235 | 53.7055 | 7.5029 | 445.5138 | 551 | 吨/人 |
| | 工业粉尘 | Pdust | 64.0789 | 43.6260 | 3.7300 | 422.4030 | 551 | 吨/人 |
| | 工业固体废弃物 | Presidue | 0.9604 | 0.8223 | 0.0906 | 6.8754 | 551 | 吨/人 |

| | 变量 | | 平均值 | 标准差 | 最小值 | 最大值 | 样本数 | 单位 |
|---|---|---|---|---|---|---|---|---|
| 核心解释变量 | 环境分权 | Ed | 1.0808 | 0.4278 | 0.0617 | 2.4815 | 550 | — |
| | 环境行政分权 | Ead | 1.1074 | 0.5067 | 0.0675 | 3.1331 | 548 | — |
| | 环境监测分权 | Esd | 1.1106 | 0.4240 | 0.3611 | 2.7671 | 549 | — |
| | 环境监察分权 | Emd | 1.0193 | 0.6185 | 0.0915 | 4.0247 | 549 | — |
| 重要控制变量 | 财政分权 | Dec | 0.5820 | 0.2241 | 0.1483 | 1.9535 | 548 | — |
| | 腐败 | Coruup | 0.3931 | 0.2178 | 0.0717 | 1.9979 | 551 | 腐败立案数/万人 |
| 控制变量 | 教育 | Edu | 7.7020 | 1.1892 | 4.1892 | 11.7031 | 551 | 年 |
| | 城镇化 | Urban | 0.4043 | 0.1571 | 0.1443 | 0.8930 | 548 | — |
| | 产业结构 | Indu | 45.9071 | 7.4649 | 19.8000 | 61.5000 | 551 | % |
| | 技术 | Teach | 1.3180 | 2.5657 | 0.0547 | 21.0470 | 551 | % |
| | 进出口 | Inout | 0.1357 | 0.1756 | 0.0016 | 1.5869 | 551 | — |
| | 人均实际GDP | lnrjgdp | 8.3325 | 0.7163 | 6.8628 | 10.1493 | 551 | 万元 |

## 二 实证结果

### （一）不同污染物实证检验

表7-4显示的是环境分权（ED）对六类工业污染物（工业废气、工业废水、工业二氧化硫、工业烟尘、工业粉尘和工业固体废弃物）影响的回归结果。模型（1）、模型（3）、模型（5）、模型（7）、模型（9）、模型（11）为固定效应模型估计的静态回归方程，我们使用了 Hausman 检验在固定效应和随机效应之间进行了选择，结果显示，由于后者对外生变量和个体效应的要求较高，固定效应更适合。模型（2）、模型（4）、模型（6）、模型（8）、模型（10）、模型（12）为运用动态面板模型系统 GMM 方法的回归结果，选择系统 GMM 方法主要是考虑到该方法在消除弱工具变量和小样本偏误上的优势，由于所选择的环境分权指标与因变量之间可能存在双向因果关系以及存在的遗漏变量问题，进一步将滞后一期的内生变量——环境分权作为其工具变量，这是目前无法找到纯外生工具变量时的普遍做法，滞后期的内生变量与当期的环境分权有较强的相关性，而且只能通过当期环境分权对环境污染产生影响，而不会直接对当期环境污染产生影响，符合工具变量外生性假定，根据萨根检验和差分误差

项的序列相关检验类判断工具变量的有效性。

根据固定效应模型的估计结果来看，在控制其他因素的条件下，环境分权与六类工业污染物之间呈现出显著且稳定的正相关关系，也就是说，环境分权程度越高，地区环境污染可能更为严重，赋予地方过大的环境管理权可能是造成目前环境污染问题重要的体制性因素。尽管目前的研究已经指出了分权与污染之间的关系，但是，更多的是从财政分权的角度探讨与环境污染之间的关系，是直接从环境管理本身的视角分析环境分权与污染之间的关系，结果可能更契合评估环境联邦主义效应的主题。进一步从动态面板系统 GMM 方法的结果来看，AR（1）和 AR（2）以及萨根检验的报告值均表明工具变量较为合理。具体来看，与固定效应结果基本一致，环境分权与环境质量之间显著负相关，同时，系统 GMM 方法的回归系数总体上要小于固定效应回归结果的系数，这说明，固定效应模型的回归结果可能会高估环境分权对环境质量所产生的负面效应，但是，即便如此，依然改变不了环境分权的影响。这主要在于，环境公共服务外溢性程度高的特征与环境管理向地方过度分权现实的矛盾不断加剧，相比较其他公共服务，环境的外部性更强，理应在分权程度上更倾向于一定程度的集权。但是，在中国，由于中央与地方分权过度倾向于地方，以至于在跨区域的环境问题管理上中央存在缺位[①]，在另外一些方面却存在越位的现象，如将有限的人力、财力和物力投入城市污水处理厂的减少、企业达标排放检查、生活垃圾处置等地方环境管理的具体事务中（中国环境与发展国际合作委员会，2006）。[①]

其他控制变量的结果如何，我们将主要依据系统 GMM 方法的回归结果进行分析。从模型（1）至模型（12）的结果可以看出，人均 GDP 的一次项、二次项的系数在统计上显著，而且二次项系数为负，这说明人均 GDP 和环境污染之间呈显著的倒 "U" 形关系，库兹涅茨环境假说成立，但是不同污染物的拐点并不一样。尽管财政分权与环境污染之间为正相关，但是基本不显著，这背后所反映的可能是财政分权、环境分权与环境污染三者间可能存在特殊的传导关系，我们认为，财政分权赋予

---

① 例如，《中华人民共和国环境保护法》规定，"地方政府应当对本辖区的环境质量负责"，"跨行政区的环境污染和环境破坏的防治工作，由有关地方人民政府协商解决，或者由上级人民政府协调解决，做出决定"。而在地方政府之间缺乏协商传统和机制的条件下，跨区域环境问题的责任依然还是归于地方政府，而地方政府往往缺乏相应的协调能力。

地方的是发展经济的强大激励，而环境分权赋予地方的是保护环境和环境治理的权力，只有将两者合一，地方政府才有足够的激励和手段（工具）以牺牲环境而发展经济，这只是一个初步的判断，有待下面部分的检验。同时，我们发现，腐败与环境污染之间呈现出明显的正相关，换言之，腐败进一步恶化了环境污染，这与 Welsch（2004）、Cole（2007）和 Leitao（2010）的研究结果基本一致，他们认为腐败可能通过降低环境规制强度或扭曲环境政策带来污染水平的上升。总体来看，教育水平与环境污染之间为负向关系，即教育水平的提升促使人们追求更为清洁的生态环境进而形成一种遏制污染的自发力量，也向政府表达了更高的环境诉求。城市化、进出口与环境污染的关系并不明确，原因可能在于城市化的速度与进出口规模的扩张给环境带来了极大的不确定性，如城市化本身所带来的人口集聚可能从正反两方面影响到环境质量，集聚所产生的规模经济能够节约资源，但是，集聚也可能带来可怕的"城市病"以及强烈的工业品需求。进出口对环境污染的影响在很大程度上取决于产品结构特征。此外，以工业为主导的第二产业比重与环境污染之间为显著正相关，这符合经济理论和现实。以研发经费表示的技术水平与环境污染之间呈显著的负相关，技术水平的提升不仅有利于改进高能耗、高污染的生产工艺过程，而且还能够在工业污染治理过程中提供重要的技术支撑。最后，滞后一期环境污染的系数显著为正，这进一步凸显了污染物存在的时间依赖关系。

（二）各项环境分权检验

结合中国环境管理的实际，我们进一步将环境分权分为环境行政分权、环境监测分权和环境监察分权，来分别考察不同类型环境分权与环境污染之间的关系，同时为进一步保证分析的简洁性和结论的稳健性，我们还采用熵权法将六类工业污染物合成为环境污染综合指数。相应的回归结果见表 7-5 中的模型（1）至模型（11），其中模型（1）至模型（5）表示的是总体分权与环境污染综合指数之间的回归结果，模型（6）至模型（11）表示的行政分权、监测分权和监察分权与环境污染综合指数之间的关系。所采用的方法依然为动态面板系统 GMM 方法。模型（1）显示的是未加入财政分权和腐败指标时的结果，环境分权每提升 1 个百分点，环境污染指数可能提高 0.12 个百分点。模型（4）为加入财政分权与环境分权、腐败与环境分权交互项之后的结果，以此来考察财政分权

表7-4 环境分权与六类工业污染物回归结果

| 解释变量 | ln工业废水 | | ln工业废气 | | ln二氧化硫 | | ln工业烟尘 | | ln工业粉尘 | | ln工业固体废弃物 | |
| --- | --- | --- | --- | --- | --- | --- | --- | --- | --- | --- | --- | --- |
| | (1)FE | (2)sys-gmm | (3)FE | (4)sys-gmm | (5)FE | (6)sys-gmm | (7)FE | (8)sys-gmm | (9)FE | (10)sys-gmm | (11)FE | (12)sys-gmm |
| L.lny | | 0.9033*<br>(8.04) | | 0.8649*<br>(25.35) | | 0.6744*<br>(19.71) | | 0.6453*<br>(16.34) | | 0.3978*<br>(13.78) | | 0.9888*<br>(11.69) |
| ed | 0.2365*<br>(4.65) | 0.1906**<br>(2.22) | 0.2366**<br>(2.00) | 0.6769*<br>(4.22) | 0.0652<br>(1.18) | 0.2364*<br>(2.62) | 0.4366*<br>(7.00) | 0.5057*<br>(3.43) | 0.5771*<br>(7.07) | 0.3606**<br>(2.31) | 0.3885*<br>(4.74) | 0.1577***<br>(1.89) |
| dec | 0.0855<br>(1.01) | 0.011<br>(0.48) | 0.1379<br>(0.32) | 0.0358<br>(0.48) | 0.0333<br>(0.36) | 0.0015<br>(0.02) | 0.1027<br>(0.99) | 0.0349<br>(0.55) | 0.1715<br>(1.26) | 0.225*<br>(3.17) | 0.0809<br>(0.59) | 0.0185<br>(0.59) |
| corup | 0.1791*<br>(3.08) | 0.058**<br>(2.17) | 0.3824**<br>(2.09) | 0.05***<br>(1.78) | 0.1076***<br>(1.71) | 0.1068*<br>(4.14) | 0.1623**<br>(2.28) | 0.2854*<br>(3.83) | 0.4024*<br>(4.32) | 0.5931*<br>(4.83) | 0.0166<br>(0.18) | 0.0252<br>(1.26) |
| edu | -0.1393*<br>(-5.39) | -0.0617*<br>(-4.18) | -0.0179<br>(0.14) | -0.2016*<br>(-3.26) | -0.0379<br>(-1.35) | -0.0434*<br>(3.36) | -0.0586***<br>(-1.85) | -0.0612*<br>(-2.85) | -0.0787**<br>(-1.9) | -0.0222<br>(0.86) | -0.018<br>(-0.44) | 0.1183*<br>(5.85) |
| urban | 1.0267*<br>(4.13) | 0.0258<br>(0.04) | -0.4489<br>(-0.35) | -1.3815**<br>(-1.93) | -0.2952<br>(-1.01) | 0.2715<br>(0.38) | 0.1556<br>(0.51) | 0.2563<br>(0.38) | 0.0328<br>(0.08) | 0.1489<br>(0.14) | -1.1098*<br>(-2.77) | -0.8675<br>(-1.54) |
| indu | 0.0372*<br>(10.98) | 0.0049**<br>(2.06) | 0.0343**<br>(1.98) | -0.0044<br>(-0.95) | 0.0303*<br>(8.25) | 0.0081*<br>(4.19) | 0.2264*<br>(5.45) | 0.0164*<br>(5.33) | 0.0221*<br>(4.07) | 0.0132*<br>(3.85) | 0.0185*<br>(3.39) | 0.0053*<br>(2.064) |

续表

| 解释变量 | ln工业废水 (1)FE | ln工业废水 (2)sys-gmm | ln工业废气 (3)FE | ln工业废气 (4)sys-gmm | ln二氧化硫 (5)FE | ln二氧化硫 (6)sys-gmm | ln工业烟尘 (7)FE | ln工业烟尘 (8)sys-gmm | ln工业粉尘 (9)FE | ln工业粉尘 (10)sys-gmm | ln工业固体废弃物 (11)FE | ln工业固体废弃物 (12)sys-gmm |
|---|---|---|---|---|---|---|---|---|---|---|---|---|
| teach | -0.0152** (-2.00) | -0.007 (-1.05) | -0.1422* (-3.65) | -0.02923** (-2.49) | -0.0215* (-2.61) | -0.0175* (-2.62) | -0.0183*** (-1.96) | -0.0043 (-0.56) | -0.0426* (-3.49) | -0.0138*** (-1.73) | -0.0722* (-5.88) | -0.0448* (-3.45) |
| in-out | -0.1253 (-0.95) | 0.0996 (0.86) | -0.2587 (-0.38) | 0.6291** (2.02) | -0.3294** (-2.31) | 0.1460 (1.01) | -0.5682* (-3.53) | 0.1156 (0.39) | 0.2106 (1.00) | 0.1115 (0.36) | -0.3661*** (-1.74) | 0.1688 (1.45) |
| lnrjgdp | 1.8134* (4.07) | 1.2213 (1.36) | 9.4078* (4.13) | 3.5261* (3.97) | 1.56* (3.23) | 1.8181** (2.3) | 0.2944 (0.54) | 0.1119 (0.08) | 2.8739* (4.03) | 2.185*** (1.89) | 2.9474* (4.11) | 1.7606 (1.09) |
| $(\text{lnrjgdp})^2$ | -0.1055* (4.02) | -0.0677*** (1.86) | -0.7049* (-5.25) | -0.2383 (4.23) | -0.0776* (-2.72) | -0.1074** (-2.44) | 0.0007 (0.02) | 0.0105 (0.14) | -0.1972* (-4.68) | -0.1573** (-2.35) | -0.2428* (5.74) | -0.1181 (1.19) |
| cons | 9.0542* (4.90) | -5.2216 (-1.35) | 29.2592* (3.10) | 11.6644* (3.43) | -3.675*** (-1.83) | -7.1072** (-2.08) | 5.6209** (2.48) | 1.3533 (0.23) | -8.1777 (-2.76) | -5.707 (-1.16) | 7.4181 (0.85) | 6.0388 (0.91) |
| AR(1) | | 0.0023 | | 0.00614 | | 0.0054 | | 0.0004 | | 0.0005 | | 0.0225 |
| AR(2) | | 0.7332 | | 0.6103 | | 0.8471 | | 0.5846 | | 0.1429 | | 0.4441 |
| 萨根检验 | | 1.0000 | | 1.0000 | | 1.0000 | | 1.0000 | | 1.0000 | | 1.0000 |
| R | 0.4420 | | 0.5444 | | 0.444 | | 0.4589 | | 0.4757 | | 0.6744 | |
| 样本数 | 544 | 517 | 544 | 517 | 544 | 517 | 544 | 517 | 544 | 517 | 544 | 517 |

注：系数下方括号内为 Z 或 T 值；*、**和***分别表示在10%、5%和1%的水平上显著；AR、萨根检验的数分别表示prob>z, prob>F（χ²）的值，下同。

表7-5　不同类型环境分权与环境污染回归结果

因变量：环境污染合成指数 sys-gmm

| 解释变量 | 环境分权 | | | | | 行政分权 | | 监测分权 | | 监察分权 | |
|---|---|---|---|---|---|---|---|---|---|---|---|
| | (1) | (2) | (3) | (4) | (5) | (6) | (7) | (8) | (9) | (10) | (11) |
| L.Ppoll | 0.7731* (4.94) | 0.3143* (3.56) | 0.5375* (3.56) | 0.3851** (2.35) | 0.2137 (1.08) | 0.6448* (4.03) | 0.7478* (9.38) | 0.7402* (4.08) | 0.658* (3.17) | 0.8131* (3.82) | 0.7287* (10.55) |
| 分权 | 0.0012*** (1.79) | 0.0014*** (1.99) | 0.0021** (2.14) | 0.0017 (1.12) | -0.0043 (-1.59) | 0.0045* (2.54) | 0.0030 (1.45) | 0.0017 (1.69) | -0.0010 (-1.23) | 0.0006 (0.63) | 0.0063** (-2.35) |
| 分权×分权 | | | | | 0.0024*** (1.85) | | -0.0011*** (-1.81) | | 0.0006*** (1.75) | | -0.0021* (2.58) |
| dec | | 0.0026* (3.59) | 0.0027* (3.62) | | 0.0011 (1.41) | -0.0019* (-2.63) | -0.0007 (-0.75) | 0.003* (6.78) | 0.0001 (0.2) | 0.0002 (0.08) | 0.0017 (0.57) |
| dec×分权 | | | | 0.0008 (0.8) | | | | | | | |
| corup | | | 0.0007 (1.45) | | 0.0011*** (1.79) | 0.0008 (1.12) | 0.0014*** (1.8) | 0.0014*** (2.01) | 0.0001*** (2.02) | 0.0015*** (1.9) | 0.0011*** (1.84) |
| corup×分权 | | | | 0.0012* (2.78) | | | | | | | |
| edu | -0.0001 (-0.42) | -0.0001 (0.22) | -0.0001 (-0.38) | -0.0001 (-0.3) | -0.0001 (-0.29) | -0.0007* (-1.75) | -0.0007* (-3.02) | -0.0006*** (-1.74) | -0.0001 (-0.43) | -0.0002 (-0.42) | -0.0002 (-0.66) |
| urban | -0.0027 (-0.7) | -0.0089 (-1.79) | -0.0054 (-1.14) | -0.0038 (-0.92) | 0.0001 (0.01) | 0.0208** (2.46) | -0.0001 (-0.02) | -0.0024 (-0.51) | -0.0173 (-1.65) | -0.22 (-0.33) | 0.0054 (0.49) |

续表

因变量：环境污染合成指数 sys－gmm

| 解释变量 | 环境分权 | | | | | 行政分权 | | 监测分权 | | 监察分权 | |
|---|---|---|---|---|---|---|---|---|---|---|---|
| | (1) | (2) | (3) | (4) | (5) | (6) | (7) | (8) | (9) | (10) | (11) |
| indu | 0.0002* | 0.0001* | 0.0001* | 0.0001* | 0.0001** | 0.0002* | 0.0001*** | 0.0001* | 0.0001 | 0.0001** | 0.0001*** |
| | (4.75) | (3.83) | (4.24) | (3.2) | (2.64) | (4.14) | (1.84) | (3.96) | (1.66) | (2.35) | (2.01) |
| teach | -0.0004* | -0.0005* | -0.0004* | -0.0003* | -0.0002*** | -0.0004* | -0.0005* | -0.0005* | -0.0002* | -0.0005* | -0.0004* |
| | (-4.75) | (5.05) | (-4.00) | (-2.69) | (-1.93) | (-5.50) | (-5.55) | (-5.91) | (-3.12) | (-4.09) | (4.37) |
| in－out | -0.0052* | -0.0033*** | -0.0044** | -0.0036** | -0.0036 | -0.0991** | -0.0039 | -0.0053** | -0.002 | -0.0055** | -0.0031 |
| | (-2.76) | (-1.72) | (2.16) | (-2.28) | (-1.3) | (-2.36) | (-1.33) | (-2.97) | (-1.15) | (-2.55) | (-1.31) |
| lnrjgdp | 0.0247*** | 0.0186 | 0.0209 | 0.0154 | 0.0174 | 0.0311* | 0.0224 | 0.0254 | 0.005 | 0.0346* | 0.0284** |
| | (1.75) | (1.36) | (1.45) | (1.38) | (1.28) | (3.2) | (1.62) | (0.69) | (0.5) | (3.02) | (2.45) |
| $(lnrjgdp)^2$ | -0.0015*** | -0.0011 | -0.0012 | -0.0009 | -0.0011 | -0.0019*** | -0.0001*** | -0.0015*** | -0.0004*** | -0.0021* | -0.0018* |
| | (-1.91) | (-1.47) | (-1.45) | (-1.5) | (-1.41) | (-3.59) | (-1.78) | (-1.96) | (-1.75) | (-3.19) | (-2.8) |
| cons | -0.0658 | -0.0538 | -0.042 | -0.0057 | 0.0072 | -0.099 | -0.0673 | -0.0788 | 0.1508 | -0.1288** | -0.0821 |
| | (-1.01) | (-0.84) | (-0.6) | (-0.11) | (0.12) | (-2.36) | (-1.12) | (-1.16) | (2.76) | (-2.07) | (-1.64) |
| AR (1) | 0.022 | 0.0243 | 0.0465 | 0.0913 | 0.0579 | 0.0245 | 0.01 | 0.015 | 0.0059 | 0.0348 | 0.0089 |
| AR (2) | 0.653 | 0.712 | 0.675 | 0.603 | 01871 | 0.822 | 0.093 | 0.0995 | 0.0664 | 0.1659 | 0.8193 |
| 萨根检验 | 1.0000 | 1.0000 | 1.0000 | 1.0000 | 1.0000 | 1.0000 | 1.0000 | 1.0000 | 1.0000 | 1.0000 | 1.0000 |
| 样本数 | 519 | 517 | 517 | 517 | 517 | 516 | 516 | 516 | 485 | 516 | 516 |

注：*、**和***分别在10%、5%和1%的水平上显著，括号内数字为 p 值。

和腐败对环境分权效应的影响，两个交互项的系数均为正，随着环境分权度的提高，财政分权对环境污染所产生的影响可能会提高，这说明当环境分权与财政分权合一之后对环境污染及治理带来的负面影响将会扩大；进一步地，伴随着腐败水平的提高，环境分权对环境质量的负面影响将会显著提升，腐败在相当程度上进一步恶化了环境分权对环境污染的影响。模型（5）进一步加入环境分权的二次项发现，其系数在10%显著水平为正，而环境分权的系数变为负，这可能说明环境分权与环境污染之间呈显著的"U"形关系，即适度的环境分权有利于环境污染治理，但是应限定在一定的范围内，其拐点为0.8958，也就是说，当环境分权小于0.8958时，环境分权与环境污染之间的关系可能为负，当跨过拐点，环境分权与环境污染之间的关系可能为正，1992—2010年，环境分权度平均为1.0808，显著高于最优点，这表明，总体上看，中国的环境管理还需要做进一步的集权调整。

从模型（6）、模型（8）和模型（10）的回归结果来看，行政分权、监测分权和监察分权与环境污染之间的关系为正，其中，行政分权和监测分权的系数显著。为进一步考察行政分权、监测分权和监察分权与环境污染之间的关系，分别在模型（6）、模型（8）和模型（10）的基础上加入了各类环境分权的二次项，结果显示在模型（7）、模型（9）和模型（11）中。行政分权、监察分权的二次项系数为负，而监测分权二次项系数为正，这表明，行政分权与环境污染之间呈倒"U"形关系，而监测分权与环境污染之间呈"U"形关系。我们认为，出现这种情况，与环境行政、环境监测和监察所涉及的事务特征和当前环境治理所处的制度背景有着密切的联系。

对于环境行政事务而言，我们根据地方环境行政事务划分进行了总结，主要包括五项事务。所涉及的如地方环境法规、环保规划、环保投资等事务均需要充分地掌握辖区政治、经济、社会和生态环境等方面的充分信息，而且这些事务本身并不直接涉及环境污染的监督管理，因而如果将这些事务更多地交由地方政府负责，信息优势更为明显；并且在目前的激励体制下，有利于地方政府在环境行政事务上培育和形成"向上赛跑"的良性竞争机制。因此，只有赋予地方政府较为充分的环境行政管理权，地方政府的信息优势和激励效应才会凸显出来，环境行政分权的拐点为1.364，1992—2010年，平均环境行政分权度为1.1074，远低于环境行政分权的拐点，这表明，在环境行政事务上还需要进一步赋予地方政府充分的权力。

对于环境监测事务，监测数据直接反映地区环境质量的好坏，与地方政绩挂钩以及投资软环境密切相关，地方政府有足够的激励在数据上进行"修改调整"。目前，中国的环境监测网包括中央、省、市、县四级，四级环境监测网络归属于相应级次的政府，不可避免地在各级政府目标不一致的条件下出现"数据打架"现象，"同一地区、同一流域不同部门公布的环境质量数据不同，环境质量评价不一"现象频出，不利于为环境管理提供统一可靠的数据支撑。正如2013年"两会"部分人大代表提案所指出的，各层次的环境监测处于无序发展状态，导致了"谁都搞监测""数出多门""数据质量良莠不齐"等混乱现象。[①] 这背后所凸显的是地方政府对环境质量话语权的争夺，环境质量数据背后所涉及的是中央政府与地方政府以及地区间基于环境因素的转移支付和生态补偿以及跨区环境纠纷处理。进一步来看，环境监测事务属于技术密集型和资金密集型领域，对技术和资金要求较高，如果交由过低级次的政府负责，由于财力和技术限制，在客观上也会制约环境监测数据质量。而且《环境监测管理办法》也规定，"排污者必须按照县级以上环境保护部门的要求和国家监测技术规范，开展排污状况自我监测。排污者按照国家环境监测技术规范，并经县级以上环境保护部门所属环境监测机构检查符合国家规定的能力要求和技术条件的，其监测数据作为核定污染物排放种类、数量的依据"，这在一定程度上也为造假甚至是"政企合谋"提供了契机（聂辉华、李金波，2006）。如果将监测事务适度上移并辅之以其他配套政策有利于从整体上形成对地方政府的"真实约束"。我们的实证结果发现，环境监测分权的拐点为0.8333，而1992—2010年的平均环境分权度为1.1106，这在一定程度上也解释了目前的环境监测分权是不利于从总体改进环境治理的。

最后，在环境监察事务上，其与环境污染关系的"U"形拐点为1.5，而1992—2010年的环境监测分权度为1.0193，远低于拐点。其中的原因可能在于：环境监察事务涉及的范围广，包括事前—事中—事后全过程的监管，属于劳动密集型领域，并且这些事务在地方所面临的阻

---

① 转引自人民网：http://legal.people.cn/n/2013/0302/c188502 - 20652041.html。

力较大，与地方政府短期经济增长目标可能存在一定的矛盾。因此，无论是从地方政府的资金、人员安排等显性资源配置，还是从地方的权力介入、行政干预、"寻租"腐败等隐性角度看，地方政府对环境监察普遍存在一定的"排斥"心理。有部分观点认为，由于人事任免和工资都掌握在地方政府手中，环境监察要独立抵抗政府追求经济发展速度造成的环境压力显得并不现实[①]，进而提出将环境监察也进行垂直管理。相比较监测事务，环境监察更多地涉及环境执法、环境监督等事项，属地上级执法机构直接对属地企业执法，如果上级执法机构人员多，力量大，可能会产生干预过度而影响地方经济发展风险；而且垂直管理是一种更官僚主义的难以为社会所监督的行政管理体制，制度风险和制度效率可能更大（梁本凡，2008），一旦与地方经济利益冲突加剧，就难以获得地方政府的有效支持而影响监察绩效。以环境监察机构负责的"排污费"为例，其程序履行的交易成本非常高，包括申报、审核、核定、征收和交纳等程序，每个程序都有严格的时间限制，一个环境监察人员往往要面对上百家甚至上千家污染企业；而且监测数据存在虚报、谎报、拒保的情况下，排污收费标准存在严重的失真。此外，排污收费还存在"协商"执法收费的现象（齐晔，2008）。与此同时，中央政府为防止地方环境监管尤其是环境监察中的扭曲性行为，通过设置六大片区环保督察中心，来协调地区间和央地间的环境行为，但是实际上，常常由于缺乏地方政府足够的重视和参与，再加之督察中心规模小，并没有产生预期的效果。[②] 相反，如果能够设计出中央与地方监察激励相容、地方政府兼顾权衡发展与监管的机制，将环境监察事务依然交由地方政府负责并辅之以中央政府的协调和适度监督，潜在优势可能更大。当然，这要取决于中央政府对地方政府的环境转移支付、考核机制以及与之匹配的行政监测事务分权度设计。

（三）分地区检验

由于经济发展、财力水平差异所形成的不同激励以及环境资源状况所导致的自然禀赋差异，东部、中部、西部地区在环境治理上可能存在

---

① 陶勇：《环保督察遭遇尴尬》，《小康》2007 年第 1 期；张迅：《环境督察中心如何提高督察效能》，《中国环境保护》2012 年 5 月 15 日；徐楠：《环保总局西南督察中心主任："尚方宝剑"这样使用》，《南方周末》2007 年 11 月 8 日。

② 转引自中国新闻网：www.chinanews.com/cj/news/2007/01-24。

较大的差异，因此，有必要进一步考察环境分权所产生的地区差异。我们按照以往地区分类方法，将 29 个省、自治区、直辖市分为东部、中部和西部三个地区，分别设置三个地区虚拟变量 $dum_1$、$dum_2$ 和 $dum_3$ 表示三个地区，进一步地，将这三个虚拟变量与环境分权的交互项分别代入回归方程，依然采用系统 GMM 方法。

表 7-6 显示的是地方环保机构的环境行政、环境监测和环境监察事务。

**表 7-6    地方环保机构的环境行政、环境监测和环境监察事务**

| 事项 | 事务 |
| --- | --- |
| 环境行政 | 贯彻执行国家环境保护法律、法规、政策和标准，拟定并组织实施地方环境保护政策、规划；组织编制并监督实施环境功能区划和生态功能区，拟定并监督实施地方重点流域、区域污染防治规划和饮用水水源环境保护规划；参与制定主体功能区划；负责环境问题的统筹协调和监督管理、承担落实地方政府污染减排目标责任；提出环境保护领域固定资产投资规模、方向、地方财政性资金安排意见。指导协调监督生态保护工作；负责核安全、辐射安全和放射性废物管理。开展环境保护科技工作。开展环境保护国际合作交流；组织指导和协调地方环境保护宣传教育；拟定环境保护重大工作目标和措施（如环境保护模范城市创建） |
| 环境监测 | 环境监测和信息发布，实施国家监测制度和规范，拟定环境监测制度和规范；组织实施环境质量监测和污染源监督性监测；组织对环境质量状况进行调查评估、预测预警；协调辖区内国家环境监测网和环境信息网，组织建设和管理全市环境监测网和环境信息网；建立和实行环境质量公告制度，统一发布环境综合性报告和重大环境信息；组织实施对国控、省控和市控重点污染源的监测 |
| 环境监察 | 负责环境执法及监督工作。组织实施建设项目"环评""三同时"、排污收费、排污申报、排污许可、限期治理等环境保护法律制度；组织开展环境保护专项行动和专项治理工作；组织开展环境保护执法监督检查活动；指导辖区环保部门（机构）开展环境执法工作 |

资料来源：各地（省、市、县区）环保厅（局网站）以及《中国环境统计年鉴》（2012）。

从回归结果（见表 7-7）来看，$ED \times dum_1$ 和 $ED \times dum_2$ 的系数显著为负，而 $ED \times dum_3$ 的系数显著为正，这表明，相比较东部和中部地区，环境分权对西部地区环境质量的影响更小。西部地区是中国环境与发展矛盾最为突出和激烈的地区（中国环境与发展国际合作委员会，2012），经济发展水平较低，资源丰富而生态基础更为脆弱，如果不改变现有的政绩考核机制，西部地区挖掘开采资源发展工业的激励更足，一旦将环境权下放，势必成为其发展经济的有效"工具"，将进一步加剧甚至恶化西部的环境形势。而近年来，中央政府在加大环境保护干预力度的同时，对西部的关注程度更为引人注目，而且在地方绩效考核权重的选择上，将西部地区尤其是重点生态功能区的环境保护权重提高，赋予西部地区足够的环境保护激励，也正是着眼于这方面的考虑。①

表 7 - 7　　　　　　　　　　分地区回归结果

| 解释变量 | 因变量：环境污染合成指数 sys - gmm | | |
|---|---|---|---|
| | （1） | （2） | （3） |
| L. Ppoll | 0.6949 *** <br> （13.57） | 0.7136 *** <br> （15.00） | 0.5958 *** <br> （11.79） |
| ed | 0.0039 *** <br> （2.63） | 0.0038 *** <br> （2.77） | 0.0011 <br> （0.91） |
| ed × dum₁ | - 0.0029 * <br> （- 2.02） | | |
| ed × dum₂ | | - 0.0041 *** <br> （- 3.59） | |
| ed × dum₃ | | | 0.0075 *** <br> （5.92） |
| dec | 0.0015 <br> （0.88） | 0.0023 <br> （1.35） | 0.0001 <br> （0.1） |

---

① 2004 年环保部编制的《国家重点生态功能保护规划》，划出的 50 个国家重点生态功能保护区中，西部地区占 25 个；2008 年，中央首次设立农村环保专项资金并向西部地区倾斜，2008—2009 年，中央财政对西部地区安排专项资金 5.49 亿元。2000—2008 年，针对西部地区环境监管能力薄弱的问题，中央政府对西部地区下达了监测网络（辐射及地表水部分）建设项目等多个专项资金，总额达到 51.85 亿元；2004—2008 年，为西部地区配备执法车辆 1596 辆，应急指挥车辆 13 辆，取证监测仪器设备 19586 台，西部地区省（区、市）、地（市）、县监管机制初步建立，监管能力明显提高。资料来源：http://www.cnr.cn/allnews/200911/t20091127_505677284.html 与 http://finance.cctv.com/20091127/101748.shtml。

续表

| 解释变量 | 因变量：环境污染合成指数 sys – gmm | | |
|---|---|---|---|
| | （1） | （2） | （3） |
| corup | 0.0012 | 0.0007 | 0.0014 * |
| | （1.03） | （0.59） | （1.91） |
| edu | − 0.0003 | 0.0003 | 0.0007 |
| | （− 0.56） | （0.52） | （1.26） |
| urban | 0.0017 | − 0.0123 ** | − 0.0094 * |
| | （0.32） | （− 2.14） | （− 1.93） |
| indu | 0.0001 | 0.0002 *** | 0.0002 ** |
| | （1.55） | （2.63） | （2.33） |
| teach | − 0.0006 *** | − 0.0005 ** | − 0.0004 * |
| | （− 2.95） | （− 2.39） | （− 1.97） |
| in – out | − 0.0018 | − 0.0039 | − 0.0019 |
| | （− 0.59） | （− 1.26） | （− 0.63） |
| lnrjgdp | 0.03238 *** | 0.02613 * | 0.02527 ** |
| | （2.62） | （2.09） | （2.14） |
| （lnrjgdp）$^2$ | − 0.0019 *** | − 0.0016 * | − 0.0015 ** |
| | （− 2.69） | （− 2.09） | （− 2.2） |
| cons | − 0.107 * | − 0.0876 | − 0.0755 |
| | （− 2.04） | （− 1.65） | （− 1.51） |
| AR（1） | 0.0023 | 0.0025 | 0.0028 |
| AR（2） | 0.7643 | 0.7942 | 0.7384 |
| 检验萨根 | 1.0000 | 1.0000 | 1.0000 |
| 样本数 | 517 | 517 | 517 |

注：*、**和***分别表示在10%、5%和1%的水平上显著，括号内数字为 p 值。

在其他控制变量的地区差异上，腐败对西部地区环境污染的影响更为显著，教育人力资本对东部、中部、西部地区环境污染的影响有一定的差异，其中对中部和西部地区的影响为正，这表明，教育对环境污染的影响可能存在门槛效应，当教育水平处于一个较低值范围内时，教育人力资本所释放的需求更多地体现在较低层次的基本产品需要，而当教育水平迈过门槛值后，需求将会发生结构性变化，更多地倾向于清洁生态环境更高层次的需求，这也与当前中西部地区的人力资本普遍低于东部地区的实际相符合。另外，城市化对东部地区的环境质量影响为负，而对中西部地区的影响显著为正，这表明目前中西部地区城市化的资源规模经济效益大于产品的需求效应，而东部地区过度的城市化以及超大规模城市已经产生了规模不经济的迹象。第二产业比重对东中西部地区的影响均为正，技术的影响系数则为负。人均GDP与环境污染之间依然呈现出库兹涅茨倒"U"形结构。

（四）年度效应检验

既然以不同模型和不同变量组合都得到了环境分权显著加剧环境污染的结论，那么，1992—2010年，伴随着中央政府介入干预力度的不断加大，环境分权对环境质量所产生的负面影响是否会伴随着分权度的下降而存在减小的趋势，中央政府环境政策是否产生了积极的效果，都有待检验。对此，我们进一步借助年度虚拟变量与环境分权的交互相乘项来估计环境分权的年度效应。由于过多地纳入时间变量，我们借鉴钟笑寒（2011）的做法，使用固定效应方法，在回归中加入了环境分权（ED）与各个年度虚拟变量的交互项。表7-8报告的是ed和交互项的回归系数和t值。

表7-8　　　　　　　　环境分权对环境污染影响的年度效应

| 解释变量 | 因变量 | 解释变量 | 因变量 | 解释变量 | 因变量 |
|---|---|---|---|---|---|
| ed | 0.0021<br>(1.13) | ed×2000 | 0.0007*<br>(2.36) | ed×2008 | -0.0007**<br>(-2.43) |
| ed×1993 | 0.0028*<br>(1.78) | ed×2001 | 0.0003<br>(0.35) | ed×2009 | -0.0011*<br>(-1.88) |
| ed×1994 | 0.0006<br>(0.52) | ed×2002 | -0.0003<br>(0.46) | ed×2010 | -0.0026<br>(-1.48) |
| ed×1995 | 0.0003<br>(0.25) | ed×2003 | 0.0003<br>(1.35) | 样本数 | 544 |
| ed×1996 | 0.0019*<br>(1.73) | ed×2004 | 0.0000<br>(1.01) | $R^2$ | 0.5635 |
| ed×1997 | 0.0011*<br>(1.91) | ed×2005 | 0.0003**<br>(2.33) | 组（省）数 | 29 |
| ed×1998 | -0.0005**<br>(2.56) | ed×2006 | -0.0000*<br>(-2.03) | | |
| ed×1999 | 0.0001<br>(0.17) | ed×2007 | -0.0001<br>(-0.87) | | |

注：*、**和***分别表示在10%、5%和1%的水平上显著，括号内数字为p值。

　　表 7 - 8 中，ED 表示的是作为基准期的 1992 年环境分权的影响，其后每年的作用为各年系数与 1992 年系数相加所得到的值。1992 年的系数为 0.21%，表明，环境分权度每提高 1%，环境污染综合指数可能相应提高 0.21%。从 1993—2005 年的交互项系数大部分为正，但是系数在逐渐变小，这表明尽管环境分权对工业污染的影响依然为正，但是这种效应正逐步减小；进一步来看，2005 年之后，交互项系数由正转负，环境分权对环境污染开始发挥一定程度的遏制作用，这说明环境分权对环境质量的负面影响正在逐步减小且正面效应开始显现。那么，1992—2010 年，为何环境分权对环境污染影响系数由大变小、由正转负？原因在于：一是中央和地方政府环境分权开始发生明显变化，1993—2010 年，环境分权度开始呈现明显的下降趋势，环境分权程度的下降直接引致了其对环境质量负面影响的下降，而且伴随着环境分权度下降所释放的效应逐渐累积，逼近最优分权度，环境分权开始对环境质量释放"正能量"，如图 7 - 4 所示。二是地方政府提高环境激励约束机制开始建立并不断强化。1992—2010 年，中央政府逐步将环境保护纳入地方政府政绩考核体系当中，在权重不断提升的条件下，开始根据各地区的生态功能、经济发展水平等因素制定差异化的环保考核机制，并将此与对地方政府的转移支付和政策特区等经济激励有机结合。再加之辖区居民环境意识和环境需求的持续提升，与中央政府所实施的环境型激励约束一起给地方政府构筑起类似"三明治夹心面包"式的压力，推动地方政府环境治理水平（Siqi Zheng et al.，2013）。上述机制有机结合，使环境管理体制改革红利开始释放。

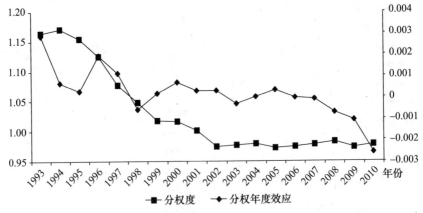

图 7 - 4　环境分权度及其年度效应变化（1993—2010 年）

（五）空间因素的稳健性分析

考虑到环境污染外部性所带来的空间性问题，地方政府所选择的监管策略可能会发生一定程度的改变，那么这种改变在多大程度上影响着结论？对此，我们进一步将空间因素纳入动态面板数据模型中，构建了动态空间面板数据模型。

空间系数 λ 的估计值显著为正，说明省际环境污染存在显著的空间相关关系，按照安塞林（2004，2005）提出的判断方法，根据空间相关性和两个拉格朗日乘数及其稳健形式的结果选择空间误差模型，具体的结果如表7-9所示。近省份的环境污染越严重，本省的环境污染同样严重。环境污染存在明显的负外部性，总体来看，无论是总体分权，还是行政分权、监测分权抑或监察分权，与环境污染指数的关系保持稳定，与表7-5的结果比较发现，纳入空间权重后，总体分权、行政分权、监测分权和监察分权的拐点发生了不同程度的变化，四类分权的拐点分别为0.9286、1.1667、0.8333 和 1.4375，这可能与考虑空间外部性之后，地方

表7-9　　　　　　　　　　考虑空间因素的回归结果

| 解释变量 | 因变量：环境污染综合指数 | | | | | | | |
| --- | --- | --- | --- | --- | --- | --- | --- | --- |
| | 环境分权 | | 行政分权 | | 监测分权 | | 监察分权 | |
| | (1) | (2) | (3) | (4) | (5) | (6) | (7) | (8) |
| L. Ppoll | 0.6129*** | 0.4638*** | 0.437** | 0.514*** | 0.5573*** | 0.5439** | 0.6428** | 0.5952*** |
| | (6.1) | (5.24) | (2.509) | (3.25) | (2.76) | (2.51) | (2.44) | (2.63) |
| λ | 0.1639*** | 0.1327** | 0.025 | 0.022 | 0.1489*** | 0.1743** | 0.026*** | 0.03*** |
| | (3.025) | (2.56) | (3.57) | (2.64) | (2.72) | (2.33) | (4.26) | (3.75) |
| 分权 | 0.0078*** | -0.0026 | 0.0057* | 0.0042 | 0.0019* | -0.0015 | 0.002 | 0.0023* |
| | (3.03) | (-1.22) | (1.83) | (0.89) | (1.92) | (1.63) | (1.46) | (1.7) |
| 分权×分权 | | 0.0014* | | -0.0018 | | 0.0009* | | -0.008* |
| | | (2.15) | | (1.24) | | (1.95) | | (2.06) |
| AR(1) | 0.0062 | 0.003 | 0.006 | 0.008 | 0.015 | 0.003 | 0.0001 | 0.0004 |
| AR(2) | 0.8449 | 0.6561 | 0.8535 | 0.9034 | 0.432 | 0.842 | 0.92 | 0.8735 |
| 萨根检验 | 0.9462 | 0.8849 | 1.0000 | 0.96 | 0.6643 | 0.792 | 0.7746 | 0.8542 |

注：*、**和***分别表示在10%、5%和1%的水平上显著，括号内数字为p值；其他控制变量略。

政府所选择的环境监管策略发生变化有关，环境污染的空间负外部性使地方政府更加放松环境管制、降低环境公共服务的供给水平。如本部分环境分权的拐点明显小于表 7 – 5 中的拐点，从另外一个侧面也凸显了一定程度环境集权趋势的紧迫性。

# 小　结

伴随着"四化同步"建设的快速推进，当前中国的环境污染形势比以往任何时候都要严峻、社会公众对环境质量的诉求比以往任何时候都要迫切。选择有效的环境治理模式和构建科学的环境管理体制是政府履行环境保护职能和提供环境公共服务的关键，如何在不同级次政府间合理划分环境事权（管理权）是破解中国环境困局的制度基础。由于中国环境管理体制变迁演进的历史依赖性，使沿用传统的狭义财政分权范式和法律先验框架难以客观真实地反映中国环境分权演进历程，而且还会掩盖中国环境管理中的结构信息。但是，正如希拉里·西格曼（Hilary Sigman，2007）所指出的，构建一个实践与理论自治的环境分权指标是非常困难的：首先，不同国家甚至一个国家内部的环境监管结构差异非常大，因此，单一的环境分权度量指标很难兼顾到这一点。其次，法律上对分权界定远没有实际分权复杂，例如，在美国，大部分环境标准（政策）由联邦政府制定，而具体如何实施则是由州政府决定的，也就是说，地方政府在环境监管上具有很大的自由裁量空间（Gao，1996）。最后，环境监管仅仅是政府行为影响到环境质量的一个方面，而类似土地管理、污染治理等同样重要却在政府环境监管中很难兼顾到。进一步来看，环境联邦主义并不仅仅关注于分权与集权的优劣，更多的是根据环境保护的特性，在其不同的事务领域选择不同程度的环境分权，进而实现环境保护公共服务的有效供给。

依据中国环境管理特征以及科层制特征，立足分权体制框架，运用不同级次政府环保机构人员设置和变迁过程来透视环境事权划分和测算环境分权度，中国环境分权的数据显示，1992—2010 年，中央和地方政府之间的环境管理总体上处于分权阶段，但无论是总体分权，还是行政分权、监测分权和监察分权，都呈现出一定程度的集权趋势，这与中国环境管理体制变迁的阶段性特征完全吻合，也符合近些年来中央政府介入和干预地方环境管理力度加大的实际。在此基础上，采用静态、动态和动态空间面板模型及方法，全面客观直接地考察和评估了环境分权的效应。结果显示，环境分权、行政分权、监测分权、监察分权与环境污染之间呈现出显著且稳定的正向关系；环境分权加剧了财政分权对环境保护的激励不足，地区腐败水平恶化了环境分权对环境污染所产生的影响；分地区的实证检验发现，与东中部地区相比，西部地区环境分权对环境质量产生的负面影响更为严重，这也从另一个侧面解释说明了中央政府对西部地区生态环境问题更为关注的原因；伴随着环境分权度的下降，环境分权的年度效应逐步降低并由正转负，这表明近年来中央政府环保干预力度的加大产生了积极效应；环境分权、监测分权与环境污染之间呈"U"形关系，行政分权和环境监察与环境污染呈倒"U"形关系。

对此，立足结论和中国环境管理实际，提出了以下几点建议或启示：

第一，推进中央和地方政府环境事权和管理权划分的结构性改革。中国环境管理体制的结构性特征及其制度背景决定了中央与地方有关环境公共服务事权划分必须分类处理。依据实证结果，总体上看，中国环境管理还需进一步集权，加大上一级政府尤其是中央政府在环境治理中的职责范围和支出范围，正如尹振东、聂辉华、桂林（2011）所指出的，以垂直管理体制为代表的集权体制在实现地方监管部门否决坏项目上优于属地分权管理体制，能够减弱地方政府的干扰。环境管理在很大程度上所肩负的是否决或矫正具有负外部性的行为，从这一点来看，适度的垂直管理的可能具有一定的适用性。环境监测权可进一步上收，保证环境监测数据的统一性和权威性，但要保证环境监测数据公开性，做到数据共享；在环境行政上，应当赋予地方政府充分的行政管理权，尤其在环境规划、环境投资、环境教育和地方性环境行政法规中的制定上，发挥地方政府的信息优势，引导地方政府环境行政服务和管理的"向上竞争"。在环境监察上，重点应集中于加强地方环境监察能力建设，做对地方政府环境监察的激励，同时中央政府还需进一步凸显在地方环境监察事务中的协调和监督。

第二，合理设置东部、中部和西部三大地区差异化的环境分权度。西部地区需要差别化的环境发展战略与政策，需要一个更有计划的、更为系统的方案（ADB，2012；中国环境与发展国际合作委员会，2012），无论是在环境分权的数量形式上，还是在环境分权的具体内容上，都应该给予西部地区特殊性。根据实证结果，我们建议，中央政府应继续加大对西部地区环境干预和介入力度，同时，为避免西部地区地方政府在环境治理中的"依赖症"，依据监测数据，加大环境考核。

第三，建立环境管理体制改革的配套机制。环境管理体制改革的配套机制主要应着眼于激励和约束，在激励上，尽快建立跨区域的生态补偿机制和考虑环境因素的转移支付制度，补偿正外部性；在约束上，进一步细化国土主体功能区划分，建立不同功能区的考核机制，矫正负外部性。

# 第八章 中国生态转移支付与公共服务的环境治理效应研究

本章关注的问题是生态环境治理中所面临的经济发展、公共服务供给与环境保护之间的"矛盾",以及如何构造激励约束,以有效发挥生态转移支付的职能作用,协调生态功能区与非生态功能区、经济增长与环境保护之间的关系。

## 第一节 引言

随着经济社会的发展,生态安全已与国防安全、经济安全、政治安全、社会稳定等成为国家安全的重要组成部分,伴随着区域不协调发展加剧、国土空间开发问题日趋凸显,主体功能区以及与此相配套的制度安排也被提上议事日程(邓玲和杜黎明,2006;魏后凯,2007;范恒山,2011)。作为国家"五位一体"总体战略布局重要组成部分之一的生态文明,是国家治理的重要目标(李晓西等,2014),财政政策可进一步看作是环境治理的基础和重要支柱。2010年国务院正式下发《全国主体功能区规划》,赋予不同国土空间以优先开发、重点开发、限制开发和禁止开发的功能。对于后两类地区将逐步淡化GDP、财政收入等经济指标考核,更加注重生态环境质量的考核[①],同时,从2008年起,对后两类地区分步实施生态转移支付制度。目前,通过优化财政支出结构,完善各项税费政策,加大对生态环境的转移支付力度,逐步建立起有利于环境保护的财政政策体系(张少春,2013)。

---

① 如在2014年,四川省58个重点生态功能区不再考核GDP,详见《四川省县域经济发展考核办法(试行)》。

　　主体功能区的划分必然涉及不同功能区之间的利益分配、协调和补偿问题，生态补偿成为主体功能区建设的一项重要激励约束制度（王金南等，2010），与发达国家更为市场化和社会化的生态补偿相比，中国目前实施的是一种政府主导、市场运作、公众参与的生态补偿机制①，主要体现在生态转移支付制度上。由于历史原因和制度原因，横向政府间的财政关系在我国很少出现。生态转移支付是目前我国一般性转移支付的组成部分，是在现有均衡性转移支付设计中通过明显提高生态环境权重形式来增加对国家重点生态功能区转移支付的一项制度安排，2008—2015 年，均衡性转移支付中的重点生态功能区转移支付规模已经从 60.52 亿元上升到 509 亿元，专项转移支付中的节能环保支出从 974.09 亿元提高到 1910.18 亿元，整个生态环境型转移支付占中央对地方转移支付的 4.52%—5.93%（见图 8-1）。与此同时，到 2013 年，均衡性转移支付已经占所在生态功能区地方财政收入和支出的 53% 和 12%，生态转移支付的有效性在很大程度上决定着国家主体功能区战略的成败。2011 年，《国家重点生态功能区转移支付办法》正式实施，该办法所指的生态功能区包括限制开发区域和禁止开发区域，这两类区域的普遍特征是：经济发展相对落后、基本公共服务薄弱、生态环境资源丰富而保障基础脆弱。与其他地区相比，对这两类地区如果不采取差异化和倾斜性的"制度照顾"（激励和约束），很容易出现两个极端：一是经济发展和公共服务短暂提升而生态环境急剧恶化；二是经济发展和公共服务水平极低而生态环境保护相对较好。前者会丧失赖以生存的环境和资源，后者则会拉大地区差距、威胁社会稳定。如何设计良好的激励和约束机制，在有效约束两类地区的生态环境保护行为的同时，又能为其保障大致相当的基本公共服务水平提供激励，进而促进区域协调发展，转移支付制度往往被赋予了极高的期望。与生态转移支付相伴随的是生态环境质量的政绩考核观开始建立，那么，现有的生态转移支付和生态环境质量政绩考核制度是否能够有效地激励和约束县级政府的治理行为，背后的运行逻辑和激励如何，还需如何调整将成为本章研究的主要内容。

---

　　① 我国生态补偿进展总体滞后，1999 年提出的综合性的政策指导文件《关于建立健全生态补偿机制的若干意见》，目前《生态补偿条例（草稿）》已出炉，属于国务院法规，但一直处于征求意见稿中。

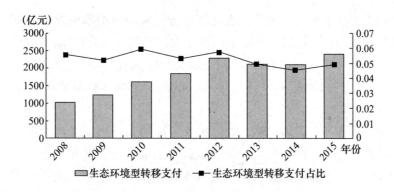

**图8-1　生态环境型转移支付规模和占比**

资料来源：历年中央对地方转移支付决算表。

　　我们发现，现有有关主体功能区问题的研究绝大多数集中于主体功能区划分原则与思路、政策体系、操作路径等方面（邓玲和杜黎明，2006；魏后凯，2007；孙红玲，2008；范恒山，2011；樊杰，2013），而且对主体功能区实施所依赖的生态转移支付制度以及政绩考核等激励约束机制关注明显不够，少量研究生态转移支付制度的文献，也多集中于某一个省（地区）或某一时间点，定性研究偏多，而且缺乏对生态转移支付制度有效性的全面评估，更缺乏对制度运行机理和激励约束机制的揭示；在指标和实证方法选择上，现有公开数据无法提供用于度量生态转移支付的完整、可靠指标，实证技术更无法规避转移支付与公共服务和生态环境之间的内生关系，因而使研究的有效性大打折扣。现有的生态转移支付制度能否激励和约束地方政府（主要是县）兼顾生态环境保护和基本公共服务的改善将成为该项制度成败的标准和关键。

　　与以往研究相比，我们的边际贡献体现在：

　　第一，借助国家重点生态功能区转移支付制度实施这一准实验机会，利用基于趋势评分匹配的双重差分方法，有效克服内生性和选择性偏误问题，通过比较享受国家重点生态区转移支付地区和不享受国家重点生态功能区转移支付地区的经济行为和公共服务水平的差异来识别和评估主体功能区配套制度的有效性，该方法不仅可以将政策效果与其他影响经济行为和公共服务供给的因素相分离，而且还可以有效地解决不可观测因素的影响问题，也解决了现有公开年鉴无法提供生态转移支付数据所导致的无法识别问题。

　　第二，本书直接提供了生态环境治理过程中所面临的发展与保护两难选择困境的直接证据，并以生态转移支付制度和生态功能区制度为例，评估了生态环境治理对地区经济发展和公共服务的影响及其差异，特别关注了背后的激励扭曲效应，并进一步提出了如何协调和融合的政策启示。

　　第三，进一步识别了单一政治约束（激励）与双重经济激励和政治激励的效应差异。由于国家主体功能区中的限制开发区和禁止开发区并未全部纳入国家重点生态功能区转移支付制度内，未纳入生态转移支付的限制开发区和禁止开发区可能只面临来自上级政府的政治约束或者激励，因此，我们将进一步将"是否纳入国家重点生态功能区"和"是否享受国家重点生态功能区转移支付"分别作为分组依据，来比较两类分组方法之间的差异，以此来识别单一政治约束（激励）与双重经济激励和政治激励的效应差异。我们发现，无论是生态功能区制度还是生态转移支付制度，都显著降低了县市发展工业的激励，同时也带来了财政收入下降、支出上升、缺口扩大和公共服务水平下降等问题，对西部地区的影响尤为明显；在生态功能区或享受生态转移支付的县市中，财政收支缺口越大，发展工业的激励越强，工业发展水平越高，其公共服务水平相对更高。这表明，当现有制度安排无法有效弥补县市因保护生态环境而放弃经济发展的机会成本时，地方政府为了保障基本公共服务需要，则会通过发展一定规模的工业来弥补公共服务成本，而现有的生态考核缺乏有效的梯度以在一定程度上拓宽这些地区工业发展的"空间"；生态功能区制度所代表的行政约束产生的扭曲效应显著地大于生态转移支付制度所代表的双重"经济激励和行政约束"。

# 第二节　中国主体功能区与生态转移
## 支付：制度背景与理论假设

　　新中国成立尤其是改革开放以来形成了不同的资源环境承载能力、开发强度和发展潜力，以及人口分布、经济布局、国土利用和城镇化格局，具有多样性、非均衡性、脆弱性的特征（马凯，2011），如果继续沿用以往的发展模式，国家治理的难度将会日趋加大，而且经济社会发展不可持续将持续增加，因此，各个地区采取差异化的发展模式成为了一种客观必然和主观选择。2007年，党的十七大报告、《中华人民共和国国民经济和社会发展第十一个五年规划纲要》和《国务院关于编制全国主体功能区规划的意见》都提出了建立主体功能区的要求。2010年1月，《全国主体功能区规划》（以下简称《规划》）发布，将国土区域明确划分为优化开发区域、重点开发区域、限制开发区域和禁止开发区域。如果说前两类地区的发展模式较之以往进行微调，那么后两类地区的发展模型则进行了颠覆性的变化。限制开发区①和禁止开发区分别成为限制和禁止大规模高强度工业化、城镇化开发的地区，根据《全国主体功能区规划》，目前国家重点生态功能区包括25个地区436个县级行政区，占全国陆地国土面积的40.2%，占全国总人口的8.5%；国家禁止开发区域共1443处，总面积120万平方公里，占陆地国土面积的12.0%。早在2008年，中央财政就对国家重点生态功能区范围内的部分县（市、区）实施生态转移支付②，2011年和2012年又相继实施了《国家重点生态功能区转移支付办法》和《2012年中央对地方国家重点生态功能区转移支付办法》。③国家重点生态功能区转移支付是生态补偿政策和转移支付政策的有机结合，是在原有的均衡性转移支付制度框架下，对国家重点生态功能区所实施的一种新型补偿机制，以此来补偿重点生态功能区禁止或限制开发失去的机会成本和生态保护的经济成本，但并不是完全独立的生态型转移支付。2008—2013年，纳入国家重点生态功能区的县（市、区）由221个增加到452个，2013年，452个被考核县域中生态环境质量"变好"和"轻微变好"的有31个，占6.9%；生态环境质量"基本稳定"的有412个，占91.1%；生态环境质量"变差"和"轻微变差"的有9个，占2.0%。④另一项配套性约束政策也相应出台，上级政府对纳入国家主体功能区建设的县（市、区）的考核也相应地发生了变化，环

---

① 限制开发区又被分为农产品主产区和重点生态功能区。

② 详见2009年颁布的《国家重点生态功能区转移支付（试点）办法》。

③ 此处的国家重点生态功能区既包括《全国主体功能区规划》中提到的限制开发中的重点生态功能区，也包括限制开发区中的其他功能区和禁止开发区，还包括青海三江源自然保护区、南水北调中线水源地保护区、海南国际旅游岛中部山区生态保护核心区等。要特别说明的是，转移支付中所说的国家重点生态功能区和《全国主体功能区规划》中说的重点功能区为包含与被包含关系。

④ http://yss.mof.gov.cn/zhengwuxinxi/gongzuodongtai/201310/t20131016_999692.html.

境质量的改善和基本公共服务水平的提升成为这些地区主要的考核指标①，对国家重点生态功能区所在县域官员的考核也主要根据生态环境质量和基本公共服务来决定。

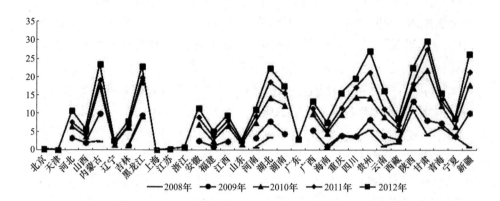

**图 8 - 2  全国各省份国家重点生态功能区转移支付情况（2008—2012 年）**
资料来源：财政部信息公开办。

可以预期的是，主体功能区的初始划分会弱化国家重点生态功能区县工业发展的激励，因此，财政收入会出现下降（财政收入更多地来自工业部门等第二产业），而生态环境绩效会出现一定程度的改善（因为生态环境绩效可以看作是工业发展的减函数），中央政府会通过两种方式对地方政府进行补偿，首先通过均衡性转移支付中的生态转移支付对地方政府的标准财政收支缺口进行补偿，而且"限制开发等国家重点生态功能区所属县标准财政收支缺口参照均衡性转移支付测算办法，并考虑中央出台的重大环境保护和生态建设工程规划地方需配套安排的支出、南水北调中线水源地污水和垃圾处理运行费用等因素测算确定"，这就意味着，在国家主体功能区范围内，标准财政收支缺口测算将考虑生态环境因素；另一种补偿方式将根据所在县域范围内的生态环境改善状况进行奖励。

---

① 具体可参见 2009 年出台的《国家重点生态功能区转移支付（试点）办法》、2011 年出台的《国家重点生态功能区转移支付办法》和 2012 年出台的《2012 年中央对地方国家重点生态功能区转移支付办法》。

表8-1　　　　　　　2009年、2011年和2012年生态转移支付办法

| 类型 | 2009年（试点）办法 | 2011年办法 | 2012年办法 |
| --- | --- | --- | --- |
| 分配原则 | 公平公正、公开透明、循序渐进、激励约束 | 公平公正，公开透明；重点突出，分类处理；注重激励，强化约束 | 同2011年办法 |
| 分配办法 | 某省（区、市）国家重点生态功能区转移支付应补助数=［∑该省（区、市）纳入试点范围的市县政府标准财政支出-∑该省（区、市）纳入试点范围的市县政府标准财政收入］×［1-该省（区、市）均衡性转移支付系数］+纳入试点范围的市县政府生态环境保护特殊支出×补助系数 | 某省（区、市）国家重点生态功能区转移支付应补助数=∑该省（区、市）纳入转移支付范围的市县政府标准财政收支缺口×补助系数+纳入转移支付范围的市县政府生态环境保护特殊支出+禁止开发区补助+省级引导性补助 | 某省国家重点生态功能区转移支付应补助额=∑该省限制开发等国家重点生态功能区所属县标准财政收支缺口×补助系数+禁止开发区域补助+引导性补助+生态文明示范工程试点工作经费补助 |
| 考核指标 | 环境保护和公共服务 | 环境保护和治理和基本公共服务 | 生态环境质量 |
| 激励约束 | 生态环境持续恶化地区，扣减转移支付；连续三年持续恶化，不享受该项转移支付。公共服务水平①等指标中任何一项出现下降的，中央财政扣减20%转移支付 | 与2009年办法相同 | 生态环境明显恶化的县全额扣减转移支付，生态环境质量轻微下降的县扣减其当年的转移支付增量 |
| 省级政府作用 | 资金分配和监管工作 | 资金分配和监管工作 | 资金分配和监管工作② |

注：①具体包括学龄儿童净入学率、每万人口医院（卫生院）床位数、参加新型农村合作医疗保险人口比例、参加城镇居民基本医疗保险人口比例。②补助对象原则上不得超出本办法明确的中央对地方国家重点生态功能区转移支付范围，分配的转移支付资金总额不得低于中央财政下达的国家重点生态功能区转移支付额。

进一步来看，国家重点生态功能区生态环境质量和基本公共服务可以看作是生态转移支付的反应函数，这种反应函数的效果主要取决于经

济激励和政治激励。经济激励，即放弃发展的机会成本在多大程度上可以由生态转移支付和生态环境改善带来的奖励来补偿；政治激励，即改善生态环境能否实现政治晋升。对于地方政府而言，在理想状态下，如果生态转移支付能够弥补放弃工业发展所产生的机会成本以及地方政府保障生态环境质量和基本公共服务需要的资金，再加之以"生态考核"为核心的晋升激励，地方政府及其官员是有绝对动力改善环境质量和保障基本公共服务。但是这种理想状态实现难度大，在更多的时候，地方政府面临着多种不确定性约束，放弃工业发展不一定会带来或者不会即时带来生态环境质量的改善，生态环境质量的改善是需要一定的时间的，尤其对于自然生态指标更是如此（见表 8 - 2），因而对于面临着较短政绩考核期和晋升期的地方官员而言，政治激励的作用会弱化，即生态环境改善的周期和政治晋升的考核周期不匹配，吕凯波（2014）、梁平汉和高楠（2014）的研究就指出，生态文明建设对官员的晋升作用不大，反而是地方官员特有的人事制度助长了环境污染；即使放弃工业发展实现了生态环境质量改善，由此所带来的转移支付和奖励往往不足以承担环境保护的机会成本和污染治理成本以及地方基本公共服务的需要。即使是理想状态也不一定是最优的状态，为了获得转移支付，地方政府往往会高估地区财政支出需求，向中央政府申请更多的转移支付，甚至出现"养懒汉"情形。地方政府在实际支出时，又往往有意将资金投入非生产性方面。这也是中央政府出台的《2012 年办法》中，弱化了对国家重点生态功能区基本公共服务水平考核的原因之一（对国家重点生态功能区仅考核"生态环境指标"）。因而，地方政府及其官员的行为选择会采取一种折中方案，实现一种新的均衡，即通过适度发展工业来弥补财力缺口，而工业的适度发展又不至于导致生态环境质量的恶化。具体体现在：近年来，国家重点生态功能区生态环境质量最大特征是"总体稳定"，生态环境质量"基本稳定"的县比重从 2011 年的 84.1% 上升到 2012 年的91.1%。根据现有的转移支付办法，中央政府不会对生态环境质量"基本稳定"的县实施"惩罚"，只要将生态环境指数控制在（-1，1）之间即可，更多的县选择从"改善区"退至"稳定区"或者继续保持在"稳定区"，这一现象可以看作是对现有生态转移支付制度产生的逆向选择。

表8-2　　　　　　　　　　生态环境指标（EI）体系

| 指标类型 | 一级指标 | 二级指标 |
|---|---|---|
| 共同指标 | 自然生态指标 | 包括：森林覆盖率、草地覆盖率、水域湿地覆盖率、耕地和建设用地比例 |
| | 环境状况指标 | 包括二氧化硫排放强度、化学需氧量排放强度、固废排放强度、工业污染源排放达标率、Ⅲ类或优于Ⅲ类水质达标率、优良以上空气达标率 |
| 特征指标 | 自然生态指标　水源涵养类型 | 水源涵养指数 |
| | 生物多样性维护类型 | 生物丰度指数 |
| | 防风固沙类型 | 植被覆盖指数 |
| | | 未利用地比例 |
| | 水土保持类型 | 坡度大于15°耕地面积比例 |
| | | 未利用地比例 |

由于现有数据无法度量生态功能区转移支付和生态环境水平，因而需要通过观察主体功能区转移支付制度实施前后，地方政府的经济发展行为和公共服务水平差异来识别这些效应。基于上述生态转移支付制度运行机理的分析，我们提出以下假设：

假设8-1：主体功能区制度和生态转移支付制度会降低生态县市工业规模，弱化地方财政收入能力，刺激地方财政支出需求，加剧地方财政收支缺口，相对降低公共服务水平；

假设8-2：对于地方财政收支缺口越大的生态县市，其限制工业发展的激励越小；

假设8-3：对于接受生态转移支付的生态县市，其工业发展越好，公共服务水平会更高；

假设8-4：偏重行政约束的重点生态功能区制度比生态转移支付制度的扭曲效应更大。

# 第三节 生态功能区制度和生态转移
制度的有效性评估

## 一 实证设计

### （一）样本

在评估主体功能区转移支付制度的有效性时，必须区分国家重点生态功能区县域和享受国家重点生态功能区转移支付县域的差异，《全国主体功能区规划》于2010年1月开始实施，生态功能区转移支付是从2008年开始实施，前者的名单基本确定不动，而后者的县域名单从2008年起一直呈逐步增加趋势，从2008年的221个县逐步增加到2011年的466个，再到2014年的512个，增加了1.3倍。事实上，从2008年开始，中央政府已经改变了对纳入主体功能区转移支付县域的考核，逐步变为以"生态环境质量"和"基本公共服务"为导向。可以基本确定的是，2008年享受生态转移支付的221个县与之后纳入国家主体功能区"限制开发区"和"禁止开发区"的县域转移支付和政绩考核并无实质区别。因此，国家主体功能区制度和生态转移支付制度是从2008年开始的。

根据是否纳入"生态功能区"和是否享受"生态功能区转移支付"为标准，我们将样本划分为两组：纳入生态功能区但没有享受生态功能区转移支付的组和同时纳入生态功能区和享受生态功能区转移支付的组，也就意味着前者的激励与约束主要来自政治考核，后者的激励和约束既有政治上的又有经济上的，因此，两者的效应差异为识别政治考核的作用提供了一个很好的自然机会。

表8-3　　重点生态功能区和享受生态转移支付县（市）数目　　单位：个

| 项目 | 2008年 | 2009年 | 2010年 | 2011年 | 2012年 |
|---|---|---|---|---|---|
| 重点生态功能区 | 436 | 436 | 436 | 436 | 436 |
| 享受生态转移支付的地区 | 221 | 359 | 447 | 466 | 492 |
| 重点生态功能区中未享受生态转移支付的地区 | 237 | 96 | 12 | 0 | 0 |

我们共收集1977个县域数据，其中不包括4大直辖市（北京市、上

海市、天津市和重庆市）及其下辖县。如图8-3和图8-4所示，我们
按照是否纳入国家重点生态功能区和是否享受国家重点生态功能区转移
支付为标准，我们发现，在2008年正式实施国家重点生态功能区转移支
付前后，国家重点生态功能区和非国家重点生态功能区、享受国家重点
生态功能区转移支付与不享受国家重点生态功能区转移支付地区之间在
财政收入、财政收支缺口和公共服务方面分化非常明显。

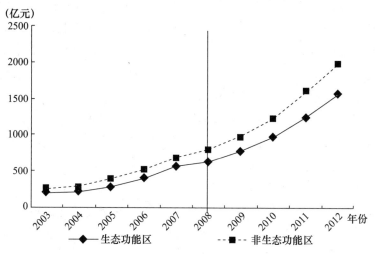

图8-3　主体功能区与人均财政收入

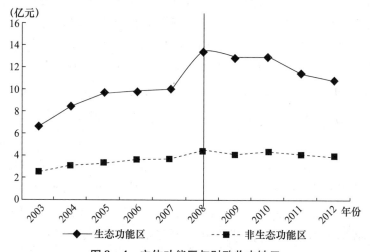

图8-4　主体功能区与财政收支缺口

（二）模型设定与识别方法

图8－3和图8－4的结果说明，本章采取双重差分方法非常适合评估国家重点生态功能区转移支付所产生的系列经济社会效应，而且发现，2008年确实是一个清晰的时间断点。尽管2008年实施的生态转移支付制度对于县域而言属于外生冲击，但是仍然不能有效地排除"选择性偏差"问题的存在，即是否享受国家重点生态功能区转移支付可能并不是随机决定的（受人为因素干扰，处理组和参照组不是随机划分的），因此，在稳健性分析中，本章将倾向评分匹配法和双重差分法有机结合，来解决内生性和选择性偏差问题。通过倾向性匹配法为"享受国家重点生态功能区转移支付"的县（市、区）匹配一组在特征上相似而在样本期间没有"享受国家重点生态功能区转移支付"的县，分别作为"实验组"和"对照组"，然后采用双重差分方法分析两组样本的效应差异。具体来说，首先确定影响成为"享受国家重点生态功能区转移支付"县（市、区）因素的Probit模型，通过查阅相关政策问题和以往文献，根据经济能力、生态环境状况、财政能力等原则相关因素可能包括：是否被纳入国家重点生态功能区（efa）、所在地级市是否为污染限期治理达标城市（unattainment）、是否为国家级生态示范区（eda）、人均GDP（pgdp）、是否为粮食主产县（food）、人口规模（pop）、人口密度（popd）、产业结构（industry）、政府规模（gz）和收支不平衡（deficit），上述因素可能在相当程度上影响县（市、区）是否享受国家重点生态功能区转移支付。

为了降低内生性问题，我们用前一期的上述因素变量对当时是否享受国家重点生态功能区转移支付进行回归，Probit模型为：

$$ectransfer(0/1)_{it} = \beta_0 + \beta_1 efa_{it} + \beta_2 eda_{it} + \beta_3 unattainment_{ci} + \beta_4 pgdp_{it} +$$
$$\beta_5 food_{it} + \beta_6 pop_{it} + \beta_7 popd_{it} + \beta_8 industry_{it} + \beta_9 gz_{it} + \beta_{10} deficit_{it} + \lambda_i + \nu_t + \mu_{it}$$

$$(8-1)$$

式中，$\beta_i$ 表示回归系数，$\lambda_i$ 和 $\nu_t$ 分别表示地区和时间固定效应，$\mu_{it}$ 表示随机误差项，ectransfer（0/1）表示哑变量，如果所在县（市、区）$i$ 在 $t$ 年享受国家重点生态功能区转移支付时，则当年取值为1，否则为0。

选择基于趋势评分匹配的双重差分法来控制"选择偏差"问题。本章的基本模型如下：

$$y_{it} = \alpha + \beta_1 efa(transfer)_{it} + \gamma X + \delta_i + \lambda_t + \mu_{it}$$

$$(8-2)$$

$$y_{it} = \alpha + \beta_1 efa(system)_i \times d_{08} + \beta_2 efa(system)_i + \beta_3 d_{08} + \gamma X + \delta_i + \lambda_t + \mu_{it}$$

$$(8-3)$$

式中，$i$ 表示县域，$t$ 表示时间，模型（8-2）主要考察生态转移支付的效应，其中，$efa(transfer)_{it}$ 用来区分实验组和对照组，如果当年享受到国家重点生态功能区转移支付，则为实验组，即 $efa(transfer)_{it} = 1$，否则为对照组，即 $efa(transfer)_{it} = 0$，模型（8-3）主要考察生态功能区制度的效应，其中，$efa(system)_i$ 用来区分实验组和对照组，实验组为生态功能区中的"限制开发区"和"禁止开发区"县，取 1，对照组为其他主体功能区中的县，取 0，$d_{08}$ 为时间虚拟变量，2008 年及之后取 1，之前取 0，通过交互项 $efa(system)_i \times d_{08}$ 的系数及大小来观察生态功能区制度所产生的经济社会净效应。$y_{it}$ 为本章所要观察的受到生态转移支付制度和生态功能区制度影响的经济社会变量，主要包括第二产业（工业）发展水平（industry）、财政收入水平（fiscal）、财政收支缺口（fisgap）和公共服务水平（pubgoods），分别用第二产业占 GDP 比重、一般预算收入、一般预算收支缺口、每万人病床数表示。$X$ 为一系列的控制变量，包括经济发展水平（pgdp）、城市化水平（urban）、人口密度（popdensity）、投资率（invest）、金融发展状况（finance）等，分别用人均实际 GDP、城镇人口占总人口比重、每平方公里人口数、固定资产投资占 GDP 比重、存贷款总额占 GDP 比重表示。$\delta_i$ 和 $\lambda_t$ 分别代表地区（县级或省级）和时间固定效应，$\mu_{it}$ 为随机扰动项。

为了进一步验证假设 2、假设 3、假设 4，基本模型还将分别拓展为：

$$industry_{it} = \alpha + \beta_1 efa_i \times d_{08} \times fisgap_{it} + \beta_2 efa_i + \beta_3 d_{08} + \gamma X + \delta_i + \lambda_t + \mu_{it} \quad (8-4)$$

$$pubgoods_{it} = \alpha + \beta_1 efa_i \times d_{08} \times industry_{it} + \beta_2 efa_i + \beta_3 d_{08} + \gamma X + \delta_i + \lambda_t + \mu_{it}$$

$$(8-5)$$

其中，主要通过 $efa_i \times d_{08} \times fisgap_{it}$ 和 $efa_i \times d_{08} \times industry_{it}$ 来识别生态转移支付制度的异质性扭曲效应和省级政府的作用。

（三）数据来源与说明

对于本章而言，有关生态功能区和生态转移支付制度方面的数据是核心。以往有关转移支付及其细分数据主要来自历年的《全国地市县财政统计资料》，但是，从 2008 年起，该统计资料不再提供细分的财政支出、收入和转移支付结构数据，而生态转移支付恰好于 2008 年正式实施，因此从该途径就无法获取这方面的数据。幸运的是，我们通过政府信息公开途径在环保部和财政部获取了 2008—2012 年历年全国享受生态转移支付的县市名单。此外，通过《全国主体功能区规划》获取了"限制开发区"和"禁止开发区"的全部县市名单，无论是生态转移支付制度还是生态功能区制度，都属于试点型的政策实验，因此，可以利用双重差分方法来规避现有补数据缺失的问题，同时在稳健性分析中还采用了倾向性匹配方法来解决其中所面临的选择偏差问题。

其他被解释变量、解释变量和控制变量的选择和说明以及相应的描述性统计见表 8 - 4，本章数据主要有两个来源：第一个来源为统计年鉴数据，如《中国区域经济统计年鉴》《中国统计年鉴》《中国城市统计年鉴》以及各省、直辖市、自治区统计年鉴，第二个来源为依照法定程序向环保部和财政部申请公开的数据，主要为历年享受国家重点生态功能区转移支付的县域名单、国家主体功能区中"限制开发区"和"禁止开发区"县域名单。①

表 8 - 4　　　　　　　　　　数据描述

| 变量 | 平均值 | 标准差 | 说明 |
| --- | --- | --- | --- |
| 是否享受生态转移支付 | 0.089 | 0.3014 | 当年是否享受生态转移支付 |
| 是否为重点生态功能区 | 0.1895 | 0.3919 | 所在县（市）是否为"限制开发区"或"禁止开发区" |
| 财政收入 | 849.3926 | 1545.207 | 人均财政收入（RJSR） |
| 财政支出 | 2687.398 | 3228.072 | 人均财政支出（RJZC） |
| 财政缺口 | 5.0707 | 8.0619 | 人均财政收支缺口/人均财政收入（GAPLV） |
| 公共服务 | 22.9194 | 13.3375 | 每万人病床数（PGS） |
| 工业发展 | 0.6880 | 0.5881 | 规模以上工业总产值/gdp（GONGYE） |
| 中小学人口占比 | 0.1485 | 0.0974 | 中小学生数/总人口 |
| 人均实际GDP | 1.6372 | 2.0777 | GDP/人口（RJGDP） |
| 城镇化率 | 0.1841 | 0.2096 | （总人口－乡村人口）/总人口（URBAN） |
| 人口密度 | 0.0288 | 0.0277 | 总人口/辖区面积（MIDU） |

① 《环境保护部政府信息公开告知书》（2014 年第 151 号），2014 年 7 月 24 日。

续表

| 变量 | 平均值 | 标准差 | 说明 |
|---|---|---|---|
| 投资率 | 0.5504 | 0.5295 | 固定资产投资/gdp（INVEST） |
| 金融发展 | 1.0717 | 0.5420 | 存贷款/gdp（FINANCE） |
| 污染限期达标区 | 0.2153 | 0.4111 | 是否为2003年环保部划定的限期达标城市 |
| 生态示范区 | 0.1258 | 0.3316 | 是否为国家生态示范区 |
| 粮食主产区 | 0.3331 | 0.4714 | 是否为国家粮食主产县 |

## 二　实证结果汇报

本章的实证首先检验了生态转移支付制度和生态功能区制度对所在地区的直接影响，包括工业发展、财政收支和公共服务；其次关注了两项制度的扭曲效应；最后稳健性检验证明了文本结论的可靠性。

（一）生态转移支付制度和生态功能区制度的直接影响：工业、财政、财政收支缺口与公共服务

如表8-5所示，回归结果模型（1）、模型（3）、模型（5）、模型（7）和模型（9）分别显示的是生态转移支付制度对规模以上工业、财政收入、财政支出、财政缺口和公共服务的影响；回归结果模型（2）、模型（4）、模型（6）、模型（8）和模型（10）报告的是生态功能区制度对规模以上工业、财政收入、财政支出、财政缺口和公共服务的影响。总体来看，两项制度均产生了显著的影响，具体来说，相比较没有享受生态转移支付和未纳入生态功能区的地区，实施了两项制度的地区，规模以上工业占比分别下降了11.8%和10.2%，同时人均财政收入下降了71.83元和64.44元，人均财政支出分别上升了2058.36元和2091.31元，由此所带来的财政相对缺口系数上升2.622和2.273，以万人病床数衡量的公共服务水平下降0.2446和0.4336。由此可以初步判断，基于工业发展对环境所造成的影响最大，实施更为严格的环境保护政策，降低工业发展规模和比重成为了实施生态转移支付制度和生态功能区制度的必然结果，尤其是对于享受了生态转移支付制度的地区而言，降低工业发展规模，减少污染排放成为享受该项转移支付的前提，对于生态功能区制度而言，并不是所有的地区都享受了生态转移支付，因此，相比较生态转移支付制度对工业发展所带来的冲击，生态功能区制度所产生的效应

相对较小，但是，这些地区依然面临着严格政治上的环境考核，因此，对工业的影响依然较大。

由于工业是地方税收的重要来源，因而必然会造成财政收入水平的相对下降，与此同时，实施了严格环境保护政策，同样会对其他一些对生态环境和环境质量产生重要影响的生产活动进行限制，财政收入所依赖的税源和税基将会减少，进而降低了这些地区的财政收入相对水平。在转移支付对地方财政支出影响的文献中，"黏纸效应"是一个重要的现象，即相同财政收入的地方，生态转移支付的比重更高的地方的财政支出和政府规模会更多和更大（Hines and Thaler，1995；Brennan and Pincus，1996），我们发现，这一点在生态功能区和生态转移支付上表现得也极为明显，相比较没有享受生态转移支付的地区和非生态功能区，由于实施了该项制度，使这些地区的人均财政支出相对增加了 2058. 36 元和 2091. 31 元，这可能与转移支付方的特征和拨付方式有关（范子英，2011）。一方面，当地方政府无法确定生态转移支付的可持续性，更加倾向于将其作为当期支出；另一方面，中央政府可能禁止地方政府利用生态转移支付安排其他支出，如果能够进行监督的话，"黏纸效应"将更为明显。财政收入的下降和财政支出水平的上升必然会引起财政收支缺口的扩大，由于地方财政经济能力的相对下降，即使这些享受到了较多的生态转移支付，但是，基本公共服务水平依然出现了相对下降的趋势，这可能与生态转移支付无法有效地弥补地方因生态环境保护而放弃工业发展机会所产生的成本相关，与此同时，也可能与生态转移支付降低地方政府财政努力程度有关。

伴随着生态功能区制度和生态转移支付制度的持续深入推进，由此所带来的影响又会发生怎样的变化？对此，我们在原有模型的基础上，分别引入了年度虚拟变量与生态功能区制度和生态转移制度变量的交互项，以此来识别两项制度的效应是如何随时间变化的。具体结果如图 8-5 至图 8-8 所示，我们发现，伴随着两项制度的持续实施，规模以上工业比重会持续下降（见图 8-5），对财政收入的影响经历了短暂的上升之后持续下降，对财政支出的影响为持续上升，伴随着生态转移支付补偿力度的强化，对财政缺口的不利影响有所缓解，对公共服务的影响总体上为负，但是波动较大，呈现出 W 形。

表 8-5　生态转移支付制度和生态功能区的直接效应

| 变量 | 规模以上工业 (1) | 规模以上工业 (2) | 财政收入 (3) | 财政收入 (4) | 财政支出 (5) | 财政支出 (6) | 财政缺口 (7) | 财政缺口 (8) | 公共服务 (9) | 公共服务 (10) |
|---|---|---|---|---|---|---|---|---|---|---|
| 生态转移支付制度 | -0.118* (-10.47) | | -71.83* (-5.46) | | 2058.36* (42.45) | | 2.622* (18.89) | | -0.2446* (-3.07) | |
| 生态功能区制度 | | -0.102* (-9.21) | | -64.44* (5.14) | | 2091.31* (42.64) | | 2.273* (15.46) | | -0.4336* (-2.78) |
| 人均实际GDP | 0.008* (4.2) | 0.008* (4.16) | 667.57* (166.6) | 667.96* (166.6) | 845.29* (83.37) | 841.355* (92.43) | -0.367* (-13.78) | -0.354* (-13.35) | 1.931* (26.68) | 1.934* (26.72) |
| 城镇化率 | 0.021 (1.42) | 0.021 (1.42) | 261.46* (9.00) | 261.81* (9.02) | 133.08 (1.81) | 211.54 (3.03) | -124 (-0.06) | -0.084 (-0.43) | -2.724* (-8.35) | -2.759* (-8.46) |
| 人口密度 | 4.38* (6.81) | 4.46* (6.92) | -3413.78* (-2.78) | -3311.78 (-2.7) | -29251.6* (-9.41) | -28707.02* (-25.85) | -53.859* (-12.48) | -38.655* (-8.59) | -68.99* (-10.51) | -61.746* (-9.02) |
| 投资率 | 0.019* (3.56) | 0.018* (3.39) | 13.98 (1.3) | 13.64 (1.27) | 351.242* (12.87) | 437.84* (16.38) | -0.082 (-1.11) | -0.0799 (-1.07) | -0.0196 (-0.16) | -0.029 (-0.24) |
| 金融发展 | 0.155* (21.46) | 0.155* (21.49) | 193.12* (13.82) | 193.72* (13.86) | 245.88* (6.95) | 157.29* (4.85) | 0.3068* (3.26) | 0.295* (3.15) | 1.248* (8.07) | 1.243* (8.04) |
| 年份效应 | 是 | 是 | 是 | 是 | 是 | 是 | 是 | 是 | 是 | 是 |
| 地区效应 | 是 | 是 | 是 | 是 | 是 | 是 | 是 | 是 | 是 | 是 |
| Constants | 0.0898 | 0.0872 | -393.069 | 396.9 | 691.39 | 675.61 | 4.957 | 3.685 | 18.938 | 18.364 |
| within $R^2$ | 0.254 | 0.2529 | 0.7238 | 0.7238 | 0.6818 | 0.6796 | 0.1883 | 0.207 | 0.2982 | 0.2982 |
| 总样本数 | 18771 | 18771 | 18977 | 18977 | 18975 | 18975 | 18974 | 18974 | 18974 | 18974 |
| 样本个数 | 1977 | 1977 | 1977 | 1977 | 1977 | 1977 | 1977 | 1977 | 1977 | 1977 |

注：括号内为 P 值，*、**和***分别表示在 10%、5%和 1%水平上显著。模型（1）、模型（2）、模型（9）、模型（10）的控制变量还包括财政支出；模型（5）至模型（8）的控制变量还包括中小学生比例，病床位数以及地级市层面的公共部门人员数，下同。

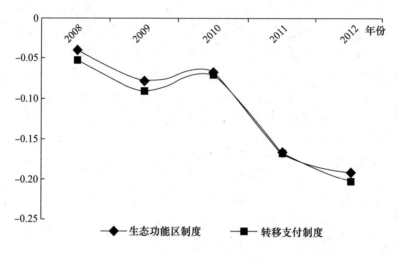

图 8-5　对工业的影响

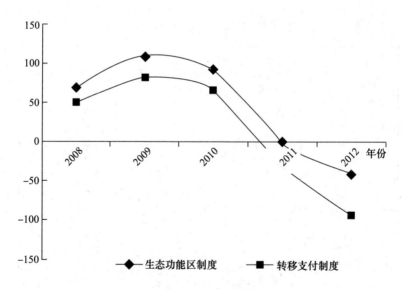

图 8-6　对财政收入的影响

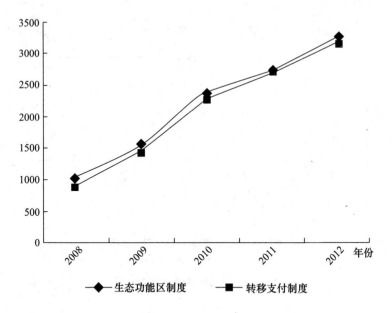

图 8 - 7　对财政支出的影响

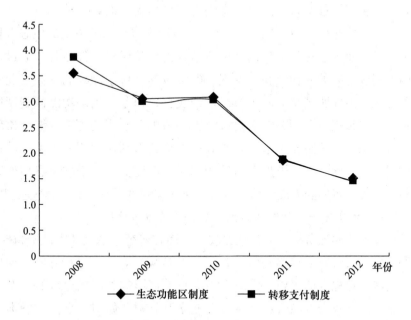

图 8 - 8　对财政收支缺口的影响

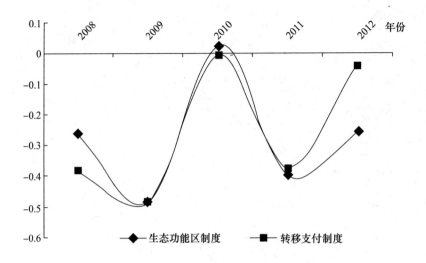

图 8 - 9　对公共服务缺口的影响

需要指出的是，2008—2012 年，生态功能区中有相当一部分县市没有享受到生态转移支付，同时享受到生态转移支付的县市并不一定全部纳入生态功能区中[①]，因此，生态功能区制度所显示的政治上的生态考核权重更大，而生态转移支付制度中所暗含的经济激励可能更强，通过比较两类制度效应的差异，我们发现，生态转移支付制度降低发展工业的激励更强，由此所带来的收入下降效应更强，但是，生态功能区制度所引致的"黏纸效应"更强，对财政收支缺口的不利影响更大，综合比较而言，生态功能区制度对基本公共服务供给的不利影响要大于生态转移支付制度。因此，在实施生态考核的同时，适度扩大和增加生态功能区转移支付的覆盖面和力度，可以有效地缓解该制度所带来的不利效应。[①]

（二）生态转移支付制度和生态功能区的扭曲效应

正如上述实证所指出的，地方政府在面临着越来越大的财政缺口时，除了通过上级政府的转移支付（包括生态转移支付）来进行弥补，如果通过发展一定程度的工业，同时又不会较大地影响到所在地区的生态考核，那么地方政府可能会通过发展工业来弥补财政缺口，来保障基本公

----

　　① 如《2012 年中央对地方国家重点生态功能区转移支付办法》中就指出，对不在环保部制定的《全国生态功能区划》"限制开发区"和"禁止开发区"的县也可以给予引导性补助，对生态环境保护较好的地区给予奖励性补助。

共服务的供给。我们在表 8 - 5 模型（1）和模型（2）、模型（9）和模型（10）的基础上，分别引入生态转移支付和主体功能区与财政缺口的交互项、生态转移支付和主体功能区与工业发展的交互项，回归结果如表 8 - 6 中模型（1）至模型（4）所示，在模型（1）和模型（2）中，生态转移支付制度和主体功能区制度实施均降低工业发展的激励，同时财政缺口与工业发展之间呈负向关系，进一步观察两者的交互项系数，在 1% 水平上显著为正，对于那些实施了生态转移支付或生态功能区制度的地区而言，财政缺口越大，发展工业的激励相对更强，这表明，现有以生态转移支付制度和生态功能区制度对地区生态保护和发展产生了扭曲效应，一方面，生态转移支付制度和生态功能区制度使这些地区产生了更多的财政缺口；另一方面，即两项制度的实施又使财政缺口越大的地区，发展工业的激励越大。进一步观察回归模型（3）和模型（4），对于那些实施了生态转移支付或生态功能区制度的地区而言，当工业发展水平越高时，公共服务水平也相对更高，即工业发展可以有效地缓解生态转移支付制度和主体功能区制度实施对地方基本公共服务供给所造成的不利影响。将四个回归结果结合起来进行分析，现有的转移支付办法，中央政府不会对生态环境质量"基本稳定"的县实施"惩罚"，只要将生态环境指数控制在（-1，1）区间即算合格，生态环境指数要大于 1 或者小于 -1，难度均较大，更多的县选择从"改善区"退至"稳定区"或者继续保持在"稳定区"，这一现象可以看作是对现有生态转移支付制度产生的逆向选择。近年来，国家重点生态功能区生态环境质量最大的特征是"总体稳定"，生态环境质量"基本稳定"的县比重从 2011 年的 84.1% 上升到 2013 年的 91.1%。我们的实证结果也解释了这一现象，由于生态转移支付制度和生态功能区制度实施无法有效地弥补因保护生态环境而放弃发展机会所造成的成本，而现有生态考核又为地区政府发展工业在内的各项生产性行为"预留"了空间，例如，一个地区由于发展工业使生态环境指数为 -0.8，而另一个地区由于放弃工业发展使生态环境指数为 0.8，但是，两个地区并无本质区别，均属于生态环境考核合格地区，尽管前者享受的生态转移支付规模可能大于后者，但是前者由于发展工业所增加的财政收入可能远远大于后者所享受到的生态转移支付净额，因此，在这种情况下，当地方政府面临着较大的财政收支缺口时，适度发展工业的激励可能被激发，而工业发展规模越大，越可能弥补因实施生态转移支付制度或生态功能区制度所导致的收支缺口，如此往复，可能形成一个恶性循环，具体表现在：在现有生态考核和生态转移支付条件下，生态转移支付/生态功能区制度→收入下降、支出增加和缺口扩大→发展工业→公共服务水平上升→支出扩大→收支缺口进一步扩大→进一步的工业发展→生态环境恶化。

表 8 - 6　　　　　　　　生态转移支付和生态功能区制度的扭曲效应

| 变量 | 工业发展 | | 公共服务 | |
|---|---|---|---|---|
| | (1) | (2) | (3) | (4) |
| 生态转移支付制度×财政缺口 主体功能区制度×财政缺口 | 0.003 * (5.19) | 0.004 * (5.00) | | |
| 生态转移支付制度×工业发展 主体功能区制度×工业发展 | | | 0.157 ** (2.37) | 0.1233 ** (2.28) |
| 生态转移支付制度/生态功能区制度 | -0.137 * (-10.92) | -0.125 * (-9.61) | -0.274 *** (1.91) | -0.278 *** (-1.89) |
| 财政缺口/工业发展 | -0.009 * (-14.21) | -0.009 * (-14.31) | 0.155 (0.93) | 0.159 (0.96) |
| 人均实际GDP | -0.009 * (-14.21) | 0.035 * (10.76) | 1.92 * (26.41) | 1.919 * (26.38) |
| 城镇化 | 0.041 * (2.86) | 0.042 * (2.85) | -2.729 * (-8.34) | -2.72 * (-8.34) |
| 人口密度 | 6.245 * (21.79) | 6.29 * (21.93) | -71.21 * (-10.61) | -71.24 * (-10.62) |
| 投资率 | 0.0247 * (4.46) | 0.023 * (4.27) | -0.035 (-0.28) | -0.036 (-0.29) |
| 金融发展 | 0.148 * (21.4) | 0.152 * (21.83) | 1.225 * (7.77) | 1.224 * (7.76) |
| 财政支出 | | | 0.007 * (8.55) | 0.007 * (8.53) |
| Constants | 0.060 | 0.054 | 18.99 | 18.99 |
| within $R^2$ | 0.251 | 0.251 | 0.299 | 0.299 |
| 总样本数 | 18766 | 18765 | 18766 | 18765 |
| 样本个数 | 1977 | 1977 | 1977 | 1977 |

注：括号内为Z值，*、**和***分别表示在10%、5%和1%的水平上显著。

根据上述回归结果，不难发现，无论是生态转移支付制度还是生态功能区制度均对地方发展产生违背政策初衷的扭曲效应和逆向选择。由于数据的限制，虽然还无法直接有效地评估和预测生态转移支付制度和生态功能区制度对生态环境所产生的影响，但是，通过上述结论还是能够间接甚至直接推导出，两项制度在相当程度上对地区生态环境保护产生了激励扭曲效应。

（三）稳健性分析

到目前为止，仍然有两个问题困扰着上述结论的可靠性：一是样本选择性偏差问题，以及可能存在的内生性问题；二是东部地区、中部地区和西部地区的经济发展水平和生态环境基础存在较大的差异。对此，我们采用基于趋势评分匹配的双重差分方法来解决样本的选择性偏差以及可能的内生性问题，将样本区分为东部地区、中部地区和西部地区来分别考察生态转移支付制度和生态功能区制度的效应差异。

1. 趋势评分匹配的双重差分方法

基于趋势评分匹配的双重差分方法的基本思想是，运用倾向性评分匹配方法（PSM）来选择参照组，首先采用二元选择模型来估计全部样本县市享受生态转移支付或纳入生态功能区中的可能概率，并根据估计结果计算各自被选中的概率，即倾向评分值来挑选参照组，以检验估计结果的稳健性。双重差分 PSM 成立的前提为以下均值可忽略性假定：

$$E(y_{0t} - y_{0t'} \mid x, D = 1) = E(y_{0t} - y_{0t'} \mid x, D = 0)$$

如果上式成立，则可以一致地估计 ATT（平均处理效应）：

$$\widehat{ATT} = \frac{1}{N_1} \sum_{i, i \in I_1 \cap S_p} \big[ (y_{1ti} - y_{0t'i}) - \sum_{j, j \in I_0 \cap S_p} w(i,j)(y_{0tj} - y_{0t'j}) \big]$$

该方法的优势在于可以用以控制不可观测但不随时间变化的组间差异，具体的变量选择详见上文"模型设定与识别方法"。相应的回归结果如表 8-7 所示，在克服了选择性偏差和可能的内生性问题后，得到的结论基本上与上文一致，即生态转移支付制度和生态功能区制度弱化了地方发展工业的激励，降低了这些地区财政收入能力，带来支出规模的扩大，引致了财政缺口的增加，弱化了这些地区基本公共服务的供给能力；在激励扭曲效应上，对于享受了生态转移支付和生态功能区制度的地区而言，财政缺口越大，其发展工业的激励越强，当工业发展水平越高时，相应的基本公共服务水平也得到了相对提升。同时，生态功能区制度所导致的扭曲效应要大于生态转移支付制度。

表 8 - 7　　　　　基于倾向评分匹配的双重差分方法回归结果

| | | 工业 | 财政收入 | 财政支出 | 财政缺口 | 公共服务 |
|---|---|---|---|---|---|---|
| 生态转移支付制度 | 生态转移支付 | -0.0433*** <br>(-2.75) | -47.77*** <br>(3.94) | 1467.39*** <br>(15.64) | 4.48*** <br>(13.22) | -0.426* <br>(-2.06) |
| | 生态转移支付×<br>财政缺口 | 0.002*** <br>(4.86) | | | | |
| | 生态转移支付×<br>工业发展 | | | | | 0.105*** <br>(3.98) |
| 生态功能区制度 | 生态功能区制度 | -0.032** <br>(-2.33) | -37.66*** <br>(3.33) | 1519.147*** <br>(12.62) | 4.656*** <br>(11.12) | -0.637* <br>(-1.66) |
| | 生态功能区制度×<br>财政缺口 | 0.003*** <br>(4.69) | | | | |
| | 生态功能区制度×<br>工业发展 | | | | | 0.094*** <br>(3.55) |

注：括号内为 t 值，***、** 和 * 分别表示在 10%、5% 和 1% 的水平上显著；每一个回归结果均表示一个回归方程，其他控制变量略去。

## 2. 东部、中部和西部三大地区的比较

以生态转移支付制度为例，进一步将样本区分为东部、中部和西部①，分别考察生态转移支付制度对工业发展、财政支出、财政缺口和公共服务的影响，回归结果如表 8 - 8 所示，相应的控制变量与上述回归无异。我们发现，总体上看，回归结果与上文基本一致。同时，也发现了生态转移支付制度对不同地区的扭曲效应程度存在明显的差异，生态转移支付制度对西部地区的扭曲效应最大，表现在对西部地区降低工业发展的激励最弱，回归结果不显著，财政支出的"黏纸效应"最为明显，引致的财政缺口也最大，同时对公共服务的不利影响最强。与此同时，生态转移支付制度对东部和中部地区或多或少产生了一定的扭曲，但是对中部的影响尤为不明显，表现在中部地区的"黏纸效应"、引致的财政缺口最小，同时还有利于提升中部地区的基本公共服务水平。①

――――――――――

①　西部省份包括山西、内蒙古、重庆、四川、贵州、云南、西藏、山西、甘肃、青海、宁夏和新疆；中部省份包括河北、吉林、黑龙江、安徽、江西、河南、湖北、湖南；东部省份包括辽宁、江苏、浙江、福建、山东、广东和海南。

表 8 - 8

东中西三大地区回归结果

| 变量 | 工业发展 | | | 财政支出 | | | 财政缺口 | | | 公共服务 | | |
|---|---|---|---|---|---|---|---|---|---|---|---|---|
| | (1)西部 | (2)中部 | (3)东部 | (4)西部 | (5)中部 | (6)东部 | (7)西部 | (8)中部 | (9)东部 | (10)西部 | (11)中部 | (12)东部 |
| 生态转移支付制度 | -0.0205 (-1.59) | -0.1822* (-13.01) | -0.2554* (-4.17) | 2125.5* (26.51) | 913.22* (22.3) | 1532.9* (14.00) | 3.281* (13.06) | 0.1525*** (1.98) | 0.3658* (3.4) | -1.591* (-5.15) | 0.885** (2.11) | -0.196 (-0.26) |
| 控制变量 | 是 | 是 | 是 | 是 | 是 | 是 | 是 | 是 | 是 | 是 | 是 | 是 |
| 年份效应 | 是 | 是 | 是 | 是 | 是 | 是 | 是 | 是 | 是 | 是 | 是 | 是 |
| 地区效应 | 是 | 是 | 是 | 是 | 是 | 是 | 是 | 是 | 是 | 是 | 是 | 是 |
| within $R^2$ | 0.1263 | 0.5866 | 0.3145 | 0.6885 | 0.8235 | 0.8791 | 0.0816 | 0.2446 | 0.062 | 0.282 | 0.3905 | 0.4406 |
| 总样本数 | 8941 | 6215 | 3615 | 8988 | 6310 | 3677 | 8988 | 6310 | 3676 | 8990 | 6310 | 3677 |
| 样本个数 | 956 | 638 | 383 | 956 | 638 | 383 | 956 | 638 | 383 | 956 | 638 | 383 |

注：括号内为 t 值，*、**和***分别表示在 10%、5%和 1%的水平上显著。

由于生态转移支付制度的主要实施地点集中于西部地区，而且对西部地区的不利影响也最为明显，这也在一定程度上间接佐证了现有生态转移支付制度可能是低效的，产生较大的扭曲效应。

## 第四节　生态转移支付制度的内生缺陷

作为典型公共产品的生态服务具有较强的外溢特征，决定了生态服务供给上的政府责任和分级分担机制的必要性。现实中，生态服务成本和受益在地域范围上的不对等和不匹配问题常有，建立充分的补偿机制显得尤为重要。从 20 世纪 80 年代开始，中国就在局部地区部分领域实施了政府主导的生态补偿制度，近年来，随着大规模生态功能区的建立，2008 年在全国范围内重点领域建立了以财政转移支付为主体的重点生态功能区转移支付制度（简称"生态转移支付"），生态转移支付的目标主要是通过对放弃经济发展机会的地区进行的生态环境保护行为进行政府补偿，该制度设计的初衷是希望通过一定程度地弥补放弃经济发展的机会成本和保护生态环境的投入成本，来保证这些地区基本公共服务水平不降低甚至提高，以更为有效地激励生态环境保护及其治理行为。但是，在实际的运行过程中，却存在诸多问题，在相当程度上使该制度难以有效地发挥应有的功能，甚至违背了制度设计的初衷。

生态转移支付的边界和范畴不明确使生态转移支付难以独立支撑整体的生态补偿，使生态转移支付的边界和范畴难以体现公共性原则，既丧失了公平又损失了效率。从环境绩效指数（EI）指标体系的设置来看，许多指标背后所隐含的是污染行为或者生态破坏行为可以在本地内部化，由于政策制定之初，并没有明确界定生态保护和环境污染治理的责任主体，使政策实施之后由于缺乏明确的边界和范畴，使有限的生态转移支付面临着"撒胡椒面"的困境，"搭便车"问题盛行，生态保护者、环境治理者和生态受害者由于受到生态补偿的"误导"，缺乏对生态环境破坏者的"追责"动力，而生态破坏者和环境污染者更是有恃无恐。这种完全由财政大包大揽的补偿机制不仅难以支撑整体补偿运行，而且长此以往，容易形成不良预期。我们认为，对于一些生态欠账难以厘清的生态破坏主体的存量生态赤字，可以考虑由地方财政和转移支付予以补偿，对于存量生态赤字和增量生态赤字行为应该按照"谁污染、谁治理"原则通过征收排污收费和生态补偿费（基金）的形式进行弥补，进一步明确生态转移支付的关注重点。在具体的环境要素领域，对于那些容易区分生态环境责任主体的要素，可以重点通过市场化的补偿机制进行弥补；对于那些生态环境责任不明确或模糊的环境要素，可以重点考虑通过生态转移支付进行补偿。

现有生态转移支付的考核标准过粗难以起到激励作用，补偿标准过低又难以有效地兼顾生态环境保护与公共服务供给之间的平衡。事实上，大多数享受到生态转移支付的县将转移支付中更大比重的资金用于社会保障、医疗卫生、教育、公共基础设施等方面，来弥补因生态保护而放弃发展所导致的公共服务不足问题，在生态保护和公共服务之间，"无奈"地选择了公共服务，但实际上由于生态转移支付的总体水平相对较低，即使将大部分资金用于了公共服务领域，相比较非生态功能区或不享受生态转移支付的县而言，这些地区的公共服务水平出现相对下降依然不可避免。我们也发现，无论是 2009 年还是 2011 年的重点生态功能区转移支付及其考核办法，都围绕"民生改善"和"环境治理"双重目标，相应的权重具有同等性，到 2012 年，该办法出现了重大调整，即由原来的双重标准转变为重点考察生态环境质量的改善，这种调整表明中央对现有生态转移支付所倒逼出的"重民生轻环保"问题的一种纠偏。但是，我们认为，这种调整并不具有长期的可持续性，重点生态功能区的首要功能是进行生态恢复和环境保护，但是，保证基本且均等的公共服务则是实施该制度的前提。通常情况下，地方基本公共服务的筹资主要来自本地财力和上级转移支付，尤其是均衡性转移支付，尽管越是经济落后的地区，在基本公共服务供给上越依赖上级转移支付，但是，一旦由于实施了严格的禁止和限制开发政策，本地税源必然受到较大冲击，而上级转移支付的增加又须主要用于生态环境治理，因而原有的基本公共服务供给所依赖的财源必然受到较大冲击，因此，出现生态转移支付中越来越大比重的财力用于基本公共服务领域可看作是地方政府的"无奈之举"。我们还进一步发现，重点生态功能区转移支付本身隶属于均衡性转移支付的范畴，因而公式设计中的"标准财政收支缺口"带有基本公共服务均等化的倾向，公式右边的其他项则涵盖了生态环境保护激励和约束的属性，但是，在实际中，重点生态功能区转移支付却并没有给予财力基础薄弱和环境质量不佳的重点生态功能区应有的重视，反而与财力水平和生态环境质量密切正相关。究其原因，以"标准财政收支缺口"为核心的国家重点生态功能区转移支付资金分配公式是导致违背"两个倾斜"的症结所在（李国平，2013）。要扭转实际分配中的"两个倾斜"偏差，促使国家重点生态功能区转移支付政策目标的实现。生态转移支付分配机制中的"嫌贫爱富"容易形成生态环境的"马太效应"。

县域生态环境质量的改善是个长期过程，资金投入在短期内难以产生明显效果。李国平（2013）通过对陕西省的调研就发现，该省某些县将国家重点生态功能区转移支付资金用于生态环境保护的长治工程上，比如建设堤防、城镇污水处理厂和垃圾处理场以及实施生态移民搬迁工程等，这笔资金对生态环境质量的影响难以在短期内见成效。《2012年中央对地方国家重点生态功能区转移支付办法》已经将监督考核与激励机制的对象由生态环境指标 EI 体系和基本公共服务指标调整为单一的生态环境指标 EI 体系。根据 EI 指标体系对生态环境质量进行考评，并以 EI 值变化实施奖惩，有利于国家重点生态功能区转移支付制度的生态绩效提高。但是，从实施的情况来看，近年来，国家重点生态功能区生态环境质量最大特征是"总体稳定"，生态环境质量"基本稳定"的县比重从 2011 年的 84.1% 上升到 2012 年的 91.1%。根据现有的转移支付办法，中央政府不会对生态环境质量"基本稳定"的县实施"惩罚"，只要将生态环境指数控制在（-1, 1）区间即可，更多的县选择从"改善区"退至"稳定区"或者继续保持在"稳定区"，生态环境恢复和治理从投入到产出的周期较长，见效较慢，因此，对于平均任期只有 2.8 年的县级官员而言，环境保护投入的效果是很难显现出来的（赵华林，2015）。相比较生态环境投入，其他基本公共服务的投入效果可能较为明显，即使 GDP 难以上去，只要保持地区经济社会相对稳定，同样存在晋升的可能性；但是，一旦将有限的公共财政支出投入到生态环境恢复和治理之中，而导致公共服务水平的下降，比如危及社会稳定，不仅晋升无望，而且极有可能陷入生态贫困陷阱之中。

# 小　结

　　生态功能区转移支付制度是国家实施主体功能区尤其是生态功能区战略的经济基础和制度保障，主体功能区的划分必然涉及不同功能区之间的利益分配、协调和补偿问题，生态补偿成了主体功能区建设的一项重要激励约束制度。现有的生态转移支付制度能否激励和约束地方政府（主要是县）兼顾生态环境保护和基本公共服务的改善将成为该项制度成败的标准和关键。2008—2015 年，均衡性转移支付中的重点生态功能区转移支付规模从 2008 年的 60.52 亿元上升到 2015 年的 509 亿元，专项转移支付中的节能环保支出从 974.09 亿元提高到 1910.18 亿元，整个生态环境转移支付已占中央对地方转移支付的 4.52%—5.93%。与此同时，到 2013 年，均衡性转移支付占所在生态功能区地方财政收入和支出的 53% 和 12%，生态转移支付的有效性在很大程度上决定着国家主体功能区战略的成败。那么，如此大规模的具有重大经济社会环境效应的政策实施效果如何，至今尚缺乏全面和科学的评估。本章借助国家重点生态功能区及其转移支付制度实施这一准实验机会，利用基于趋势评分匹配的双重差分方法，有效地克服内生性和选择性偏误问题，通过比较享受国家重点生态区转移支付地区和不享受国家重点生态功能区转移支付地区的经济行为和公共服务水平的差异来识别和评估主体功能区配套制度的有效性，该方法不仅可以将政策效果与其他影响经济行为和公共服务供给的因素相分离，而且还可以有效地解决不可观测因素的影响问题，也解决了现有公开年鉴无法提供生态转移支付数据所导致的识别难问题。同时本章研究还直接地提供了生态环境治理过程中所面临的发展与保护两难选择困境的直接证据，以生态转移支付制度和生态功能区制度为例，并进一步提出了如何协调和融合的政策启示。此外，由于国家主体功能区中的限制开发区和禁止开发区并未全部纳入国家重点生态功能区转移支付制度内，未纳入生态转移支付的限制开发区和禁止开发区可能只面临着来自上级政府的政治约束或者激励，因此，本章将进一步以"是否纳入国家重点生态功能区"和"是否享受国家重点生态功能区转移支付"分别作为分组依据，来比较两类分组方法之间的差异，以此来识别单一政治约束（激励）与双重经济激励和政治激励的效应差异。我们发现，无论是生态功能区制度还是生态转移支付制度，都显著降低了县市发展工业的激励，同时也带来了财政收入下降、支出上升、缺口扩大和公共服务水平下降，对西部地区的影响尤为明显；在生态功能区或享受生态转移支付的县市中，财政收支缺口越大，发展工业的激励越强，工业发展水平越高，其公共服务水平相对更高。这表明，当现有制度安排无法有效地弥补县市因保护生态环境而放弃经济发展的机会成本时，地方政府为了保障基本公共服务需要，则会通过发展一定规模的工业来弥补公共服务成本，而现有的生态考核缺乏有效的梯度，在一定程度上拓宽这些地区工业发展的"空间"；生态功能区制度所代表的行政约束产生的扭曲效应显著地大于生态转移支付制度所代表的双重"经济激励和行政约束"。

　　对此，我们建议，明确市场化补偿和政府补偿的边界和范畴，在政府补偿中，主要集中于存量的生态恢复和部分环境治理领域。按照生态环境保护的边际成本等于生态转移支付所带来的边际收益原则，加大生态转移支付投入力度和提高生态转移支付标准。有两种方案可以考虑：第一种方案，为在原有生态转移支付中加入对机会成本的补偿，国家重点生态功能区的生态补偿应该包含对放弃发展的机会成本补偿和对生态保护建设投入的补偿。第二种方案，在准确测算现有生态转移支付标准的基础上，适当提高国家重点生态功能区均衡性转移支付的系数，以提高这些地区的基本公共服务的保障水平。生态功能区政策的实施需要辅之以相应的生态转移支付制度，提高"经济激励和行政约束"有机结合的重点生态功能区转移支付制度的覆盖面，可以有效地缓解单纯功能区的政策扭曲效应。把握生态环境公共服务与其他基本公共服务的差异性，设置合理化且细化的生态环境考核标准梯度。推动生态型转移支付的归并整合，特别是要发挥专项性生态转移支付的规模效应。由于国家重点生态功能区自然环境条件的差异，其进行生态环境保护的成本收益存在较大差异，某地区因生态环境恶劣投入了大量成本进行生态环境保护和建设，但生态环境质量并没有明显改善，对此，还需要进一步考虑生态环境建设的投入增长指标，将 EI 结果与生态环境保护的投入增长率指标有机结合，考虑从投入到产出全过程的绩效及其相应的管理效率，以实现激励机制的公平性与效率的兼容性。

# 第九章　中国财政政策的"绿色度"综合评估

　　从环境宏观经济学角度看，除环境政策影响环境均衡外，财政政策对环境均衡也有重要影响。在这一章里，我们构建了一个包含环境均衡的 RBC 模型，结合不同的政府环境支出融资模式，引入财政支出、劳动所得税率、资本所得税率和环境税率等因素，从理论上得到环境宏观经济系统的竞争性均衡条件。在此基础上，利用中国 1978—2014 年的相关数据，实证分析了宏观经济与环境的长期稳态水平及短期波动效应。结果显示：政府环境支出采用一般预算融资的情形下，开征环境税能实现"双重红利"，经济产出提高 0.13%，二氧化碳存量下降 1.1%；环境税率变动是二氧化碳存量波动的重要来源之一，其波动贡献率达 87%；财政政策变动对二氧化碳存量的短期波动具有显著影响，扩张性财政政策引致的环境效应方向及程度与财政政策类型有关。政府配套实施"一揽子"财政政策，包括开征环境税、环境财政支出采取一般税融资方式、增加环境财政支出、降低劳动所得税率与提高资本所得税率等，有助于大幅提升中国财政政策的"绿色度"。

## 第一节　环境宏观经济学视角下的财政政策

　　环境问题和相应的市场失灵是微观经济学理论的重要研究内容。经济学家认为，环境问题是由于稀缺性环境资源缺乏价格所导致的。因此，经济学家建议引入以单位税或者排污费为替代的价格信号来更加经济地使用这种资源。一旦价格机制有效发挥作用，污染者面临着价格等于边际排污成本的约束，该约束促使排污者将边际社会成本内部化。因此，环境问题的传统解决方法就是找到环境资源的"正确的价格"。费希尔和休特尔（C. Fischer and G. Heutel，2013）认为，环境政策主要是根据环境外部性理论来制定的，大量文献从微观经济角度比较不同环境政策的效应，进而比较环境政策的优劣，忽略了环境政策与宏观经济之间的相互影响，这样会使研究结果遗漏重要的经济反馈效应。戴利（Daly，1991）首次提出的环境宏观经济学为研究环境、宏观政策与宏观经济之间的相互作用及其传导机制奠定了基础。

卡尔·戈拉－马勒（Karl Gora – Maler，1975）最早将环境因素引入新古典增长理论中，探讨了包含环境因素的长期增长与短期波动问题，并在此基础上，讨论了使用财政和货币政策来实现最优增长路径的可能性问题。环境宏观经济学主要探讨环境经济核算与环境经济最优规模（Dal，1991；1992；C. S. Marxsen，1992）。在此基础上，海伊斯（Heyes，2000）构建了一条环境均衡曲线，并将其融入 IS—LM 模型中，扩展为 IS—LM—EE 模型，其政策含义表明，在环境均衡曲线不变的情况下，扩张的财政政策会使环境退化，必须配合以紧缩的货币政策才能使环境经济实现均衡。而劳恩（Lawn，2003）扩展了海伊斯（2000）的 IS—LM—EE 模型，其研究结果表明，在恰当的环境规制安排下，财政政策的变化也会引起环境均衡曲线移动，因此，财政政策对环境有益还是有害依赖于财政政策的环境引致效应大小。对于政策制定者来说，财政政策所引起的环境经济均衡的实现，需要完全信息，且在外生政策或制度安排（货币政策配合或恰当的环境规制制度）之下来实现，但财政政策所引起的"波特效应"会使环境经济均衡具有自动稳定机制（N. C. S. Sim，2006）。此外，还有许多学者从消费或投资的角度（Jonathan M. Harris，2008）、从技术进步的角度（D. Acemoglu et al.，2012；2014；C. Fischer，G. Heutel，2013）探讨了环境宏观经济学及其政策引致效应。

在国外，过去很长一段时期，环境财政政策的研究主要集中在环境税和环境财政支出的相关效应方面。近十年来，越来越多的文献关注财政政策的环境引致效应（Bernauer and Koubi，2006；2013；Lopez et al.，2007，2010，2011；Lopez and Palacios，2014；Holkos and Paizanos，2013，2015；Galinato and Islam，2014；Islam and Lopez，2015；Barman and M. R. Gupta，2010；S. Gupta et al.，1995；E. Vella et al.，2015；G. I. Galinato and S. P. Galinato，2016）。例如，洛佩兹等（2007，2011）最早开始从理论和经验两个方面，研究了财政支出对环境的结构效应和

规模效应，并将结构效应分解为直接效应、资本污染替代效应、劳动污染替代效应、税收效应和产出效应。洛佩兹等（2010）归纳总结了财政政策影响环境的作用机制：（1）通过财政政策所产生的约束激励，促使资源在人力资本、物质资本和自然资本之间以最优的方式进行合理配置；（2）财政政策能使宏观经济扩张或收缩，并通过债务、社会保障、资源和污染税以及环境治理支出等途径影响到代际转移支付；（3）财政政策可能直接对环境产生影响。有关财政政策对环境影响效应的较详细综述，以及两者之间的作用机制，可参见 Holkos 和 Paizanos（2015）。

在国内，大多数学者主要关注环境税的相关效应（曹静，2009）。而对于非环境财政政策的环境效应研究方面，卢洪友和陈思霞（2014）利用洛佩兹等（2011）的理论模型测算了中国财政支出的生产端环境效应。卢洪友等（2015）利用 Galinato 和 Islam（2014）的理论模型测算了中国财政政策的消费端环境效应。

上述研究均利用局部均衡模型，分析财政政策的环境引致效应。近几年，也有一些学者利用一般均衡模型，例如，Angelopoulos 等（2010）、C. 费希尔等（2011）、Y. Dissou 等（2012）利用 RBC 模型分析了环境税的经济增长效应。而 G. 休特尔（2012）在 RBC 框架下分析了环境税的经济增长效应，同时也分析了环境税的福利效应。且上述四篇文献的模型设置中，均引入政府环境治理支出，并由环境税专款专用进行筹资。另外，B. Annicchiarico 等（2015）采用新凯恩斯模型探讨了环境税的宏观经济动态效应，在其模型设置中并没有引入政府环境治理支出。

与现有文献相比，我们的研究在以下几个方面有所创新：（1）在中性税制（一次性总付税）和扭曲性税制环境下，构建一般均衡模型来分析财政政策（一般财政政策和环境财政政策）、环境质量与宏观经济之间的相互作用关系。（2）在一般均衡模型中，引入财政环境治理支出，其资金来源划分为两种：一是环境税专款专用；二是增加一般公共预算拨款，并比较两种资金来源渠道下的宏观经济与环境变量的稳态水平。（3）在扭曲税制情形下，不同税收政策变动对宏观经济与环境的影响及其传导机制。（4）在理论模型的基础上，利用中国的相关数据校准模型参数，模拟了财政政策对宏观经济与环境的影响。

# 第二节 一般均衡理论模型构建

## 一 中性税制

### (一) 家庭行为

假设本书设计的经济是一个封闭的经济环境, 且在其中有一个无限期存在的典型家庭, 家庭拥有劳动和资本两种要素, 并拥有企业。家庭的效用来自其对商品的消费, 对闲暇的享受以及政府供给的公共商品 (或公共支出), 那么, 家庭的跨期贴现效用现值如下:

$$U = E_0 \sum_{t=0}^{\infty} \beta^t \left[ \ln C_t - \theta \frac{N_t^{1+X}}{1+X} + h(G_t) \right] \qquad (9-1)$$

式中, $U$ 表示家庭的跨期贴现效用; $E_0$ 表示期望算子; $\beta$ 表示主观贴现率; $C_t$ 表示家庭的消费量; $N_t$ 表示家庭供给的劳动, $\theta$ 表示家庭从劳动供给中得到的效用系数, 在上式中家庭来自劳动的效用为负, 这是因为, 家庭的闲暇时间与劳动时间之和固定; $G_t$ 表示政府支出。

由于家庭拥有劳动和资本, 其在要素市场上供给劳动和要素, 会获得劳动收入和资本利息, 并且家庭拥有企业, 企业的利润会转移给家庭, 此外, 家庭还会购买政府债券, 并获得政府支付的债券本息收入, 而家庭也需要向政府缴纳一定数额的一次性总付税。家庭获得上述收入后, 其缴纳一次性总付税后的可支配收入将会配置于消费、投资和政府债券。因此, 家庭的预算约束如下式:

$$C_t + I_t + B_{t+1} = W_t N_t + R_t K_t + \Pi_t - T_t + (1 + R_{1t}) B_t \qquad (9-2)$$

式中, $I_t$ 表示投资; $B_{t+1}$ 表示第 $t$ 期购买的政府债券, 并在第 $t+1$ 期还本付息; $W_t$ 表示工资率; $R_t$ 表示资本利息率; $K_t$ 表示资本存量; $\Pi_t$ 表示企业利润; $T_t$ 表示一次总付税, 对于家庭来说, 一次总付税是给定的, 这是因为, 家庭所支付的税费总额与家庭的决策无关, 例如, 家庭支付多少 $T_t$ 都不会影响其供给多少劳动的决策; $R_{1t}$ 表示政府债券利息。

资本积累方程为:

$$K_{t+1} = I_t + (1+\delta) K_t \qquad (9-3)$$

那么, 在式 (9-2) 和式 (9-3) 的约束下, 求得家庭的跨期贴现效用式 (9-1) 最大化。构造拉格朗日算式如下:

$$c = \beta\left[\ln C_t - \theta\frac{N_t^{1+\chi}}{1+\chi} + h(G_t)\right] + \lambda\left[W_t N_t + R_t K_t + \Pi_t - T_t + (1+R_{1t})B_t - (C_t + K_{t+1} - (1-\delta)K_t B_{t+1})\right]$$

因此，家庭问题的一阶条件为：

$$\frac{1}{C_t} = \beta E_t \frac{1}{C_{t+1}}\left[R_{t+1} + (1-\delta)\right] \tag{9-4}$$

$$\frac{1}{C_t} = \beta E_t \frac{1}{C_{t+1}}\left[1 + R_{1t}\right] \tag{9-5}$$

$$\frac{W_t}{C_t} = \theta N_t^\chi \tag{9-6}$$

（二）企业行为

对于典型企业来说，其雇佣劳动和资本进行生产，生产函数采用规模报酬不变的 C—D 形式。

$$Y_t = A_t K_t^\alpha N_t^{1-\alpha}$$

污染作为一种副产品，在企业生产过程中被排放出来，因此，其排放方程为：

$$Z_t = \mu Y_t = \mu A_t K_t^\alpha N_t^{1-\alpha}$$

式中，$E_t$ 表示第 $t$ 期污染排放量，$\mu$ 表示企业的污染排放系数。

生产率服从 AR（1）过程：

$$\ln A_t = \rho_A \ln A_{t-1} + \varepsilon_{A,t}$$

政府部门会对企业的排放行为征收环境税，税率为 $\tau_E$，那么，政府取得的排污费收入为：

$$F_t = \phi_t^Z \tau_Z Z_t = \phi_t^Z \tau_Z \mu A_t K_t^\alpha N_t^{1-\alpha}$$

式中，$\phi_t^Z$ 表示环境税率外生冲击，且服从 AR(1) 过程：

$$\ln\phi_t^Z = \rho_Z \ln\phi_{t-1}^Z + \varepsilon_{Z,t}$$

式中，$\rho_Z$ 表示一阶自回归系数，$\varepsilon_{Z,t}$ 表示外生冲击。那么，企业利润最大化问题，可以得到企业的一阶条件，即要素价格与边际产量相等。

$$W_t = (1-\alpha)(1 - \phi_t^Z \tau_Z \mu)A_t K_t^\alpha N_t^{1-\alpha} \tag{9-7}$$

$$R_t = \alpha(1 - \phi_t^Z \tau_Z \mu)A_t K_t^{\alpha-1} N_t^{1-\alpha} \tag{9-8}$$

（三）环境演化

自然环境具有一定的净化修复能力，假设自然环境的净化修复率为 $1-\phi$，政府对环境污染的治理支出为 $E_t$，治理效果参数为 $\gamma$，则环境污染存量的积累方程为：

$$Q_{t+1} = Z_t + \varphi Q_t - rE_t \tag{9-9}$$

式中，$Q_t$ 表示本期的环境质量；$E_t$ 表示本期的污染流量，由于降解之后留存到下一期的污染存量为 $\varphi Q_t$。

（四）政府行为

政府一般预算支出 $G_t$ 是外生决定的，并由政府收取的一次总付税 $T_t$ 和新发行的债务 $B_{t+1}$ 所支持。政府在第 t 期，除政府支出外，还要偿还上一期发行的债务。那么，政府的一般公共预算支出约束为：

$$G_t + (1 + R_{1t})B_t + E_t = T_t + B_{t+1} + F_t \tag{9-10}$$

根据李嘉图等价，政府债务筹资和征税是等价的。因此，可以假设每一期政府一般预算支出只由税收融资，且得到相同的均衡动态。

1. 政府环境支出资金来源于环境税收入

环境税收入专款专用，则政府污染治理支出预算约束为：

$$E_t = F_t$$

而政府一般公共支出预算约束为：

$$G_t = T_t$$

2. 政府环境支出来源于一般公共预算和环境税收入

假设政府污染治理支出来源于一般公共预算的比例（1 - b），那么，政府污染治理支出预算约束为：

$$E_t = F_t + (1 - b)T_t$$

$$G_t = bT_t$$

从政府的预算约束式（9-9）能看出，政府支出与上一期发行债务的本息之和不能超过税收收入与新发行债务之和。这就意味着，在某一时期，政府支出增长，可以通过两条渠道支持：一是增加目前的一次总付税；二是发行更多的债务。

政府支出的外生随机变化过程如下：

$$\ln G_t = (1 - \rho_g)\ln(\omega Y) + \rho_g \ln G_{t-1} + \varepsilon_{g,t}$$

从上式可以看出，本章假设政府支出为稳态产出的份额，且服从均值为 0 的 AR(1) 过程。

（五）竞争性均衡

通过上文的经济环境设定，本章定义的竞争性均衡为一系列价格 $Q(W_t, R_t, R_1 t)$ 和资源配置（$C_t$，$K_{t+1}$，$N_t$，$B_{t+1}$）的集合，并使典型家庭和企业的最优化条件式（9-4）至式（9-8）成立；要素市场出清；家庭和企业的预算约束以等式成立；家庭在每一期持有的债务都等于政府发行的债务。

政府的预算约束式（9-10）可以变形为：

$$G_t + (1 + R_{1t})B_t - B_{t+1} + E_t \leq T_t + F_t$$

将政府的预算约束式（9-10）和企业的生产函数代入家庭的预算约束式（9-2）中，得到：

$$Y_t = C_t + I_t + G_t + E_t \tag{9-11}$$

那么，本章所描述的经济的竞争性均衡由下列差分方程组系统组成：

$$\frac{1}{C_t} = \beta E_t \frac{1}{C_{t+1}} [R_{t+1} + (1-\delta)] \tag{9-12}$$

$$\frac{1}{C_t} = \beta E_t \frac{1}{C_{t+1}} [1 + R_{1t}] \tag{9-13}$$

$$\frac{W_t}{C_t} = \theta N_t^\chi \tag{9-14}$$

$$W_t = (1-\alpha)(1 - \phi_t^Z \tau_Z \mu) A_t K_t^\alpha N_t^{-\alpha} \tag{9-15}$$

$$R_t = \alpha(1 - \phi_t^Z \tau_Z \mu) A_t K_t^{\alpha-1} N_t^{1-\alpha} \tag{9-16}$$

$$Y_t = A_t K_t^\alpha N_t^{1-\alpha} \tag{9-17}$$

$$Z_t = \mu Y_t = \mu A_t K_t^a N_t^{1-\alpha} \tag{9-18}$$

$$F_t = \phi_t^Z \tau_Z Z_t = \phi_t^Z \tau_Z \mu A_t K_t^\alpha N_t^{1-\alpha} \tag{9-19}$$

$$Q_{t+1} = Z_t + \varphi Q_t - \gamma E_t \tag{9-20}$$

$$Y_t = C_t + I_t + G_t + E_t \tag{9-21}$$

$$K_{t+1} = I_t + (1-\delta)K_t \tag{9-22}$$

$$E_t = F_t + \frac{(1-b)}{b}G_t \tag{9-23}$$

$$\ln\phi_t^Z = \rho_Z \ln\phi_{t-1}^Z + \varepsilon_{Z,t} \tag{9-24}$$

$$\ln A_t = \rho_A \ln A_{t-1} + \varepsilon_{A,t} \tag{9-25}$$

$$\ln G_t = (1-\rho_g)\ln(\omega Y) + \rho_g \ln G_{t-1} + \varepsilon_{g,t} \tag{9-26}$$

本章的均衡条件由 15 个差分方程和 15 个变量构成，且生产率服从均值为 0 的 AR（1）过程，其稳态值可标准化为 1。需要说明的是，在均衡方程中，并没有出现一次总付税和债务。当然，也可以在均衡条件中增加政府预算约束，但是，这会导致增加一个方程和两个变量。而在本章的一般均衡环境中，政府一次总付税和债务的混合融资不确定，且与均衡动态不相关。另外，根据李嘉图等价，政府债务筹资和征税是等价的。因此，可以假设每一期政府一般预算支出只由税收融资，且得到相同的均衡动态。而此处，本章只关注环境治理支出的融资方式和政府一般预算支出的动态，而不关注一般预算支出的融资形式。

## 二 扭曲性税制

在这个部分，我们替换掉一次总付税的中性税制的假设，且假设政府对家庭的劳动收入和资本收入征税，设定扭曲性税率分别为 $\tau_N$ 和 $\tau_K$，我们假设政府外生控制两种税率变化，因此，我们可以分析扭曲性税率变化的宏观经济与环境效应。

根据上述假设，政府依靠对家庭劳动收入和资本收入征税，以及发行债务来取得收入。家庭的预算约束变为：

$$C_t + I_t + B_{t+1} = \left(1 - \frac{\tau_N}{\phi_t^N}\right)W_t N_t + \left(1 - \frac{\tau_K}{\phi_t^K}\right)R_t K_t + \Pi_t + (1 + R_{1t})B_t$$

$$(9-27)$$

式中，$\tau_N$ 和 $\tau_K$ 是政府征收的所得税税率，$\phi_t^N$ 和 $\phi_t^K$ 分别表示劳动所得税率外生冲击和资本所得税率外生冲击。其他变量与式（9-2）的含义相同。因此，家庭在新的预算约束下实现跨期贴现效用现值最大化的一阶条件变为：

$$\frac{1}{C_t} = \beta E_t \frac{1}{C_{t+1}}\left[\left(1 - \frac{\tau_K}{\phi_{t+1}^K}\right)R_{t+1} + (1-\delta)\right]$$

$$\frac{1}{C_t} = \beta E_t \frac{1}{C_{t+1}}[1 + R_{1t}]$$

$$\frac{\left(1 - \frac{\tau_N}{\phi_t^N}\right)W_t}{C_t} = \theta N_t^\chi$$

所得税率外生冲击遵循 AR（1）过程，其变化方程为：

$$\ln\phi_t^N = \rho_N \ln\phi_{t-1}^N + \varepsilon_{N,t}$$

$$\ln\phi_t^K = \rho_K \ln\phi_{t-1}^K + \varepsilon_{K,t}$$

式中，$\rho_N$ 表示劳动所得税税率一阶自回归系数，$\varepsilon_{N,t}$ 表示劳动所得税率外生冲击；$\rho_K$ 表示资本所得税税率一阶自回归系数，$\varepsilon_{K,t}$ 表示资本所得税率外生冲击。

扭曲性税制环境下，企业行为并不受影响，因此，其一阶条件仍然为要素价格等于边际产品。

政府预算约束中的一次总付税变成扭曲性税收：

$$T_t = \frac{\tau_N}{\phi_t^N} W_t N_t + \frac{\tau_K}{\phi_t^K} R_t K_t$$

如果其他均衡条件不变，那么，在扭曲性税制环境中，经济的竞争性均衡由下列差分方程组系统组成：

$$\frac{1}{C_t} = \beta E_t \frac{1}{C_{t+1}} \left[ \left( 1 - \frac{\tau_K}{\phi_{t+1}^K} \right) R_{t+1} + (1 - \delta) \right] \quad (9-28)$$

$$\frac{1}{C_t} = \beta E_t \frac{1}{C_{t-1}} [1 + R_{1t}] \quad (9-29)$$

$$\frac{\left( 1 - \frac{\tau_N}{\phi_t^N} \right) W_t}{C_t} = \theta N_t^\chi \quad (9-30)$$

$$W_t = (1 - \alpha)(1 - \phi_t^Z \tau_Z \mu) A_t K_t^\alpha N_t^{-\alpha} \quad (9-31)$$

$$R_t = \alpha (1 - \phi_t^Z \tau_Z \mu) A_t K_t^{\alpha-1} N_t^{1-\alpha} \quad (9-32)$$

$$Y_t = A_t K_t^\alpha N_t^{1-\alpha} \quad (9-33)$$

$$Z_t = \mu Y_t = \mu A_t K_t^\alpha N_t^{1-\alpha} \quad (9-34)$$

$$F_t = \phi_t^Z \tau_Z Z_t = \phi_t^Z \tau_Z \mu A_t K_t^\alpha N_t^{1-\alpha} \quad (9-35)$$

$$Q_{t+1} = Z_t + \varphi Q_t - \gamma E_t \quad (9-36)$$

$$Y_t = C_t + I_t + G_t + E_t \quad (9-37)$$

$$K_{t+1} = I_t + (1 - \delta) K_t \quad (9-38)$$

$$E_t = F_t + \frac{(1-b)}{b} G_t \quad (9-39)$$

$$\ln \phi_t^N = \rho_N \ln \phi_{t-1}^N + \varepsilon_{N,t} \quad (9-40)$$

$$\ln \phi_t^K = \rho_K \ln \phi_{t-1}^K + \varepsilon_{K,t} \quad (9-41)$$

$$\ln \phi_t^Z = \rho_Z \ln \phi_{t-1}^Z + \varepsilon_{Z,t} \quad (9-42)$$

$$\ln A_t = \rho_A \ln A_{t-1} + \varepsilon_{A,t} \quad (9-43)$$

$$\ln G_t = (1 - \rho_g) \ln(\omega Y) + \rho_g \ln G_{t-1} + \varepsilon_{g,t} \quad (9-44)$$

本章的均衡条件由17个差分方程和17个变量构成。在扭曲性税制环境下，均衡条件中仍然没有政府债务，原因在上一部分已经论述。

# 第三节  中国经济周期变化与二氧化碳
# 排放量周期变化

我们首先分析中国经济周期变化与二氧化碳排放量周期变化，然后对式（9 - 14）至式（9 - 22）中的参数进行校准。本章所有数据来自历年《中国统计年鉴》《中国能源统计年鉴》、Wind 数据库、世界银行数据库、IPCC 报告及前人研究成果。所有名义值都以 1978 年为基年转换成实际值。

碳排放数据根据中国历年能源消费量测算得到，测算公式为：

$$A = \sum B_i \times C_i$$

式中，A 表示排放量（单位为万吨二氧化硫）；$B_i$ 表示第 $i$ 种能源消费量；$C_i$ 表示第 $i$ 种能源的二氧化碳排放系数，本章参考 IPCC 的二氧化碳排放系数，计算得到煤、石油和天然气的二氧化碳排放系数分别为 $2.896 \times$ 万吨标准煤、$2.17 \times$ 万吨二氧化碳/万吨标准煤、$2.811 \times$ 万吨二氧化碳/万吨标准煤。图 9 - 1 中呈现了标准化的中国实际 GDP 和二氧化碳排放量，且以 1978 年为基年对数据进行标准化，即起始年份（1978 年）的值都是 1。从图中可以看出，在 1978—2012 年，中国的实际 GDP 和二氧化碳排放量都呈现出增长趋势，但是其增长率不同，且中国经济的二氧化碳排放强度也在下降。1978—2012 年中国实际 GDP 增长 26 倍多，而二氧化碳排放量只增长 6 倍多。

图 9 - 1 并没有显著地呈现出 1978—2012 年中国实际 GDP 和二氧化碳排放量的周期效应，因此，本章将计算中国实际 GDP 和二氧化碳排放量的周期成分。HP 滤波方法经常被用来消除时间序列的时间趋势，从而分离出周期成分。本章取中国实际 GDP 和二氧化碳排放量的自然对数，并利用 HP 滤波得到两个序列的周期成分，且设定 HP 滤波的平滑参数 $\chi = 100$。

图 9 - 2 中呈现出趋势后的中国实际 GDP 和二氧化碳排放量两个序列的周期成分。从中国实际 GDP 周期曲线可以看出，中国经济衰退期发生在 1978—1982 年、1988—1991 年、1996—2004 年和 2007—2012 年四个阶段；中国经济增长期发生在 1982—1988 年、1991—1996 年和 2004—

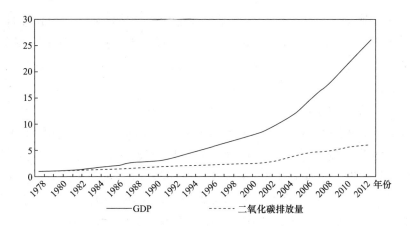

**图 9 – 1　中国 1978—2012 年 GDP 和二氧化碳排放量**

2007 年三个阶段。而从二氧化碳排放量周期曲线可以看出，二氧化碳排放量下降期发生在 1978—1982 年、1988—1990 年、1995—2002 年和 2007—2012 年四个阶段；二氧化碳排放量增长期发生在 1982—1988 年、1990—1995 年和 2002—2007 年三个阶段。因此，中国二氧化碳排放量周期与实际 GDP 周期基本同步发生。

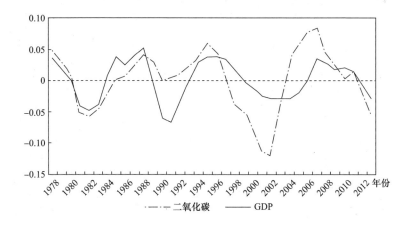

**图 9 – 2　中国实际 GDP 和二氧化碳排放量的周期成分**

中国实际 GDP 的周期性波动标准差为 0.031，二氧化碳排放量的周期性波动标准差为 0.049，则 1978—2012 年，中国二氧化碳排放量比中国实际 GDP 具有更大的波动性，尤其是在 1995—2007 年，二氧化碳排放量的标准差为 0.071。两个序列之间的相关系数为 0.99，P 值为 0.0000。中国的实际 GDP 和二氧化碳排放高度相关，即随着实际 GDP 的增长，二氧化碳排放量也增长。

本章利用时间序列分析模型 ARIMA 来测算中国二氧化碳排放量随着实际 GDP 增长的程度。表 9 – 1 中列出了二氧化碳排放量与 GDP 的 ARIMA 模型回归结果。由于因变量和自变量都是自然对数，因此，回归系数表示二氧化碳排放对于 GDP 的弹性。（1）列显示中国二氧化碳排放对于 GDP 的弹性为 0.601。在经济周期文献中，HP 滤波是最常用的趋势方法（G. Heutel，2012）。（2）列是对中国二氧化碳排放量和实际 GDP 数据经过 HP 滤波处理之后的周期成分得到的回归结果，结果显示，二氧化碳排放对于 GDP 的弹性在 1% 的水平上显著，且 HP 滤波去势后的弹性系数为 0.690 与模型（1）中得到的弹性系数相似。模型（3）至模型（4）是利用另外两种滤波（BK Filter 和 CF Filter）趋势后的回归结果，结果显示，弹性系数为正，且显著。这表明中国二氧化碳排放量是顺经济周期的，且模型（1）至模型（2）得出的回归结果非常稳健。

**表 9 – 1　　　二氧化碳排放量与 GDP 的 ARIMA 模型回归结果**

| | （1）<br>ARIMA | （2）<br>HP Filter | （3）<br>BK Filter | （4）<br>CF Filter |
|---|---|---|---|---|
| lnGDP | 0.601 ***<br>(2.7784) | 0.690 ***<br>(3.2671) | 0.535 **<br>(2.13) | 0.445 *<br>(1.951) |
| 样本数 | 34 | 35 | 28 | 28 |

注：括号中为 t 统计值。表中的四个回归模型中的因变量都是二氧化碳排放量的自然对数：（1）中是原始对数值，ARIMA（1，1，2）；（2）是利用 HP 滤波去势后的周期值，ARIMA（1，0，2）；（3）是利用 BK 滤波去势后的周期值，ARIMA（2，0，1）；（4）是利用 CF 去势后的周期值，ARIMA（1，1，1）。常数项和滞后项系数都省略。*** 、** 和 * 分别表示在 1%、5% 和 10% 的水平上显著。

根据表 9 – 1 的测算结果，可知中国目前的生产排污系数。我们根据已有的化学与经济学相关研究来校准二氧化碳存量积累方程的相关参数。根据本章的二氧化碳积累方程：$Q_{t+1} = Q_t + \omega Z_t - \gamma E_t$，式中，$\omega$ 和 $\gamma$ 为需要校准的参数，分别表示二氧化碳半衰期系数和政府治理效果。从前人研究成果来看，诺德豪斯（W. Nordhaus，1991）、福尔克和门德尔松（I. Falk and R. Mendelson，1993）都选取了139年的半衰期，对应的半衰期系数为0.995，赖利（J. Reily，1992）和休特尔（2012）都选取了83年作为二氧化碳半衰期，对应的半衰期参数为0.992，而穆尔和布拉斯韦尔（B. Moore and B. H. Braswell，1994）则选取了19—92年这个范围作为二氧化碳半衰期，对应的半衰期参数范围在0.964—0.992之间，IPCC（2001）则选取5—200年作为二氧化碳半衰期，对应的半衰期参数范围在0.871—0.997之间。正如B. Annicchiarico等（2015）采用休特尔的半衰期一样，本章也采用休特尔的二氧化碳半衰期83年，对应的参数值$\omega = 0.992$。本章在后面部分，将利用其他的半衰期参数值来进行敏感性分析。根据胡宗丽等（2014），本章将政府部门的减排效果系数校准为0.345。

对于环境税政策，由于中国还未开征碳税或者环境税，《中华人民共和国环境保护税法（征求意见稿）》也并未规定碳税税率，那么，根据本章理论模型部分的假设，环境税专款专用于环境治理支出，2015年全国财政环保节能项支出约占GDP的0.6%，而上文测算出的排放系数为0.6，据此反推出我国环境税率为1%，因此，本章校准的环境税率稳态值$\tau = 1\%$。而政府减排支出的效果参数为0.345。

对于中国的资本份额及资本折旧率，我国学者估算的中国资本份额在46.3%—69.2%之间，估算的资本折旧率在0.04—0.1之间。我们利用1953—2013年的相关数据，使用校准实验得到的中国资本份额为0.1，结果与郭庆旺和贾俊雪（2005）估算结果相似，资本折旧率为0.09，与黄赜琳和朱保华（2015）选取的资本折旧率相似，因此，本章校准的资本折旧率为0.1。将模型参数取上述值。

对于主观贴现率，参照多数学者的研究，国内外大部分文献都取值在0.934左右，因此，本文将主观贴现率$\beta$设置为0.934。且王君斌、王文甫（2010）估计，中国的劳动供给弹性为$\chi = 3$。因此，本章校准的中国劳动供给弹性。劳动供给负效用为$\theta = 0.5$。服从马尔科夫（Markov）过程的技术冲击系数来自黄赜琳和朱保华（2015）的研究，黄赜林、朱保华（2015）利用我国1978—2011年宏观经济数据，得到相应的技术冲击一阶自回归系数为0.73，即$\rho_A = 0.72$。

从 1978—2014 年的政府消费占 GDP 的比重来看，一直为 14% 左右，剔除价格因素影响的实际值比重也在 14% 左右，因此，本章将政府消费性支出占产值比重的校准参数 ω = 0.14。且利用政府消费性支出数据，采用 ARIMA 模型计算的我国政府消费性支出的一阶自回归系数为 0.43，这一结果与黄赜林、朱保华（2015）的结果（0.418）也较为接近，因此，本章将政府支出一阶自回归系数设置为 $\rho_g$ = 0.43。

对于中国劳动所得税和资本所得税的有效税率估计的文献大部分基于 Mengdoza 等（1994）的基础之上，例如，梁红梅和张卫峰（2014）、刘沧容和马拴友（2002）等，此外，黄赜琳和朱保华（2015）也以刘沧容和马拴友估计的劳动所得税率和资本所得税率为其校准税率值进行中国税收政策的宏观经济效应分析。基于此，本章结合刘沧容和马拴友（2002）、梁红梅和张卫峰（2014）、黄赜琳和朱保华（2015）的有效税率值校准中国的劳动所得税率和资本所得税率分别为 0.051 和 0.266。且参考黄赜琳和朱保华（2015）校准中国劳动所得税率一阶自回归系数和资本所得税率一阶自回归系数，本章将两个参数的校准值分别确定为 0.322 和 0.259。

# 第四节　中国财政政策的宏观经济与环境效应

在上述参数给定的情况下，利用 Dynare 环境[①]估计基准情形（无环境税情形）、环境税专款专用情形和一般预算融资情形下的宏观经济变量与环境变量的稳态水平，并模拟财政支出冲击、税收政策冲击和环境税政策冲击下的宏观经济变量与环境变量的动态响应路径。

## 一　稳态分析

本部分主要分析一次性总付税——中性税制环境中，基准情形、环境税专款专用情形以及一般预算融资情形下，宏观经济变量和环境变量的稳态水平，结果如表 9 - 2 所示。

---

　　①　Dynare 是处理许多经济模型的软件平台，尤其是求解动态随机一般均衡模型（DSGE）和世代交迭模型（OLG）具有非常强大的功能。

表 9 - 2 三种情形下宏观经济变量和环境变量的
稳态值及其变化率（中性税制）

| 变量 | 基准情形 | 减排支出环境税融资 | 减排支出一般预算融资 |
|---|---|---|---|
| C | 1.94371 | 1.91812（-1.3166%） | 1.87809（-3.3760%） |
| N | 1.15155 | 1.15198（0.0373%） | 1.16011（0.7433%） |
| I | 1.01345 | 1.00161（-1.1683%） | 1.00867（-0.4717%） |
| Y | 3.43856 | 3.41892（-0.5712%） | 3.44304（0.1303%） |
| W | 1.48405 | 1.46616（-1.2055%） | 1.46616（-1.2055%） |
| R | 0.17066 | 0.17066（0） | 0.17066（0） |
| R_b | 0.07066 | 0.07066（0） | 0.07066（0） |
| K | 10.1345 | 10.0161（-1.1683%） | 10.0867（-0.4717%） |
| G | 0.481398 | 0.478649（-0.5710%） | 0.482026（0.1305%） |
| A | 1 | 1 | 1 |
| Q | 258.322 | 255.961（-0.9140%） | 255.457（-1.1091%） |
| Z | 2.06657 | 2.05477（-0.5710%） | 2.06927（0.1307%） |
| E | 0 | 0.0205477 | 0.020693 |

注：括号内数字为不同政府减排支出融资方式下各种宏观经济、环境变量与基准情形下相比的变化率。

从表 9 - 2 中的结果可以看出，与基准情形相比，中国征收环境税，且在将环境税收入作为环境公共支出的唯一来源的情况下，环境税政策表现出"双降效应"，即征收环境税后，主要宏观经济变量与基准情形相比有所下降，下降幅度在 0.57% 以上，而自然环境中的二氧化碳存量下降 0.91%。这一结果与理论预期相同，从理论上说，环境税的开征，会增加生产者的成本，从而使得企业生产活动下降。从减排成本的角度来看，减排支出占产量的比重为 0.6%，虽然企业产量下降 0.57%，但二氧化碳存量也下降 0.91%。因此，"环境税的征收使产出和碳存量均下降"的结果与 B. Annicchiarico 和 F. Di Dio（2015）的研究结论相一致。

从具体的传导机制来看，环境税情形与基准情形相比，（1）总供给负效应。产出下降由于环境税的开征增加了企业的生产成本，企业的最优反应是降低要素支出成本，资本存量下降 1.17%，但值得注意的是，劳动增加 0.04%，这是因为，环境税的征收使劳动工资率下降 1.21%，在收入效应的作用下，家庭会投入更多的劳动时间，从而最终导致产出下降 0.57%。(2)总需求负效应。一方面,在均衡状态下,产出的下降会使家庭收入减少;另一方面,环境税的征收产生了收入转移效应,即相较于基准情形,环境税的征收使家庭的一部分收入(或者企业的一部分产出,本章隐含假设家庭拥有企业)通过环境税政策转移到政府部门,因此,政府部门环境税收入增加 0.02%。在以上两方面的作用下,家庭收入减少,因此,家庭消费下降 1.32%,投资下降 1.17%。(3)环境质量正效应。一方面,产出的下降,直接影响到二氧化碳的排放量,其稳态水平相较于基准情形下降 0.57%;另一方面,由于减排公共支出的增加,二氧化碳存量下降 0.91%。

上面,我们分析了政府减排支出的唯一资金来源为环境税筹资,结果显示环境税政策对宏观经济与排放表现出"双降效应"。那么,当政府减排支出的资金不仅来源于环境税,还有一部分来源于一般预算收入时,环境税政策仍然具有"双降效应"吗?实证估计结果表明,在一般预算资金支持减排支出的情形下,环境税政策具有产出环境"双重红利效应"。

从表 9-2 中的估计结果可以看出,在一般预算资金支持减排支出的情况下,环境税政策具有产出环境"双重红利效应",即开征环境税既提高了产出,又改善了环境质量。与此同时,环境税政策仍然呈现出需求排放"双降效应",即环境税的开征使总需求下降,环境质量改善。

从传导机制来看:(1)总供给的正效应。在政府减排支出的一般预算筹资情形下,环境税的开征使产出增长 0.13%。一方面,环境税的开征依然加重了企业的成本负担,企业的最优反应仍是减少要素支出,资本投入下降 0.47%;另一方面,由于工资率的下降(下降幅度为1.21%),企业反而增加了劳动投入,增长幅度为 0.74%。在劳动和资本的替代作用下,增加的劳动投入所对应的产出增量大于资本减少所对应的产出负增量,因此,环境税政策的总供给效应为正。(2)总需求的负效应。一方面,资本要素需求下降,资本收入下降,虽然劳动需求增加,但是工资率下降的幅度大于劳动增加的幅度,因此,劳动收入也下降,因此,家庭总收入下降;另一方面,政府收入增加,不仅增加了环境税收入,而且一次性总付税也增加,因此,收入转移效应使得家庭可支配收入进一步下降。在上述两个方面的作用下,家庭消费下降 3.11%,投资下降 0.65%。(3)环境正效应。虽然产出增加,伴随着更多的二氧化碳排放量——其增长 0.04%，但是，从自然环境中的二氧化碳存量来看，环境质量仍改善了 1.2%，这主要是由于政府减排支出的增加引起的结果。

在扭曲性税制环境下，主要效应和传导机制与中性税制情形下类似，此处不再赘述，估计结果如表 9-3 所示。需要注意的是，扭曲性税制给产出造成的损失达到 30.1%，同样，二氧化碳存量也会减少 30.1%。

表 9-3　　三种情形下，宏观经济变量和环境变量的稳态值及其变化率（扭曲性税制）

| 变量 | 基准情形 | 环境税专款专用 | 环境支出一般预算融资 |
|---|---|---|---|
| C | 1.54642 | 1.52627（-1.3030%） | 1.49831（-3.1111%） |
| N | 1.10027 | 1.10063（0.0327%） | 1.10743（0.6507%） |
| I | 0.519743 | 0.513646（-1.1731%） | 0.516814（-0.5635%） |
| Y | 2.40252 | 2.38869（-0.5756%） | 2.40344（0.0383%） |
| W | 1.08524 | 1.07215（-1.2062%） | 1.07215（-1.2062%） |
| R | 0.232512 | 0.232512（0） | 0.232512（0） |
| R_b | 0.07066 | 0.07066（0） | 0.07066（0） |
| K | 5.19743 | 5.13646（-1.1731%） | 5.16814（-0.5635%） |
| G | 0.336352 | 0.334416（-0.5756%） | 0.336482（0.0386%） |
| A | 1 | 1 | 1 |
| Q | 180.489 | 178.831（-0.9186%） | 178.323（-1.2001%） |
| Z | 1.44391 | 1.4356（-0.5755%） | 1.44447（0.0388%） |
| E | | 0.014356 | 0.0518315 |

注：括号内数字为不同政府减排支出融资方式下各种宏观经济、环境变量与基准情形下相比的变化率。

## 二　方差分解

为了分析财税政策对宏观经济与环境质量的动态影响，方差分解和脉冲响应分析均在扭曲性税制环境下进行。根据西姆斯（C. A. Sims，1980）提出的方差分解方法，可以通过分析每一种政策冲击对宏观变量变化的贡献程度，进而评价不同政策冲击的重要性。[①] 表 9 - 4 中呈现了财政政策冲击下宏观经济变量的方差分解。

从表 9 - 4 中的方差分解结果来看，不同财政政策冲击中，对主要宏观经济变量及环境变量波动贡献程度最大的是财政支出冲击，除对劳动、政府减排支出波动的解释力分别为 70.15% 和 61.51% 外，对其他宏观变量波动的解释力均在 90% 以上。由于本章假设财政支出的唯一来源渠道为政府一般税收入，因此，这就意味着政府减排支出波动程度的 61.51% 来自政府一般税税收变动，减排支出波动的 38.48% 可以被环境税冲击解释。

表 9 - 4　　　　　　　　财政政策冲击对宏观变量波动的贡献率　　　　　单位:%

| | 财政支出冲击和税收冲击 | | | | 税收冲击 | | |
|---|---|---|---|---|---|---|---|
| | $\varepsilon_g$ | $\varepsilon_z$ | $\varepsilon_N$ | $\varepsilon_K$ | $\varepsilon_Z$ | $\varepsilon_N$ | $\varepsilon_K$ |
| C | 96.17 | 2.50 | 0.13 | 1.20 | 65.31 | 3.31 | 31.38 |
| N | 70.15 | 0.11 | 27.54 | 2.19 | 0.38 | 92.27 | 7.35 |
| I | 98.30 | 0.49 | 0.23 | 0.98 | 28.94 | 13.30 | 57.35 |
| Y | 95.85 | 2.27 | 1.08 | 0.81 | 54.60 | 25.91 | 19.49 |
| K | 97.10 | 2.06 | 0.16 | 0.68 | 71.06 | 5.62 | 23.32 |
| G | 99.98 | 0.01 | 0.00 | 0.00 | 60.04 | 19.74 | 20.22 |
| Q | 90.99 | 7.85 | 0.43 | 0.72 | 87.19 | 4.80 | 8.01 |
| Z | 95.85 | 2.27 | 1.08 | 0.81 | 54.60 | 25.91 | 19.49 |
| E | 61.51 | 38.48 | 0.01 | 0.01 | 99.97 | 0.02 | 0.01 |

如果只考虑政府税收政策冲击，那么，三种税收政策冲击对各宏观变量波动的解释力如表 9 - 4 所示。环境税率冲击对消费、产出、资本、政府支出、二氧化碳存量、二氧化碳排放量以及政府减排支出等变量的波动贡献率均在 54% 以上。值得注意的是，虽然环境税率冲击对二氧化碳排放量波动的贡献程度达到 54.60%，但是，劳动所得税率冲击和资本所得税率冲击对二氧化碳排放量波动的贡献也不能忽略，它们的贡献程

---

① C. A. Sims, 1980, "Comparison of Interwar and Postwar Business Cycles", *American Economic Review*, 70, pp. 250 - 257.

度分别达到25.91%和19.49%。

### 三　动态分析

虽然方差分解能定量分析不同财政政策冲击对宏观经济变量与环境变量影响的重要性，但是这种方法的分析结果十分粗略，不能显示出宏观经济变量与环境变量经历财政政策冲击后的响应程度及其动态响应路径，即不同财政政策变动后，宏观经济变量与环境变量的变化方向、变化程度，以及动态演变路径。接下来，本章采用脉冲响应函数分析财政政策冲击对中国宏观经济变量与环境变量的动态影响。脉冲响应函数呈现了各宏观变量面对财政政策冲击的动态响应路径。本章在时期 t=0 时，分别给予财政支出、环境税率、劳动所得税率和资本所得税率一个标准差的变动，也就是说，$\varepsilon_{G,t}=1$、$\varepsilon_{E,t}=1$、$\varepsilon_{N,t}=1$、$\varepsilon_{k,t}=1$。从理论分析中引入财政政策冲击形式，上述一个标准差的变动意味着积极的财政税政策和更严格的环境税政策。然后，计算出宏观经济与环境系统中所有宏观变量随时间演化的响应值。所有的结果都是一个跨度为 20 期的初始稳态偏离百分率。

#### （一）财政支出冲击

图 9-3 呈现了财政支出政策的暂时性冲击下，主要宏观经济变量和环境变量的脉冲响应，即在初期增加财政支出，各主要宏观变量的动态响应路径。

在初始期，增加财政支出，（1）总供给方面，产出、劳动立即出现正向调整，资本存量立即出现负向调整。从图 9-3 可以看出，暂时性增加财政支出，产出立即正向偏离稳态水平，上升 0.02，但随着时间的推移，产出在第二期出现负向偏离稳态水平，并持续下降到第四期，随后逐渐开始回升，最终回到稳态水平，暂时性财政支出冲击的产出效应呈现出"U"形动态路径。暂时性财政支出冲击的产出效应，一方面，由于财政支出增加，总需求扩张，引致效应推动劳动工资率上涨，劳动供给增加 0.02，随着财政支出冲击影响的减弱，劳动工资率回落，劳动供给也逐渐下降，最终回到稳态水平；另一方面，财政支出增加，对私人投资，进而资本挤出效应较大，资本投入立即负向偏离稳态水平 0.25，资本的动态响应路径也呈现出"U"形变化趋势。在上述两个方面的作用机制下，财政支出临时性增加的产出效应呈现出"U"形动态变化路径。（2）总需求方面，财政支出是总需求的一个重要组成部分，虽然公共需求增加，但是，财政支出由税收融资，财政支出的增加意味着税收增加，收入再分配，家庭的一部分收入通过税收转移到政府手中，家庭收入减少，因此，家庭消费立即负向偏离稳态0.1，投资也立即下降0.25，随后家庭消费和投资均逐渐上升，回到稳态水平。（3）环境质量方面，财政支出的暂时性增加，二氧化碳排放量立即出现正向调整，由于产出立即出现正向调整，随着产出的下降，二氧化碳排放量也出现下降，呈现"U"形响应路径。但是，从二氧化碳存量的动态变化路径来看，在研究期内，二氧化碳存量一直处于下降趋势。

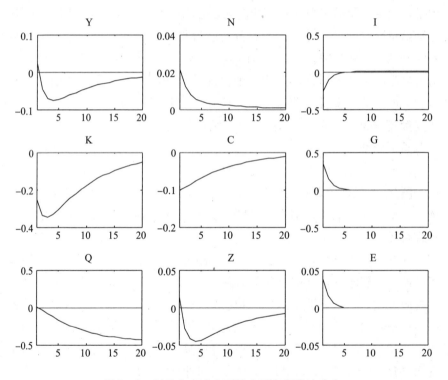

**图9-3　财政支出冲击下的宏观变量脉冲响应**

（二）环境税率冲击

本章设置的环境税率暂时性提高0.01，图9-4呈现了宏观经济变量和环境变量的动态响应路径。从图9-4中可以看出，环境税率暂时提高0.01，产出立即出现负向调整，在产出的动态调整过程中，企业负担加重，且会发现其最优生产规模，企业产出会逐渐下降，并低于初始稳态水平，然后开始上升回到稳态水平，呈现出"U"形变化路径。产出呈现出"U"形变化的原因在于，面对暂时性的环境税率提高，一方面，劳动立即出现负向调整，并逐渐下降回到稳态水平；另一方面，投资立即出现负向调整，并逐渐上升回到其稳态水平，在投资的动态调整过程中，资本存量立即出现负向调整，并由于去资本折旧的影响，呈现出先下降后逐渐上升回到稳态水平的"U"形变化路径。另外，面对暂时性的环境税率提高，家庭消费支出立即出现负向调整，并呈现"U"形变化，逐渐上升回到稳态水平。

现在转向环境变量，从图9-4中可以清晰地看到，暂时性的环境税率提高使二氧化碳存量立即出现负向调整，且环境税率提高对二氧化碳存量的动态影响时期较长，在研究期内，其存量一直下降，这主要是由于环境税的征收，使产出中的一部分从家庭手中转移到政府部门，这种转移支付效应使政府有能力进行减排，二氧化碳排放量也出现负向调整，且出现先下降后上升的"U"形响应路径，但是，在企业最优生产规模和政府减排行为的双重影响下，二氧化碳存量仍然呈现出下降变化路径。

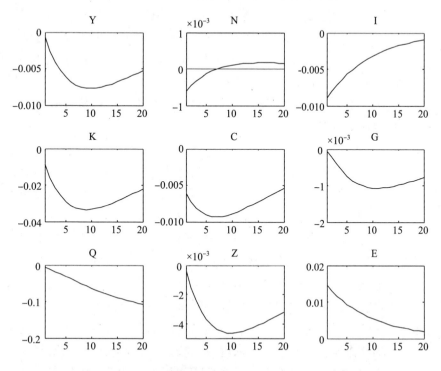

图9-4　环境税率冲击下宏观变量的脉冲响应

（三）劳动所得税率冲击

我们设置的劳动所得税率暂时性下降一个标准差，即临时性减税政策冲击，从图9-5中可以看出，（1）总供给效应，产出立即出现正向调整，偏离初始稳态水平0.018，随后逐渐下降回到稳态水平。一方面，劳动所得税率的下降，使家庭拿到的单位劳动所得提高，家庭享受闲暇的机会成本提高，在劳动和闲暇的替代作用下，家庭更多地供给劳动，劳动市场的供求机制下，厂商投入更多劳动，因此，劳动立即正向偏离稳态水平0.018；另一方面，资本也立即正向偏离稳态水平0.013，随后上升至最高点，逐渐开始回落到稳态水平，呈现倒"U"形变化路径，这是由于初始期，投资的上升超过资本折旧，但是，随着投资逐渐下降，资本折旧超过新增投资。（2）总需求效应，产出增长，家庭收入增加，且劳动所得税率下降，可支配收入增加，家庭拥有更多的资源在消费和储蓄之间进行配置，因此，家庭消费和投资均立即出现正向调整，分别偏离稳态水平0.0032和0.012，家庭将增加的可支配收入更多地用于储蓄，是因为中国家庭的边际储蓄倾向较高。（3）环境效应，随着产出的增长，二氧化碳排放量也立即出现正向调整，偏离稳态水平0.01，随后逐渐下降回到稳态水平。而二氧化碳存量也立即出现正向调整，偏离稳态0.01，但其在研究期内，一直处于上升趋势，虽然政府减排支出增长，但其增长幅度较小，因此，政府减排支出的减排效应小于产出的排放效应，导致二氧化碳存量一直上升。

（四）资本所得税率冲击

面对资本所得税率的暂时下降，宏观经济变量与环境变量的响应路径如图9-6所示，（1）总供给效应，产出立即出现正向调整，偏离稳态0.005，随后逐渐上升到0.007，然后开始反转下降，回到稳态水平，呈现倒"U"形变化路径。资本所得税率的下降，使得家庭从单位资本中获得的收入增长，家庭更多的储蓄，在资本市场上，更多的资本供给，让厂商更多地投入资本，因此，资本立即出现正向偏离稳态0.026。此外，劳动投入也立即出现正向调整，但资本所得税率下降冲击对劳动的影响程度较弱。（2）总需求效应，产出的增长，一部分通过税收转移到政府部门，一部分作为家庭的收入。家庭收入增加，收入在消费和储蓄之间配置，家庭在资本所得税率下降的激励下，更多地储蓄，致使家庭储蓄立即正向偏离稳态0.025，消费则负向偏离稳态0.02。（3）环境效应，

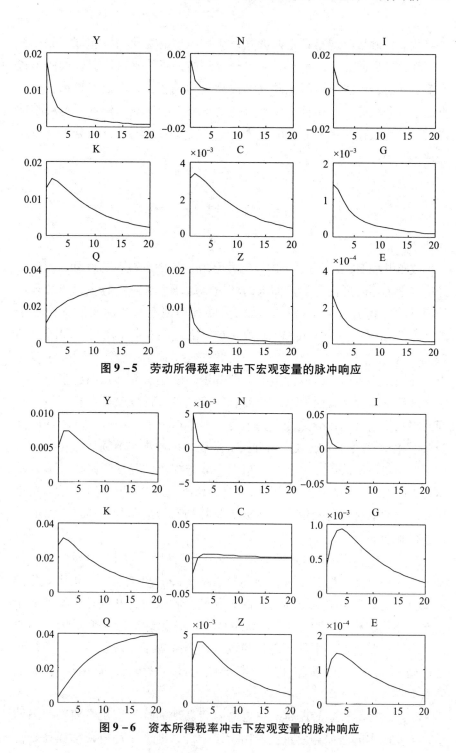

图9-5　劳动所得税率冲击下宏观变量的脉冲响应

图9-6　资本所得税率冲击下宏观变量的脉冲响应

二氧化碳排放量出现小幅正向调整，且与产出的变化路径相同，先上升后下降，最后回到稳态水平。从二氧化碳的存量水平来看，资本所得税率下降冲击，也能使二氧化碳立即出现正向调整，且在研究期内，也一直处于上升趋势，但相较于劳动所得税率冲击的影响，资本所得税率冲击对二氧化碳存量水平的影响更大，这一结果与前面的方差分析结果相一致。

# 小　结

改革开放 30 多年来，中国经济社会取得了举世瞩目的成就，但随着经济水平的不断提高，随之而来的环境承载压力也越来越大，资源环境约束已成为我国未来可持续发展的重要制约因素。我国政府部门已于 2015 年发布《中华人民共和国环境保护税法（征求意见稿）》，2016 年的《政府工作报告》和《"十三五"规划纲要》均提出，要加大环境财政支出，环境污染治理已经成为全社会的共识。以往研究环境问题主要集中于微观经济学领域，而忽略环境或者环境政策、财政政策与宏观经济之间的相互作用及其传导途径。基于此，本章构建了一个包含环境的四部门 RBC 模型，并引入财政支出冲击、环境税率冲击、劳动所得税率冲击和资本所得税率冲击，分析基准情形、减排支出的环境税融资情形以及减排支出的一般预算融资情形下，宏观经济变量和环境变量的稳态变化率、不同冲击对宏观变量波动贡献率及其动态响应路径。通过本章的分析，得到如下结论：

第一，中国征收环境税可以实现"双重红利"，即征收环境税后，稳态产出水平提高，稳态二氧化碳存量水平下降。与基准情形相比，开征环境税，且政府减排支出仅仅来源于环境税收入时，开征环境税并不能实现"双重红利"，产出会下降 0.58%，二氧化碳存量下降 0.92%。如果政府减排资金除了来源于环境税收入，还来源于一般税收入，开征环境税则能实现"双重红利"，产出增长 0.13%，二氧化碳存量下降 1.1%。

第二，环境税率的提高，在短期内会表现为抑制产出，随着动态调整，企业成本的增加会使企业产出持续下降，但由于环境税率提高是暂时性的，因此，产出等宏观经济变量最终回到稳态水平。但是，环境税率的提高对二氧化碳减排具有显著的效果，且对于减少二氧化碳存量作用时间较长。

第三，财政政策变动不仅会影响经济，还会影响二氧化碳存量。财政政策的变动，无论是财政支出变动还是税收政策变动，都对二氧化碳有显著的影响，财政支出变化对二氧化碳存量变动的贡献率达到90.99%，所得税率变动也对二氧化碳存量波动有较大影响。且财政支出的暂时性扩张，会引起二氧化碳存量一直下降，而所得税率的下降，则会引起二氧化碳存量的上升，但资本所得税率的影响更大。根据海伊斯（2000）、劳恩（Lawn，2003）、西姆斯（2006）和贝克（C. S. Decker）、M. E. Wohar（2012）等学者提出的 IS—LM—EE 模型，扩张的财政政策，会引起 IS 曲线右移，产品货币市场均衡点与环境均衡曲线的相对位置，即财政政策的环境引致效应取决于财政政策变化引起的环境均衡曲线的变动程度。综上所述，理论上，财政政策变动会引起环境均衡的变动，从本书的实证结果来看，财政政策的变动也会引起环境质量的变动。

研究结论可以得到未来中国二氧化碳减排的一些财政政策含义：第一，应尽快开征环境税，并增加政府减排支出，且减排支出资金来自环境税和一般预算收入，在此种融资模式下，环境税的开征在短期内不仅不会对经济产生负面效应，还会实现"双重红利效应"。第二，除环境税政策和减排支出政策外，财政支出政策也会影响到环境质量，且适度增加财政支出微刺激，虽然产出会由于挤出效应而在短期内出现下降，但环境质量可在较长时间内持续改善。第三，税制结构也会影响环境质量，要使中国税制结构更加绿色，应该降低劳动所得税率，提高资本所得税率，降低劳动所得税率对产出刺激作用较大，引起的环境负效应较小。与此同时，提高资本所得税率，对产出的抑制作用较小，对环境质量的改善效应较大。综上所述，未来中国不仅仅要完善环境税收和环境支出体系，更应该注重改革财政体系，使财政体系更加绿色化，这也有利于引导中国绿色发展。

# 第十章 中国环境处罚制度的节能减排效应评估

在环境公共治理中，环境处罚是一种不可或缺的重要手段。它是对违反环境法律规范的公民、法人和其他组织，按照环境违法情节给予的一种行政或者法律制裁。本章系统地评估了环境处罚是否直接有效地影响了企业的环境遵从行为。从中国的实际情况来看，环境处罚的效果主要取决于环境处罚所引致的风险、成本和绩效等对企业经营决策的影响程度。

## 第一节 引言

持续有效的环境监管被认为是降低污染排放和改善环境质量最基本的政策工具，对正处于工业化中后期和城镇化加速推进的中国而言，强化对工业企业的环境监管是环境治理的重中之重。夏皮罗和沃尔克（Shapiro and Walker，2015）的一项最新研究发现，环境监管至少解释了1990—2008 年美国企业污染下降中 75% 的原因。在环境监管的诸多工具和手段中，环境检查和执法是其他环境政策有效实施的前提，这是因为，大量的环境政策实施都须以其所产生的威慑为保障，如果环境执法不能对监管对象形成有效的震慑，企业的环境不遵从行为将成为常态。环境监管经济学理论指出，环境规制的本质是通过公共部门的干预，采取多种行政手段（如限排、定额、许可、警告、罚款、限产、关停等），提高企业环境违规的成本，只有当企业环境规制所产生的边际成本等于企业环境违规所得到的边际收益时，才会达到均衡，即停止污染增长（Becker，1968；Stigler，1971；Polinsky and Shacell，2000）。

从 1998 年至今，中国环境行政处罚案件数呈现出明显上升趋势（见图 10 - 1），2014 年共立案查处环境违法案件 73160 件，下达行政处罚决定83195 份，罚款数额总计 31.7 亿元，分别比 2013 年增长 10.5%、25.5% 和

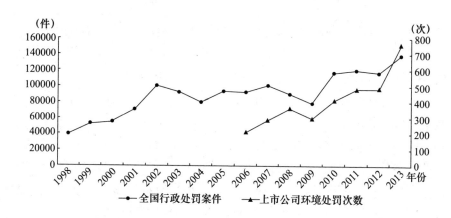

**图 10-1　全国环境行政处罚案件数和上市公司环境处罚数**

资料来源：根据历年中国环境统计公报和环境公众研究中心数据库提供数据整理得到。

34.4%。除此之外，还包括为数众多的非货币性处罚，如警告、限期治理、关停限产等。那么，这些处罚产生的效应如何？已有研究主要关注了重大环境事故后相应环境监管和处罚的效应，但是，这一类型的环境监管带有很强的临时性、突发性特征，由于关注度高，环境行政机构大多实施了比常规监管更为严厉的处罚，而且企业往往可以通过一定的策略选择来规避瞬时的风险。实际上，更多的环境处罚是在日常监管中实施的。目前，环境规制不再仅仅作为一个整体被研究，所涉及的监测、检查以及行政处罚等逐步进入了研究视野（Shimshack and Ward，2005；Deily and Gray，2007），然而，已有研究却很少关注中国企业层面环境监管的实际威慑效应特别是所涉及的传导机制，因而无法有效地解释中国环境监管执法和环境污染同向变化的谜题。现有绝大多数研究集中于省级宏观层面评估环境监管的效应（陈刚和李树，2013；包群等，2013），部分企业层面的数据也主要集中于环境信息披露等自愿型环境监管政策的影响。

　　当前，环境污染呈现出明显的区域性特征，而工业排放正是当前重点区域排放的主体。与控制数以百万计的机动车和大量面源污染排放相比，数量有限的大型点源管控相对容易得多。而这些大型废气污染源中，有相当一批是火电、钢铁、水泥、有色金属冶炼、化工上市公司的下属企业。公众环境研究中心（2014）的调研发现，有超过上千家上市公司的下属企业存在违规超标记录①，其中电力、钢铁、有色、水泥和化工5个雾霾相关行业的上市公司的违规比例更高。事实上，对上市公司的环境处罚绝大多数来自日常监管，这些监管本身是长期而非带有很强的偶然性和临时性，从更为一般的视角来研究环境监管对上市公司绩效的影响对于政策制定更具启示价值。同时，环境信息披露难以真实地反映企业的排污和受监管状况，通过比对，我们还发现，那些受到环境处罚的企业大多并没有在其年报和社会责任报告中进行披露，反而是执法机构和中立机构所披露的处罚信息往往比企业自身披露更为真实和公允（王霞等，2013；Eun – Hee Kim 和 Thomas P. Lyon，2015）。

本章研究主要选取了工业上市公司作为研究的对象，以环境处罚作为环境监管效应评估的切入点，运用声誉理论和信息理论系统阐述了环境处罚如何通过影响企业风险、成本和绩效，进而判断和评估环境处罚对企业减排的威慑效应，收集和利用公众环境研究中心（IPE）提供的独特上市公司层面的环境行政处罚数据，实证评估了环境监管的实际效果，并采用倾向性匹配得分方法进行了稳健性检验。相比较已有研究，本章的贡献主要体现在以下四个方面：

第一，在指标选择上，首次构建了一个度量企业环境处罚或被监管的指标体系，从处罚次数、处罚严厉程度、处罚的行政层级和处罚原因类型等多维度反映企业实际的环境绩效，并为后续的实证评估提供独特的数据支撑。

第二，在研究视角和思路上，立足微观企业层面，从企业风险、成本和绩效三个维度来为评估环境处罚的减排激励效应提供可能的依据，只有当环境处罚能够显著影响到企业风险、成本和绩效，企业才有真实动力实现污染减排。

第三，在研究内容上，不仅关注了环境处罚的减排激励效应，而且还进一步从融资约束、企业创新和政府补助三个维度提供可能的传导机制，并识别了外部环境因素（如环境规制强度、环境信息披露和公众环境关注）在影响环境处罚减排效应中的作用和异质性。

第四，本章结论对现有政策实施及改进具有较强的解释力和启示价

① 截至2014年12月5日，IPE绿色证券数据库共收录了1069家上市公司及其下属关联方的5359条不良环境监管记录，占39.9%。

值。尽管现有环境处罚给企业带来一定的市场风险并提高了债务资本成本，但并没有实质性影响到企业绩效，单纯地增加处罚次数并不能有效地提高环境处罚的威慑力，只有当受到处罚层次越高以及处罚更为严厉时，才能够有效地影响到企业经营决策，受到环境处罚的企业，不仅融资约束没有趋紧，反而获得了更多的政府补助，进而引致了环境处罚的"软约束"和"逆向激励"，提高环境信息披露力度和公众的环境关注意识有利于为环境处罚的威慑效应提供声誉机制和信息基础，上述结论具有很强的政策意涵。

## 第二节　中国环境处罚的制度背景与运作机制分析

### 一　制度背景

对上市公司的环境监管是伴随着证券资本市场的逐步建立以及环境监管体制的逐步成熟而形成的，2001 年率先在重污染行业上市公司中进行环保核查。早期对上市公司的环境监管主要针对申请上市的企业和申请再融资的上市企业，2003 年出台的《关于对申请上市的企业和申请再融资的上市企业进行环境保护核查的规定》明确将"重污染行业申请上市的企业"和"申请再融资的上市企业，再融资募集资金投资于重污染行业"作为核查对象。按照"属地原则"，申请上市的企业和申请再融资的上市企业主要由所在地省级环保行政主管部门进行核查。针对跨省从事重污染行业生产经营活动所产生的污染管理协调问题，2004 年，原环保总局将跨省从事重污染行业申请上市和再融资公司的环保核查工作上收，并由其向中国证监会提出审核意见。申请上市和再融资的环保核查只是从源头对上市公司进行监管的一个方面，随着上市公司数量的迅速增加以及上市公司及其下属关联企业边界的不断延伸，单纯的源头核查难以有效地监督上市公司日常生产经营中存在的各种环境违规行为，2008 年，国家环保总局出台的《关于加强上市公司环境保护监督管理工作的指导意见》，除强调完善和加强上市公司环保核查制度外，还提出了积极探索建立上市公司环境信息披露机制，将上市公司的环境信息披露分为强制公开和自愿公开两种形式。此外，进一步明确开展上市公司环境绩效评估研究与试点、加大对上市公司遵守环保法规的监督检查力度，后者强化了日常监管的力度。2012 年出台的《关于进一步优化调整上市环保核查制度的通知》，对上市公司的环保核查制度进行调整，较大幅度地精简了环保核查内容和核查时限，突出上市公司的日常环保监管和后督察，持续加大上市公司信息公开力度。2014 年 10 月，环保行政主管部门停止受理和开展上市环保核查，对上市公司环境监管的重心从上市和再融资核查转移到对上市公司的日常环境监管和监察以及督促企业承担环保社会责任上。①

　　针对上市公司的日常环保监管和监察，主要按照《环境保护法》《大气污染防治法》和《水污染防治法》② 等法律文件进行，环境监管实行国家统一监管体制下的地方负责制，其中，县级以上人民政府环保行政主管部门，对本辖区的环境保护实行统一监督管理，地方政府对本辖区的环境质量负责。一般情况下，企业环境违规处罚的原因包括两点：一是污染物违规超标排放，主要包括大气污染物超标排放（主要有硫氧化物、氮氧化物、烟尘、粉尘等）、水污染物超标排放（氮磷钾等）、废弃物违规排放（包括固定废弃物）以及噪声污染等，这些污染物排放超标均按照各自的国家标准执行。二是企业生产经营中存在的违反环境管理制度的行为，这些环境管理制度包括排污申报登记和许可证制度、建设项目环境影响评价制度、"三同时"制度、排污费制度、上市和再融资审核制度等。根据违规程度的差异，相应的环境处罚包括监测超标（国家重点监控企业污染源自动监测）报告，违规超标通报，违规超标限期治理，违规超标罚款，违规超标限产关停。环境处罚的主体包括中央、省、市、县四级人民政府及其环境行政主管机构，上述监管主体均可实施不同程度的环境处罚。但是，中央或者省、自治区、直辖市人民政府直接管辖的企业事业单位的限期治理，由省、自治区、直辖市人民政府决定；市、县及其以下人民政府管辖的企业事业单位的限期治理，由市、县人

---

① 除火力发电企业申请上市和再融资需要环保总局最终核定外，其他行业上市公司的核查由省级环保主管部门核查决定，只需抄报国家环保总局；对于跨省从事重污染行业生产经营活动的企业，则主要由登记所在地省级环保行政主管部门与相关省级行政主管部门进行协调。

② 由于在 2014 年，《环境保护法》和《大气污染防治法》均进行了较大修改，而本章研究的样本区间为 2006—2013 年，因而相应的环境监管解释说明均按照老办法进行，同时如确有较大调整，书中会做进一步说明。

民政府决定；责令中央直接管辖的企业事业单位停业、关闭须报国务院批准。

由于不同区域和地区经济和技术水平的差异，再加之较大的自由裁量权，地方政府及其环境行政主管部门往往会根据地区"实际"情况，采取差异化的环境监管，但是前提是不能与国家层面的环境制度相冲突。在现实中，分权型的环境监管体制使地方官员可以行使自由裁量权来模糊化本应该严格执行的规制。同时，尽管中国政府在推进公众参与和信息公开方面做了巨大的努力，但是，有关环境保护公共参与率依然较低，信息共享也没有达到有效的程度。新《环境保护法》已经在推动政府环境信息公开和企业环境发布方面做了更进一步的规定。2015 年的新《环境保护法》连续按日处罚，实际上是针对受到罚款处罚和被责令改正，拒不改正的企业，环境保护主管部门可以实施按日连续处罚，计罚日数累计执行，罚款数额，为原处罚决定书确定的罚款数额乘以计罚日数。

**二　理论分析与研究假说**

污染的发生并不一定会对企业声誉产生实质性影响，这取决于污染的公开及其处罚程度，与单纯的研究污染行为对企业产生的影响相比，关注所受到环境处罚和声誉机制及其背后的信息基础对于理论研究和政策制定更有价值。

总体上看，环境处罚会影响到受处罚企业的声誉，对企业的正常生产经营产生一系列负面影响。由于环境处罚包含的形式多种多样，货币性处罚只是其中的一种，而且货币性处罚往往只会占到企业经营成本和收益很小的一部分，因此，货币性处罚本身对企业成本和收益的影响微乎其微。对于上市公司而言，由于其更高的市场关注度和信息披露度，使受到环境处罚所产生的影响更大，从受到处罚到处罚所产生的影响，会经历一个较长的传导链条，包括企业风险、企业成本和企业绩效。当上市公司受到环境处罚，首要的反应主要表现在股票市场上，由于声誉受损，使受处罚企业所面临着的外部不确定性骤然增加，股票市场上该企业的股票价格会发生相对更大的波动，同时股票收益也会受到较大影响，系统性风险就会随之产生。对于工业企业而言，相比较劳动力和技术，企业对资本成本的关注更多，一般情况下，企业的资本结构是由债务融资（债务资本）和权益融资（权益资本）组成。企业污染排放会提高来自政府和非政府利益相关者的法律诉讼风险，增加了威胁到企业财务稳健性的短暂可预知危机和未来不可预知的危机，进一步强化了前者诉讼者对企业财务危机的顾虑，由于受到股票市场风险的影响，股东和债权人通过市场风险的感知会增加对企业投资报酬率的要求，一旦受到环境处罚，会给市场传递强烈的环境风险信号，损害企业声誉减少经营资产价值，增加了企业在债券市场中所承担的违约风险，那么债权人会以更高的利率以及随之产生的企业更高的债务资本成本来补偿所产生的风险。在权益资本成本上，环境处罚以及相应的环境风险不仅降低了企业的合法性，未来的业绩预期也会下降，市场资源投资的企业将会越来越少，由于受处罚企业在相等风险水平上将会提供更少的报酬或者在相等报酬水平上增加了投资的系统风险，资本市场对受罚企业信心将会大大降低。相应地，市场将以更高的权益资本来"惩罚"这些违规企业，如夏皮罗和沃尔克（2011）认为，大多数人对不确定的事做出反应时，表现出谨慎的回避风险的方式，并且也做了关于是否愿意为避免环境破坏而支付一定数目的钱，通过问卷调查发现他们确实存在用现在的收入去避免环境灾难的意愿，甚至这样一场灾难很可能在被调查之后发生。因此，从企业改进环境风险管理的效率和效果以及投资者规避风险的意识来看，投资者为了避免因为企业环境问题所引起的不合理的环境风险，也会放弃选择环境风险高的企业而投资于环境风险低的企业。一旦在股票市场和资本市场受挫，必然会影响到企业的绩效，而且环境处罚对企业声誉的损害也会直接影响到企业的产品销售等环节，最终都会在财务风险上有所表征，进而影响到企业治理绩效，如对企业审计结果产生不利的影响，同时还可能衍生出其他类型的违规行为。

以上只是从一般性角度进行的分析[1]，事实上，传导途径的长短以及处罚的类型都会影响到实际效果。由于股票市场和资本市场对企业环境风险的反应相对更高且"距离"相对更近，因而，环境处罚对股票市场和资本市场影响更大，对于资本市场而言，环境处罚对债务资本和权益资本的影响可能存在差异，债务资本的性质属于"借贷"关系，对风险的关注更高，所要求的回报也更高，因此，对环境处罚的反应更强，而且债务资本相比较权益资本受政策影响更大，债务资本有相当一部分来自银行尤其是国有银行系统，对环境政策尤其是绿色信贷政策的执行度

---

① 下文中受到处罚的企业均指受到处罚且通过各种途径公开的企业。

相对较高。从处罚的形式来看，如果企业所受到的处罚严厉程度相对更高或者处罚的行政级别更高，相应的影响效果可能更大，严厉程度本身就反映企业环境风险的强弱，行政级别越高表明对企业处罚信息可能在更广泛的地域范围上传播。据此，本章提出以下研究假设：

假设 10 - 1.1：环境处罚会给企业带来较大的市场风险，部分影响企业的资本成本，对企业绩效（财务绩效和经营绩效）的影响不确定，但总体上呈负向关系；同时，环境处罚越严厉或环境处罚的行政层级越高，所带来的效应可能更强。

环境处罚实施是否能够形成对企业污染减排的威慑，取决于是否构成了企业风险，是否影响着企业的成本和绩效。在假设 10 - 1.1 中，虽然环境处罚对企业带来了较大的市场风险，部分影响企业的资本成本，但是对企业绩效（财务绩效和经营绩效）的影响不确定，因此，从企业排污决策的角度来看，当排污行为不会影响到企业真实绩效时，即受到处罚所产生的各类成本并不会对企业产生较大的影响时，企业往往会继续选择排污甚至增加污染排放，但是考虑到环境处罚所带来的市场风险和成本效应，因此，企业会适当地选择一定的污染减排。对此，我们进一步提出以下假设：

假设 10 - 1.2：基于假设 10 - 1.1 的结论，环境处罚并不一定会真实威慑企业污染排放行为，即环境处罚对企业减排的影响是不确定的，但总体上环境处罚与企业排污呈负向关系。

环境处罚对企业绩效和减排的影响不确定，还可能与环境处罚所衍生的其他政策工具相关。环境处罚的实施往往会带来污染密集型产品稀缺程度的上升，在需求没有发生太大变化而供给出现短缺的情况下，企业的应收账款可能下降，使企业未来预期收益下降，不利于企业充分配置资源，以钢铁行业为例，通常都是采取原料"先送后付钱"，成品"先交钱后给货"的方式。而如果长期停产或者减产，上游原料供应商会要求付款，而下游客户也不会再交任何订货款，同时企业在停产时也会产生大量的各项费用，必然会造成资金链的紧张。在这种情况下，银行贷款和政府补贴就会发挥"作用"，由于银行贷款和政府补贴很容易受到地方政府"干预"的影响，地方政府的态度直接影响着企业的融资约束和政府补贴，尽管中央层面实施了较为严格的环境规制，但是"稳增长"往往成为了地方政府放松环境管制的理由，表现在，"三高"企业"三限"执行力度不强,同时还会为这些企业提供暂时性的"救急";相应地,银行贷款和补贴并没有出现太大的偏向性,与此同时,一些污染型企业还会获得更多的能源补贴和减排补贴,但是,在审批和绩效评估上缺乏公允的标准,为了治理环境污染,政府拿出大量的资金用于环境补贴,但是不少掉进了"黑洞"。① 据此,我们提出以下假设:

假设10-2:环境处罚并没有强化企业的融资约束,反而获得了更多的政府补助,进而引致了环境处罚的"软约束"和"逆向激励"。

环境处罚效果的好坏与所处制度环境密切相关,制度可以包括正式制度和非正式制度。地区环境规制的强度是正式制度的重要体现,环境规制强度反映的是所处地区公共机构对环境污染的态度和处罚执行力度的偏好,同样的环境处罚会因规制强度的差异而对企业产生不同的影响,当一个地区的环境规制强度越大时,表明公共部门对环境质量的偏好更强或者污染的容忍度越低,因此,对环境处罚执行力更强,所产生的威慑效应更大。在非正式制度上,环境信息披露公开和公众的环境关注是重要的组成部分,从理论上说,如果信息流动畅通,即环境信息披露和公开程度越强,企业组织化特征能够使其比一般的个体或者行商坐贾更看重声誉,对于自身的未来赋予更高的价值,对合作带来的长期利益进行全面的考量。在以分工和交易为核心的现代工商社会,主要的交易形式是非人格化的"陌生人交易",各方处于高度的信息不对称。作为过去行为的一个社会记录,声誉为交易者提供了重要的决策信息,成为主要的信息来源之一,从而决定了交易成功与否。正如吴元元(2012)所指出的:声誉实际上是一种公共舆论,具有更强的信号功能,如果存在信息准确的声誉机制,消费者更倾向于将它作为解决信息不完备和不对称的工具。借助无数消费者的"用脚投票",声誉机制能够及时启动严厉的市场驱逐式惩罚,深刻影响企业的核心利益,有效阻吓企业放弃潜在的违法行为,是一种效率型的、辅助公共执法的社会治理形式。因此,一

---

① 刘植荣:《政府巨额环保补贴掉进"黑洞",造成极大浪费》,环保部对2013年脱硫设施存在突出问题的19家企业予以处罚,这些企业存在不正常运行脱硫装置,或不正常使用自动监控系统、监测数据造假、二氧化硫超标排放等行为。华能、国电、华电、大唐、中电投五大电力控股或参股子公司均上榜,华润电力旗下有3家企业每年享受的国家脱硫补贴超过1亿元,新华社记者到该企业采访发现,企业实际脱硫效率与国家指标相去甚远,交接班记录上甚至常有"停止脱硫或退出脱硫运行""未投入脱硫"等字样。来源:http://news.hexun.com/2014-06-22/165924822.html?from=rss。

且企业因环境处罚招致声誉机制的负向评价，为数甚众的消费者则"用脚投票"，取消未来可重复的无数次潜在交易机会，启动严厉的市场驱逐式惩罚，企业希望的长期收入流也丧失殆尽。声誉惩罚的基础在于信息，即便短期内囿于执法资源，查处概率尚未能够显著提高，只要既有的企业违法信息能够及时进入消费者的认知结构，迅速形成集体共识，一个发达的市场交易体制也足以凭借"抵制购买"警示其他企业放弃潜在的行为（吴元元，2012），产生相当的威慑效果。信息的广泛传播能够普遍降低社会对环境违法者的评价，从而使该违法者在与他人交易时有障碍，由此使该违法者主动作出合法的行为选择，从而也可以缓解公共机构的执法压力。这种公示的价值在一个分工与交易发达的市场体制社会中尤其重要，其对法律实施的促进作用在很多情形下是单纯的罚款工具所无法比拟的（应飞虎和涂永前，2010）。对此，提出以下假设：

假设10-3：所处地区环境规制力度越强、环境信息公开程度越大、环境关注度越高，环境处罚对企业的影响更大，威慑效应更强。

## 第三节 环境处罚的经济威慑与减排激励

### 一 上市公司的环境处罚度量：数据、指标与描述

（一）上市公司环境监管的内涵与数据来源

上市公司环境监管主要是指环境监管部门对上市公司所属企业及其关联企业在生产运营过程中对环境可能造成影响的行为进行监督管理，并对涉及的环境违法违规行为给予相应处罚。作为公众持有的上市公司，相比较其他类型的公司，其所监督包括环境保护在内的社会责任应该更大。在本章的分析中，我们进一步将上市公司的环境监管确定为由于其环境违法违规行为而受到的环境行政处罚。事实上，上市公司的环境监管也反映了其实际的环境表现和绩效。

本章所利用的环境监管数据主要来自公众环境研究中心（IPE）绿色证券数据库，该中心是目前国内较为权威的非政府环境组织，IPE目前开发并运行了中国水污染地图、中国空气污染地图和绿色金融三大数据库，定期发布相关研究报告，并提供环境健康指引。我们也通过多种渠道进一步核实了绿色证券数据库中上市公司环境表现数据的可靠性和完整性，我们通

过电话形式与该中心进行过多次联系核实,由于该中心信息获取渠道非常广泛,监管信息不仅来自网络,还包括与各地方环境行政机构建立了日常联系,并定期获取地方环境监管公报,每一项环境监管记录包含了处罚的程度、处罚主体、处罚对象、处罚原因,并提供了每一项记录的信息来源,同时,我们还以若干省份的地方的上市公司为对象,核查这些公司及其关联企业的环境监管信息,并逐一与该中心数据库提供的环境监管记录进行比照,发现该数据库提供的数据是非常完整的。此外,如表 10 - 1 所示,我们发现,IPE 绿色证券数据库所提供的上市公司环境处罚数与中国环境统计公报上所提供的全国环境行政处罚案件数的变化趋势是基本一致的,这也在一定程度上佐证了该数据库的可信度。

**10 - 1　　　　　　　　　　　环境处罚的指标体系**

| 一级指标 | 二级指标 | 三级指标 | 解释 |
| --- | --- | --- | --- |
| 环境处罚 | 监管原因 | 超标排放 | 包括大气污染、水污染、废弃物以及噪声污染 |
| | | 违规行为 | 违反"三同时"制度和环境影响评价制度以及<br>上市融资审核制度不全等 |
| | 监管主体 | 县级环保局 | 计 1 分 |
| | | 县级政府 | 计 2 分 |
| | | 地市级环保局 | 计 3 分 |
| | | 地市级政府 | 计 4 分 |
| | | 省级环保厅 | 计 5 分 |
| | | 省级政府 | 计 6 分 |
| | | 环保部 | 计 7 分 |
| | | 国务院 | 计 8 分 |
| | 处罚类型 | 监测超标 | 计 1 分 |
| | | 违规超标通报 | 计 2 分 |
| | | 违规超标限期治理 | 计 3 分 |
| | | 违规超标罚款 | 计 4 分 |
| | | 违规超标关停限产 | 计 5 分 |

（二）上市公司环境监管的指标体系构建

该数据库对上市公司的子公司或关联公司所受到的每一次监管或者处罚,均进行了详细的披露,主要提供三类有效信息:(1)违规违法事实,即处罚的原因。处罚原因可进一步区分为污染物违规排放和制度违规，前者包括大气污染（包括硫氧化物、氮氧化物、烟尘、粉尘等）、水污染、废弃物（包括固体废弃物等）以及噪声污染，后者主要针对没有按照相关法律法规执行"三同时"制度、环境影响评价制度以及上市融资审核制度不全等。（2）监管的责任主体，即处罚的实施者。主要包括8个环境监管层次，即县级环保局、县级政府、地级市环保局、地级市政府、省级环保厅、省级政府、环境保护部①、国务院。（3）处罚的类型。根据违规的原因，按照不同处罚主体的权限，相应的环境监管处罚包括监测超标（国家重点监控企业污染源自动监测）、违规超标通报、违规超标限期治理、违规超标罚款和违规超标关停限产五类。其中监测超标，主要根据国家重点监控企业污染源自动监测的实时监测数据进行动态跟踪，如果出现瞬时或者短时间的超标，则会自动显示；违规超标通报，是指根据核准后的污染超标排放数据和其他违规行为，对企业的违规行为公开通报；违规超标限期治理，是指针对企业较为严重的超标排放和违规行为，要求企业在规定的时间内进行整改并达到合规标准；违规超标罚款，是指针对企业严重的超标排放和违规行为，要求企业以交纳罚款的形式对违法违规行为所造成的损害予以补偿；违规超标关停限产，是指针对企业极为严重的超标排放和违规等恶劣行为，要求企业通过限产或停产的形式，停止污染排放和违规行为。

（三）上市公司环境监管的现状描述

根据对上市公司环境处罚数据的整理，如表 10-2 所示，我们发现，上市公司被环境处罚的次数从 2006 年的 213 次上升到 2013 年的 761 次，2006—2013 年共计达到 3302 次，同时，被处罚的企业数目从 2006 年的158 家增加到 2013 年的 322 家；从处罚的平均严厉程度来看，呈现出一定的上升趋势，在 2006 年，每个被处罚企业的平均得分约为 3.8481 分，随后年份呈现波动性上升趋势，到 2013 年提高至 5 分，这表明，单次环境监管的严厉程度存在强化趋势；每次监管处罚的行政层级也呈现出上升趋势，从 2006 年的 3.8498 分上升至 2013 年的 4.3784 分，这表明，上市公司的监管越来越受到更高级次政府及环保行政机构的关注，环境监管呈现出一定的集权趋势。

---

① 2008 年，国家环境保护部在原国家环境保护总局的基础上成立，成为国务院组成部门，相应地，地方环境局也做了调整。

**表 10 - 2　　工业类上市公司环境处罚若干情况及其变化趋势（2006—2013 年）**

| 类别 | 2006 年 | 2007 年 | 2008 年 | 2009 年 | 2010 年 | 2011 年 | 2012 年 | 2013 年 | 合计或平均 |
|---|---|---|---|---|---|---|---|---|---|
| 年度处罚次数小计 | 213 | 291 | 358 | 298 | 412 | 486 | 483 | 761 | 3302 |
| 被处罚的企业个数 | 158 | 192 | 230 | 195 | 231 | 269 | 285 | 322 | 1882 |
| 非本省处罚次数 | 58 | 99 | 103 | 98 | 162 | 176 | 208 | 306 | 1210 |
| 处罚程度得分 | 608 | 847 | 965 | 782 | 1107 | 1185 | 1150 | 1610 | 8254 |
| 处罚行政层级得分 | 820 | 1182 | 1403 | 1204 | 1890 | 1992 | 1985 | 3332 | 13808 |
| 违反相关制度次数 | 33 | 56 | 86 | 74 | 90 | 89 | 105 | 148 | 651 |
| 每个被处罚企业的平均次数 | 1.3481 | 1.5156 | 1.5565 | 1.5282 | 1.7836 | 1.8070 | 1.6947 | 2.3633 | 1.7545 |
| 每个被处罚企业的平均得分 | 3.8481 | 4.4115 | 4.1956 | 4.0103 | 4.7922 | 4.4052 | 4.0351 | 5.0000 | 4.3858 |
| 每次处罚行政层级平均得分 | 3.8498 | 4.0619 | 3.9190 | 4.0403 | 4.5874 | 4.0988 | 4.1097 | 4.3784 | 4.1817 |

　　进一步对上市公司环境监管的相关结构特征进行了分析。2006—2013 年，相比较被监管的总次数，上市公司受到外省环境监管的次数呈现出更为快速的增长趋势，其占比从 27.66% 提高至 35.99%，原因可能在于：一方面，伴随着上市公司外省业务规模的拓展和增加，相应地来自外省的监管会越来越大；另一方面，还可能与环境监管的地方保护相关，即上市公司对其注册地或总部所在地的经济增长、就业和税收的贡献较大，因而，在本省被处罚的概率越来越小。同时，相比较超标排放而受到的环境处罚次数，因违反相关环境制度（如"三同时"制度和环境影响评价制度等）而受到环境监管的次数虽然较低，但增长速度更快，后者占总监管次数的比重从 2006 年的 14.89% 上升到 2013 年的 20.37%。从需求角度来看，相比较违法"三同时"制度和环境影响评价等制度，超标排放所带来的显示度更高，实际的危害更大，在监管力量有限的情况下，环境监管者更偏好和更容易观察企业的超标排放行为，这解释了因超标排放而被监管的比重较大的原因；从供给角度来看，尽管超标排放和违反环境制度均属于违法违规行为，但是，相比较超标排放的成本，违反环境制度的成本更低，执行环境制度属于源头控制，在（生产）就往往需要投入较多的资源和成本，且明显大于超标排放所受到的惩罚成

本，而且并不是所有的超标排放都会被监管者观察到，这就解释了为什么越来越多的企业开始选择违反环境制度。

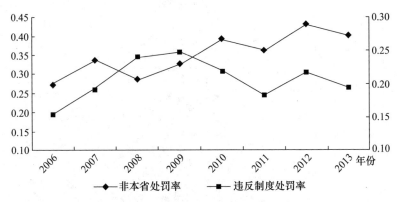

图 10 - 2　上市公司非本省处罚率和违法环境制度比率（2006—2013 年）

从上市公司环境监管的行业分布来看，2006—2013 年，被监管次数最多的行业为造纸和纸制业，达到 683 次，其后前十的行业依次为电力热力燃气及水的生产和供应业（542 次）、化学原料和化学制成品（430 次）、有色金属冶炼和压延加工业（303 次）、医药制造业（271 次）、第三产业（186 次）、黑色金属冶炼和压延工业（169 次）、非金属矿物制品业（166 次）、纺织业（140 次）和采矿业（135 次），具体分布如图 10 - 3 所示，这与各行业污染物排放强度分布情况是基本吻合的。

在上市公司环境监管结构的行业异质性①方面，非本省处罚率最高的五个行业依次为食品制造业（62.5%），铁路船舶航空航天和其他运输设备制造业（60.86%），建筑业（60%），水利、环境和公共设施管理业（58.2%）和酒、饮料和精制茶制造业（58.06%）；违反环境制度比率最高的五个行业依次为金属制品业（38.23%），电气机械和器材制造业（37.9%），汽车制造业（30.68%），建筑业（30%）和农副食品加工业（29.03%）；每次处罚程度平均得分前五的行业分别为企业制造业（3.057 分），计算机、通信和其他电子设备制造业（2.894 分），食品制造业（2.875 分），建筑业（2.86 分）和第三产业（2.838 分）；每次处罚行政层级平均得分最高的五个行业依次为电力热力燃气及水的生产和供应业（4.835 分），水利、环境和公共设施管理业（4.567 分），黑色金属冶炼和压延加工业（4.449 分），有色金属冶炼和压延加工业（4.444 分）和食品制造业（4.214 分）。

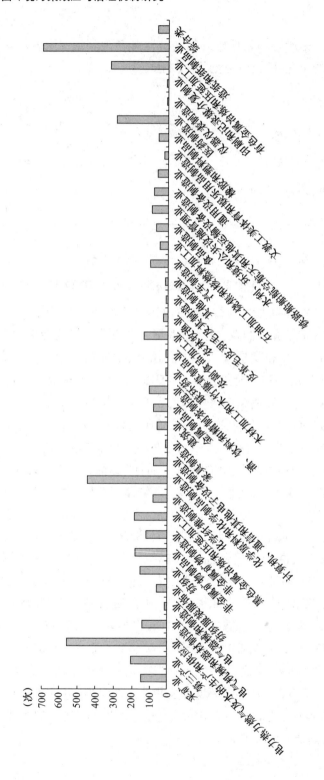

图 10 - 3 2006—2013 年各行业上市公司环境监管次数（汇总）

## 二　实证准备

### （一）研究样本和数据来源

本章选取 2006—2013 年工业上市公司作为研究样本，均来自非金融类 A 股主板，选择工业上市公司主要考虑到工业企业和非工业企业在污染排放和环境管理方面存在较大差异。数据分为两个层面：企业层面的数据来自 WIND 金融数据库、CSMAR 国泰安数据库和 IPE 数据库；地区层面的数据主要来自《中国城市统计年鉴》、百度指数[①]和 IPE 数据库。剔除了在观测区间经过 ST 或 ST* 处理的公司，为保证数据的有效性并消除异常样本的影响，我们按 1% 分位数进行 Winsorize 对样本进行处理，同时还剔除了中小板和创业板公司。同时，企业环境处罚数据根据 IPE 公布的环境处罚公报做进一步的数值处理并手工录入，研发投入和政府补助根据年报进行手工输入。

### （二）模型设定及相关变量说明

本章重点关注环境处罚是否会影响到企业的风险、成本和收益，并在此基础上进一步探讨环境处罚对企业排污的威慑遵从效应，最后验证了相应的传导机制和制度异质效应。

首先观察环境处罚对企业风险、成本和收益的影响，构建的模型如下：

$$ERM_{it} = \alpha_0 + \beta_0 Einspection_{it} + \beta_1 Einspection_{it-1} + \lambda X_{i,t} + industrydummy + \\ yeardummy + \varepsilon_{it} \tag{10-1}$$

$$ECOST_{it} = \alpha_0 + \beta_0 Einspection_{it} + \beta_1 Einspection_{it-1} + \lambda X_{i,t} + industrydummy + \\ yeardummy + \varepsilon_{it} \tag{10-2}$$

$$Performance_{it} = \alpha_0 + \beta_0 Einspection_{it} + \beta_1 Einspection_{it-1} + \lambda X_{i,t} + \\ industrydummy + yeardummy + \varepsilon_{it} \tag{10-3}$$

式（10-1）、式（10-2）和式（10-3）分别表示环境处罚对企业风险、成本和绩效的影响，其中，企业风险包括股票波动率、股票收益和 $\beta$ 值，企业成本主要为资本成本，具体包括权益资本成本、债务资本成本、加权平均资本成本，企业收益和绩效包括销售收入增长率、资产收益率和审计结果。下标 $i$ 表示企业，$t$ 表示年份，$Einspection_{it}$ 为本章关

---

① 百度指数，网址：http://index.baidu.com/。百度指数是以百度海量网民行为数据为基础的数据分享平台。

注的企业受到的环境处罚，包括是否受到环境处罚（Punish）、环境处罚次数（EIQ）、环境处罚的严厉程度（EITS）和环境处罚的行政层级（EGLAS）。$Einspection_{it-1}$表示滞后一期的环境处罚，该变量是本章最关心的变量，当考虑环境处罚平均程度和行政层级对企业影响时，同时控制了企业的处罚次数变量，下同。$ERM_{it}$、$ECOST_{it}$和$Performance_{it}$表示企业的风险、成本和收益，$X_{i,t}$为控制变量，同时控制了行业（industrydummy）和年份固定效应（yeardummy），对标准误进行了公司层面的 Cluster 处理，缓解可能面临的残差项横截面问题。

其次，结合上述部分的环境处罚效应，进一步构建评估环境处罚影响企业减排的回归模型，以此考察环境处罚的威慑效应：

$$Pollution_{it} = \alpha_0 + \beta_0 Pollution_{it-1} + \beta_1 Einspection_{it-1} + \lambda X_{i,t} +$$
$$industrydummy + yeardummy + \varepsilon_{it} \qquad (10-4)$$

式中，$Pollution_{it}$表示企业当年排放的污染物，考虑到数据的可得性，选用上市公司年报中公布的企业缴纳的排污费，相比较式（10-1）至式（10-3）的控制变量，式（10-4）的控制变量还包括地区层面的环境管制水平。

最后，为了进一步识别环境处罚影响企业绩效和减排的传导机制以及所处制度环境的调节作用，构建了两类模型：

第一类模型考察环境处罚对融资约束、政府补助、研发的影响，具体如下：

$$CF_{it} = \alpha_0 + \beta_0 Einspection_{it-1} + \beta_1 Einspection_{it-2} + \lambda X_{i,t} +$$
$$industrydummy + yeardummy + \varepsilon_{it} \qquad (10-5)$$

$$RD_{it} = \alpha_0 + \beta_0 Einspection_{it-1} + \beta_1 Einspection_{it-2} + \lambda X_{i,t} +$$
$$industrydummy + yeardummy + \varepsilon_{it} \qquad (10-6)$$

$$Sub_{it} = \alpha_0 + \beta_0 Einspection_{it-1} + \beta_1 Einspection_{it-2} + \lambda X_{i,t} +$$
$$industrydummy + yeardummy + \varepsilon_{it} \qquad (10-7)$$

在式（10-5）、式（10-6）、式（10-7）中，$CF_{it}$、$RD_{it}$和$Sub_{it}$分别表示企业的融资约束、研发投入和政府补助，希望通过考察环境处罚对以上三类变量的影响，来进一步分析环境处罚效应背后的逻辑。此外，将环境处罚与融资约束、研发投入和政府补助的交互项分别代入式（10-4)中，以此来考察环境处罚是否会通过上述三类传导机制影响到企业减排行为。

第二类模型考察在不同制度环境条件下环境处罚效应的差异，选择企业所在地区环境规制强度、公众环境关注度和环境信息披露水平作为制度环境变量，根据三类变量的中位数，将企业样本分为两类，来分别考察不同制度环境条件下环境处罚对企业发展的影响及其差异。

其他控制变量包括：企业规模（size），采用企业当期总资产的自然对数来衡量，企业年龄（age），用当年年份减去上市年份得到，资产负债率（Leverage）用企业当期负债综合和资产总额之比来衡量，机构投资者比重（agency）用机构投资者的股权比例表示，第一大股东比重（cr）用第一大股东的股权比例表示，控股股东性质（state）用实际控制人是否为国有企业或政府表示。此外，还进一步控制行业固定效应和时间固定效应。

需要说明的是，资本成本的度量主要有两种方法，分别是资本资产定价模型 CAPM 以及套利定价模型、基于财务数据和公司市场价格的现金折现模型，基于 Borosan 和 Plumlee（2005）等对上述方法的比较分析，采用基于剩余收益折现模型中的 PEG 模型来估计权益资本效度最高，同时进一步借鉴伊斯顿（Easton，2004）的 PEG 方法来估计企业的权益资本成本，其计算方法为：

$$r_{PEG} = \sqrt{(eps_2 - eps_1)/P_0}$$

式中，$eps_1$ 表示分析师预测的每股盈利一年后的预测平均值，$eps_2$ 表示分析师预测的每股盈利两年后的预测平均值，$P_0$ 表示企业当年年末的股票价格。

对于债务资本成本，主要采用以往研究经验，用为债务所指出的成本与企业年末计息负债的比值来计量：债务资本成本 =（资本化利息 + 费用化利息）/年末计息负债，其中，计息负债 = 长期借款 + 应付债券 + 长期应付款 + 短期借款 + 一年内到期的长期债券 + 其他长期负债。最后考虑到，大多数公众持有企业进行融资都包含债务融资和权益融资，因此企业的整体资本成本是债务成本和权益资本成本的加权平均值：

$$r_{WACC} = \left(\frac{E}{D+E}\right)r_E + \left(\frac{E}{D+E}\right)r_D(1-T)$$

其中，$E$ 表示企业权益市场价值，权益资本的市场价值等于该企业股票价格乘以其总股本数；$D$ 表示企业债务市场价值，采用其账面值；$r_E$ 表示企业权益资本成本；$r_D$ 表示企业的债务资本成本；$T$ 为企业所得税率 =（利润总额 − 净利润）/利润总额。

表 10 – 3                    主要变量定义及计算方法

| 变量名称 | 最大值 | 最小值 | 平均值 | 标准差 | 变量描述 |
|---|---|---|---|---|---|
| 是否处罚 | 1 | 0 | 0.343 | 0.475 | 受到任一环境处罚，取1，否则为0 |
| 处罚次数 | 28 | 0 | 0.603 | 1.341 | 受到环境处罚的总次数 |
| 处罚程度 | 51 | 0 | 1.506 | 3.166 | 当年处罚的总得分 |
| 处罚主体 | 134 | 0 | 2.517 | 6.215 | 当年处罚的总行政层级 |
| 排污费收入 | 52109 | 0.034 | 962.15 | 3659.27 | 当年收到的排污费总额，单位：万元 |
| 股票波动率 | 812.351 | 12.649 | 50.739 | 32.216 | 年化波动率 |
| 股票收益 | 14.58 | 4.21 | 0.346 | 0.609 | 每股收益 |
| β值 | 3.310 | – 4.279 | 1.077 | 0.329 | 系统性风险 |
| 权益资本成本 | 0.417 | 0.000 | 0.129 | 0.064 | 详见上文计算 |
| 债务资本成本 | 0.716 | – 1.424 | 0.042 | 0.106 | 详见上文计算 |
| 加权平均资本成本 | 0.356 | – 0.024 | 0.082 | 0.051 | 详见上文计算 |
| 销售收入增长率 | 3467 | – 100 | 94.724 | 503.192 | （上一年销售收入 – 当年销售收入）／当年销售收入 |
| 资产收益率 | 546.773 | – 999.198 | 9.759 | 29.800 | 净资产/总资产 |
| 行业集中度 | 0.881 | 0.016 | 0.103 | 0.095 | 上市公司所在行业的赫芬达尔指数 |
| 控股股东性质 | 1 | 0 | 0.348 | 0.459 | 企业实际控制人为国有企业或政府为1，其他为0 |
| 审计结果 | 1 | 0 | 0.035 | 0.183 | 非标准无保留意见，计为1，否则为0 |
| 融资约束 | 0.9696 | – 0.567 | 0.019 | 0.101 | 现金及等价物期末流量净额占总资产比重 |
| 研发投入 | 46.9663 | 0.0011 | 2.1368 | 2.291 | 研发支出占营业收入比重 |
| 政府补助 | 8.467 | 2.19e – 17 | 0.0142 | 0.1458 | 补贴收入占销售收入比值 |
| 地区环境管制 | 0.047 | 0.001 | 0.0123 | 0.006 | 各个地区环境污染治理投资占 GDP 比重 |
| 公众环境关注 | 197 | 6 | 61.978 | 36.037 | 以"环境污染"为索引词的市级百度指数 |
| 环境信息披露 | 85.3 | 0 | 38.731 | 23.169 | IPE 历年各城市环境信息公开指数 |

## 三　实证结果与分析

（一）环境处罚对企业风险、成本和绩效的影响

表 10 – 4 报告了环境处罚对企业风险影响的估计结果，用"是否受

到环境处罚"（$punish_{t-1}$）和"环境处罚的次数"（$EIQ_{t-1}$）作为主要解释变量，用年化波动率、每股收益和 β 系数值作为被解释变量度量企业风险。表 10 - 4 中，回归结果模型（1）、模型（3）、模型（5）分别表示的是"是否受到环境处罚"对企业风险的影响，回归结果模型（2）、模型（4）、模型（6）分别表示"环境处罚的次数"对企业风险的影响，考虑到当期环境处罚可能并不会直接影响到当期风险，在回归中均加入了滞后一期的环境处罚变量。我们发现，总体上看，无论选取了哪一类企业风险指标，"是否受到环境处罚"和"受到环境处罚次数"对企业风险的影响几乎不显著。这意味着，对于中国的上市公司而言，单纯的环境处罚并没有实质性转化为企业生产经营的内在风险，甚至还弱化了企业的风险，仅就企业发展而言，环境处罚的这一效应是"合情"的，但是，从环境治理和社会福利的角度而言，环境处罚对企业可能并没有产生有效的威慑，因而显得并不"合理"。当然，这有待进一步的检验。

表 10 - 4　　　　　　　　　　环境处罚对企业风险的影响

| | 年化波动率 | | 每股收益 | | β 值 | |
|---|---|---|---|---|---|---|
| | （1） | （2） | （3） | （4） | （5） | （6） |
| punish | - 2.012<br>（- 1.16） | | - 0.007<br>（- 0.31） | | - 0.002<br>（- 0.18） | |
| $punish_{t-1}$ | 0.305<br>（1.2） | | 0.196<br>（0.81） | | 0.010<br>（0.88） | |
| EIQ | | - 0.872 ***<br>（- 2.73） | | - 0.007<br>（- 1.2） | | - 0.005<br>（- 1.1） |
| $EIQ_{t-1}$ | | - 0.243<br>（- 0.64） | | - 0.001<br>（- 0.19） | | 0.004<br>（0.72） |
| size | - 18.509 ***<br>（- 6.74） | - 18.339 ***<br>（- 6.86） | 0.059 *<br>（1.77） | 0.063 *<br>（1.8） | 0.147 ***<br>（8.5） | 0.148 ***<br>（8.54） |
| leverage | 1.832<br>（0.23） | 2.01<br>（0.25） | - 0.828 ***<br>（- 5.79） | - 0.826 ***<br>（- 5.79） | - 0.49<br>（- 0.79） | - 0.048<br>（- 0.78） |
| age | - 3.566 ***<br>（- 5.889） | - 3.478 ***<br>（- 5.746） | 0.0458 ***<br>（3.267） | 0.0456 ***<br>（3.259） | - 0.023 *<br>（1.96） | - 0.025 *<br>（1.99） |
| agency | - 0.285 ***<br>（- 4.36） | - 0.284 ***<br>（- 4.34） | 0.001<br>（1.4） | 0.001<br>（1.47） | 0.002 ***<br>（3.4） | 0.002 ***<br>（3.42） |

续表

| | 年化波动率 | | 每股收益 | | β 值 | |
|---|---|---|---|---|---|---|
| | (1) | (2) | (3) | (4) | (5) | (6) |
| cr | 0.332 | 0.325 | 0.002 | 0.001 | 0.000 | 0.000 |
| | (1.18) | (1.16) | (0.77) | (0.71) | (0.05) | (0.02) |
| state | -0.005 ** | -0.005 ** | 0.000 | 0.002 | 0.019 | 0.018 |
| | (-2.52) | (-2.55) | (0.06) | (0.74) | (0.74) | (1.45) |
| Constant | 290.359 *** | 288.366 *** | -0.118 | -0.158 | -0.855 *** | -0.869 *** |
| | (8.92) | (8.93) | (-0.29) | (-0.38) | (-3.51) | (-3.55) |
| Industry | 是 | 是 | 是 | 是 | 是 | 是 |
| Year | 是 | 是 | 是 | 是 | 是 | 是 |
| 样本数 | 3945 | 3946 | 3998 | 3998 | 3612 | 3612 |
| Pseudo $R^2$ | 0.2179 | 0.2183 | 0.2851 | 0.2877 | 0.2509 | 0.2503 |

注:1. 所有结果都是稳健估计,在企业层面进行 cluster 处理;2. 括号中数值为 t 值, ***、** 和 * 分别表示在 1% 、5% 和 10% 水平上显著,下同。

表 10 - 5 报告的是环境处罚对企业资本成本影响的回归结果,资本成本指标主要选取了"权益资本成本""债务资本成本"和"加权平均资本成本"三类,根据表 10 - 5 中的回归结果模型(1)、模型(3)和模型(5)发现,当企业受到环境处罚后,其相应的资本成本会出现微弱上升,但是并不显著;将主要的解释变量从"是否受到环境处罚"换为"环境处罚次数"后,发现,企业受到的环境处罚次数越多,相应的权益资本成本、债务资本成本和加权平均资本成本均会出现不同程度的上升,其中债务资本成本的上升较为显著,回归结果见模型(2)、模型(4)和模型(6)。

表 10 - 5　　　　　　　　　环境处罚对资本成本的影响

| | 权益资本成本 | | 债务资本成本 | | 加权平均资本成本 | |
|---|---|---|---|---|---|---|
| | (1) | (2) | (3) | (4) | (5) | (6) |
| punish | 0.024 | | 0.018 | | 0.022 | |
| | (1.05) | | (1.54) | | (1.45) | |
| $punish_{t-1}$ | 0.055 | | 0.046 | | 0.057 | |
| | (1.37) | | (1.57) | | (1.38) | |

续表

| | 权益资本成本 | | 债务资本成本 | | 加权平均资本成本 | |
|---|---|---|---|---|---|---|
| | (1) | (2) | (3) | (4) | (5) | (6) |
| EIQ | | 0.156 | | 0.214 | | 0.196 |
| | | (1.59) | | (1.45) | | (1.33) |
| $EIQ_{t-1}$ | | 0.335 | | 0.563** | | 0.473 |
| | | (1.62) | | (2.225) | | (1.676) |
| size | 0.056*** | 0.053*** | 0.061*** | 0.060*** | 0.055*** | 0.054*** |
| | (6.444) | (6.43) | (6.421) | (6.427) | (6.448) | (6.447) |
| age | -0.004*** | -0.004*** | -0.002*** | -0.002*** | -0.005*** | -0.005*** |
| | (3.674) | (3.656) | (3.265) | (3.217) | (3.449) | (3.446) |
| leverage | 0.002 | 0.002 | 0.007 | 0.007 | 0.013* | 0.012* |
| | (1.376) | (1.377) | (1.369) | (1.367) | (2.11) | (2.10) |
| agency | 0.168 | 0.162 | 0.184 | 0.186 | 0.223 | 0.224 |
| | (0.753) | (0.752) | (0.934) | (0.943) | (0.788) | (0.783) |
| cr | 1.875 | 1.872 | 1.967 | 1.968 | 2.044 | 2.042 |
| | (1.005) | (1.006) | (1.118) | (1.117) | (1.324) | (1.326) |
| state | -0.001* | -0.002* | -0.013** | -0.013** | -0.06 | -0.08* |
| | (2.13) | (2.20) | (2.69) | (2.55) | (0.74) | (1.8) |
| Constant | 0.285*** | 0.288*** | 0.294*** | 0.295*** | 0.305*** | 0.305*** |
| | (5.68) | (5.66) | (5.338) | (5.336) | (6.031) | (6.031) |
| Industry | 是 | 是 | 是 | 是 | 是 | 是 |
| Year | 是 | 是 | 是 | 是 | 是 | 是 |
| 样本数 | 3785 | 3785 | 3785 | 3785 | 3785 | 3785 |
| Pseudo $R^2$ | 0.1145 | 0.1144 | 0.1345 | 0.1344 | 0.1194 | 0.1195 |

注：*、**和***分别表示在10%、5%和1%的水平上显著，括号内数字为p值。

表10-6报告的是环境处罚对企业绩效的影响，企业绩效指标主要从财务绩效和经营绩效两个维度进行度量，分别选取了销售收入增长率、资产收益率和审计结果。无论是"是否受到环境处罚"指标还是"环境处罚次数"指标，无论选取了当期环境处罚还是滞后一期的环境处罚，其对企业绩效的影响不显著且不确定，以滞后一期的环境处罚（是否受到处罚和环境处罚次数）为例，环境处罚与销售收入增长率呈正相关，

与资产收益率呈负相关，与审计结果（非标结果）呈正相关，但均不显著。这表明，以"是否受到环境处罚"和"环境处罚次数"度量的环境处罚与企业绩效之间尚未构成实质性关联。

表 10 - 6　　　　　　　　环境处罚对企业绩效的影响

| | 销售收入增长率 | | 资产收益率 | | 审计结果 | |
|---|---|---|---|---|---|---|
| | (1) | (2) | (3) | (4) | (5) | (6) |
| punish | -2.408<br>(-0.61) | | -0.863<br>(-0.65) | | 0.001<br>(0.24) | |
| $punish_{t-1}$ | 6.105<br>(0.87) | | 0.436<br>(0.47) | | 0.004<br>(0.74) | |
| EIQ | | 0.315<br>(0.26) | | 0.109<br>(0.36) | | 0.001<br>(0.21) |
| $EIQ_{t-1}$ | | 1.223<br>(0.77) | | -0.413<br>(-0.54) | | 0.001<br>(0.6) |
| size | -109.41<br>(-1.01) | -109.35<br>(-1.01) | 4.756*<br>(1.8) | 4.758*<br>(1.81) | -0.027<br>(-1.67) | -0.026<br>(-1.67) |
| age | 12.12<br>(0.79) | 12.057<br>(0.79) | -1.221***<br>(-2.9) | -1.222***<br>(-2.93) | 0.004<br>(1.18) | 0.004<br>(1.17) |
| leverage | 88.49<br>(1.07) | 88.77<br>(1.07) | -35.482***<br>(-3.42) | -35.45***<br>(-3.44) | 0.303***<br>(6.16) | 0.303***<br>(6.16) |
| agency | 0.984<br>(-1.02) | -0.977<br>(-1.02) | 0.043<br>(1.42) | 0.043<br>(1.47) | -0.001***<br>(-3.00) | -0.001***<br>(-2.99) |
| cr | 4.456<br>(1.14) | 4.445<br>(1.14) | 0.2255<br>(1.56) | 0.225<br>(1.56) | -0.001<br>(-1.15) | -0.001<br>(-1.17) |
| state | 0.002<br>(1.08) | 0.002<br>(0.56) | -0.000<br>(0.005) | -0.000*<br>(-1.92) | -0.015<br>(0.006) | -0.014<br>(0.008) |
| Constant | 1153.89<br>(1.04) | 1154.31<br>(1.04) | -35.188<br>(-1.23) | -35.237<br>(-1.24) | 0.242<br>(1.34) | 0.242<br>(1.34) |
| Industry | 是 | 是 | 是 | 是 | 是 | 是 |
| Year | 是 | 是 | 是 | 是 | 是 | 是 |
| 样本数 | 4089 | 4089 | 4089 | 4089 | 4089 | 4089 |
| Pseudo $R^2$ | 0.112 | 0.112 | 0.0296 | 0.0296 | 0.1902 | 0.1904 |

注：*和***分别表示在10%和1%的水平上显著，括号内数字为p值。

表 10-4 至表 10-6 反映的主要是以 "是否受到环境处罚" 和 "环境处罚次数" 为表征的环境处罚对企业风险、成本和绩效的影响。实际上，不同形式的环境处罚可能对企业影响是存在较大差异的，同样的环境处罚可能因为严厉程度或者处罚主体差异，所产生的效应也会不一样。对此，本章进一步选取了 "环境处罚严厉程度" （$EITS_{it-1}$）和 "环境处罚行政层级" （$EGLAS_{it-1}$）来度量环境处罚，以此考察这两类环境处罚对企业发展的影响，回归结果如表 10-7 所示。在回归结果模型（1）和模型（2）中，当企业受到的环境处罚严厉程度越重、环境处罚行政层级越高时，企业年化波动率越大，进而加剧了企业的市场风险；在回归结果模型（3）和模型（4）中，环境处罚越严、处罚层级越高，企业的加权平均成本会显著上升；在回归结果模型（5）和模型（6）中，环境处罚在一定程度上降低了企业销售收入增长率，但是并不显著。

表 10-7　　　　环境处罚的程度和行政层级对企业发展的影响

| 变量 | 年化波动率 | | 加权平均成本 | | 销售收入增长率 | |
|---|---|---|---|---|---|---|
| | （1） | （2） | （3） | （4） | （5） | （6） |
| EITS | -0.044 (-0.26) | | 0.005 (1.15) | | -0.433 (-0.62) | |
| $EITS_{it-1}$ | 0.065** (2.145) | | 0.002* (2.04) | | -0.175 (-0.35) | |
| EGLAS | | -0.013 (-0.3) | | 0.062 (1.43) | | -0.129 (0.43) |
| $EGLAS_{it-1}$ | | 0.073*** (2.94) | | 0.186** (2.44) | | -0.424 (1.07) |
| size | -8.523* (-1.86) | -8.545* (-1.88) | 0.065*** (5.327) | 0.063*** (5.328) | -109.067 (-1.01) | -109.45 (-1.01) |
| age | -4.561*** (-7.45) | -4.574*** (-7.26) | -0.007*** (2.741) | -0.007*** (3.694) | 12.259 (0.8) | 11.989 (0.79) |
| leverage | 5.124 (0.59) | 5.084 (0.59) | 0.021** (2.16) | 0.022** (2.14) | 89.375 (1.08) | 88.6 (1.07) |
| agency | -0.134* (-1.81) | -0.133* (-1.81) | 0.256 (1.055) | 0.258 (1.055) | -0.983 (-1.02) | -0.976 (-1.02) |

| 变量 | 年化波动率 | | 加权平均成本 | | 销售收入增长率 | |
|---|---|---|---|---|---|---|
| | （1） | （2） | （3） | （4） | （5） | （6） |
| cr | 0.373 | 0.373 | 2.427 | 2.426 | 4.44 | 4.447 |
| | (0.88) | (0.88) | (1.506) | (1.502) | (1.14) | (1.14) |
| state | -0.012* | -0.013** | -0.04* | -0.04* | 0.0012 | 0.001 |
| | (-2.26) | (-2.28) | (1.85) | (1.85) | (1.08) | (0.56) |
| Constant | 197.63*** | 197.93*** | 0.305*** | 0.304*** | 1150.6 | 1155.71 |
| | (4.69) | (4.72) | (3.668) | (3.667) | (1.03) | (1.04) |
| Industry | 是 | 是 | 是 | 是 | 是 | 是 |
| Year | 是 | 是 | 是 | 是 | 是 | 是 |
| 样本数 | 3963 | 3963 | 3785 | 3785 | 4089 | 4089 |
| Pseudo $R^2$ | 0.1893 | 0.1894 | 0.1202 | 0.1201 | 0.1121 | 0.112 |

注：*、**和***分别表示在 10%、5% 和 1% 的水平上显著，括号内数字为 p 值。

综上，我们发现，不同形式的环境处罚会对企业发展产生不同影响。单纯的环境处罚或者增加环境处罚次数可能并不会对企业环境遵从形成有效威慑，表现在其并没有对企业风险、成本和绩效构成实质性影响；相反，通过强化环境处罚的严厉程度和提高环境处罚的行政层级可以在一定程度上形成对企业发展的实质性影响，即通过风险和成本来影响企业的环境遵从行为。对此，本章的假设 10 - 1.1 基本成立。

（二）环境处罚与企业排污选择

为了进一步考察环境处罚对企业减排行为选择的影响，我们构建了一个环境处罚对企业减排行为影响的回归模型。考虑到数据的可得性，主要用企业交纳的排污费作为企业排污量的度量指标，环境处罚指标分别选取了是否受到环境处罚、环境处罚的次数、环境处罚严厉成本以及环境处罚的层级，回归结果见表 10 - 8。

回归结果模型（1）至模型（4）报告的是环境处罚对企业绝对排污水平的影响，我们发现，滞后一期的环境处罚与企业污染排放之间呈现一定的负向关系，即环境处罚对企业产生了一定的减排效应，其中尤以环境处罚的严厉程度和环境处罚层级所带来的减排效应最为显著和明显。同时，进一步观察了环境处罚对企业相对排污水平的影响，企业相对排污水平用企业排污费占总资产的比重表示，发现环境处罚对企业相对排污水平的激励效应并不明显，反映在回归结果模型（6）至模型（9）之中。对此，本章的假设 10 – 1.2 基本成立。

表 10 – 8　　　　　　　　　　环境处罚对企业污染排放的影响

| 变量 | Pollution | | | | R – Pollution | | | |
|---|---|---|---|---|---|---|---|---|
| | (1) | (2) | (3) | (4) | (5) | (6) | (7) | (8) |
| $pollution_{t-1}$ | 0.449*** (6.13) | 0.451*** (6.39) | 0.454*** (6.47) | 0.4513*** (6.46) | – 0.059 (– 0.3) | – 0.061 (– 0.31) | – 0.061 (– 0.31) | – 0.06 (– 0.3) |
| $punish_{t-1}$ | – 16.698 (0.12) | | | | 0.002 (1.17) | | | |
| $EIQ_{t-1}$ | | – 55.845 (– 1.34) | | | | – 0.001 (0.66) | | |
| $EITS_{it-1}$ | | | – 34.518** (– 2.52) | | | | 0.000 (0.65) | |
| $EGLAS_{it-1}$ | | | | – 10.326** (– 2.12) | | | | 0.000 (1.05) |
| size | 518.61** (2.53) | 522.35** (2.56) | 522.57** (2.56) | 523.2427** (2.55) | 0.006* (2.27) | 0.006* (2.29) | 0.006* (2.29) | 0.006* (2.29) |
| age | – 2.627 (– 0.07) | 3.268 (0.09) | 3.352 (0.09) | 2.189 (0.06) | 0.001 (0.64) | 0.000 (0.64) | 0.000 (0.64) | 0.000 (0.61) |
| leverage | – 160.077 (– 1.01) | – 130.65 (– 0.84) | – 111.22 (– 0.71) | – 138.03 (– 0.9) | – 0.005 (– 1.43) | – 0.004 (– 1.32) | – 0.005 (– 1.35) | – 0.005 (– 1.33) |
| agency | – 2.995 (– 0.84) | – 3.063 (– 0.86) | – 2.94 (– 0.82) | – 3.081 (– 0.87) | – 0.000 (– 1.56) | – 0.000 (– 1.55) | – 0.000 (– 1.56) | – 0.000 (– 1.54) |
| cr | – 4.514 (– 0.58) | – 4.528 (– 0.58) | – 4.27* (– 2.14) | – 4.548 (– 0.59) | – 0.000 (0.44) | – 0.000 (– 0.49) | – 0.000 (– 0.5) | – 0.000 (– 1.54) |
| state | 0.073** (2.44) | 0.073** (2.46) | 0.081* (2.16) | 0.083** (2.53) | 0.034* (2.01) | 0.031 (1.05) | 0.033** (2.33) | 0.033* (2.04) |
| HHI | – 2304.5 (– 0.96) | – 2551.8 (– 1.05) | – 2675.944 (– 1.1) | – 2556.19 (– 1.04) | 0.02 (1.06) | 0.018 (0.97) | 0.018 (0.97) | 0.019 (1.02) |
| Constant | – 5462.29* (– 2.14) | – 5419.05* (– 2.13) | – 5415.32* (– 2.14) | – 5422.83* (– 2.12) | – 0.067 (– 1.76) | – 0.068* (– 1.78) | – 0.068* (– 1.77) | – 0.068* (– 1.78) |
| Indummy | 是 | 是 | 是 | 是 | 是 | 是 | 是 | 是 |
| Yeardummy | 是 | 是 | 是 | 是 | 是 | 是 | 是 | 是 |
| Pseudo $R^2$ | 0.2258 | 0.2278 | 0.2304 | 0.2273 | 0.1478 | 0.1469 | 0.1474 | 0.1475 |
| 样本数 | 1032 | 1032 | 1043 | 1042 | 985 | 985 | 948 | 948 |

注：*、**和***分别表示在10%、5%和1%的水平上显著，括号内数字为 p 值。

（三）传导机制检验与异质性检验

虽然前文基本分析了环境处罚对企业发展以及减排的影响，但是这背后的机理尚不清晰，对此，进一步选取了融资约束、研发投入和政府补助三类变量，来考察环境处罚的影响，以此来反映环境处罚相关效应的可能传导机制。对此，构建了环境处罚与融资约束、研发投入以及政府补助的三类回归模型，表10-9报告了相应模型的回归结果。

表10-9　　　环境处罚对融资约束、研发投入和政府补助的影响

| 变量 | 融资约束（9-1） | | | |
|---|---|---|---|---|
| | （1） | （2） | （3） | （4） |
| $punish_{t-1}$/$EIQ_{t-1}$/$EITS_{it-1}$/$EGLAS_{it-1}$ | -0.001 | -0.002 | -0.000 | -0.001 |
| | （-1.51） | （-1.29） | （-1.61） | （-1.31） |
| 其他控制变量 | 是 | 是 | 是 | 是 |
| Indummy | 是 | 是 | 是 | 是 |
| Yeardummy | 是 | 是 | 是 | 是 |
| Pseudo $R^2$ | 0.1171 | 0.1172 | 0.1173 | 0.1171 |
| 变量 | 研发投入（10-2） | | | |
| | （5） | （6） | （7） | （8） |
| $punish_{t-1}$/$EIQ_{t-1}$/$EITS_{it-1}$/$EGLAS_{it-1}$ | 0.154 | 0.069 | 0.023 | 0.016 |
| | （1.42） | （1.66） | （1.63） | （1.60） |
| 其他控制变量 | 是 | 是 | 是 | 是 |
| Indummy | 是 | 是 | 是 | 是 |
| Yeardummy | 是 | 是 | 是 | 是 |
| Pseudo $R^2$ | 0.0745 | 0.0744 | 0.074 | 0.074 |
| 变量 | 政府补助（9-3） | | | |
| | （9） | （10） | （11） | （12） |
| $punish_{t-1}$/$EIQ_{t-1}$/$EITS_{it-1}$/$EGLAS_{it-1}$ | -0.009 | 0.003 | 0.001** | -0.001 |
| | （-1.27） | （1.3） | （2.22） | （-1.32） |
| 其他控制变量 | 是 | 是 | 是 | 是 |
| Indummy | 是 | 是 | 是 | 是 |
| Yeardummy | 是 | 是 | 是 | 是 |
| Pseudo $R^2$ | 0.1662 | 0.1654 | 0.1654 | 0.1653 |

注：**表示在5%的水平上显著。其他控制变量、行业固定效应、地区固定效应均控制，但未显示，回归结果模型（1）、模型（2）、模型（3）和模型（4）中的核心解释变量依次为$punish_{t-1}$、$EIQ_{t-1}$、$EITS_{it-1}$、$EGLAS_{it-1}$，模型（5）至模型（8）、模型（9）至模型（12）同样如此。

融资约束式（9-1）回归中，我们发现，四类环境处罚并没有对企业融资约束构成实质性影响，环境处罚越多、越重和处罚级别越高的企业，融资约束并没有趋紧，这与中央出台有关环境规制政策以及绿色金融政策的初衷是相悖的，这也在一定程度上间接地解释了环境处罚软弱无力的原因，尽管受到了环境处罚，但是融资并没有趋紧，企业生产经营过程中的环境成本也并没有内部化，因而在同等条件下，环境处罚带来融资"软约束"，污染型企业的发展反而相对更为有利。在研发投入式（10-2）回归中，环境处罚对企业研发投入的影响并不明显。在政府补助式（9-3）回归中，环境处罚严厉程度越高，企业获得的政府补助反而更多，使环境处罚产生了"逆向激励"。对此，本章假设10-2也基本成立。

在以污染排放为因变量的回归模型［即模型（4）］中，分别加入了环境处罚与融资约束、研发投入以及政府补助的交互项，来进一步考察环境处罚是否会通过上述三类传导机制来影响企业的减排，回归结果如表10-10所示。我们发现，在回归模型（1）中，$EITS_{it-1} \times$融资约束系数显著为正，这表明当融资约束趋紧时，环境处罚所带来的污染减排效应更为明显，但在表10-9中，我们得到了环境处罚弱化企业融资约束的结论，将两者结合分析发现，由于对上市公司的环境处罚弱化了融资约束，进一步削弱了环境处罚所带来的减排效应；在回归模型（2）中，$EITS_{it-1} \times$研发投入系数在1%水平上显著为正，意味着，研发投入越高时，环境处罚所带来的污染减排效应也更为明显，但是在表10-9中，环境处罚并没有有效刺激企业的研发投入，因此，现阶段的环境处罚尚不能通过刺激企业研发投入来提升企业的减排能力；在回归模型（3）中发现，政府补助越高，环境处罚会进一步弱化企业的减排激励，结合表10-9中的结论，由于环境处罚在一定程度上增加企业所获得政府补助，进而会使得企业的排污激励显著下降，这表明现阶段增加对污染型企业的补助可能并不利于企业的污染减排，在现实中，污染越严重的企业在获得较多政府减排补助金的同时，由于缺乏有效的考核标准，使大量的减排补助资金并没有产生应有的效应，反而在一定程度上助长了企业的排污倾向。

表 10 - 10　　　　　环境处罚影响企业减排的传导机制检验

| 变量 | Pollution | | |
| --- | --- | --- | --- |
| | (1) | (2) | (3) |
| EITS$_{it-1}$ | -11. 346** | -7. 478 | -14. 962 |
| | (2. 18) | (1. 55) | |
| EITS$_{it-1}$ × 融资约束 | 0. 078** | | |
| | (2. 53) | | |
| EITS$_{it-1}$ × 研发投入 | | -0. 424* | |
| | | (2. 06) | |
| EITS$_{it-1}$ × 政府补助 | | | 0. 005* |
| | | | (1. 87) |
| 其他控制变量 | 是 | 是 | 是 |
| Indummy | 是 | 是 | 是 |
| Yeardummy | 是 | 是 | 是 |
| Pseudo R$^2$ | 0. 172 | 0. 173 | 0. 173 |

注：**和*分别表示在5%和10%的水平上显著，括号内数字为 p 值。

**（四）环境处罚差异的异质效应**

环境处罚的效果还会受到环境规制执行力度、环境处罚信息公开以及公众关注的影响。对此，我们根据样本企业所在地的环境规制强度水平、环境信息公开程度以及公众环境关注度来划分规制强度高和规制强度低、环境信息公开度高和环境信息公开度低、公众环境关注度高和公众环境关注度低地区，来考察环境规制对企业发展的制度环境异质效应，回归结果如表 10 - 11 所示。

我们发现，相比较环境规制强度低地区的企业，在环境规制强度高地区，环境处罚所带来的威慑效应更为明显，表现在对年化波动率、加权平均成本和销售收入增长率的影响更为明显，规制强度高时，公共部门对环境质量的偏好更强、对污染的容忍度更低，这些地区的公共部门对同等环境处罚的执行力度相对更强，进而所产生的威慑效应更为明显。如果说环境规制强度属于正式制度层面的因素，那么信息公开和公众关注则属于非正式制度环境因素，环境信息公开和公众环境关注实质上反映的是信息要素和声誉机制的影响，我们发现，相比较信息公开度低和公众环境关注度低地区的企业，环境信息披露力度大和公众环境关注度高的地区，环境处罚对企业发展的影响更为显著，环境信息披露缓解了环境信息（包括环境处罚）的不对称问题，有利于环境信息流动畅通，公众环境关注度高表明，社会公众对企业的环境行为更为看重，声誉机制可以发挥更为明显的作用，同时环境信息披露还会进一步强化声誉机制的作用，为声誉机制作用的发挥提供信息基础。因此，当企业所处地区环境信息公开度和环境公众关注度越高时，会更加明显地加剧企业风险、提高加权平均成本和降低销售收入增长率，使得处罚对企业环境遵从行为的威慑效应更为明显。因此，本章假设 10 - 3 是成立的。

表 10 - 11　　　　　　　　　环境处罚的异质效应回归结果

| 变量 | 年化波动率 | | 加权平均成本 | | 销售收入增长率 | |
|---|---|---|---|---|---|---|
| | 规制强度高 | 规制强度低 | 规制强度高 | 规制强度低 | 规制强度高 | 规制强度低 |
| $EITS_{it-1}$ | 0.048 *** | 0.035 * | 0.003 ** | 0.001 | - 0.137 | - 0.113 |
| | (2.67) | (1.73) | (2.32) | (1.24) | (1.38) | (1.32) |
| 其他控制变量 | 是 | 是 | 是 | 是 | 是 | 是 |
| Indummy | 是 | 是 | 是 | 是 | 是 | 是 |
| Yeardummy | 是 | 是 | 是 | 是 | 是 | 是 |
| Pseudo $R^2$ | 0.1832 | 0.1813 | 0.1956 | 0.1942 | 0.1034 | 0.1032 |
| 变量 | 年化波动率 | | 加权平均成本 | | 销售收入增长率 | |
| | 信息公开度高 | 信息公开度低 | 信息公开度高 | 信息公开度低 | 信息公开度高 | 信息公开度低 |
| $EITS_{it-1}$ | 0.049 *** | 0.036 | 0.004 * | 0.003 | - 0.159 * | - 0.132 |
| | (3.13) | (1.03) | (2.15) | (1.52) | (1.75) | (1.44) |
| 其他控制变量 | 是 | 是 | 是 | 是 | 是 | 是 |
| Indummy | 是 | 是 | 是 | 是 | 是 | 是 |
| Yeardummy | 是 | 是 | 是 | 是 | 是 | 是 |
| Pseudo $R^2$ | 0.1844 | 0.1842 | 0.1948 | 0.1946 | 0.1023 | 0.1022 |
| 变量 | 年化波动率 | | 加权平均成本 | | 销售收入增长率 | |
| | 公众关注度高 | 公众关注度低 | 公众关注度高 | 公众关注度低 | 公众关注度高 | 公众关注度低 |
| $EITS_{it-1}$ | 0.050 *** | 0.036 * | 0.003 ** | 0.002 | - 0.178 * | - 0.161 |
| | (2.64) | (1.78) | (2.15) | (1.52) | (1.97) | (1.67) |
| 其他控制变量 | 是 | 是 | 是 | 是 | 是 | 是 |
| Indummy | 是 | 是 | 是 | 是 | 是 | 是 |
| Yeardummy | 是 | 是 | 是 | 是 | 是 | 是 |
| Pseudo $R^2$ | 0.1847 | 0.1846 | 0.1939 | 0.1937 | 0.1017 | 0.1018 |

注：*、** 和 *** 分别表示在 10%、5% 和 1% 的水平上显著，括号内数字为 p 值。

（五）稳健性检验

考虑到本章指标选择和样本选择等方面问题，我们进一步进行了三类稳健性测试。分别为：

首先，缩短处罚级差。根据相似性和同一性原则，我们将原有的 8 个级次的监管主体缩短为 3 个级次的监管主体，将原有的 5 个处罚类型缩短为 3 个处罚类型，具体可对比表 10 – 11 和表 10 – 12。其次，扩大研究样本。上文部分只选取了曾经或当年受到环境处罚的工业企业作为样本，对此，进一步将样本扩展到整个工业企业上。最后，本章的研究样本是 A 股主板工业上市公司中曾经或者当年受到处罚的公司，使得研究更具有针对性，但是这种做法可能会引起样本的自选择问题。对此，进一步采取了赫克曼两阶段模型来解决这一问题：第一阶段，选取公司是否被环境处罚作为因变量构建 Probit 模型。以此计算逆米尔斯比率（IMR），然后代入原模型中，进行第二阶段回归，回归结果列示在表 10 – 13 中，为节省篇幅，仅报告了环境处罚严厉程度对企业风险、成本和收益影响，以及对融资约束、研发投入和政府补助的影响，最后还包括对污染排放的影响。最后发现，三类稳健性测试的结果基本与上文部分保持一致，这表明本章的假设是成立的。

表 10 – 12　　　　　　　　　　　缩短处罚级差

| 监管主体与处罚分类 | 处罚部门 | 计分办法 |
|---|---|---|
| 监管主体 | 县级环保局、县级政府、地级市环保局和地级市政府 | 计 1 分 |
| | 省级环保厅和省级政府 | 计 2 分 |
| | 环保部和国务院 | 计 3 分 |
| 处罚类型 | 监测超标、违规超标通报 | 计 1 分 |
| | 违规超标限期治理、违规超标罚款 | 计 2 分 |
| | 违规超标关停限产 | 计 3 分 |

表 10 – 13　　　　　　　　　　　稳健性测试结果

| | 年化波动率 | 加权平均成本 | 销售收入增长率 | 融资约束 | 研发投入 | 政府补助 | Pollution | R – Pollution |
|---|---|---|---|---|---|---|---|---|
| 稳健性测试 1（缩短处罚级差） | | | | | | | | |
| EITS$_{it-1}$ | 0.083 *<br>(1.86) | 0.004 *<br>(1.95) | – 0.454<br>(1.33) | – 0.001 *<br>( – 1.74) | 0.029 *<br>(1.94) | 0.001 ***<br>(2.54) | – 50.55 ***<br>( – 2.54) | 0.000<br>(1.05) |

续表

| | 年化波动率 | 加权平均成本 | 销售收入增长率 | 融资约束 | 研发投入 | 政府补助 | Pollution | R - Pollution |
|---|---|---|---|---|---|---|---|---|
| 稳健性测试1（缩短处罚级差） | | | | | | | | |
| 其他控制变量 | 是 | 是 | 是 | 是 | 是 | 是 | 是 | 是 |
| Indummy | 是 | 是 | 是 | 是 | 是 | 是 | 是 | 是 |
| Yeardummy | 是 | 是 | 是 | 是 | 是 | 是 | 是 | 是 |
| Pseudo $R^2$ | 0.2089 | 0.1044 | 0.1322 | 0.1275 | 0.085 | 0.1766 | 0.2455 | 0.1666 |
| 稳健性测试2（扩大研究样本） | | | | | | | | |
| $EITS_{it-1}$ | 0.079 ** | 0.002 * | -0.367 | -0.001 * | 0.026 ** | 0.001 ** | -34.77 ** | 0.000 |
| | (2.33) | (2.04) | (1.56) | (-1.87) | (2.43) | (2.47) | (-2.48) | (0.67) |
| 其他控制变量 | 是 | 是 | 是 | 是 | 是 | 是 | 是 | 是 |
| Indummy | 是 | 是 | 是 | 是 | 是 | 是 | 是 | 是 |
| Yeardummy | 是 | 是 | 是 | 是 | 是 | 是 | 是 | 是 |
| Pseudo $R^2$ | 0.1899 | 0.1351 | 0.1455 | 0.1185 | 0.088 | 0.1794 | 0.2509 | 0.1874 |
| 稳健性测试3（赫克曼两阶段模型） | | | | | | | | |
| $EITS_{it-1}$ | 0.053 * | 0.001 * | -0.315 | -0.000 | 0.023 ** | 0.001 * | -26.88 *** | 0.000 |
| | (1.90) | (1.98) | (1.22) | (-1.9) | (2.41) | (2.11) | (-2.66) | (0.55) |
| 其他控制变量 | 是 | 是 | 是 | 是 | 是 | 是 | 是 | 是 |
| Indummy | 是 | 是 | 是 | 是 | 是 | 是 | 是 | 是 |
| Yeardummy | 是 | 是 | 是 | 是 | 是 | 是 | 是 | 是 |
| Pseudo $R^2$ | 0.1956 | 0.1266 | 0.1466 | 0.1479 | 0.095 | 0.1843 | 0.2633 | 0.1895 |

注：*、**和***分别表示在10%、5%和1%的水平上显著，括号内数字为 p 值。

# 小　结

本章以2006—2013年工业上市公司为样本，收集和构建了一套度量企业环境处罚的指标体系，评估了环境处罚对企业发展和污染减排的影响及其传导机制与异质性。研究发现：

第一，环境处罚给企业带来了一定的市场风险，提高了债务资本成本，但对企业绩效并没有产生实质性影响，其中，仅以环境处罚严厉程度和行政层级的影响较为明显，环境处罚越严厉或环境处罚行政层级越高，所带来的效应越明显。

第二，环境处罚虽然使得企业的绝对排污水平下降，却没有降低企业的污染相对水平，环境处罚的减排激励效应有限，依赖环境处罚的严厉程度和处罚的行政层级。

第三，受环境处罚越多和越重的企业，不但融资约束没有趋紧，反而获得了较多的政府补助，进而引致了环境处罚的"软约束"和"逆向激励"，这也是造成环境处罚威慑效应不明显的重要原因。

第四，所处地区环境规制力度越大、环境信息公开程度越高、环境关注度越高，环境处罚对企业的影响更大，这也间接地表明，现阶段中国环境信息披露不健全和公众关注度偏低弱化了环境处罚的"威慑力"。

本章研究具有一定的理论贡献和现实政策含义。在指标选择、数据选取、研究视角和思路特别是研究内容上对现有研究有不同程度的拓展和贡献，从企业风险、成本和绩效三个维度来为评估环境处罚的减排激励效应提供依据，并识别了其中的传导机制和制度异质效应，不仅提供了环境规制尤其是环境处罚效果评估的微观证据，而且将其与企业社会责任、企业发展等有机结合，丰富了宏观、微观环境政策与企业发展之间的关联研究。在现实价值上，现有环境处罚给企业带来较大的市场风险并提高了债务资本成本，但并没有实质性地影响到企业绩效，这意味着单纯进行环境处罚以及增加处罚次数并不能有效提高环境处罚的威慑力，只有当受到处罚层次越高或处罚更为严厉时，才能够有效地影响到企业经营决策，这与新《环境保护法》连续按日累计处罚的思路是不谋而合的，强化环境处罚严厉程度和提高环境处罚的行政层级，适当推进环境规制集权有利于提高环境处罚的执行效果。同时，需要进一步硬化绿色金融政策、强化对重污染上市公司的融资约束，有效甄别污染型企业的政府补助，强化政府补助的减排绩效考核。最后，还需实质性推进企业环境信息披露，支持合理的公众环境集体行动，本章的结论已表明，提高环境信息披露力度和公众的环境关注意识有利于为环境处罚的威慑效应提供信息基础和声誉功能。

# 第十一章　中国环境质量的市场治理机制

本章主要研究两个层面的问题：环境污染、企业环保策略与市场治理机制问题，这是从微观经济主体（主要是污染制造者，即企业）行为入手所做的评估分析；环境污染、排污权交易与价格机制问题，这是基于产权、价格、交易等视角，对环境保护与污染治理的市场机制所做的分析探讨。

## 第一节　问题提出

从20世纪70年代美国环保局采取二氧化硫排放权交易政策开始至今，尤其在最近10年，政策制定者和管理者越来越关注环境问题的市场化治理工具（Marc Chesney et al.，2008）。这样的一些市场化工具相较于传统的"命令—控制"型工具具有更高的成本效率，排放权交易机制就是这些市场化工具中应用最为广泛的工具之一。可交易的排放权产生了一个明确的市场价格信号，这个价格信号会促使排放企业做出最优的排放决策。

目前，国际上涉及范围最广的排放交易系统是 EU ETS，其他比较成熟的交易市场有法国的 BlueNext、德国的 EEX、挪威的 NordPool、西班牙的 SendeCO$_2$、英国的欧洲气候交易所等。我国于 2013 年 6 月 18 日正式启动深圳排放权交易所（CEEX），随后陆续在北京（CBEEX）、上海（SEEE）、广州（GZEEX）、天津（TCX）、湖北（CHEEX）和重庆（CCETC）等地区试点排放权交易制度。这些排放权交易所的运作标志着我国环境治理政策从传统的"命令—控制"型转向市场机制治理。在碳排放权交易所中，以一定数量的碳排放量为标的的权利成为可以自由交易的商品。在这个碳排放权交易市场中，由排放企业、中介者、经纪人和交易商所组成的买者及卖者共同形成碳排放权的交易均衡价格和均衡量。因此，碳排放权的价格及其动态特征对于碳排放权交易市场主体来说十分重要（Eva Benz et al.，2009）。

随着 R. H. 科斯（1960）在《社会成本问题》一文中提出了确定环境排放权的思想之后，艾伦·V. 尼斯（Allen V. Kneese）等环境经济学家一直致力于环境定价理论的研究。在 20 世纪 70 年代，美国就实施二氧化硫排放权交易制度，因此，最初的排放权交易价格研究也主要聚焦在二氧化硫排放价格方面，例如，利用产业组织模型来解释技术变化（J. Rezek，1999）和电力需求变化（S. Schennach，2000），并分析其对二氧化硫排放权均衡价格路径的影响。R. Kosobud 等（2005）分析了二氧化硫排放许可证的月度收益与其他金融资产的现货价格之间的相关关系。随着 20 世纪 90 年代以来欧美等国家二氧化硫等污染物排放量逐渐减少，从而使环境质量得到改善，影响环境质量，尤其是气候变化的主要因素变成了二氧化碳的排放，因此，研究者也逐渐转向了二氧化碳排放价格的研究（D. Burtraw et al.，2002；C. Böhringer et al.，2005；R. Kosobud et al.，2005；J. Schleich et al.，2006）。

对于二氧化碳排放市场工具，即碳排放许可证的研究文献也逐渐丰富，例如，G. Daskalakis 等（2005）、J. Seifert 等（2008）和 M. Uhrig－Homburg 等（2006）。Marc S. Paolella 等（2008）利用一个混合正态 GARCH 模型分析了欧洲二氧化碳市场和美国二氧化硫市场的交易价格变动。Yue－Jun Zhang 等（2010）从运作机制和经济影响两个方面综述了有关欧盟 ETS 的经验研究。Shawkat Hammoudeh 等（2014）利用 NARDL 模型分析了原油价格、天然气价格、煤炭价格和电力价格对二氧化碳排放价格变化的影响。Kenneth Løvold Rødseth（2013）运用物质平衡原理把污染和物质投入联系起来，并采用影子价格法得出边际减排成本。Yung－ho Chiu 等（2013）利用 super SBM ZSG－DEA 模型分析了 24 个欧盟成员国的碳排放许可证配置效率。Li Xu 等（2014）利用一种程式化模型分析了金融期权对于降低碳排放许可证价格波动性的影响。Anna Creti 等（2012）分析了欧盟 ETS 两个阶段的碳排放权价格的决定因素，利用协整模型解释了 2006 年的碳市场结构性突变，他们指出，碳排放价格在2009 年年末会趋向贬值。Wilfried Rickels 等（2012）利用经验数据分析了欧盟 ETS 碳排放价格动态变化的潜在影响因素。Zhen－Hua Feng 等

（2011）首先用随机游走模型、R/S、modified R/S 和 ARFIMA 分析了欧盟碳排放交易系统（Emissions Trading System，ETS）排放价格的历史信息，然后运用混沌理论分析了碳市场内部机制对碳价格的影响。Hengyu Wu 等（2011）利用 VAR 和脉冲响应方法分析了 ECX 和 CER 现货市场、期货市场的价格冲击效应，并利用 t 分布 GARCH、正态分布 GARCH、t 分布 GJR 和正态分布 GJR 模型拟合了 CER 期货市场的收益特征。Steen Hitzemanny 等（2013）利用环境市场的随机均衡模型研究了排放许可证价格的特征性质，并预测了排放价格的动态变化和波动性。Wilfried Rickels 等（2010）分析了原料价格、经济活动、气候变化对欧盟排放价格动态特征的影响，他们认为，这种有基础的模型比自回归模型能更好地解释排放价格的动态特征。Marcel Gorenflo（2013）分析了欧盟 ETS 碳排放许可证的定价和现货与期货价格之间的领先—之后关系。Vicente Medina 等（2011）利用协整技术分析了欧盟两种可交易的排放许可机制——EU-As 和 CERs——之间的日价格发现了信息传递问题。Christian Conrad 等（2012）利用不对称信息 GARCH 模型分析了欧盟高频率的排放价格的动态特征。Eva Benz 等（2009）利用 AR – GARCH 和马尔科夫机制转换模型分析了欧盟排放价格的动态特征，并对其未来价格变化进行了预测。Bangzhu Zhu 等（2014）采用 Zipf 分析法研究了欧盟排放权的期货价格。Fatemeh Nazifi（2013）依靠检测 UEAs 和 CERs 之间结构关系的变化来识别两个排放许可机制之间的价格动态特征传播的影响因素。P. Zhou 等（2014）回顾了利用效率模型来估计污染物影子价格的研究。Julien Chevallier 等（2011）利用来自 Naive 估计、Kernel 估计和二次抽样估计的实际波动率推断得到 ECR 的期货合同的波动特征，并使用一个简化的 HAR – RV 模型来研究其价格动态特征。Mohamed Amine Boutabba 等（2012）主要研究二氧化硫排放许可证价格的动态行为与价格决定因素。Amit K. Biswas 等（2012）利用面板数据测算了 100 多个国家污染物的影子价格。Piia Aatola 等（2013）研究了欧盟 ETS 排放权价格决定因素。Marc Chesney 等（2008）提出了一个内生性的排放权价格动态变化模型来解释碳交易市场中的非对称信息。Marc Leandri（2009）测算了最优污染物排放控制下的吸收能力的影子价格。Kai Chang 等（2012）分析了在一个随机多重因素期限结构下的排放许可证的期权价值。Yuanchun Zhou 等（2013）利用一个适应性代理仿真模型研究了中国江苏 2011—2020 年的排放许可证价格动态特征及其影响因素。Luis Diaz‑Balteiro 等（2008）估算了环境产品的影子价格。Shawkat Hammoudeh 等（2014）利用 VAR 和 VECM 模型研究了二氧化碳排放价格动态变化对石油、煤炭、电力、天然气和碳排放许可证的价格变化的反应。

由于我国排放权交易机制实施较晚，国内学者对于污染物排放交易价格相关的研究主要集中在以下几个方面：（1）排污权交易的定价机制，例如，任玉珑等（2006）、王宇雯（2007）、吕一冰等（2014）；（2）估计二氧化硫、二氧化碳等污染物的影子价格（涂正革，2009；陈诗一，2010）。

## 第二节　环境质量的产权与价格机制理论

如前文所述，环境问题产生的根源在于个体无节制的污染排放或环境享受欲望，那么对于环境质量的治理就要从根本上抑制个人和企业的无限欲望。无论是从理论上看还是从实践来看，制约个体这种欲望的最有效方式就是价格机制和产权制度。在产权明晰基础上，个体的经济行为受到价格机制的影响，从而影响经济决策，这就是市场机制。

那么，市场机制在环境治理领域是否能有效发挥作用呢？一方面，西方经济学的主流观点认为，由于无法对环境定价，因此，价格机制在环境治理领域失效。污染排放的个人成本小于社会成本，治污的个人成本又大于社会成本，因此，理性的个人是不会减排或治污到社会合意的水平，那么环境污染问题就出现了。另一方面，雾霾发生在空气中，污水出现在江河湖海中等一系列环境问题基本都发生在像空气或公共水域等公共场所，而"公地悲剧"正是由于空气、江湖等公共地产权不明晰所造成的。因此，环境价格与产权的不确定是阻碍市场治理机制在环境方面有效发挥作用的根本原因。

只要能够确定环境价格和产权，市场机制就能在环境领域发挥应有的作用。从 20 世纪 60 年代开始，理论界在环境定价理论与环境产权理论方面取得了很大的进展，为人类的环境质量市场治理机制提供了坚实的理论基础。

## 一　环境产权理论

市场交换式以产权明确界定为基础，任何交易的前提是交易双方都承认对方的财产所有权。外部成本使市场失灵是因为有些产权归属没有被确认。如果社会确认企业无权对他人的生活造成不利影响，那么受到企业外部成本影响的那些人，就有权向企业索取补偿或者向企业出让自己的权益，只要索取的补偿或出让权益的价格等于边际外部成本，这种外部成本就全部由企业来承担，从而被内部化。如果社会认为企业有权不承担外部成本，那么受到企业外部成本影响的人，可以换取企业采取减除外部成本的行动。这时，外部成本就由企业以外的其他人来承担。一旦产权明确，任何行为所产生的好处或坏处都会有一个价格（正如上一节所估计的影子价格），就像所有其他市场产品一样，价格机制会将资源引向配置效率。在这里，问题的关键在于产权是否有明确的归属。只要产权清晰，价格机制就可以发挥作用，实现资源的有效配置（蒋洪等，2011）。

解决外部性问题的市场化方法早在 20 世纪 60 年代科斯的经典论文《社会成本问题》中就有论述。科斯指出，在环境领域清晰产权，重点不是在排放地上划分疆界，重点不是到太空去划分 A 国 B 国，而是在排放权上划分你我，把重点放到排放权的归属上来：究竟谁拥有排放权？究竟是作为排放者的企业和个人拥有排放废气污水的权利，还是作为排放的受害者的企业和家庭拥有洁净环境的权利？排放者和受害者在同一片地域，污染在空间上是不分你我的，所以，如果把清晰产权的重点放到空间里的你我划分上，是不得要领的。重点是排放的权利归属和划分。如果这个问题解决了，排放的支付量（支付多少）和支付方向（向谁支付）就可以交给私人市场交易方式去解决，合适的排放量问题也就迎刃而解了（平新乔，2014）。

## 二　环境定价理论

由于环境质量问题最初都直接表现为环境污染物排放对环境造成的损害，因此，理论界最初也是从环境污染物排放定价开始研究。环境污染排放定价研究始于美国环境经济学家艾伦·V.尼斯，他从 20 世纪 50 年代就一直致力于环境排放定价的研究工作。

产品和服务之所以有价值是因为它们对人类福利有贡献。狭义来说，个人福利，乃至人类福利就是产品和服务消费与使用所产生的效用

（Partha Dasgupta et al.，2013）。环境对人类福利的贡献也是显而易见的，因此，环境也就具有价值，但是，传统理论认为环境无法定价。

随着理论研究的深入，学术界越来越多地使用影子价格来补充环境市场价格的缺失。影子价格最初是荷兰经济学家简·廷伯根（Jan Tinbergen）利用数学规划方法计算的最优资源配置价格，后来经过萨缪尔森等学者的进一步发展，影子价格已广泛运用于市场价格缺失的领域。由于环境污染市场价格信息的缺失，影子价格在污染排放方面的研究也越来越多（Coggins J. et al.，1996；涂正革，2009；陈诗一，2010；Partha Dasgupta et al.，2013）。影子价格为环境政策的实施提供了有价值的参考信息（Zhou P. et al.，2014）。

P. Zhou 等（2014）指出，像二氧化硫这样的非合意产出的影子价格可以理解成减少一单位非合意产出所对应的合意产出损失的一种机会成本。Partha Dasgupta 等（2013）所定义的影子价格是"一种资产的额外一单位对人类福利所做的贡献，例如，湿地为人类健康提供水净化的生态服务，那么它的影子价格就是对人类福利产生的一种净收益"。根据 Partha Dasgupta 等（2013）对资源、环境资产的影子价格定义，假设有 N 种环境资本；t 表示研究时间跨度，且是一个大于 0 的连续变量；V(t) 表示 t 时期代际福利；$K_i(t)$ 表示在 t 时期的第 i 种环境资本存量，为 N 维环境资本存量向量，即 $K(t) = \{K_1(t)，K_2(t)，\cdots，K_N(t)\}$，则可以得到：

$$V(t) = V[K(t)，t] \tag{11-1}$$

假设 $\Delta K_i(t)$ 表示第 i 种环境资本在时期 t 的一个微小变化，那么在其他条件不变的情况下，代际福利 V(t) 的变化为 $\Delta V(t)$，则第 i 种环境资本在时期 t 的影子价格 $P_i(t)$ 可以表示为：

$$P_i(t) = \frac{\Delta V(t)}{\Delta K_i(t)} \tag{11-2}$$

不同学者对影子价格的数学表达形式有不同理解，如谢泼德（R. W. Shephard，1970）、法雷等（R. Fare et al.，1993）、A. Hailu 等（2000）、法雷等（2005），这些学者分别从收益函数和成本函数角度来求解影子价格，但其本质都与式（11-2）相同。其经济学含义为：环境资本存量的边际变化所引起的福利（收益）的变化。

那么，式（11-2）中的影子价格如何估计呢？目前，学术界有两种方法可以估计出影子价格 $P_i(t)$，分别为参数法和非参数法。基于 P. Zhou 等（2014）对两种影子价格估计方法的论述来介绍参数法和非参数法。

（一）参数法

参数法就是利用一个预设的函数形式来刻画距离函数以计算影子价格。一般使用的函数形式是二次型和超越对数形式。如式（11-3）所示，是一个超越对数形式的距离函数。

$$\ln D(x,y,b) = \alpha_0 + \sum_i \alpha_i \ln x_i + \sum_j \alpha_j \ln y_j + \sum_k \alpha_{ki} \ln b_k +$$
$$\frac{1}{2} \sum_i \sum_{i'} \gamma_{ii'} \ln x_i \ln x_{i'} + \frac{1}{2} \sum_j \sum_{j'} \gamma_{jj'} \ln y_j \ln y_{j'} +$$
$$\frac{1}{2} \sum_k \sum_{k'} \gamma_{kk'} \ln b_k \ln b_{k'} + \sum_j \sum_k \gamma_{jk} \ln y_j \ln b_{k'} +$$
$$\sum_i \sum_j \gamma_{ij} \ln x_i \ln y_{j'} + \sum_{ij} \sum_k \gamma_{ik} \ln x_i \ln b_{k'} \qquad (11-3)$$

$\gamma_{ii'} = \gamma_{i'i}$, $i \neq i'$; $\gamma_{jj'} = \gamma_{j'j}$, $j \neq j'$; $\gamma_{kk'} = \gamma_{k'k}$, $k \neq k'$

与超越对数函数形式相比较，二次型函数以方向性距离函数刻画，其数学表达式如式（11-4）所示。

$$\vec{D}(x,y,b;g_y,-g_b) = \alpha_0 + \sum_i \alpha_i x_i + \sum_j \alpha_j y_j + \sum_k \alpha_{ki} b_k +$$
$$\frac{1}{2} \sum_i \sum_{i'} \gamma_{ii'} x_i x_{i'} + \frac{1}{2} \sum_j \sum_{j'} \gamma_{jj'} y_j y_{j'} +$$
$$\frac{1}{2} \sum_k \sum_{k'} \gamma_{kk'} b_k b_{k'} + \sum_j \sum_k \gamma_{jk} y_j b_{k'} +$$
$$\sum_i \sum_j \gamma_{ij} x_i y_{j'} + \sum_{ij} \sum_k \gamma_{ik} x_i b_{k'} \qquad (11-4)$$

$\gamma_{ii'} = \gamma_{i'i}$, $i \neq i'$; $\gamma_{jj'} = \gamma_{j'j}$, $j \neq j'$; $\gamma_{kk'} = \gamma_{k'k}$, $k \neq k'$

只要上述函数形式确定，我们就可以利用线性规划（LP）或者随机前沿分析（SFA）来计算和估计距离函数的参数。式（11-5）至式（11-7）呈现了利用线性规划（LP）模型来计算这些参数的过程。

$$\text{Max} \sum_n \left[ \ln D_0(x^n,y^n,b^n) - \ln l \right]$$
$$\text{s. t. } \ln D_0(x^n,y^n,b^n) \leqslant 0;$$
$$\frac{\ln D_0(x^n,y^n,b^n)}{\partial \ln y^n} \geqslant 0;$$

$$\frac{\ln D_0(x^n,y^n,b^n)}{\partial \ln b^n} \leqslant 0;$$

$$\frac{\ln D_0(x^n,y^n,b^n)}{\partial \ln x^n} \leqslant 0; \tag{11-5}$$

$$\sum_j \alpha_j + \sum_k \alpha_k = 1;$$

$$\sum_j \sum_{j'} \gamma_{jj'} + \sum_k \sum_{k'} \gamma_{kk'} + \sum_j \sum_k \gamma_{jk} = 0;$$

$$\sum_i \sum_j \beta_{ij} + \sum_i \sum_k \beta_{ik} = 0;$$

$$\gamma_{ii'} = \gamma_{i'i}, i \neq i'; \gamma_{jj'} = \gamma_{j'j}, j \neq j'; \gamma_{kk'} = \gamma_{k'k}, k \neq k'.$$

$$\text{Min} \sum_n \left[ \ln D_0(x^n,y^n,b^n) - \ln l \right]$$

$$\text{s. t. } \ln D_0(x^n,y^n,b^n) \geqslant 0;$$

$$\frac{\ln D_0(x^n,y^n,b^n)}{\partial \ln y^n} \leqslant 0;$$

$$\frac{\ln D_0(x^n,y^n,b^n)}{\partial \ln b^n} \geqslant 0;$$

$$\frac{\ln D_0(x^n,y^n,b^n)}{\partial \ln x^n} \geqslant 0; \tag{11-6}$$

$$\sum_j \alpha_j = 1; \sum_i \sum_{i'} \gamma_{ii'} = 0;$$

$$\sum_i \sum_j \beta_{ij} + \sum_i \sum_k \beta_{ik} = 0;$$

$$\gamma_{ii'} = \gamma_{i'i}, i \neq i'; \gamma_{jj'} = \gamma_{j'j}, j \neq j'; \gamma_{kk'} = \gamma_{k'k}, k \neq k'.$$

$$\text{Min} \sum_n \left[ \vec{D}(x^n,y^n,b^n;g_y,-g_b) - \ln l \right]$$

$$\text{s. t. } \vec{D}(x^n,y^n,b^n;g_y,-g_b) \geqslant 0;$$

$$\frac{\partial \vec{D}(x^n,y^n,b^n;g_y,-g_b)}{\partial \ln y^n} \leqslant 0;$$

$$\frac{\partial \vec{D}(x^n,y^n,b^n;g_y,-g_b)}{\partial \ln b^n} \geqslant 0;$$

$$\frac{\partial \vec{D}(x^n,y^n,b^n;g_y,-g_b)}{\partial \ln x^n} \geqslant 0; \tag{11-7}$$

$$g_y \sum_i \sum_j \beta_{ij} - g_b \sum_i \sum_k \beta_{ik} = 0;$$

$$g_y^2 \sum_j \sum_{j'} \gamma_{jj'} + g_b^2 \sum_k \sum_{k'} \gamma_{kk'} - g_y g_b \sum_j \sum_k \gamma_{jk} = 0;$$

$$\gamma_{ii'} = \gamma_{i'i},\ i \neq i';\ \gamma_{jj'} = \gamma_{j'j},\ j \neq j';\ \gamma_{kk'} = \gamma_{k'k},\ k \neq k'.$$

上述估计方法的一个缺陷在于它不能包含随机误差。为了克服这个缺点，Fare 等（1970）利用随机前沿分析（SFA）来估计方向性距离函数的参数，其数学表达形式如式（11-8）所示。

$$\vec{D}(x^n,\ y^n,\ b^n;\ g_y,\ -g_b) = \max_{\lambda \beta} \beta$$

s. t. $Y\lambda \geqslant (1 + \beta g_y) y^n$;

$B\lambda = (1 + \beta g_b) b^n$; $\qquad\qquad\qquad\qquad\qquad$ (11 - 8)

$X\lambda \leqslant x^n$;

$\lambda,\ \beta \geqslant 0.$

其中，$x^n$、$y^n$、$b^n$ 分别表示生产实体 $n$ 观测到的合意产出量、非合意产出量和投入量，$Y$、$B$、$X$ 是由不同生产实体组成的向量，表示一个密度向量。

（二）非参数法

估计影子价格的非参数方法是利用数据包络分析法（DEA）来评估方向性距离函数。目前，DEA 在环境绩效方面的研究越来越广泛。博伊德（G. A. Boyd，1996）首先用 DEA 评估方向性距离函数来计算影子价格。利用 DEA 评估方向性距离函数实际上就是求解式（11-8）的线性规划问题。

20 世纪 60 年代发生在环境治理领域的"市场失灵"理论的革命，创立了环境质量市场治理机制两大理论基础——环境产权理论和环境定价理论。在这两大环境经济理论的指导下，发达国家相继建立了排污权交易制度和环境定价体系。

# 第三节　碳排放权交易价格动态特征的计量分析

## 一　碳排放权交易价格动态特征的计量模型构建

（一）GARCH 模型

恩格尔（R. Engle）最早提出了所谓自回归条件异方差（ARCH）模型。ARCH 模型对于存在条件异方差的数据序列是十分有用的一类模型。

对于某些序列来说，虽然存在条件异方差，但是，使用 ARCH 模型并不合适，特别是存在高阶 ARCH 效应的时候，参数往往都不能通过合理性或显著性检验。这种情况下，采用广义自回归条件异方差（GARCH）模型更为合适。

按照 Bollerslev（1986）和泰勒（Taylor，1986）的定义，过程 $\varepsilon_t = \sqrt{h_t} \cdot v_t$ 中，$\{v_t\}$ 独立同分布，且 $v_t \sim N(0,1)$（$t = 1, 2, 3, \cdots, T$）。若 ARCH 过程的阶数 $q \to \infty$，条件异方差 $h_t$ 可以表示为：

$$h_t = \alpha_0 + \alpha_1 \varepsilon_{t-1}^2 + \cdots + \alpha_q \varepsilon_{t-q}^2 + \beta_1 h_{t-1} + \cdots + \beta_p h_{t-p} \qquad (11-9)$$

其中，特征方程 $1 - \beta_1 L - \cdots - \beta_p L = 0$ 的根都在单位圆外。由式（11 - 9）中 $h_t$ 定义的 ARCH 过程 $\varepsilon_t = \sqrt{h_t} \cdot v_t$ 称为广义自回归条件异方差过程，记作 $\varepsilon_t \sim GARCH(p, q)$。GARCH 过程是稳定过程的充分必要条件为：

$$\alpha(1) + \beta(1) < 1 \qquad (11-10)$$

式（11 - 10）中，GARCH 模型对参数的约束与 ARCH 模型一样，即 $\alpha_0 > 0$，$\alpha_i \geq 0$（$i = 1, 2, \cdots, q$）；$\beta_i \geq 0$（$i = 1, 2, \cdots, p$），以及 $\alpha_i \geq 0$（$i = 1, 2, \cdots, q$），以及 $\alpha(1) + \beta(1) < 1$。这些条件除保证 GARCH 过程稳定之外，还保证了条件方差严格为正。

根据伊瓦·本兹等（Eva Benz et al.，2009）可知，GARCH 模型是专门为构建时间序列的条件波动性模型所设计，并且方差方程可以用诸如 AR（r）过程来拟合时间序列均值：

$$y_t = c + \sum_{i=1}^{r} \varphi_i y_{t-i} + \varepsilon_t \qquad (11-11)$$

式（11 - 11）中，$c$ 为常数项，$\varphi_i < 1$，$\varepsilon_t \sim N(0,1)$。可用 AR(r) - GARCH(q) 模型来描述。GARCH 模型的识别和估计一般采用极大似然估计方法，可参见布鲁克斯等（C. Brooks et al.，2001）和伊瓦·本兹等（2009）。

（二）马尔科夫机制转换模型

马尔科夫方法的主要研究对象是一个运行系统的状态和状态转移。应用马尔科夫方法计算分析的目的，就是根据某些变量的现在状态及其变化趋势，来预测其未来某一特定期间可能出现的状态，从而提供某种决策的依据。[①]

---

① 徐国祥：《统计预测和决策》，上海财经大学出版社 2008 年版。

假设马尔科夫链 $\{X_n, n \in T\}$ 参数集 T 是离散的时间集合，即其相应 $X_n$ 可能取值的全体组成的状态空间是离散的状态集 $I = \{i_1, i_2, i_3, \cdots\}$。

设有随机过程 $\{X_n, n \in T\}$，若对于任意的整数 $n \in T$ 和任意的 $i_0$，$i_1$，$i_2$，$\cdots$，$i_{n+1} \in I$，条件概率满足：

$$P\{X_{n+1} = i_{n+1} | X_0 = i_0, \cdots, X_n = i_n\} = P\{X_{n+1} = i_{n+1} | X_n = i_n\} \quad (11-12)$$

则称 $\{X_n, n \in T\}$ 为马尔科夫链。[①]

条件概率 $P\{X_{n+1} = j | X_n = i\}$ 的直观经济含义为经济系统（或市场机制）在时刻 n 处于状态（或机制）i 的条件下，在时刻 n+1 经济系统（或市场机制）处于状态（或机制）j 的概率。称条件概率 $P_{ij}(n) = P\{X_{n+1} = j | X_n = i\}$ 为马尔科夫链 $\{X_{n+1}, n \in T\}$ 在时刻 n 的一步转移概率，其中，$i, j \in I$，简称为转移概率。

设 $p_{ij}^k$ 表示 k 步转移概率，$p^{(k)}$ 是由 $p_{ij}^k$ 组成的 k 步转移概率矩阵，则有：

$$p^k = \begin{pmatrix} p_{11}^k & p_{12}^k & \cdots & p_{1n}^k \\ p_{21}^k & p_{22}^k & \cdots & p_{2n}^k \\ \vdots & \vdots & \vdots & \vdots \\ p_{m1}^k & p_{m2}^k & \cdots & p_{mn}^k \end{pmatrix} \quad (11-13)$$

其中，$p_{ij}^k \geq 0, \sum_{j \in I} p_{ij}^k = 1$。

研究碳排放权价格的波动性特征，即碳排放权价格处于低价格状态和高价格状态，那么，状态集 $I = \{L, H\}$，其中，L 表示低价格状态，H 表示高价格状态。

设在时刻 t 从低价状态 L 转变至时刻（t+1）的高价状态 H 的一步转移概率为 p，那么这一期间留在低价状态 L 的概率就为（1-p）；设在时刻 t 从高价状态 H 转变至时刻（t+1）的低价状态 L 的一步转移概率为 q，那么这一期间留在高价状态 H 的概率就为（1-q）。如图 11-1 所示。

假设碳排放权价格状态变化相互独立，那么，其价格状态转移矩阵为：

$$P = \begin{pmatrix} 1-p & p \\ q & 1-q \end{pmatrix} \quad (11-14)$$

---

① 马尔科夫链是时间、状态都是离散的马尔科夫过程。

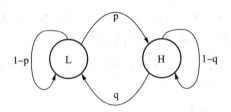

**图 11 - 1　碳排放权价格状态转移**

根据式（11 - 14）可知，从时刻 t 的低价状态 L 转移至时刻（t + k）的高价状态的概率为：

$$p_{ij}^{k} = (P')^{k} \cdot e_i \qquad (11 - 15)$$

其中，$i$，$j \in \{L, H\}$，$P'$ 为转移概率矩阵的转置。

机制转换模型的差异与选择的机制数量和每个机制匹配的随机过程相关（Eva Benz et al.，2009）。从研究文献来看，一个伴随高斯残差的均值回归过程（M. Bierbrauer et al.，2004；R. Huisman et al.，2001）、一个高阶自回归过程（J. Hamilton，1989）、一个白噪声过程（C. J. Kim et al.，1999；H. Schaller et al.，1997）都可以用于机制转换建模。

用机制转换模型来分析我国碳排放权交易价格的动态特征既可以系统地反映我国碳排放权交易市场中对碳排放量的需求与供给变化，也对我国后续碳排放交易市场建设中的碳排放权交易风险管理及其衍生品定价极为重要。

由于机制通常是一种不可观测的潜变量，因此，模型的参数估计十分困难。汉密尔顿（J. Hamilton，1990）将德姆普斯特等（A. Dempster et al.，1977）的 EM 算法用来估计机制转换模型的参数。当对数似然函数的变化足够小时，例如，当这个随机过程是收敛时，EM 算法就停止迭代。汉密尔顿（1990）证明，每次迭代循环都会使对数似然函数增大，并使随后的估计值接近局部极大对数似然函数。

在我国，马尔科夫链转换模型被广泛地用于金融时间序列分析、通货膨胀时间序列分析（赵留彦等，2005；何启志等，2011）、房价波动性研究（刘洪玉等，2012）、居民消费周期波动（廖上胜等，2012）以及经济周期（唐晓彬，2010）等方面。

### 二　经验结果

（一）数据来源

利用 GARCH 模型和马尔科夫链转换模型来分析碳排放权交易价格及其动态特征。所用的碳排放权交易价格选取深圳排放权交易所（CEEX）挂牌交易的碳排放许可证 2013 年 6 月 18 日至 2014 年 9 月 26 日的日收盘价，共 268 个交易日收盘价数据。所有 CEEX 碳排放交易价格数据均于 CEEX 网站和中国碳排放交易网相关数据库整理所得。

深圳排放交易所从 2013 年 6 月 18 日正式运营，当日收盘价为 28 元，第二次开市在 2013 年 8 月 5 日，收盘价涨到 38 元，如图 11 - 2 所示。之后，碳排放交易收盘价持续呈现上涨趋势，在 2013 年 9 月 10 日至 10 月 17 日出现碳排放价格波动，到 2013 年 10 月 17 日碳排放交易收盘价达到 122.97 元的最高价。此后又出现持续下跌的趋势，在 2013 年 11 月 22 日出现局部最低收盘价。之后，碳排放交易收盘价又在一段时间出现涨涨跌跌的状态，而在另一段时间收盘价又表现得比较平稳。换言之，方差较大的碳排放交易收盘价似乎集聚在一起，而方差较小的收盘价似乎也集聚在一起，即深圳排放交易所的碳排放交易收盘价出现"波动性集聚"

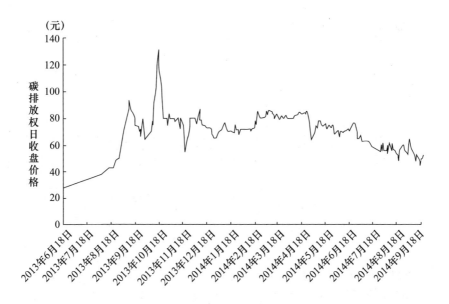

**图 11 - 2　2013 年 6 月 18 日至 2014 年 9 月 18 日深圳排放权交易所日交易价**

现象。图 11 - 2 显示了研究期内 CEEX 的碳排放交易日对数收益变化趋势，且其相关统计量见表 11 - 1。

表 11 - 1 　　　　　　　　2013 年 6 月 18 日至 2014 年 9 月 18 日

CEEX 碳排放权交易对数收益统计特征

| 序列期间 | 样本数 | 最大值 | 最小值 | 均值 | 标准差 | 方差 | 偏度 | 峰度 |
|---|---|---|---|---|---|---|---|---|
| 2013 年 6 月 18 日至 2014 年 9 月 18 日 | 268 | 0.31 | - 0.12 | 0.0025 | 0.058 | 0.0033 | 0.638 | 5.55 |

明显地，CEEX 碳排放交易日对数收益表现出异方差性和波动性。从图 11 - 3 中可以看出，在 CEEX 开始运作到 2013 年年底，碳排放交易日对数收益波动较大，从 2014 年开始，碳排放交易日对数收益波动逐渐变小，并呈现"集聚"趋势，但从 2014 年 5 月开始碳排放交易日对数收益又呈现出加剧波动的趋势，2014 年 8 月之后的交易剧烈波动。从图 11 - 3 中还可以看出，收益波动大的"时期群"明显多于收益波动较小的"时期群"，且收益波动大的持续期较长。

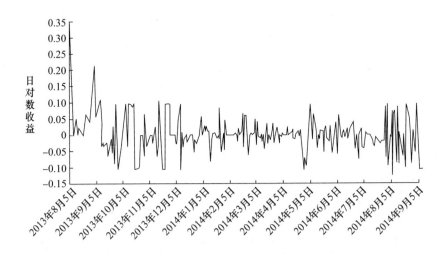

图 11 - 3　2013 年 8 月 5 日至 2014 年 9 月 5 日深圳排放权交易所日对数收益

从表 11 - 1 可以看出，在研究期内 CEEX 碳排放交易日对数收益最大值出现在 2013 年 6 月 18 日，达到 0.31，而其日对数收益最小值为

-0.12，在 2014 年 6 月 18 日出现。研究期内的 CEEX 碳排放交易日对数收益数据的偏度和峰度分别为 0.638 和 5.55，这说明，CEEX 的碳排放交易日对数收益数据偏斜，且带有尖峰。CEEX 的日对数收益均值为 0.0025，正的收益有利于碳排放交易市场的发展，因为正的收益会激励更多的碳排放市场参与主体参与到碳排放交易中，碳排放市场的竞争会促使碳排放者更加理性地排放二氧化碳，从而使其自身收益最大化。这样，在市场机制的作用下，碳排放者会根据自身的成本—收益来做出碳排放量的决策，在碳排放交易市场的总碳排放量一定的条件下，每个碳排放者都会在自身的配额基础上，将多余的碳排放配额拿到碳排放交易市场中出售，而那些配额不足的碳排放者就会在碳排放交易市场中购买这些出售的碳排放量。在市场中大量的买者和卖者的共同作用下，自发形成碳排放均衡，随着时间的推移，最终环境质量得到改善。

　　由表 11-1 中的日对数收益数据偏度 0.638 可知，样本数据呈现右偏。图 11-4 呈现了 CEEX 日对数收益的经验分布图，其中包括用样本数据拟合的正态分布曲线。从图 11-4 可以看出，深圳碳排放权交易日收益核密度图可能存在厚尾，尤其是分布在右端。因此，由于核密度估计的

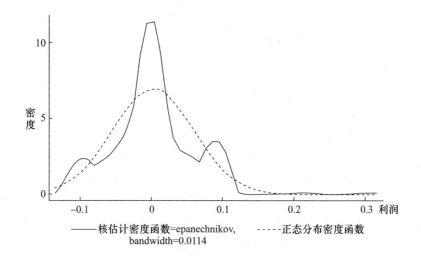

**图 11-4　2013 年 6 月 18 日至 2014 年 9 月 26 日的 CEEX 数据拟合的核估计密度函数和正态分布密度函数**

曲线图的非对称性、尖峰和右厚尾，正态分布曲线图并没有很好地拟合样本数据。因此，所选取的拟合模型就应该更好地反映出 CEEX 日对数收益样本数据的非对称性、波动性和尖峰特征。

（二）模型结果解读

前面分析了 CEEX 碳排放交易的日收盘价变化趋势、日对数收益的变化趋势及其统计特征。下面用 AR – GARCH 模型和马尔科夫链转换模型来探讨 CEEX 日对数收益的动态特征。在使用 AR – GARCH 模型时，首先要说明均值方程和方差方程，假设均值方程采用式（11 – 16）的 AR 过程。所有模型参数均采用极大似然估计方法估计，且 AR – GARCH 模型的参数使用 Stata 12 版本软件估计，马尔科夫机制转换模型参数使用 Matlab R2013a 版本软件进行估计。

商品价格一般都具有均值回归特性（E. Schwartz, 1997），而在 CEEX 的碳排放市场中，可交易的碳排放权作为一种商品，其价格或收益也具有这样一种均值回归特性，且一个均值回归过程相当于一个 AR（1），那么，碳排放交易日对数收益服从以下 AR（1）：

$$y_t = c + \varphi y_{t-1} + \varepsilon_t \tag{11 – 16}$$

式中，$c$ 为常数项，$\varphi < 1$，$\varepsilon_t \sim N(0, 1)$。式（11 – 16）中的参数估计值分别为 $c = 0.003$，$\varphi = 0.125$，$\sigma_t = 0.057$。另外，用正态分布来拟合深圳排放交易所日对数收益的经验数据，可得到参数 $\mu = 0.0025$ 和 $\sigma = 0.058$。比较正态分布的方差估计值与 AR(1) 的方差估计值，可以看出，两个模型估计出的方差几乎相等。

与上述均值方程 AR(1) 对应，选取最为简洁的 GARCH(1, 1) 为方差方程，其数学形式为：

$$\varepsilon_t = \sigma_t v_t, \quad \sigma_t^2 = \alpha + \beta \varepsilon_{t-1}^2 + \gamma \sigma_{t-1}^2 \tag{11 – 17}$$

根据金融理论，碳排放权交易的风险越高，其期望收益也应该越高，这样，才会有市场参与者，尤其是经纪人等中介者愿意持有这种碳排放权。而超出正常期望收益的部分，被称为"风险溢价"。但是，在标准的 ARCH 模型中，变量的均值与条件方差没有关系。因此，恩格尔等（1987）提出的 ARCH – M 模型为：

$$y_t = c + \varphi \sigma_t^2 + \varepsilon_t \tag{11 – 18}$$

式中，$y_t$ 表示"超额收益"，即超出无风险证券收益率部分；$(c + \varphi \sigma_t^2)$ 表示风险溢价；$\varepsilon_t$ 表示对超额收益不可预见的冲击，服从 ARCH（1）过程。也会估计 ARCH – M 模型的参数。

在标准的 GARCH 模型中，对参数的取值有所限制，为此，考虑下面对数形式的条件异方差方程：

$$\ln\sigma_t^2 = \alpha + \beta\left(\frac{\varepsilon_{t-1}}{\sigma_{t-1}}\right) + \theta\left|\frac{\varepsilon_{t-1}}{\sigma_{t-1}}\right| + \gamma\ln\sigma_{t-1}^2 \tag{11-19}$$

式（11-19）也包含非对称效应，由于 $\sigma_t^2$ 表示指数形式，故称为 EGARCH 模型。碳排放交易市场中的"坏消息"对碳排放权的收益波动性的影响可能大于"好消息"的影响，而这种非对称信息效应在 EGARCH 模型中也能表现，因此，也会估计 EGARCH 模型的参数。

"坏消息"对碳排放权价格波动性的影响可能大于"好消息"的影响。格罗斯滕等（L. Glosten et al.，1993）提出了非对称的门槛 GARCH 模型（TARCH）。

假设条件异方差方程为：

$$\sigma_t^2 = \alpha + \beta\varepsilon_{t-1}^2 + \varphi d_{t-1}\varepsilon_{t-1}^2 + \gamma\sigma_{t-1}^2 \tag{11-20}$$

其中，式（11-20）满足：

$$d_{t-1} = \begin{cases} 1, & \text{若 } \varepsilon_t < 0 \\ 0, & \text{若 } \varepsilon_t > 0 \end{cases}$$

上述 AR(1) – GARCH(1, 1) 类过程的均值方程和方差方程式(11-17)至式(11-21)的各参数估计结果见表11-2。

表 11-2　　　　　　　　　　参数估计结果

| | 系数 | 标准误 | Z 统计量 | p 值 |
|---|---|---|---|---|
| AR（1）－GARCH（1，1） | | | | |
| 均值方程 | | | | |
| c | -0.0007 | 0.002 | -0.33 | 0.740 |
| φ | 0.0395 | 0.065 | 0.61 | 0.543 |
| 方差方程 | | | | |
| α | 0.0004 *** | 0.00009 | 4.70 | 0.000 |
| β | 0.4922 *** | 0.1257 | 3.91 | 0.000 |
| γ | 0.3795 *** | 0.0886 | 4.28 | 0.000 |

| | 系数 | 标准误 | Z 统计量 | p 值 |
|---|---|---|---|---|
| AR（1）- EGARCH（1，1） | | | | |
| 均值方程 | | | | |
| c | 1. 70e - 07 | 0.0021 | 0. 00 | 1. 000 |
| φ | 0. 0447 | 0.0622 | 0. 72 | 0. 472 |
| 方差方程 | | | | |
| α | - 1. 7684 *** | 0.4013 | - 4. 41 | 0. 000 |
| β | 0. 0332 | 0.0997 | 0. 33 | 0. 739 |
| θ | 0. 7403 *** | 0.1481 | 5. 00 | 0. 000 |
| γ | 0. 7076 *** | 0.0620 | 11. 4 | 0. 000 |
| AR（1）- TGARCH（1，1） | | | | |
| 均值方程 | | | | |
| c | - 0. 0006 | 0.0023 | - 0. 25 | 0. 802 |
| φ | 0. 0393 | 0.0650 | 0. 60 | 0. 545 |
| 方差方程 | | | | |
| α | 0. 0004 *** | 0.000096 | 4. 66 | 0. 000 |
| β | 0. 4746 ** | 0.2045 | 2. 32 | 0. 020 |
| γ | 0. 3807 *** | 0.0928 | 4. 10 | 0. 000 |
| γ | 0. 0307 | 0.2284 | 0. 13 | 0. 893 |
| ARCH - M | | | | |
| 均值方程 | | | | |
| c | - 0. 0063 * | 0.0032 | - 1. 95 | 0. 051 |
| φ | 2. 6744 ** | 1.2334 | 2. 17 | 0. 030 |
| 方差方程 | | | | |
| α | 0. 0011 *** | 0.0001 | 10. 05 | 0. 000 |
| β | 0. 6655 *** | 0.1634 | 4. 07 | 0. 000 |

注：表中的 * 、** 和 *** 分别表示在 10% 、5% 和 1% 的水平上显著。

从表 11 - 2 中的参数估计结果来看，各模型的均值方程参数都不显著，这一结果表明，CEEX 碳排放交易的上期收益对下期没有显著影响，这可能是由于我国处于碳排放交易试点初期，CEEX 上的碳排放交易更多地受到行政干预，或者将 ETS 首先作为一种发展低碳经济的方式，而不是作为一种环境政策（Alex Y. Lo, 2013）。AR(1) - GARCH(1, 1) 模型中的 ARCH 项和 GARCH 项参数均在 10% 的水平上显著，且系数为正，这说明 CEEX 碳排放交易的上期收益和本期波动都会加剧其收益波动性，且上期收益对本期波动性的影响要大于波动性自身的影响。为了检验 CE-EX 碳排放交易的收益波动性对其下一期收益的增加和减少是否具有不对称效应，因此，采用 AR(1) - TARCH(1, 1) 和 AR(1) - EGARCH(1, 1) 模型来进行模拟，其估计结果显示的 EARCH 项和 TARCH 项均不显著，即 CEEX 碳排放交易不存在非对称效应。EARCH_ a 项（对称效应）在 10% 的水平上显著，且此时的 EGARCH 项，即收益波动滞后项的系数在 10% 的水平上也显著，且系数值为 0.7076，这表明 CEEX 碳排放交易上一期收益的波动性加剧也会增加本期收益的波动，并且上期中 71% 的波动性加剧程度会持续至本期。

ARCH - M(1) 模型均值模型中加入了方差项 $\sigma_t$，这可以检验 CEEX 的碳排放交易的收益波动性加剧是否会导致碳排放交易的收益增加。根据表 11 - 2 中 ARCH - M(1) 模型的参数估计结果，均值方程中的常数项和方差项系数分别在 1% 和 5% 的水平上显著，且方差项系数为 2.6744，这表明 CEEX 碳排放交易的收益波动性加剧会使得碳排放交易收益提高，这一经验结果也符合相关理论，即碳排放交易市场中，碳排放交易的波动性越大，表明其交易风险越高，那么碳排放市场参与者会要求相对应的风险补偿，这表现为碳排放交易的收益增加。

如前文所述，CEEX 碳排放交易日对数收益经常波动，收益在一段时间处于高水平状态，而在另一段时间又处于低水平状态，为了研究 CEEX 碳排放交易收益在这两种状态间的转换问题，考虑下列机制转换模型：

$$y_t = \mu^{S_t} + \pi s_t y_{t-1} + \sigma^{S_t} \varepsilon_t \tag{11-21}$$

式（11-21）可以转化为：

当 $S_t = 1$ 时，

$$y_t = \mu^1 + \pi^1 y_{t-1} + \sigma^1 \varepsilon_t \tag{11-22}$$

当 $S_t = 2$ 时，

$$y_t = \mu^2 + \pi^2 y_{t-1} + \sigma^2 \varepsilon_t \tag{11-23}$$

CEEX 碳排放交易日对数收益两种状态转换模型的参数估计结果如表 11 -3 所示。从表 11 - 3 中的估计结果可以看出，Gaussian 分布下 CEEX 碳排放交易在状态 2 时的日对数收益均值 0.0009 比在状态 1 时的 0.0001

要高，因此，状态2是高收益状态，而状态1是低收益状态。从日对数收益的风险，即波动性来看，低收益状态的波动性更大，其标准差达到0.0449，高于高收益状态的标准差，即低收益状态的风险高于高收益状态的风险。而从自回归项系数可知，低收益状态的上一期收益对下期收益的影响为0.5610，也就是说，上一期收益上涨1%，下期收益也会增加0.5610%；而在高收益状态下，上一期收益上涨1%，下期收益会下降0.8365%。这也验证了前面所描述的CEEX碳排放交易日对数收益的"集聚效应"，结合AR(1)–GARCH(1,1)类模型的结果，前一期收益的波动性会加剧本期收益的波动性，因此，在波动性较大的时期内，这种相对剧烈的收益波动会持续一段时间，而相对较小的收益波动也会由于这种影响而在一段时期内延续收益的小幅波动。这就像物理学中的惯性，称CEEX碳排放交易日对数收益波动具有"惯性"。

另外，从CEEX碳排放交易日收益两种状态的期望持续时间来看，虽然状态2的波动性较小，但这一状态的期望持续时间也较短，仅能维持大约1.5个交易日的期限，而波动性较大的状态1的期望持续时间超过2个交易日。从状态1留在状态1的概率为0.58大于转移到状态2的概率为0.42，而从状态2留在状态2的概率仅为0.35，这也说明了CEEX碳排放交易处于波动剧烈的状态的可能性较大，收益状态离开状态1不会立即发生。

这些经验结果也验证了图11–5中反映的收益波动较大的持续期较长的结论。这可能是由于我国碳排放市场正处于建立的初期阶段，市场运行机制还不完善，导致了CEEX的碳排放交易风险较大，风险呈现惯性特征。因此，所估计的马尔科夫链转换模型参数对于碳排放交易市场的建设具有十分重要的意义，并且可交易的碳排放权收益的不同波动阶段呈现出明显的差异。

表11–3    两种状态下马尔科夫链转换模型的参数估计结果

| 机制 | Guassian 分布 | | | | | |
| | 参数 | | | 自回归项 | | 两种状态的期望持续时间（天） |
| | μ | σ | $p_{ii}(jj)$ | π | 标准差 | |
| 状态1（i=1） | 0.0001 | 0.0449 | 0.58 | 0.5610 | 0.0613 | 2.38 |
| 状态2（j=2） | 0.0009 | 0.0279 | 0.35 | −0.8365 | 0.0586 | 1.54 |

续表

| 机制 | T 分布 | | | | | 两种状态的期望<br>持续时间（天） |
|---|---|---|---|---|---|---|
| | 参数 | | | 自回归项 | | |
| | μ | σ | $p_{ii}(jj)$ | π | 标准差 | |
| 状态 1（i=1） | 0.0000 | 0.0000 | 0.26 | 1.0000 | 0.0000 | 1.35 |
| 状态 2（j=2） | 0.0051 | 0.0476 | 0.90 | -0.0636 | 0.0957 | 9.53 |

　　图 11-5 中的上图是根据 CEEX 的观测数据拟合的状态概率图，下图是根据平滑法逆向迭代计算的平滑状态概率图。从经验数据拟合的状态概率分布图可以看出，在 CEEX 运行的初期，碳排放交易并没有明显地表现出高收益或低收益状态，在运营了 50 个交易日左右，即 2013 年 9—

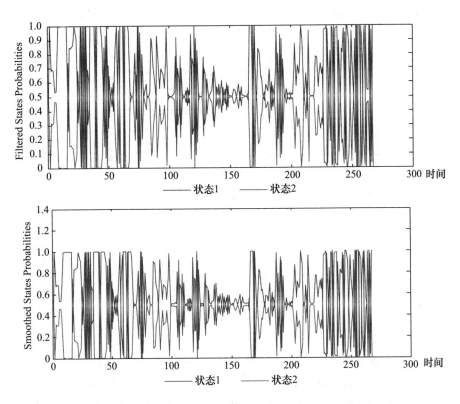

**图 11-5　正态分布下拟合状态概率和平滑状态概率**

12 月，处于低收益状态的概率普遍较高，之后，处于低收益和高收益状态的概率基本都在 0.5 左右，而在 2014 年 5 月之后，尤其是 5 月底之后，处于高收益状态的概率明显加大。从逆向迭代计算出平滑状态概率图来看，处于低收益或高收益状态的概率越高，说明碳排放交易收益转向低收益或高收益状态的可能性越大，从图 11 - 6 可以看出，2013 年下半年，CEEX 碳排放交易转向低收益状态的可能性较大，2014 年开始，CEEX 碳排放交易转向高收益和转向低收益状态的概率基本相同。

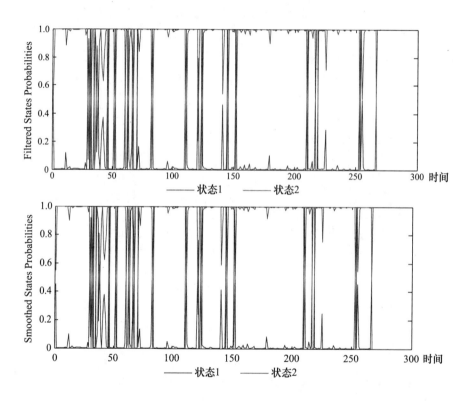

图 11 - 6　t 分布下拟合状态概率和平滑状态概率

2014 年 6 月 30 日是 2013 年碳排放配额交易合约履约的最后期限，碳排放管控企业加快进入碳排放交易市场，进行碳排放配额交易，碳排放交易价格持续走高，根据中国碳排放交易网相关统计分析观点，截至 2014 年 6 月 24 日，CEEX 碳排放总成交量突破 100 万吨，高达 1163107 吨，履约企业数量为 453 家，履约率达 71.34%。更重要的是，截至 2014

年 6 月 23 日，尚有 172 家企业未履约，其中包含配额缺口履约。在目前卖方市场情况下，越到履约点，履约就越加剧了企业在购置配额时成本支出扩大的风险。在 CEEX 碳排放配额需求增加的情况下，碳排放配额交易价格提高，收益也在持续增加，随之带来了收益剧烈波动的风险。

# 第四节　研究结论

伴随着城镇化、工业化进程的推进，环境质量不断恶化，但由于社会公众环境意识的提高以及资源环境的约束，各国又开始治理环境，改善环境质量，无论发达国家还是发展中国家几乎都复制了这样一条环境发展之路。20 世纪 60 年代开始，西方发达国家对环境产权理论和环境定价理论的研究越来越多，越来越多的学者认为，只要环境产权或者排污权确定，价格机制就会在环境质量的市场治理过程中发挥其应有的作用，从而依靠市场机制来改善环境。

20 世纪 70 年代，美国环境保护局（EPA）实施了二氧化硫排放许可证制度，并逐步实现二氧化硫排放许可证在市场上交易。随后，欧盟的排放交易机制（EU ETS）在 2005 年开始运转，欧洲各国也相继建立了排放权交易所，例如，法国建立了 BlueNext 市场，德国建立了 EEX 市场，挪威建立了 NordPool 市场，西班牙建立了 SendeCO$_2$ 市场，英国建立了欧洲气候交易所等。随着我国市场经济改革的不断深入，我国环境市场也逐步建立和完善，排放权交易机制也在我国部分省份试点，我国于 2013 年 6 月 18 日正式启动深圳排放权交易所（CEEX），随后陆续在北京（CBEEX）、上海（SEEE）、广州（GZEEX）、天津（TCX）、湖北（CHE-EX）和重庆（CCETC）等地区试点排放权交易制度。

对于排放权交易价格动态特征的研究对于污染物排放权交易的市场参与者十分重要。同时，对于污染物排放企业也十分重要，因为排污企业必须核算它们生产过程中的排放成本。可交易的排污权实际上是明确了环境是一种可用的资源，与企业的其他生产要素一样应作为企业的合法产权内容，这样，才能保证排污权交易中买卖自由、信息共享，促进排放权交易市场的公平、有效竞争，有效竞争通过价格机制来反映，市场参与者和排污企业会根据可获得的市场排放权价格信息来建立自身的成本—收益模型，进而做出排放决策。

在排放总量和各排放企业排放配额限制下，排放权价格是否能真正反映排污企业的市场行为，还需要有科学准确的污染源监测体系，目前我国对污染物的监控还做不到及时、准确、到位。只有确保每个排污企业拥有的合法的排污权数量和实际排放量的对应关系，排污权才能具有交易的性质。因此，完善监控系统是保障排污权交易公平、公正进行和控制环境质量的关键。同时应该建立以计算机网络为平台的排放跟踪系统、审核调整系统等，使有关人员及时掌控企业的排污状况和排污权交易情况。

# 第十二章　中国环境污染的社会治理机制

本章在系统地阐述社会资本机制影响环境治理内在机理基础上，实证测算了中国地级市层面的社会资本水平，验证了社会资本对环境治理绩效的影响程度，分析了制度环境因素对环境污染的调节作用。

## 第一节　引言

当下中国的环境形势日趋严峻和环境风险积聚增长，探寻有效的环境公共治理模式成为解决当下中国环境问题症结的关键"药方"（亚洲开发银行，2012）。国外的理论研究已经指出，社会资本在环境治理中能够"担当大任"，事实上，由社会资本所驱动的社区治理、民间治理等自发式环境集体行动在国外早已盛行，并产生了极为成功的效果。但是，在中国，相应的环境集体行动数量少、规模小，影响微乎其微，反倒是一系列的环境群体性事件倒逼了政府环境治理行为和模式。进一步来看，近年来，各地区环境群体性抗议事件呈急剧增长态势，但是，从实际的效果来看，有的群体性抗议事件催生了政府逐步地改善环境治理方式，有效地提升了环境治理绩效；而有的群体性抗议事件逐渐地演变成冲突性群体性事件，在威胁社会稳定的同时，反而并没有及时有效地解决环境问题。那么，这背后差异的原因又是什么？从更一般意义上讲，中国的社会资本到底有多少、是否能够影响以及在多大程度上影响环境治理，其背后的影响机制是什么？无论是在理论研究方面还是在现实的感受上，均没有得到足够有效的关注。尽管众多的环境群体性事件大都以政府和企业让步、民众"胜利"结束，但是，如何缓解公众的环境恐惧与不信任感，亟须从制度层面寻找解决之道。

　　基于此，从一个更全面①和深入的视角，探讨中国语境下社会资本是如何影响到环境治理的。相比较已有文献的可能贡献在于：一是从信任关系、互惠、社会准则（规则与约束）和沟通（网络与组织）四个维度较为系统地阐述了社会资本的内容，并运用组织理论、制度理论分析其与环境治理关系的内在机理，克服了以往研究过于偏重某一项社会资本的环境效应，并根据其类型较为全面地选择社会资本的原因变量和指标变量，并采用结构方程中的 MIMIC 模型（multiple indicators/multiple cause，MIMIC 模型）估算地级市层面的社会资本相对总量。二是选择一个较为中观的视角即地级市层面，分析社会资本的环境效应，这是因为，省域内部社会资本的差异较大，往往会掩盖或者浪费省域内部的异质信息；个体层面往往测度的是个人或家庭的社会资本，个体层面的社会资本简单加总是无法有效地刻画辖区的社会资本总量与结构的，而研究期望将社会资本与其他资本形式（如劳动资本、人力资本和物质资本）等同等对待，评估地区层面社会资本与环境治理的互动关系。三是发现了社会资本与环境治理之间倒"U"形的非线性关系，通过市场和政府两种因素对社会资本环境治理效应的影响，来凸显环境治理过程中政府、市场和社会三种机制有机结合的重要性，并以此来解释社会资本对环境治理绩效影响差异背后的制度成因。四是进一步解决了社会资本与环境治理之间可能存在的内生性问题，选择"是否为国家历史文化名城"这一与社会资本密切相关而与环境治理并无直接联系的变量作为工具变量，更加客观地评估社会资本对环境治理所产生的影响。

## 第二节　中国社会资本规模与结构测度

### 一　社会资本及其类型

　　社会资本概念及其研究范式的提出是当今经济学和社会学研究领域内容和方法上的重要突破，是经济学家和社会学家关于促进经济和社会发展的资本结构的完善与创新。社会资本与物质资本、人力资本一起构

---

　　①　近年来，我国环境群体性事件高发，年均递增 29%。参见 http：//gx. people. com. cn/n/ 2012/1027/c229247 - 17638488. html。

建了新的经济增长和社会发展理论模型，并广泛地渗透到增长经济学、发展经济学、制度经济学和环境资源经济学等各个学科分支当中（Porter，1998）。社会资本的概念被引入经济学研究领域已有十多年，在早期，社会学家和经济学家对社会资本的概念界定和框架（Putnam，1995；Coleman，1994；Fukuyama，1995）进行了持续的讨论。普特曼（Putnam，1995）直接将社会资本看作对社区生产能力有影响的人们之间所构成的"横向联系"，这些联系包括"公民约束网"和社会准则，构成该概念的基础是两个假设：关系网和准则，社会资本的主要特征是它促进了组织成员相互利益的协调与合作。科尔曼（Coleman，1994）把社会资本看作"具有两个共同要素的各种不同实体，它们都由社会结构的一些方面构成，并且促使行动者的某些行动在结构中"，因而扩大了该概念的范畴，既包括纵向，又包括横向组织及其他实体的行动，作者还指出，"有利于增加某些行动的社会资本的确切类型可能是无用的甚至是有害的"。Fukuyama（1995）将社会资本定义为信任，信任是一种基于共同准则且源自社区内部诚实、合作和共同准则的期望。事实上，主体之间的沟通、协调以及互惠都离不开信任，社会准则的实施更是以社会信任为基础。在一个更为宽泛的层面上，社会资本包括使准备得以发展以及决定社会结构的社会环境和政治环境，如政府、政治制度、法律规制、立法体系及公民和政治自由等政治制度关系和结构（North，1990；Olson，1982）。这就意味着，从制度的角度来看，社会资本并不仅仅是非正式制度，还包括一些普遍存在的正式制度安排。社会资本实际上是建立在这两种形式兼而有之、相互支持、相互补充的基础之上（陆铭、李爽，2008）。斯蒂格利茨（Stiglitz，2000）还从组织理论的角度指出，社会资本至少包括四个方面的内容：第一，社会资本是一种达成的共识，它在一定程度上是产生凝聚力、认知力和共同意志的社会纽带；第二，可以将社会资本看作关系网的集合，是社会学家过去经常认为被社会化或者希望被社会化的"社会组织"；第三，社会资本是声誉的集聚和区分声誉的途径；第四，社会资本包括管理者通过他们的管理风格、动机和支配权、工作实践、雇用决定、争端解决机制和营销体系等发展起来的组织资本。

　　尽管各领域的研究者从不同的角度提出了看似不相一致的概念框架，但是，细细总结发现，社会资本不外乎包括四种形式：一是信任关系；

二是互惠与交换；三是共同规则、准则和认同；四是沟通、网络与组织。

社会资本并不像实物资本那么容易被发现、看出及测定（Ostrom，2000），对于局外人而言，实物资本的存在是显而易见的，相比之下，社会资本几乎是完全不可见的，除非认真努力地去调查人们用以组织自己的方法及那些指导其行为的权利义务。由于社会资本属于一种"隐性"的概念，即没有确切的指标从完整的意义上可以涵盖其内涵。现有研究对社会资本的度量主要有直接方法和间接方法。直接的方法主要见于一些宏观层面的跨国数据研究，研究者直接引用来自世界银行（Kaufmann et al.，2009）、世界价值观调查等数据库，所选择的指标也通常来自用于刻画社会资本或者社会资本表现形式的变量，这一类方法测度的社会资本相对全面和综合；间接方法主要是从社会资本的某一方面切入，选择该方面的形式变量进行度量，多见于一些微观调查所采集的数据，所刻画的社会资本相对单一。但是，这样存在两个比较明显的问题：一是对于同一类型的社会资本，由于选择度量指标的差异，很容易在评估社会资本效应时出现程度上甚至是方向上的不一致；二是无法有效地综合度量社会资本总量。当然，一些研究也采用了主成分（PCA）和常规的结构方程方法来测算社会资本指数，但是，同样面临着第一类问题，即无法有效规避因指标选择差异所带来的偏误。将主要采用结构方程中的MIMIC 模型方法，它能够有效地规避上述两类问题。在 MIMIC 模型中，我们根据社会资本的"隐性"特征将其界定为潜在变量，然后根据社会资本的形成原因和表现形式选择外生原因变量和内生指标变量，外生原因变量和内生指标变量能够从因和果的两个方面形成对社会资本的刻画及约束，避免从单一的维度（如"因"或"果"）所造成的选择性偏差。在国外，MIMIC 模型已经被广泛地运用到测度经济、社会、政治、生态环境等多个领域中带有明显"隐性"色彩的变量（Beuningen and Schmeets，2013），国内该方法的运用仅限于隐性经济、隐性收入、交易费用等方面（徐蔼婷、李金昌，2007；笪凤媛、张卫东，2009；杨灿明、孙群力，2010）。

## 二 社会机制测度

### （一）度量方法：MIMIC 模型

MIMIC 模型的特性在于同时具有因的指标与果的指标。因的指标在SEM 中即为外因潜在变量的测量指标，果的指标为内因潜在变量的测量指标，该模型可以得到所有因的指标和果的指标对潜在变量的影响程度，其优势在于不需要严格的约束条件和假设，比其他间接的测度方法更富有灵活性（Joreskog and Goldberg，1975）。基于 MIMIC 模型的特性，将以此来测度地级市层面的社会资本。通常，多指标多元模型 MIMIC 由结构模型和测量模型两部分组成。

测量模型：

$$y_1 = \lambda_1 \eta + \varepsilon_1, \quad y_2 = \lambda_2 \eta + \varepsilon_2, \quad \cdots, \quad y_p = \lambda_p \eta + \varepsilon_p \tag{12-1}$$

式中，$y_1$，$y_2$，$\cdots$，$y_p$ 表示与社会资本有关的一组可观测指标变量，$\eta$ 表示社会资本，$\lambda_1$，$\lambda_2$，$\cdots$，$\lambda_p$ 表示测量模型的结构参数，$\varepsilon$ 表示测量误差向量。

结构模型：

$$\eta = \gamma_1 x_1 + \gamma_2 x_2 + \gamma_3 x_3 + \cdots + \gamma_p x_p + \xi \tag{12-2}$$

式中，$\eta$ 表示社会资本，$x_1$，$x_2$，$\cdots$，$x_p$ 表示一组可观测的原因变量，$\gamma_1$，$\gamma_2$，$\cdots$，$\gamma_p$ 表示结构模型的参数，$\xi$ 表示随机扰动项。

式（12-1）、式（12-2）可以简化为：

$$y = \lambda \eta + \varepsilon \tag{12-3}$$

$$\eta = \gamma' x + \xi \tag{12-4}$$

此时，测量误差 $\varepsilon$ 和随机扰动项 $\xi$ 相互独立且均值为零。进一步地，将结构模型式（12-4）代入测量模型式（12-3）中，相应的 MIMIC 模型可表示为一个多元回归方程的形式：

$$y = \prod x + v \tag{12-5}$$

式中，$v = \lambda \xi + \varepsilon \prod = \lambda \gamma'$。

得到的协方差矩阵为：

$$E(vv') = E\left[ (\lambda \xi + \varepsilon)(\lambda \xi + \varepsilon)' \right] = \sigma^2 \lambda \lambda' + \Theta^2 \tag{12-6}$$

式（12-6）中 p 阶多元回归方程的系数矩阵 $\prod$ 的秩为1，误差协方差矩阵 cov(v) 也是受限的。因此，按照杨灿明、孙群力（2010）的做法，在对式（12-5）估计之前，需要事先将向量 $\lambda$ 的某一个元素预设一个值后进行标准化，即 MIMIC 模型的估计需要构建一个尺度指标。采用最大似然比方法估计矩阵 $\prod$，可以得到参数向量 $\lambda$ 和 $\gamma'$，并进一步由式（12-4）计算得到因变量社会资本 $\eta$ 的数值。

（二）社会资本的原因和指标变量分析

MIMIC 模型的结构决定了可测变量的选取将直接影响社会资本测度的准确性与可靠性。MIMIC 模型本身只是提供了一个在合理选取指标变量之后测度社会资本的有效手段，至于如何选取指标变量更多地要依赖于社会资本理论形成和变化原因以及社会资本的综合影响，而且由于各个国家和地区历史、文化、地理、经济社会发展等诸多方面的差异，使得指标的选取还必须立足于样本地区的实际。因而必须将社会资本理论的一般规律与地区的特殊性有机结合，无论是对于原因变量还是指标变量，一方面，必须满足于社会资本所提出的信任关系、互惠、社会准则（规则和约束）和社会网络（沟通和组织）一般性框架；另一方面，还必须探索社会资本形成和变化的社会经济原因，现有研究已经指出社会互动、文化传统、社会现代化转型、第三部门和政府在其中发挥着至关重要的决定性影响（Markku Lehtonen，2004；央平清，2009；Hiroe Ishihara and Unai Pascual，2009；N. Jones and Clark，2013）。对此，我们选取了如下指标分别作为社会资本潜在变量的原因变量与指标变量[①]（见图 12 - 1）：

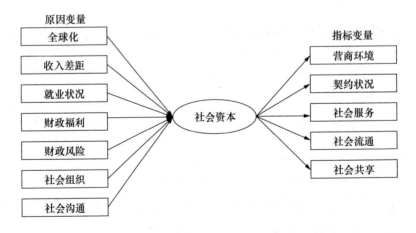

**图 12 - 1    社会资本测度的原因变量和指标变量**

1. 原因变量

（1）全球化：全球化是现代社会转型的重要表现，使社会开放性增加，社会流动和交往水平、频率、广度和深度以及人们之间的依赖程度也在加强，生产、消费和通信都加入了全球化网络。因此，有理由相信，全球化是影响社会资本形成的重要原因变量，我们采用实际利用FDI占GDP比重进行度量，预期全球化对社会资本有正向影响，并假设：

假设12-1：全球化程度越大，社会资本越大。

（2）收入差距：收入差距是社会不平等的重要来源和表现，收入差距也被广泛地认为会加剧社会分化和社会隔阂，而且还会进一步降低社会信任水平。我们采用城乡收入差距，即城镇居民可支配收入/农村居民纯收入表示收入差距，预期收入差距不利于社会资本形成，并假设：

假设12-2：收入差距越大，社会资本越小。

（3）就业状况：就业活动是劳动者参与社会初次分配的主要手段，就业状况是直接决定社会公众分享经济发展成果的重要因素。一般情况下，就业状况好，该地区的收入和社会福利水平相对较好，社会互惠程度较高。我们采用城镇居民就业率来表示该地区的就业状况，即城镇居民就业人数/（城镇居民就业人数+城镇居民登记失业人数），预期提高就业率有利于社会资本的增长，并假设：

假设12-3：就业率越高，社会资本越大。

（4）财政福利：国家和政府在社会资本的形成中发挥着重要作用，公共部门提供的财政福利是社会福利水平的重要组成部分，再加之财政福利水平的"公共属性"，有利于提高所在辖区的社会福利互惠水平。对此，我们采用人均财政支出来表示，并假设：

假设12-4：人均财政支出越高，社会资本越大。

（5）财政风险：公共部门往往是社会部门和私人部门以及个体行为的标杆，公共部门的规则、准则和约束力将直接决定和影响着社会活动的确定性。其中，政府的预算约束力则是公共部门规则最为重要的表现形式。如果政府部门的预算约束力不强，会进一步蔓延到社会部门和私人部门，冲击着原有的社会准则、规则和约束。对此，我们采用"（财政支出-财政收入）/财政收入"来表示地区的财政风险，并假设：

假设12-5：财政风险程度越大，社会资本越小。

（6）社会组织：有关社会资本起源的主导性解释指出，社会资本产生于"第三部门"（也称社会组织）。事实上，社会组织的发育程度、规模和影响力是决定社会资本形成的关键因素，社会组织是政府和市场以及社会内部之间沟通的重要桥梁。对此，我们采用"公共管理与社会组

织就业/总人口"来表示所在辖区的社会组织发展状况,并假设:

假设 12-6:社会组织规模越大,社会资本越大。

(7)社会沟通:社会资本的形成不仅取决于社会组织的规模,更取决于社会单位(个体)之间的沟通,社会沟通往往需要依赖于特定的技术和手段,现代通信技术的发展为实现更好更快的社会沟通提供了契机。我们使用"(固定电话数+移动电话数)/总人口"来表示社会沟通所依赖的技术手段,并假设:

假设 12-7:社会沟通频率越高,社会资本越大。

2. 指标变量

指标变量主要依据社会资本所带来的结果或者社会资本的表现形式来选择。

(1)营商环境:一个地区的营商环境是政府、市场和社会三类主体共同营造和决定的,社会资本高的地区,无论是从社会信任水平,还是从社会沟通和组织等方面而言都有利于创造良好的经营环境。私营经济和个体经济是社会个体参与市场经营的重要表现形式,特别在中国,尤其需要依赖于社会环境,包括社会资源等。我们使用"私营经济和个体经济就业人数占总人口比重"来表示,并假设:

假设 12-8:社会资本越大,营商环境越好。

(2)契约状况:契约状况是社会准则、规则和约束的重要表现,一个地区的契约状况好,表明该地区的社会准则、规则和约束的规范程度和实施程度高。通常,金融契约状况是契约状况的重要形式,我们采用"贷款余额占 GDP 比重"来表示契约状况。一般情况下,契约履行程度高的地区,往往放贷规模越大。我们假设:

假设 12-9:社会资本越大,契约状况越好。

(3)社会服务:一般而言,一个地区的社会资本越充足,社会服务往往就越发达,这是因为社会资本丰裕往往对社会服务的需求更大,因而体现在社会服务体系的发达上。我们采用"居民服务业和其他服务业就业占总人口的比重"来表示社会服务的发展状况,我们假设:

假设 12-10:社会资本越大,社会服务越发达。

(4)社会流通:社会资本发达的地区,个体、群体和社会组织之间的沟通往来往往也会增多,相应的社会流通也会增多,社会资本的多寡影响着辖区的社会流通状况。我们采用"社会消费品零售总额占 GDP 比重"来表示社会流通水平，我们假设：

假设 12-11：社会资本越大，社会流通越充分。

（5）社会共享：社会共享是社会资本发展到一定程度的必然结果，相互之间的沟通和信任无形之中会增加社会单位之间的信息共享，尤其是在现代信息技术日新月异的条件下，进一步提高了这种可能性。我们采用"互联网上网人数占总人口比重"[①]来表示社会共享，我们假设：

假设 12-12：社会资本越大，社会共享程度越高。

（三）数据与测度结果

将社会资本作为隐变量，并充分考虑影响社会资本的原因，如全球化、收入差距、就业状况、财政福利、财政风险、社会组织和社会沟通等因素；并以营商环境、契约状况、社会服务、社会流通和社会共享作为指标变量，建立 MIMIC 模型，来测算社会资本的相对规模。模型中的原因变量和指标变量数据均来自 2005—2012 年《中国城市统计年鉴》和《中国区域经济统计年鉴》。各变量的表示及含义如表 12-1 所示。

表 12-1　　社会资本测度的原因变量和指标变量描述统计结果

| 变量名 | 均值 | 标准差 | 最小值 | 最大值 | 观测值 | 变量说明 |
|---|---|---|---|---|---|---|
| 全球化 | 0.0233 | 0.0226 | 0.0001 | 0.1453 | 1488 | FDI 占 GDP 比重 |
| 收入差距 | 2.6611 | 0.5553 | 0.23 | 5.23 | 1488 | 城镇居民可支配收入/农村居民纯收入 |
| 就业状况 | 0.0613 | 0.0297 | 0.0075 | 0.3817 | 1488 | 城镇登记居民就业率 |
| 财政福利 | 0.3128 | 0.2985 | 0.0344 | 3.8265 | 1488 | 人均财政支出（万元） |
| 财政风险 | 1.3315 | 1.5197 | -0.1888 | 17.0249 | 1488 | （财政支出-财政收入）/财政收入 |
| 社会组织 | 0.0105 | 0.0038 | 0.0038 | 0.0337 | 1488 | 公共管理与社会组织就业/总人口 |
| 社会沟通 | 0.8192 | 0.5371 | 0.1717 | 5.9339 | 1488 | （固定电话数+移动电话）/总人口 |
| 营商环境 | 0.0824 | 0.0765 | 0.0027 | 0.7494 | 1488 | 私营经济和个体经济就业人数占总人口 |
| 契约状况 | 0.9944 | 0.5762 | 0.1322 | 9.95 | 1488 | 贷款余额占 GDP 比重 |
| 社会服务 | 0.5249 | 1.9023 | 0.0131 | 41.34 | 1488 | 居民服务业和其他服务业就业人数占总人口比重 |
| 社会流通 | 0.3359 | 0.0813 | 0.0264 | 0.8260 | 1488 | 社会消费品零售总额占 GDP 比重 |
| 社会共享 | 0.0871 | 0.1343 | 0.0025 | 3.6635 | 1488 | 互联网上网人数占总人口比重 |

① 相比较电话用户和互联网用户，互联网使用人数更能体现社会共享水平，电话用户和互联网用户往往需要注册 IP，约束较大，而互联网上网人数所面临的约束相对较小，上网决策只会根据信息需求和供给意愿来决定，受所处环境约束较小。

　　我们首先考虑一个封闭经济中的社会资本，从模型的最一般形式切入（不纳入全球化因素），逐步剔除统计不显著的指标变量和原因变量，根据卡方检验得到的概率值，近似误差均方根（RMSEA），调整后的拟合优度（AGFI）、标准化残差均方根（SRMR）等检验值，综合考虑并确定模型。并根据增删变量来调整模型的拟合度，选出最合适变量结构。表12 - 2 是利用 Stata12 软件估计的 MIMIC 模型结构，比较发现，原因变量中的全球化、收入差距、社会组织、社会沟通指标以及指标变量中的营商环境、契约状况、社会服务、社会共享均如预期一样显著相关，其他变量如财政福利、社会流通指标尽管不显著，但与预期方向基本一致，财政风险指标尽管显著且与预期一致，但剔除该指标后得到的结果估计更为稳健和优质。上述检验基本证实了前面提出的假设12 - 1 至假设12 - 12。根据模型的识别和比较拟合度指标，选取了 MIMIC（7）模型，该模型卡方值 $\chi^2$ 为 2.689（p = 0.743），AGFI 为 0.973，RMSEA 为 0.015，SRMR 为 0.009，这说明拟合效果非常好。根据原因变量的估计系数，我们得到式（12 - 7）所示的结构方程，根据该式，我们进一步计算得到186 个地级及以上城市 2004—2011 年的社会资本，由于我们主要测算所在地区社会资本相对总量，宏观层面的社会资本具有一定综合性和稳定性，无意测算社会资本的人均水平。事实上，从早期社会资本发展的渊源来看，托克维尔（1988）、涂尔干（1996）等都极力推崇社会资本的集体性特征——它是为整个社会（团体）所共同拥有，而不是由独立个体所独享的社会性资源，之后这一集体性特征进一步受到普特曼（1995）和 Fukuyama（1995）等的关注和延续。但是，后来的研究逐渐脱离了这一"集体"，转向更具个体色彩的社会资本概念，强调以个人为中心的社会网络及其相关资源，科尔曼（1994）的作用尤为突出，这也自然导致了对集体性或者整体性社会资本的测量工具的忽略。表现在以网络为核心、具有个体特征的社会资本测量在社会科学领域取得了长足进步，在集体性社会资本测量方面的进展却不尽如人意（桂勇、黄荣贵，2008），但是，社会资本测量更多地可以看作是对集体性社会资本测量的一个拓展和延续，测算的社会资本可以看作是所在地区的社会信任程度、社会互惠程度、社会准则（规范和约束）程度以及沟通网络组织程度。

　　社会资本 = 0.7673 × 全球化 - 0.0249 × 收入差距 - 0.1941 × 失业率 + 7.7629 × 社会组织

$$（12 - 7）$$

表 12 – 2　　　　　　社会资本测度的 MIMIC 方程回归结果

| 分类 | MIMIC(1) | MIMIC(2) | MIMIC(3) | MIMIC(4) | MIMIC(5) | MIMIC(6) | MIMIC(7) |
|---|---|---|---|---|---|---|---|
| 原因变量 | | | | | | | |
| 全球化 | | | | | 0.6906* | 0.7649* | 0.7672* |
| | | | | | (0.000) | (0.000) | (0.000) |
| 收入差距 | −0.0322* | −0.0347* | −0.0357* | −0.0357* | −0.0232* | −0.0246* | −0.0249* |
| | (0.000) | (0.000) | (0.000) | (0.000) | (0.000) | (0.000) | (0.000) |
| 就业状况 | −0.1609* | −0.2090* | −0.2164* | −0.2167* | 0.1652* | −0.1921* | −0.1940* |
| | (0.000) | (0.000) | (0.000) | (0.000) | (0.000) | (0.000) | (0.000) |
| 财政福利 | 0.1532* | −0.0310* | | | | −0.008 | |
| | (0.000) | (0.146) | | | | (0.691) | |
| 财政风险 | −0.0118* | | | | −0.0039* | | |
| | (0.000) | | | | (0.000) | | |
| 社会组织 | 6.3152 | 7.692056 | 7.667 | 7.666 | 7.3366 | 7.7693 | 7.7629* |
| | (0.000) | (0.000) | (0.000) | (0.000) | (0.000) | (0.000) | (0.000) |
| 社会沟通 | 8.3976* | 8.4914* | 8.4865* | 8.4889* | 8.3244* | 8.3315* | 8.33* |
| | (0.000) | (0.000) | (0.000) | (0.000) | (0.000) | (0.000) | (0.000) |
| 指标变量 | | | | | | | |
| 营商环境 | 1 | 1 | 1 | 1 | 1 | 1 | 1 |
| 契约状况 | 2.4541* | 2.4807* | 2.4815* | 2.4797* | 2.5486* | 2.5456* | 2.5459* |
| | (0.000) | (0.000) | (0.000) | (0.000) | (0.000) | (0.000) | (0.000) |
| 社会服务 | 0.0072* | 0.0072* | 0.0072* | 0.0072* | 0.0073* | 0.0073* | 0.0073* |
| | (0.000) | (0.000) | (0.000) | (0.000) | (0.000) | (0.000) | (0.000) |
| 社会流通 | 0.008 | 0.0094 | 0.0100 | | | | |
| | (0.823) | (0.792) | (0.778) | | | | |
| 社会共享 | 1.2544* | 1.2492* | 1.2498* | 1.2497* | 1.2515* | 1.2511* | 1.2512* |
| | (0.000) | (0.000) | (0.000) | (0.000) | (0.000) | (0.000) | (0.000) |
| 模型拟合度指标 | | | | | | | |
| 卡方（$\chi^2$） | 27.453 | 24.446 | 17.652 | 13.895 | 7.459 | 6.492 | 2.689 |
| | P = 0.09 | P = 0.104 | P = 0.06 | P = 0.542 | P = 0.721 | P = 0.656 | P = 0.743 |
| AGFI | 0.834 | 0.746 | 0.867 | 0.894 | 0.927 | 0.908 | 0.973 |
| RMSEA | 0.105 | 0.084 | 0.046 | 0.043 | 0.024 | 0.02 | 0.015 |
| SRMR | 0.067 | 0.041 | 0.032 | 0.022 | 0.028 | 0.021 | 0.009 |

注：括号内为 p 值，***、**和*分别表示在 1%、5% 和 10% 的水平上显著；卡方值越小，p 值越大，说明模型的拟合程度越高。AGFI 为调整后的拟合优度指数，通常要求 AGFI > 0.8，RMSEA 为近似误差均方根，一般认为，在 0.04—0.08 较好，SRMA 为标准化残差均方根，当小于 0.05 时，表示模型拟合可以接受。

　　图 12 - 2 表示 2004—2011 年社会资本的变化和地区。我们发现，
2004—2011 年，全国平均社会资本分别为 0.017675、0.17261、0.17551、
0.018018、0.019496、0.022297、0.025436 和 0.029265，呈现出较稳定
的上升趋势，从地区分布来看，东部地区的社会资本总量最高，西部地
区其次，中部地区最后。从图 12 - 3 显示的各年度社会资本核密度分布来
看，社会资本的分布较为稳定，各年度的核密度曲线并没有发生比较明
显的左右移动，但是各地区的社会资本差距较大。

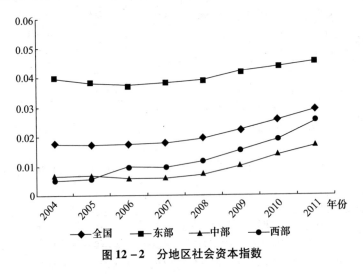

图 12 - 2　分地区社会资本指数

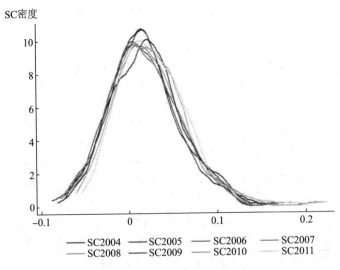

图 12 - 3　社会资本核密度分布（2004—2011 年）

# 第三节　社会资本、制度环境与环境治理绩效

## 一　模型、变量和数据

### (一) 模型设置与变量选择

现有有关社会资本对环境治理影响的经验分析，主要分为微观和宏观实证模型。由于数据的限制，微观实证模型大多集中于截面数据的使用，不可否定的是，截面数据在刻画行为主体决策时更为细致，而且可以降低外生波动产生的偏误，但是，由于截面数据难以捕捉动态经济效应以及对不随时间变化的个体异质性予以控制，更为关键的是，社会资本本身是一个综合性的变量，这意味着需要对社会资本的规模总量和结构均加以研究，才能够更为客观和全面地评估社会资本的环境治理效应。因此，在借鉴 David Kelleher（2009）、Hari Bansha Dulal 等（2011）、Dorit Kerret 和 Renana Shvartzvald（2012）、Elissaios Papyrakis（2013）等跨国和分地区面板数据模型的基础上，进一步引入了社会资本的平方项，观察社会资本与环境治理绩效之间是否存在非线性关系。构建如下基本模型：

$$EPI_{it} = \alpha_0 + \alpha_1 SCI_{it} + \alpha_2 SCI_{it}^2 + \sum_{n=1}^{N} \beta_n \times X_{itn} + \gamma_i + \lambda_t + \xi_{it} \quad (12-8)$$

其中，被解释变量 EPI 表示环境治理绩效指数，考虑到环境治理绩效的综合性，在参照以往研究的基础上，主要从污染物排放、污染治理和生态环境三个角度进行合成，具体包括环境污染指数（PI）、污染治理指数（PCI）和绿化指数（GI），其中，污染排放由人均工业废水排放量、人均二氧化硫排放量和人均工业烟尘排放量构成，污染治理指标则由工业废水排放达标率、工业二氧化硫去除率、工业烟尘去除率、工业固体废弃物综合利用率、城镇生活污水处理率、生活垃圾无害化处理率和环境治理投资 7 个二级指标构成，绿化指数则由绿化率表征。采用主成分分析方法合成环境治理绩效指数，首先对各项二级指标分别作标准化处理，然后逐级采用主成分分析方法为各个二级指标赋予相应的权重，分别得到污染排放指数（倒数化处理）、污染处理指数和绿化指数，最后再次采用主成分分析方法为上述三个指数赋予相应的权重，最终得到环境治理绩效指数，相应指标的权重如表 12-3 所示。

表 12 - 3　　　　　　　　地区环境治理绩效指数（EPI）指标体系

| 环境治理类指标 | | 指标选择 | 权重 |
|---|---|---|---|
| 环境治理绩效指数 | 1. 污染排放① | 工业废水；工业二氧化硫；工业烟尘 | 0.2399 |
| | 2. 污染处理② | 工业废水排放达标率；工业二氧化硫去除率；工业烟尘去除率；工业固体废弃物综合利用率；城镇生活污水处理率；生活垃圾无害化处理率；环境治理投资 | 0.3981 |
| | 3. 绿化率 | 绿化率 | 0.362 |

　　最终测算得到 2004—2011 年 186 个城市的环境治理绩效指数，图 12 -4 表示的是污染排放指数、污染处理指数、绿化指数和环境治理绩效指数的核密度分布演进图。我们发现，环境污染指数的核密度分布逐年向左平移，表明各地区环境污染水平呈现出下降趋势，而且污染水平更为集中，表明各地区污染呈现出收敛的趋势。污染治理指数和绿化指数核密度分布逐年向右平移，表明各地区的污染治理水平和绿化率呈现出提高和提升的趋势，治理水平和绿化率同样呈现出收敛趋势。最后，通过观察污染治理绩效指数核密度分布发现，呈现出向右逐年平移的趋势，表明各地区的环境污染治理绩效水平呈现出比较明显的提高。

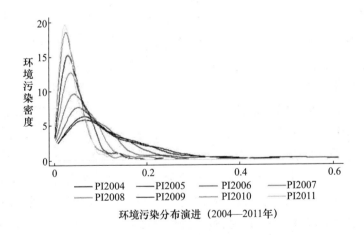

环境污染分布演进（2004—2011年）

① 工业废水、工业二氧化硫和工业烟尘的权重分别为 0.2232、0.3959 和 0.3809。

② 工业废水排放达标率、工业二氧化硫去除率、工业烟尘去除率、工业固体废弃物综合利用率、城镇生活污水处理率、生活垃圾无害化处理率和环境治理投资所对应的权重分别为 0.178、0.1753、0.1533、0.0737、0.2134、0.1763 和 0.032。

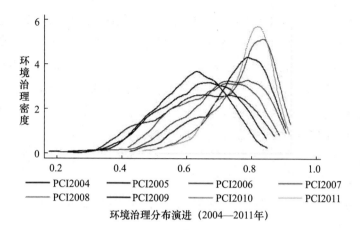

环境治理分布演进（2004—2011年）

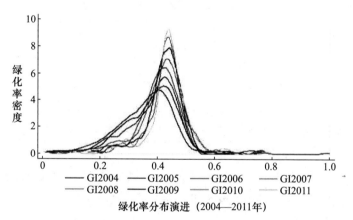

绿化率分布演进（2004—2011年）

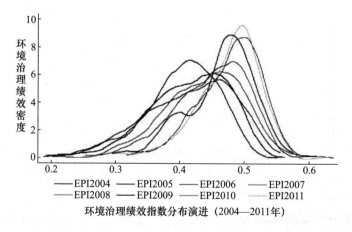

环境治理绩效指数分布演进（2004—2011年）

图 12－4　环境污染、环境治理、绿化率和环境治理绩效指数核密度分布

以社会资本（SCI）为核心解释变量，社会资本还可以分解为社会信任关系，社会互惠，社会准则、规则和约束，以及社会沟通、网络和社会组织四类，社会信任关系，社会互惠，社会准则、规则和约束以及社会沟通、网络和社会组织同样采用主成分方法测算得到。X 为引入模型中的其他控制变量所组成的向量集，主要包括经济发展水平、产业结构、人口密度、教育和对外开放以及气温和降雨。

为了进一步考察社会资本所处的制度环境对其环境治理效应的影响，其实证策略做如下安排：

在模型（12-8）的基础上引入政府质量和市场化程度两个指标，得到：

$$EPI_{it} = \alpha_0 + \alpha_1 SCI_{it} + \alpha_2 SCI_{it}^2 + EQ_{it} + MI_{it} + \sum_{n=1}^{N} \beta_n \times X_{itn} + \gamma_i + \lambda_t + \xi_{it}$$

$$(12-9)$$

当研究一个变量对另外一个变量的影响是否会受到第三个变量的影响时，第三个变量包括政府质量和市场化程度，最常见的方法就是采用人为标准对政府质量和市场化程度进行分组，来考察不同政府质量和不同市场化程度地区社会资本对环境治理绩效的影响。对此，也采用类似方法进行基准分析，按照各地区 2004—2011 年平均政府质量指数和平均市场化程度指数将 186 个城市划分为政府质量较高地区和政府质量较低地区、市场化较高地区和市场化较低地区，模型如下：

$$EPI_{it} \begin{cases} = \alpha_0 + \alpha_1 SCI_{it} + \alpha_2 EQ_{it} + \alpha_3 MZ_{it} + \sum_{n=1}^{N} \beta_n \times X_{itn} + \gamma_i + \lambda_t + \xi_{it}, EQ \leq EQ_M \\ = \alpha_0 + \alpha_1 SCI_{it} + \alpha_2 EQ_{it} + \alpha_3 MZ_{it} + \sum_{n=1}^{N} \beta_n \times X_{itn} + \gamma_i + \lambda_t + \xi_{it}, EQ > EQ_M \end{cases}$$

$$(12-10)$$

$$EPI_{it} \begin{cases} = \alpha_0 + \alpha_1 SCI_{it} + \alpha_2 EQ_{it} + \alpha_3 MZ_{it} + \sum_{n=1}^{N} \beta_n \times X_{itn} + \gamma_i + \lambda_t + \xi_{it}, MZ \leq MZ_M \\ = \alpha_0 + \alpha_1 SCI_{it} + \alpha_2 EQ_{it} + \alpha_3 MZ_{it} + \sum_{n=1}^{N} \beta_n \times X_{itn} + \gamma_i + \lambda_t + \xi_{it}, MZ > MZ_M \end{cases}$$

$$(12-11)$$

但是，简单地按照自变量的相关标准对样本进行分组，难以准确地反映各种门槛变量对差异的影响。在非线性计量经济模型发展的背景下，汉森（1996，1999，2000）发展出一种新的门槛面板回归模型（TPR），该方法针对上述两种分组方法的局限性进行了改进，不需要给定非线性方程的形式，门槛值及其个数完全由样本数据内生决定，同时提供了一个渐进分布理论来建立待估计参数的置信区间，运用自助抽样法（Bootstrap）来估计门槛值的统计显著性。

$$EPI_{IT} = \alpha_0 + \alpha_1 SCI_{it} I(EQ \leqslant \psi_1) + \alpha_{11} SCI_{it} I(EQ > \psi_1) + \alpha_2 EQ_{it} +$$

$$\alpha_3 MZ_{it} + \sum_{n=1}^{N} \beta_n \times X_{itn} + \gamma_i + \lambda_t + \xi_{it} \qquad (12-12)$$

$$EPI_{IT} = \alpha_0 + \alpha_1 SCI_{it} I(MZ \leqslant \psi_2) + \alpha_{11} SCI_{it} I(MZ > \psi_2) + \alpha_2 EQ_{it} +$$

$$\alpha_3 MZ_{it} + \sum_{n=1}^{N} \beta_n \times X_{itn} + \gamma_i + \lambda_t + \xi_{it} \qquad (12-13)$$

式中，$SCI_{it}$ 表示受门槛变量影响的解释变量，$X_{it}$ 表示除 $SCI_{it}$、$EQ_{it}$ 和 $MZ_{it}$ 外对因变量具有影响的其他解释变量，即控制变量，$EQ_{it}$、$MZ_{it}$ 表示门槛变量，$\psi_1$、$\psi_2$ 表示未知门槛值，$\alpha_1$ 和 $\alpha_{11}$ 分别表示门槛变量在 $EQ \leqslant \psi_1 (MZ \leqslant \psi_2)$ 与 $EQ > \psi_1 (MZ > \psi_2)$ 时解释变量 $SCI_{it}$ 对因变量 $EPI_{IT}$ 的影响系数。$I(\cdot)$ 表示示性函数，$\varepsilon_{it} \sim iid(0, \delta^2)$ 表示随机干扰项。

根据汉森（1999）的门槛回归理论，若给定门槛回归模型中的门槛值 $\psi$，则可以对模型的参数进行估计得到模型中各解释变量的系数值，从而得到残差平方和 $S(\psi) = \hat{e}(\psi)'\hat{e}(\psi)$，如果回归中 $\psi$ 越接近门槛水平，则回归模型中的残差平方和 $S(\psi)$ 就越小，因此，可以通过连续给出模型的候选门槛值 $\gamma$，观察模型残差的变化，在模型残差最小时对应的候选门槛值 $\gamma$，或通过最小化 $S(\psi)$ 来获得 $\gamma$ 的估计值，即 $\hat{\psi} = \text{argmin} S(\psi)$。之后，还需要进行两个方面的检验：

（1）门槛效应的显著性检验。即检验 $\psi$ 和 $\psi'$ 是否存在显著性的差异，如果门槛回归模型的检验结果表明 $\psi = \psi'$，则表明该模型没有出现明显的门槛特征。因此，将原假设设定为 $H_0: \psi = \psi'$，相应的备择假设为 $H_1: \psi \neq \psi'$。检验统计量为：

$$F = \frac{S_0 - S(\hat{\psi})}{\hat{\sigma}} \sigma^2 = \frac{1}{T}\hat{e}(\psi)'\hat{e}(\psi) = \frac{1}{T}S(\psi)。$$

式中，$S_0$ 为在原假设得到的残差平方和，在原假设 $H_0$ 的条件下，门槛值 $\psi$ 无法识别，因此 F 统计量的分布是非标准的。将采用汉森（1999）的自助抽样法来获得其渐进分布，进而构造其 p 值。

（2）门槛估计值的真实性检验。原假设为 $H_0: \psi = \psi'$，由于存在多余参数的影响，汉森（1996）使用极大似然估计量检验门槛值，来获得统计量：$LR(\psi) = \dfrac{S_0 - S(\hat{\psi})}{\hat{\sigma}}$。

对于政府质量指数的度量，借鉴了现有文献的做法并考虑到地级市层面数据的可得性，主要从税收负担、公共品供给和产权保护三个维度来刻画地级市政府质量（Alesina and Zhuracskaya，2011；陈刚，2012）。我们认为，如果政府能够通过征收较少的税收提供更多更好的公共品和履行政府责任，则可称之为质量高的政府；反之则为质量低的政府。我们用"本年应交增值税／（本年应交增值税 + 利润总额）"来度量所在地区的税收负担，使用文化、医疗卫生和教育事业来反映政府所提供的公共品，并以产权保护作为地方政府所履行的职能。在市场化程度指数的度量上，我们综合借鉴刘小玄（2001）、樊纲（2011）和邵帅等（2013）的做法，使用民营化、特定行业就业和市场化指数来进行度量，民营化用私营经济和个体经济就业人数占总人口比重度量，特定行业主要是指金融业、房地产业、租赁和商业服务业以及信息技术行业，由于这四个领域均属于市场化程度较高的行业，行政壁垒较少和市场竞争程度较高，因而使用这些行业的就业人数占总人口比重能够在一定程度上反映所在地区的市场化水平，最后，我们使用了樊纲（2011）所提供的分省市场化指数，并假定一个省内部各地级市共享该省的市场化指数。具体的指标体系如表 12 - 4 所示，具体的测算依然采用单位化和主成分分析方法。

**表 12 - 4　　　　　　　　地方政府质量与市场化指标体系**

| | 指标 | 变量说明 | 权重 |
|---|---|---|---|
| 政府质量 | 企业税收负担 | 本年应交增值税/（本年应交增值税 + 利润总额） | 0.3536 |
| | 公共品供给 | 文化、医疗卫生、教育公共事业发展① | 0.3032 |
| | 产权保护 | 樊纲市场指数中的产权保护指数 | 0.3432 |
| 市场化程度 | 民营化 | 私营经济和个体经济就业人数/总人口 | 0.3107 |
| | 特定行业就业 | 信息技术业、金融业、房地产业、租赁和商业服务业从业人员/总人口 | 0.3733 |
| | 市场化指数 | 樊纲市场化指数 | 0.316 |

图 12 - 5 和图 12 - 6 分别表示 2004—2011 年政府质量和市场化程度

---

① 公共事业发展使用"每万人图书册数"表示，医疗卫生公共事业发展使用"每万人病床数"表示，教育公共事业发展使用"人均教育经费"表示，根据标准化后的主成分分析，相应的权重分别为 0.3291、0.3349 和 0.336。

的核密度分布图。我们可以比较清晰地发现，2004—2011 年，政府质量和市场化程度均呈现出比较明显的上升趋势，即表现在核密度分布曲线随时间逐步向右移动，同时政府质量呈现一定程度的收敛趋势，而市场化程度则呈现出一定程度的发散趋势。

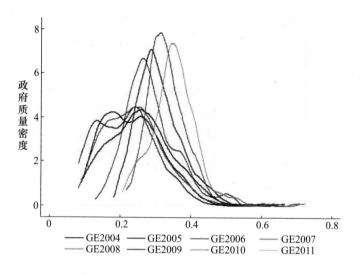

图 12 - 5　政府质量核密度分布

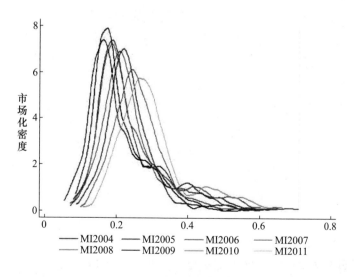

图 12 - 6　市场化程度核密度分布

为考察社会资本对环境治理绩效的直接非线性影响，我们进一步将社会资本（SCI）设定为其自身的门限变量：

$$EPI_{it} = \alpha_0 + \alpha_1 SCI_{it}I(SCI_{it} \leq \varpi_1) + \alpha_2 SCI_{it}I(SCI_{it} > \varpi_1) +$$

$$\sum_{n=1}^{N} \beta_n \times X_{itn} + \gamma_i + \lambda_t + \xi_{it} \qquad (12-14)$$

以上只是针对存在一个门槛的情况，而实际分析中可能会存在多个门槛值，多重和双重门槛模型可在单一门槛模型的基础上进行扩展。

（二）考虑内生问题的稳健性检验与方法选择

在关注社会资本对环境治理绩效的影响时，容易忽视的一个问题就是模型本身所存在的内生性风险。内生性问题不仅源于个体特征与解释变量的相关性，而且还源于解释变量和被解释变量之间的互为因果关系，尤其是后者面临的一个潜在风险。在其他条件既定的情况下，一个地区的环境污染越严重或遭遇环境风险时，社会公众之间以及社会公众、政府和企业三者间的沟通协调会进一步加强，同时也可能加剧社会公众与政府、社会公众与企业之间的不信任关系，因而环境治理绩效也可能会反向影响社会资本的形成和发展，当然，正如前文所述，相比较物质资本、人力资本等形式的资本，社会资本的发展和变化相对较为缓慢，因而上述所指的反向关系并不一定成立或者即时发生。此外，由于环境治理绩效具有一定的连续性，如上期的污染形势会增加本期污染治理的难度，上期的环境治理会为当期的环境治理奠定良好的基础，因此，有必要在自变量中引入环境治理绩效的滞后一期项，即控制上期环境治理绩效对本期环境治理绩效的影响，进一步可以使用动态面板数据模型进行分析，但是从理论上讲依然会存在因被解释变量滞后项与随机扰动项相关而产生的内生性问题，传统的面板估计分析方法所得到的估计结果可能是有偏且非一致的。综合上述考虑，引入社会资本的工具变量，并进一步采用广义矩估计方法来进行参数估计。

具体来说，工具变量的选择必须满足一定的条件，即工具变量与内生变量（社会资本）高度相关同时与其他变量无关即是外生的。如何选择工具变量是解决内生性问题的一个关键点和难点，其中，社会资本兼具正式制度和非正式制度的双重属性，这决定了所寻找的是制度的工具变量。正如诺思（North，1990）、方颖和赵杨（2011）所指出的，制度的形成与文化习俗、传统规范和历史积淀密切相关，特别是历史积淀，它是通过人际和代际的传播和潜移默化，表现出强韧的持续性，并内化为一个地区深层次的文化和社会风尚，具有一定的稳定性。因此，社会资本的工具变量选择可以进一步遵循该思路，我们认为，该地区是否为历史文化名城可以作为社会资本的工具变量。这是因为，历史文化名城名录是根据《中华人民共和国文物保护法》，由国务院审批的"保存文物特别丰富，具有重大历史文化价值和革命意义的城市"构成，1982 年公布第一批 24 个历史文化名城，1986 年公布第二批 38 个历史文化名城，1994 年公布第三批 37 个历史文化名城，2001—2013 年陆续增加 25 个历史文化名城，共计 124 个①，广泛分布于东部、中部和西部地区。一方面，历史文化名城的选择标准主要是历史价值和贡献，并不会或者很少考虑到所在地区的生态环境因素，既包括生态环境较好的城市，还包括生态环境恶劣和资源枯竭型城市，即其本身生态环境的好坏并不会影响其是否成为国家历史文化名城；另一方面，历史文化名城本身具有悠久的文化和历史传统，其与社会资本的形成和发展高度密切相关，我们进一步统计分析发现，历史文化名城和非历史文化名城的平均社会资本分别为 0.023474 和 0.018751，前者高出后者 25.19%。因此，是否为国家历史文化名城可能是社会资本一个较好的工具变量，当然这有待于进一步检验。

在广义矩估计中，阿雷拉诺和邦德（1991）较早提出了差分广义矩方法（DIFF – GMM），但是，布兰德尔和邦德（1998）就指出差分 GMM 方法可能存在自变量滞后项和自变量差分滞后项的相关性不高而导致的弱工具变量问题。如果把自变量差分项的滞后项作为水平方程的工具变量，则它和自变量当期项的相关性将会更高，提高了工具变量的有效性（Roodman，2009），因而将差分方程和水平方程结合起来作为一个方程系统进行 GMM 估计，可称为系统 GMM 方法（SYS – GMM），在系统 GMM 方法中还将引入上述部分论证的外生工具变量共同组成工具变量集合。一方面，我们需要根据萨根检验和差分误差项的序列相关检验来判断工具变量的有效性；另一方面，进一步选择 Wind – Meiger（2005）所提出的改进的有限样本标准差估计实现对两步估计标准误的纠正，使 SYS – GMM 两步稳健估计比一般估计更为有效。再加之 SYS – GMM 方法比较适

---

① 海南省的"琼山"及"海口"因合并，"琼山"不再出现在历史文化名城名单中。

用于时间跨度小而截面单位较多的面板数据，所选择的 8 年 186 个城市的
面板数据恰好符合其特性。

（三）数据样本

尽管从 1997 年起，历年《中国城市统计年鉴》提供了近 300 座城市
的数据，但是，由于行政区划调整以及数据的可得性和全面性，选取了
口径更为稳定一致的 2004—2011 年为研究的时间区间和其中的 186 座城
市，共计得到 1488 个观察样本，原始数据主要来自《中国城市统计年
鉴》《中国区域经济统计年鉴》和《中国统计年鉴》，樊纲编辑的《中国
市场化指数：各地区市场化相对进程报告》。缺失值分别采用插值法和移
动平均方法进行弥补。所有的货币单位表示的指标均使用以 1992 年为基
准年进行价格指数平减，同一省的地级市共享该省的价格指数、市场化
指数等省级指标。具体的因变量、核心解释变量、门限变量、工具变量
和其他控制变量的描述性统计分析结果如表 12 - 5 所示。

表 12 - 5　　　　　　　　　各变量的描述性统计结果

| 变量类别 | 符号 | 均值 | 标准差 | 指标说明单位 |
| --- | --- | --- | --- | --- |
| 环境治理绩效 | EPI | 0.3772 | 0.0598 | 主成分 |
| 环境污染指数 | PI | 0.0777 | 0.07361 | 主成分 |
| 污染治理指数 | PCI | 0.5505 | 0.1089 | 主成分 |
| 绿化指数 | GI | 0.4028 | 0.0928 | 主成分 |
| 社会资本 | SC | 0.0208 | 0.0409 | MINIC |
| 社会信任 | ST | 0.2246 | 0.1046 | 主成分 |
| 社会互惠 | SM | 0.1225 | 0.0681 | 主成分 |
| 社会准则、规则与约束 | SN | 01732 | 0.0861 | 主成分 |
| 社会沟通、网络和组织 | SCM | 0.1516 | 0.0489 | 主成分 |
| 政府质量指数 | GQI | 0.2787 | 0.0489 | 主成分 |
| 市场化指数 | MI | 0.2442 | 0.0962 | 主成分 |
| 人口密度 | MD | 0.0474 | 0.0281 | 每平方公里人数 |
| 人均实际 GDP | Rgdp | 1.3102 | 1.1139 | 万元 |
| 教育 | Edu | 171.38 | 208.8303 | 每万人大学生数 |
| 产业结构 | Indus | 0.5117 | 0.1048 | 第二产业占比 |
| 对外开放 | Open | 0.0233 | 0.0226 | FDI 占 GDP 比重 |

续表

| 变量类别 | 符号 | 均值 | 标准差 | 指标说明单位 |
|---|---|---|---|---|
| 气温 | Temp | 15.4022 | 3.9424 | 摄氏度 |
| 降雨 | Rain | 943.296 | 427.6433 | 毫米 |
| 历史文化名城 | History | 0.4139 | 0.4927 | 国家历史文化名城 = 1 |

图 12 - 7 表示社会资本与环境治理绩效之间关系的散点图，可以比较清楚地发现，社会资本与环境治理绩效之间表现出正向关系，同时还呈现出一定趋势的倒"U"形关系，一定程度上印证了基本假说。当然，有待于更为准确的实证检验。

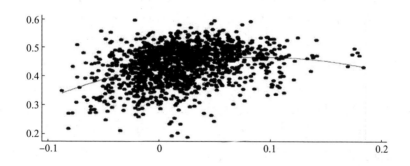

图 12 - 7  社会资本与环境治理绩效关系

## 二  实证结果汇报

本部分实证分析包括三个部分：第一部分采用传统的静态面板数据模型估计方法检验社会资本以及不同类型的社会资本对环境治理（包括各类环境治理指标）的影响，初步考察两者间的非线性关系，检验第一个基本假设和第二个假设。第二部分，进一步引入政府质量和市场化程度，考察社会资本对环境治理绩效的影响是如何受制于制度环境的，验证提出的第三个假设。第三部分为稳健性检验，引入工具变量方法和SYS - GMM 方法，通过更换环境指标、重新选择样本和分地区检验来做进一步分析。具体结果如下：

（一）社会资本对环境治理绩效的影响

本部分的分析不考虑制度因素的影响，在控制其他变量的基础上，考察社会资本对环境污染、污染治理、绿化率和环境治理绩效的影响，并在此基础上，分别引入社会资本的平方项，来初步判断社会资本与环境治理之间是否存在着非线性关系，并求解拐点值，所有回归均控制了不随时间改变的地区效应和不随地区改变的时间效应。表12-6汇报的静态面板数据模型的固定效应方法的回归结果，与假设12-1预期完全一致，社会资本可以有效地改善环境治理、提升环境治理水平和绩效。具体来说，表12-6中的模型（1）和模型（2）报告的是社会资本对环境污染影响的回归结果，社会资本与环境污染的关系显著为负，当社会资本水平每提高1%时，环境污染可能会降低0.28%，当引入社会资本平方项后发现，二次项系数为正，说明社会资本与环境污染之间可能会存在"U"形关系，社会资本的拐点值为0.0742，当社会资本没有超过0.0742时，社会资本可以有效抑制污染，当跨过该拐点后，社会资本对环境污染的抑制作用会趋近于零并可能还会加剧环境污染。模型（3）和模型（4）报告的是社会资本与污染处理关系的回归结果，我们发现，社会资本一次项系数为正，二次项系数为负，这表明，在一定的社会资本水平范围内，社会资本可以有效激励和促进污染治理，社会资本与污染治理之间存在比较明显的倒"U"形关系，社会资本的拐点值为0.0788，即过度的社会资本可能并不利于环境污染治理。模型（5）和模型（6）显示的是社会资本与城市绿化之间的关系，依然发现，社会资本与城市绿化指数之间呈现出较为明显的倒"U"形关系，社会资本拐点值为0.133，明显高于环境污染和污染处理回归中的社会资本拐点，这表明，社会资本在城市生态绿化方面可以发挥相对更为重要的作用。最后，在上述三类环境指标的基础上合成得到环境治理绩效指数，如模型（7）和模型（8）所示，社会资本可以有效地通过降低环境污染、提高污染治理水平和生态环境建设来实现环境治理绩效的提升，当社会资本水平提高1个百分点时，环境治理绩效指数会显著地提高0.5382%，引入社会资本二次项后，其系数为负，虽然不显著，但是通过前面三个指标的综合判断，可以认为社会资本与环境治理绩效之间存在比较明显的倒"U"形关系，社会资本的拐点为0.0548。从总体上看，社会资本可以有效抑制环境污染、提高环境污染治理水平、提升生态环境建设，进而实现环境治理绩效水平的提升；同时，社会资本对环境治理的促进作用存在一个适度水平，即适度的社会资本才有利于环境治理，并不是社会资本水平越高，环境治理绩效水平就越高。由此可以初步判断，假设12-1和假设

12-2 基本成立。

表 12-6　　　社会资本与环境治理绩效（含不同类型）回归结果

| 变量 | PI（1） | PI（2） | PCI（3） | PCI（4） | GI（5） | GI（6） | EPI（7） | EPI（8） |
|---|---|---|---|---|---|---|---|---|
| SCI | -0.2805** | -0.4499* | 0.4002** | 0.6203* | 0.5001** | 0.6332* | 0.5382* | 0.4760* |
| | (0.031) | (0.001) | (0.032) | (0.002) | (0.015) | (0.004) | (0.000) | (0.000) |
| SCI$^2$ | | 3.0283* | | -3.9344* | | -2.3804*** | | -4.3386 |
| | | (0.001) | | (0.002) | | (0.091) | | (0.881) |
| Rgdp | -0.0384* | -0.0401* | 0.0513* | 0.0535* | 0.038* | 0.0394* | 0.045* | 0.0451* |
| | (0.000) | (0.000) | (0.000) | (0.000) | (0.000) | (0.000) | (0.000) | (0.000) |
| Indus | 0.0375*** | 0.0385*** | 0.268 | 0.274 | 0.345 | 0.367 | -0.386** | -0.397 |
| | (0.056) | (0.077) | (0.156) | (0.167) | (0.268) | (0.667) | (0.048) | (0.145) |
| Open | -0.1590 | -0.2591*** | -0.1659 | -0.0359 | 0.0579 | 0.1366 | -0.2266 | -0.2221 |
| | (0.292) | (0.091) | (0.444) | (0.87) | (0.808) | (0.574) | (0.148) | (0.164) |
| Md | -1.9257* | -1.8412* | 3.2961* | 3.1863* | 1.507* | 1.4405* | 2.368* | 2.3648* |
| | (0.000) | (0.000) | (0.000) | (0.000) | (0.026) | (0.033) | (0.000) | (0.000) |
| Edu | -0.0001* | -0.0001* | 0.0002* | 0.0002* | -8.83e-06 | -0.0000 | 0.0001* | 0.0001* |
| | (0.001) | (0.002) | (0.000) | (0.000) | (0.86) | (0.787) | (0.008) | (0.008) |
| Temp | -0.0014 | -0.0015 | -0.0083** | -0.0080** | 0.0048 | 0.0049 | -0.0019 | -0.0019 |
| | (0.569) | (0.581) | (-0.02) | (0.023) | (0.218) | (0.204) | (0.441) | (0.443) |
| R×in | 2.35e-07 | 8.99e-08 | -2.83e-06 | -2.64e-06 | 2.57e-06 | 2.68e-06 | 1.04e-08 | 1.71e-08 |
| | (0.96) | (0.985) | (0.674) | (0.694) | (0.729) | (0.717) | (0.998) | (0.997) |
| Cons | 0.2706* | 0.2703* | 0.5049* | 0.5052* | 0.1942* | 0.1944* | 0.1992* | 0.1992* |
| | (0.000) | (0.000) | (0.000) | (0.000) | (0.007) | (0.007) | (0.000) | (0.000) |
| 地区效应 | 是 | 是 | 是 | 是 | 是 | 是 | 是 | 是 |
| 时间效应 | 是 | 是 | 是 | 是 | 是 | 是 | 是 | 是 |
| 样本量 | 1462 | 1462 | 1462 | 1462 | 1461 | 1461 | 1462 | 1462 |
| R$^2$ | 0.2745 | 0.2811 | 0.3114 | 0.3165 | 0.1056 | 0.1076 | 0.3462 | 0.3463 |
| 社会资本拐点 | | 0.0742 | | 0.0788 | | 0.1330 | | 0.0548 |

注：*、**和***分别表示在10%、5%和1%的水平上显著，括号内数字为 p 值。

（二）不同类型社会资本对环境治理绩效的影响

为了考察社会资本是如何影响到环境治理绩效的，我们进一步将社会资本分解为社会信任关系，社会互惠，社会准则、规则和约束，社会沟通、网络和组织，在控制其他因素的基础上，考察各类形式的社会资本对环境治理绩效的影响及其差异，回归结果如表 12 - 7 所示。我们发现，四种类型的社会资本在不同的显著性水平上促进了环境治理绩效的提升，具体来说，当四种类型的社会资本均提高 1 个百分点时，环境治理绩效分别提升 0.26%、0.19%、0.21% 和 0.57%，单纯地从社会资本的内部构成来看，相比较社会互惠和社会准则、规则、约束而言，社会沟通、网络和组织以及社会信任关系对环境治理绩效的促进作用更大。不同类型社会资本环境治理效应差异在很大程度上是由各类型社会资本的特征及其与环境公共事务的耦合度所决定的。

表 12 - 7 不同类型社会资本与环境治理绩效回归结果

| | 环境治理绩效（1） | 环境治理绩效（2） | 环境治理绩效（3） | 环境治理绩效（4） |
|---|---|---|---|---|
| ST/SM/ SN/SCM | 0.2601 * | 0.1934 ** | 0.2106 * | 0.5761 * |
| | (0.000) | (0.039) | (0.002) | (0.000) |
| Rgdp | 0.0553 * | 0.0529 * | 0.0547 * | 0.0393 * |
| | (0.000) | (0.000) | (0.000) | (0.000) |
| Indus | − 0.415 | − 0.435 *** | − 0.467 *** | − 0.483 |
| | (0.345) | (0.078) | (0.095) | (0.36) |
| Open | 0.8338 * | 0.5442 * | 0.6469 * | 0.2314 ** |
| | (0.000) | (0.003) | (0.000) | (0.027) |
| Md | 2.1677 * | 2.1433 * | 2.1426 * | 2.1415 * |
| | (0.000) | (0.000) | (0.000) | (0.000) |
| Edu | 0.0001 * | 0.0001 * | 0.0001 * | 0.0001 |
| | (0.003) | (0.003) | (0.005) | (0.126) |
| Temp | − 0.0061 ** | − 0.0049 ** | − 0.0053 ** | − 0.0016 |
| | (0.018) | (0.056) | (0.042) | (0.507) |
| Rain | $1.37e - 06$ | $5.74e - 07$ | $8.91e - 07$ | $1.76e - 06$ |
| | (0.779) | (0.907) | (0.855) | (0.1301) |
| Cons | 0.3015 * | 0.2609 * | 0.2743 * | 0.1301 * |
| | (0.000) | (0.000) | (0.000) | (0.006) |

续表

| | 环境治理绩效（1） | 环境治理绩效（2） | 环境治理绩效（3） | 环境治理绩效（4） |
|---|---|---|---|---|
| 地区效应 | 是 | 是 | 是 | 是 |
| 时间效应 | 是 | 是 | 是 | 是 |
| 样本数 | 1459 | 1459 | 1459 | 1455 |
| $R^2$ | 0.3799 | 0.3354 | 0.3418 | 0.3664 |

注：*、**和***分别表示在10%、5%和1%的水平上显著，括号内数字为p值。

环境公共事务具有典型的混合公共品属性，环境行为具有集体行动的特征。提供环境公共品和达成环境集体行动一致性的前提是行为主体之间的沟通与信任，沟通不仅能够有效地掌握各类环境信息，有利于做出相应的判断，而且还能够形成相互之间的约束和激励机制，特别是通过一定的社会组织和社会网络进行连接之时，环境行为的成功性会大大增强。而对于社会互惠和社会准则而言，尽管两者也能够对环境治理行为产生良好的影响，但是，由于环境行为缺乏足够的经济性反馈和回馈效应，互惠性不强，而且伴随着法制和市场的健全，传统的社会规则、规范和约束开始逐步消失，使社会互惠、社会准则（规则和约束）的功效难以凸显。因此，上述机制决定了在现有的社会资本中，社会信任关系和社会沟通（网络和组织）的环境治理效应更强。

（三）社会资本、制度环境与环境治理

社会资本作为一种嵌入经济、社会、政治、文化、生态等多领域中的制度安排，其对环境治理绩效的影响必然会受到所处制度环境的影响，这种制度环境通常包括政府因素和市场化因素。就政府因素和市场化因素而言，也会对环境治理产生直接的效应，同时还会对社会资本的环境治理效应产生重要影响。这是因为，在中国现有的经济发展阶段和制度背景下，市场因素和政府因素是最具代表性和最具强势地位的制度安排。另外，我们将验证政府因素和市场因素是否以及如何影响到社会资本的环境治理效应。政府因素使用测度的政府质量指数来衡量，市场化因素用测算的市场化程度指数来表示。

我们首先在原有模型的基础上引入政府质量和市场化程度指数两个因素，回归结果如表12-8中的模型（1）所示，我们发现，社会资本系数出现了较大幅度的下降，但依然显著为正，同时还发现，社会资本的二次项系数显著为负,这表明,社会资本与环境治理绩效之间依然呈现出倒"U"形关系,与原有基准模型略有不同的是,社会资本的拐点值进一步增加,达到 0.0621,这似乎表明,政府质量因素和市场化程度因素可以有效地延缓社会资本拐点的到来,进一步延长社会资本环境治理效应的区间和范围。与社会资本类似,政府质量和市场化程度与环境治理绩效之间均存在倒"U"形关系,如模型(2)和模型(3)回归结果,我们分别引入了政府质量和市场化程度的平方项,发现二次项系数均为负,这意味着,单纯依靠政府机制、市场机制或社会机制,都难以独立有效地推进环境治理,任何一种机制作用的发挥都有赖于另外两种机制所提供的条件,尤其对社会资本而言,它更依赖于政府机制和市场机制所提供的环境,这是由社会机制所处的相对较弱的地位所决定的。

表 12-8 制度环境与社会资本的环境治理绩效回归结果

| | 环境治理绩效 | | | | | | | | |
|---|---|---|---|---|---|---|---|---|---|
| | (1) | (2) | (3) | (4) | (5) | 政府质量较高地区(6) | 政府质量较低地区(7) | 市场化较高地区(8) | 市场化较低地区(9) |
| SCI | 0.0948 ** (0.033) | 0.0865 (0.498) | 0.2578 ** (0.043) | | | 0.1347 ** (0.025) | 0.0984 ** (0.029) | 0.1285 ** (0.025) | 0.1046 ** (0.027) |
| SCI$^2$ | -0.7627 ** (0.016) | | | | | -0.6234 *** (0.098) | -0.8967 *** (0.057) | -0.6554 *** (0.078) | -0.918 *** (0.063) |
| GQI | 0.2768 * (0.000) | 0.919 * (0.000) | 0.196 * (0.000) | 0.246 * (0.000) | 0.245 * (0.000) | 0.2854 * (0.000) | 0.2153 * (0.000) | 0.2793 * (0.000) | 0.2366 * (0.000) |
| GQI$^2$ | | -1.653 * (0.000) | | | | | | | |
| MI | 0.2909 * (0.000) | 0.2989 * (0.000) | 0.9573 * (0.000) | 0.278 * (0.000) | 0.286 * (0.000) | 0.3257 * (0.003) | 0.2557 * (0.004) | 0.3215 * (0.006) | 0.2764 * (0.000) |
| MI$^2$ | | | -1.066 * (0.000) | | | | | | |
| Rgdp | 0.0263 * (0.000) | 0.0324 * (0.000) | 0.0312 * (0.000) | 0.0304 * (0.000) | 0.0286 * (0.000) | 0.2967 * (0.000) | 0.2877 * (0.000) | 0.2768 * (0.000) | 0.2832 * (0.000) |
| Indus | -0.267 (0.113) | -0.282 (0.106) | -0.294 *** (0.094) | -0.265 (0.234) | -0.345 (0.094) | 0.076 ** (0.056) | -0.208 (0.105) | 0.065 (0.099) | -0.294 ** (0.08) |

续表

| | 环境治理绩效 | | | | | | | | |
|---|---|---|---|---|---|---|---|---|---|
| | (1) | (2) | (3) | (4) | (5) | 政府质量较高地区(6) | 政府质量较低地区(7) | 市场化较高地区(8) | 市场化较低地区(9) |
| Open | −0.066 | 0.0073 | −0.2427*** | −0.068*** | −0.072** | 0.075*** | 0.071*** | 0.083* | 0.073** |
| | (0.655) | (0.96) | (0.095) | (0.098) | (0.045) | (0.087) | (0.085) | (0.007) | (0.017) |
| Md | 0.7763*** | 0.8813** | 0.6431 | 0.774* | 0.745* | 0.7673*** | 0.7572** | 0.7794** | 0.7956*** |
| | (0.072) | (0.038) | (0.125) | (0.004) | (0.001) | (0.058) | (0.043) | (0.036) | (0.063) |
| Edu | 0.0000 | 8.08e−06 | −0.0000 | 0.0000*** | 0.0000*** | 0.0000*** | 0.0000*** | 0.0000** | 0.0000** |
| | (0.633) | (0.791) | (0.52) | (0.067) | (0.0562) | (0.058) | (0.054) | (0.038) | (0.039) |
| SCI $(GQI>\xi)$ | | | | 0.0945** | | | | | |
| | | | | (0.034) | | | | | |
| SCI $(GQI>\xi)$ | | | | 0.1892* | | | | | |
| | | | | (0.008) | | | | | |
| SCI $(MI\leqslant\zeta)$ | | | | | 0.1146* | | | | |
| | | | | | (0.006) | | | | |
| SCI $(MI>\zeta)$ | | | | | 0.1537* | | | | |
| | | | | | (0.003) | | | | |
| 门槛值[95%置信区间] | 0.0621 | | | 0.1967 [1.845, 2.106] | 0.215 [1.996, 2.289] | 0.1080 | 0.0548 | 0.098 | 0.0569 |
| 单一门槛检验 | | | | 47.970* (0.000) | 56.36* (0.001) | | | | |
| 双重门槛检验 | | | | 7.567 (0.156) | 8.467 (0.249) | | | | |
| 地区效应 | 是 | 是 | 是 | 是 | 是 | 是 | 是 | 是 | 是 |
| 时间效应 | 是 | 是 | 是 | 是 | 是 | 是 | 是 | 是 | 是 |
| 样本数 | 1462 | 1462 | 1462 | 1462 | 1462 | 613 | 1462 | 1462 | 1462 |
| $R^2$ | 0.4297 | 0.4486 | 0.4605 | 0.4735 | 0.4637 | 0.4867 | 0.4934 | 0.4833 | 0.4866 |

注：*、**和***分别表示在10%、5%和1%的水平上显著，括号内数字为 p 值。

为了进一步准确地判断社会资本的环境治理绩效是否会受到以及在多大程度上受到制度环境因素的影响，我们将政府质量和市场化程度分别依次设定为门限变量，通过观察门限值上下样本的社会资本对环境治理绩效影响的差异，来更为贴切地反映制度环境的影响。首先，我们进行门槛效果检验来确定门槛个数。我们依次设置了不存在门槛、一个门槛和两个门槛进行估计，得到 F 统计值和采用自助抽样法得到的 p 值，结果发现，政府质量和市场化程度变量的单一门槛均通过 10% 显著性检验，而在双重门槛检验中，两项门槛变量均未通过显著性检验，这表明政府质量和市场化程度存在单一门槛效应。接下来，进一步确定具体的门槛值，根据门限回归的结果，我们发现，政府质量和市场化程度的门槛值分别为 0.1967 和 0.215，具体来说，当政府质量低于 0.1967 时，社会资本对环境治理绩效的影响系数为 0.0945，而当政府质量跨过 0.1967 时，社会资本对环境治理绩效的影响系数则上升到 0.1892，增加了 1 倍；当市场化程度低于 0.215 时，社会资本对环境治理绩效的影响系数为 0.1146，当市场化程度高于 0.215 时，社会资本对环境治理绩效的影响系数则稳步增加到 0.1537。这表明，政府质量和市场化程度确实是影响社会资本环境治理绩效的重要因素。在此，我们还进一步比较了政府质量和市场化程度作用于社会资本环境治理绩效程度的差异，根据前文的统计分析发现，平均政府质量指数为 0.2787，平均市场化程度指数为 0.2442，并且政府质量的核密度分布相较于市场化程度明显右移，但是，尽管如此，政府质量的门槛值依然低于市场化程度的门槛值，这似乎说明，改善政府质量所带来的社会资本边际环境治理效应更高。在进行门限回归之前，我们还进一步按照各地区平均政府质量和市场化程度将样本分为两等分，即政府质量较高地区和政府质量较低地区、市场化程度较高地区和市场化程度较低地区，并进一步比较了四类地区社会资本对环境治理绩效的影响。尽管四类地区的社会资本与环境治理绩效之间均呈现出比较明显的倒 "U" 形关系，但是政府质量较高地区的社会资本对环境治理绩效的影响系数明显大于政府质量较低地区，且两地区的社会资本拐点分别为 0.108 和 0.0548；市场化程度较高地区的社会资本对环境治理绩效的影响系数明显大于市场化程度较低地区，且两地区的社会资本拐点分别为 0.098 和 0.0569。

（四）稳健性检验

1. 引入工具变量

在进行工具变量和 SYS - GMM 方法进行稳健性检验之前，我们将社会资本设定为其自身的门限变量，根据社会资本各门槛区制所对应的系数符号以及门槛值对社会资本与环境治理绩效之间的非线性关系走势进行基本判断。如表 12-9 中的模型（1）所示，遵循门槛回归分析的基本步骤，判断门限值个数和门限值范围，我们发现社会资本存在单一门槛，且社会资本的门槛值为 0.0776，即社会资本在 0.0776 上下，其对环境治理绩效影响存在显著差异，表现在，当社会资本小于 0.0776 时，其余环境治理绩效的相关系数为 0.7656，即社会资本在这一区间范围有利于促进环境治理绩效的完善，当社会资本跨过该值时，其余环境治理绩效的相关系数变为 -0.0336，当然并不显著，但也似乎表明，在该区间范围内，社会资本可能不利于环境治理绩效的改进。这再次表明社会资本与环境治理绩效之间确实存在倒"U"形的非线性关系。

考虑到社会资本与环境治理绩效之间可能存在的内生性问题，我们通过引入社会资本的工具变量并采用考虑动态效应的系统 GMM 方法进行估计，回归结果如模型（2）至模型（10）所示，可以发现，上述模型的 AR 检验与萨根检验均符合 GMM 估计的要求，残差显著存在一阶自相关而不存在二阶自相关，萨根检验统计量不显著，这表明模型均不存在工具变量过度识别问题，采用的工具变量是有效的。为了进一步识别系统 GMM 方法是否会产生较大的偏倚，我们使用邦德（2002）提出的判断发生较大程度偏倚的一种方法，即将系统 GMM 方法估计量分别与包含社会资本滞后项的面板 OLS 和 FE 的估计量进行比较，如果系统 GMM 方法的估计量介于上述两种方法估计量之间，则表明系统 GMM 方法可能是有效的；反之则须做进一步的解释说明。根据这一思路，我们对上述 9 个模型分别做上述处理，发现除个别模型的估计量不在两者之间外[①]，其余均在这一区间内，这表明系统 GMM 方法是有效的。模型（3）至模型（6）报告的是采用系统 GMM 方法对社会资本与环境治理绩效关系进行回归的结果，我们发现，除社会互惠外，社会信任、社会准则（规则和约束）、

---

① 由于版面限制，9 个模型的 OLS 和 FE 方法估计结果并没有汇报，供给 18 个，有兴趣者可向作者索要；9 个模型中仅模型（4）的估计量不在这一区间，不影响整体回归结果的可靠性。

表12-9　工具变量方法和自门限回归稳健性分析回归结果

| | EPI (1) | EPI (2) | EPI (3) | EPI (4) | EPI (5) | EPI (6) | 政府质量高的地区 (7) | 政府质量低的地区 (8) | 市场化高的地区 (9) | 市场化低的地区 (10) |
|---|---|---|---|---|---|---|---|---|---|---|
| L. EPI | | 0.6462* (0.000) | 0.4909* (0.000) | 0.5154* (0.000) | 0.4711* (0.000) | 0.6152* (0.000) | 0.7567* (0.000) | 0.621* (0.000) | 0.7849* (0.000) | 0.6045* (0.000) |
| SCI (SCI≤SCI*) | 0.7656* (0.005) | 0.2965** (0.029) | | | | | 0.3203** (0.034) | 0.2754** (0.021) | 0.3198** (0.004) | 0.2845* (0.008) |
| SCI² (SCI>SCI*) | -0.9336 (0.175) | -0.8635 (0.138) | | | | | -1.6538*** (0.045) | -2.710 (0.197) | -1.5636*** (0.096) | -2.8606 (0.107) |
| ST/SM/ SN/SCM | | | 0.6108** (0.026) | -0.9566 (0.106) | 0.4182* (0.006) | 0.8045** (0.016) | | | | |
| GQI | 0.358* (0.000) | 0.2630* (0.000) | 0.1032* (0.000) | 0.1488* (0.000) | 0.1389* (0.000) | 0.155* (0.000) | 0.336* (0.000) | 0.305* (0.000) | 0.348* (0.000) | 0.328* (0.000) |
| MI | 0.0589 (0.194) | 0.0836 (0.15) | 0.2821* (0.000) | 0.2730* (0.000) | 0.3191* (0.000) | -0.0257 (0.459) | 0.0594** (0.016) | 0.0543** (0.018) | 0.0614** (0.025) | 0.0527** (0.017) |
| Rgdp | 0.016* (0.005) | 0.0158* (0.007) | 0.0171* (0.000) | 0.0161* (0.001) | 0.014* (0.003) | 0.0086* (0.032) | 0.017* (0.002) | 0.018** (0.014) | 0.019* (0.005) | 0.024* (0.007) |
| Indus | -0.245 (0.258) | -0.265 (0.106) | -0.285 (0.145) | -0.305 (0.125) | -0.295*** (0.094) | -0.301 (0.345) | 0.067 (0.204) | -0.207 (0.111) | 0.096 (0.366) | -0.348 (0.233) |
| Open | 0.395 (0.256) | 0.3487 (0.194) | 1.553* (0.000) | 1.589* (0.000) | 1.746* (0.000) | -0.1006 (0.298) | 0.325** (0.046) | -0.295 (0.105) | 0.206*** (0.078) | -0.386*** (0.097) |
| Md | -0.1569 (0.734) | -0.1398 (0.591) | -0.0157 (0.923) | -0.3481** (0.013) | -0.1511 (0.428) | -0.3249* (0.052) | 0.033 (0.107) | -0.004** (0.045) | 0.107*** (0.085) | 0.005*** (0.076) |

续表

| | EPI (1) | EPI (2) | EPI (3) | EPI (4) | EPI (5) | EPI (6) | 政府质量高的地区 (7) | 政府质量低的地区 (8) | 市场化高的地区 (9) | 市场化低的地区 (10) |
|---|---|---|---|---|---|---|---|---|---|---|
| Edu | 0.0000 | 9.70e-05 | 0.0000*** | 0.0000 | 0.0000 | 0.0000 | 0.0000*** | 0.000*** | 0.000*** | 0.000*** |
| | (0.835) | (0.762) | (0.096) | (0.438) | (0.119) | (0.334) | (0.0856) | (0.0965) | (0.065) | (0.0942) |
| Temp | 0.0247 | 0.0120* | 0.0006 | 0.0029** | 0.007 | 0.0069* | 0.01956 | 0.003 | 0.004 | 0.001*** |
| | (0.194) | (0.000) | (0.644) | (0.049) | (0.636) | (0.000) | (0.0104) | (0.24) | (0.45) | (0.074) |
| R×in | 0.000* | 0.0000* | 0.0000* | 0.000** | 6.36e-06 | 0.0000* | 0.000* | 0.000* | 0.000* | 0.000* |
| | (0.003) | (0.001) | (0.000) | (0.014) | (0.112) | (0.004) | (0.018) | (0.006) | (0.008) | (0.004) |
| Cons | -0.0859** | -0.0857** | 0.1472* | 0.0998* | 0.1538* | -0.0085* | -0.0956* | -0.0874* | -0.7043* | -0.0818* |
| | (0.028) | (0.017) | (0.000) | (0.000) | (0.000) | (0.76) | (0.000) | (0.000) | (0.000) | (0.000) |
| 地区效应 | 是 | 是 | 是 | 是 | 是 | 是 | 是 | 是 | 是 | 是 |
| 时间效应 | 是 | 是 | 是 | 是 | 是 | 是 | 是 | 是 | 是 | 是 |
| 估计方法 | 门限回归 | Sys-Gmm | Sys-Gmm | Sys-Gmm | Sys-Gmm | Sys-Gmm | Sys-Gmm | Sys-Gmm | Sys-Gmm | Sys-Gmm |
| 拐点/门槛值 | 0.0776 | 0.0715 | | | | | 0.0968 | 0.0508 | 0.1023 | 0.0497 |
| $R^2$ | 0.4968 | | | | | | | | | |
| AR (1) 检验值 (p 值) | | -5.487 | -5.9351 | -5.8879 | -6.0183 | -6.1216 | -5.885 | -6.444 | -7.477 | -5.478 |
| | | (0.000) | (0.000) | (0.000) | (0.000) | (0.000) | (0.000) | (0.000) | (0.000) | (0.000) |
| AR (2) 检验值 (p 值) | | 0.7416 | 1.1433 | 1.1404 | 0.9273 | 1.3272 | 0.9456 | 0.8494 | 0.9578 | 0.7343 |
| | | (0.458) | (0.2529) | (0.2541) | (0.3538) | (0.1845) | (0.856) | (0.644) | (0.9653) | (0.643) |
| 萨根检验值 (p 值) | | 72.832 | 91.1404 | 82.4287 | 81.0127 | 82.973 | 103.56 | 104.57 | 116.9 | 108 |
| | | (0.896) | (0.667) | (0.845) | (0.79) | (0.53) | (0.846) | (0.994) | (1.000) | (0.8456) |
| 样本数 | 1200 | 1094 | 1227 | 1280 | 1277 | 1273 | 613 | 648 | 637 | 641 |

注：*、** 和*** 分别表示在 1%、5% 和 10% 的水平上显著，括号内为 p 值。

社会沟通（网络和组织）均与环境治理绩效之间呈现出比较显著的正向关系，社会信任关系的增强、社会准则（规则和约束）的实施以及社会沟通（网络和组织）机制的建立均在不同程度地促进着环境治理绩效的提升，与基准模型类似，社会沟通和社会信任关系所带来的环境治理效应更强。需要指出的是，社会互惠机制与环境治理之间表现出负向关系，但不显著，与前文结论基本一致。模型（7）至模型（10）分别报告的是政府质量较高、政府质量较低、市场化程度较高、市场化程度较低四类地区的社会资本对环境治理绩效的影响回归结果，基本证明前文基准模型的可靠性，假设 12 - 1、假设 12 - 2 和假设 12 - 3 均成立。政府质量较高和市场化程度较高的地区，社会资本的环境治理效应更大，两个地区社会资本的拐点分别为 0.0968 和 0.1023；尽管政府质量较低和市场化程度较低的地区，社会资本的环境治理效应依然为正，但是，影响相对较小，且拐点分别为 0.0508 和 0.0497。

通过上述部分的分析可以得到社会资本的拐点值，接下来有必要、也有可能进一步找到相对于环境治理绩效的社会资本相对不足地区、社会资本相对适度地区和社会资本相对过度地区。根据表 12 - 8 中的模型（1）和表 12 - 9 中的模型（1）所测算的拐点值，为 0.0621 和 0.0776，分别将其作为社会资本相对不足地区和相对适度地区、相对适度地区与相对过度地区的划分标准。选择这两个值，主要是基于这两个模型的拟合优度较高，且都控制了制度环境变量的影响，同时部分地考虑了内生性问题。如表 12 - 10 所示，从年均比重来看，社会资本相对不足地区占到 85.15%，社会资本相对适度地区和社会资本相对过度地区的比重仅为 7.39% 和 7.46%，在环境治理上，绝大部分城市面临着社会机制不健全的困境，而目前中国环境治理困境是多方面原因造成的，其中社会资本不足起着重要"作用"，比如，公众参与环保行动目前仍处于传统模式阶段，这是一种非常有限的末端参与。从社会资本分布的趋势来看，社会资本相对不足城市的数量和比重均呈现出不同程度的下降趋势，这类城市主要集中在中西部地区，比较典型的是泸州、遵义、石家庄和十堰等城市；社会资本相对适度城市的数量和比重则呈现出比较明显的上升趋势，2011 年社会资本相对适度城市数量和比重比 2004 年增加了 70%，这一类城市主要集中于东部地区中等城市，如宁波、镇江、烟台等；不可忽视的是，尽管社会资本相对过度地区的数量最少、比重最低，但是，

表 12 – 10　　　　　　　　按照拐点分组的城市分布

| 年份 | 社会资本相对不足地区 | 社会资本相对适度地区 | 社会资本相对过度地区 |
|---|---|---|---|
| 2004 | 163（87.64%） | 10（5.38%） | 13（6.98%） |
| 2005 | 160（86.03%） | 11（5.91%） | 15（8.06%） |
| 2006 | 158（84.95%） | 17（9.14%） | 11（5.91%） |
| 2007 | 159（85.49%） | 15（8.06%） | 12（6.45%） |
| 2008 | 160（86.02%） | 14（7.53%） | 12（6.45%） |
| 2009 | 158（84.95%） | 12（6.45%） | 16（8.60%） |
| 2010 | 156（83.87%） | 14（7.53%） | 16（8.60%） |
| 2011 | 153（82.26%） | 17（9.14%） | 16（8.6%） |
| 典型城市 | 泸州、遵义、石家庄、十堰 | 宁波、镇江、烟台 | 苏州、上海、北京、大连 |

注：括号内数字为相应类型城市的比重。

最近若干年也呈现出一定的上升趋势，这一类型城市主要集中在东部大型和特大城市，如苏州、北京、上海、大连等。针对社会资本不同类型地区而言，各自侧重点和关注点应该有所差异，对于社会资本相对不足的中西部地区而言，重点应该放在努力增加社会资本上，最大限度地发挥社会资本的环境治理效应；社会资本相对适度的东部中等城市，应该同时兼顾社会资本和其他制度因素的同步推进，通过完善制度环境进一步拓展社会资本环境治理效应的区间范围；对于社会资本相对过度的地区而言，应该将重点放在制度环境的改进上，在短期内，这一地区社会资本的容量和环境治理效应已经到了"瓶颈"期，现有的制度环境难以满足社会资本环境治理效应发挥的需要，因此，进一步通过制度创新，在更高的政府制度水平和市场化程度上实现与社会资本有机对接。可以解释的是，东部、中部、西部地区同时出现环境群体性事件的内在机制是存在差异的，中西部地区更主要源于社会资本的不足，即社会群体间尤其是公众与企业和政府间缺乏足够的信任，再加之沟通机制不畅，企业缺乏履行环境社会责任的社会规范和约束机制，使这些地区的群体性事件出现；而东部地区环境群体性事件出现则可能是社会资本相对过度尤其是所处的制度环境难以满足社会资本的"需要"所引发，以厦门PX项目事件和启动事件为例，两地区均处于东部沿海地区，经济较为发达，两类事件均是由上马环境污染项目所引起的，由于两地区社会资本相对充分，使社会公众在污染危害尚未严重发生之前就采取相应的集体行动进行反馈，如厦门 PX 项目建成之初，105 名全国政协委员联合签名"关于厦门沧海 PX 项目迁址的提案"，但并未引起足够重视，之后随着事态的蔓延以及公众急速关注，当地政府较为迅速地开启多轮座谈沟通，进行了二次环评、公众投票和项目迁址，最后以平稳方式解决了这一危机；而启动事件自始至终，当地政府并未充分重视，而民众的利益诉求并没有随着时间的流逝而消逝，反而在集聚和反弹，直至最后演变为大规模群体事件。这两起事件恰恰说明：社会资本水平并不是越大越好，特别是当所处的制度环境尤其是政府部门难以满足社会资本的"需求"时，社会资本反而会引致环境治理的低效；但是，如果政府部门努力提升公共服务水平和自身的运行效率，引导和沟通机制顺畅，那么即使社会资本水平相对较高，反而会更有利于提升环境治理绩效。

2. 更换样本与指标

为了进一步证明结论的可靠性，根据数据的可得性和适用性，我们在已有的 186 座样本城市中，筛选出 93 座城市，筛选标准是这些城市均列入环境保护部公布 PM10、二氧化硫、二氧化氮数据的 113 个大中城市，同时将样本的因变量替换成 PM10、二氧化硫、二氧化氮变量，来考察社会资本与环境质量之间的关系，分别采用门限回归、考虑工具变量的 SYS - GMM 方法进行检验，时间区间为 2004—2010 年。我们发现除 PM10 外，社会资本均有利于降低二氧化硫和二氧化氮平均浓度，社会资本水平每上升 1%，二氧化硫和二氧化氮浓度分别会下降 0.091% 和 0.215%，社会资本对 PM10 浓度的影响尽管为负，但不显著。进一步观察政府质量和市场化程度因素对环境质量的影响，总体上看，政府质量越高、市场化程度越高，越有利于降低环境污染、提高环境质量，尤其是政府质量提升能够有效地降低二氧化硫和二氧化氮的浓度，市场化程度的提升可以降低 PM10 和二氧化硫的浓度。

考虑到缩减了样本并更换了因变量，那么社会资本对环境质量的影响是否还会受到政府质量因素和市场化程度的影响呢？对此，分别在模型（1）、模型（4）和模型（7）的基础上，引入政府质量和市场化程度作为门限变量，我们发现除 PM10 回归方程中不存在比较明显的门槛现象外，其他变量（二氧化氮和二氧化硫）方程均存在单一门槛值，以二氧化氮为例，当政府质量小于 0.165 时，社会资本每上升 1% 时，二氧化氮

表 12-11

环保重点城市的社会资本与环境污染监测数据回归结果

| 变量 | PM10 | | | | 二氧化硫 | | | 二氧化氮 | |
| --- | --- | --- | --- | --- | --- | --- | --- | --- | --- |
| | (1) | (2) | (3) | (4) | (5) | (6) | (7) | (8) | (9) |
| 因变量滞后一期 | 0.6336* (0.000) | | | 0.5441* (0.000) | | | 0.5355* (0.000) | | |
| SCI | 0.2622 (0.104) | | | -0.0910*** (0.065) | | | -0.2152* (0.000) | | |
| SCI² | 1.007** (0.010) | | | 0.334*** (0.087) | | | 0.7059* (0.000) | | |
| GQI | 0.016 (0.129) | -0.026 (0.134) | -0.028*** (0.095) | -0.019* (0.001) | -0.048*** (0.076) | -0.042*** (0.064) | -0.021* (0.000) | -0.057* (0.004) | -0.063* (0.006) |
| MI | -0.004 (0.692) | -0.006*** (0.084) | -0.005*** (0.066) | -0.0282* (0.000) | -0.017** (0.037) | -0.019** (0.045) | 0.0098 (0.109) | -0.0104** (0.048) | -0.0094* (0.009) |
| Rgdp | -0.0041* (0.000) | -0.0037* (0.000) | -0.0041* (0.000) | 0.0002 (0.967) | 0.0003*** (0.079) | 0.0005*** (0.085) | 0.0005 (0.401) | 0.0008*** (0.098) | 0.0006* (0.075) |
| Indus | 0.544*** (0.085) | 0.577 (0.105) | 0.557 (0.204) | 0.753*** (0.094) | 0.737*** (0.086) | 0.744*** (0.069) | 0.279 (0.234) | 0.285 (0.266) | 0.294 (0.277) |
| Open | -0.2632* (0.000) | -0.3045* (0.000) | -0.3105* (0.000) | 0.0137 (0.707) | 0.0156 (0.850) | 0.0166 (0.669) | 0.1536* (0.000) | 0.1488* (0.000) | 0.1473* (0.000) |

续表

| 变量 | PM10 | | | 二氧化硫 | | | 二氧化氮 | | |
| --- | --- | --- | --- | --- | --- | --- | --- | --- | --- |
| | (1) | (2) | (3) | (4) | (5) | (6) | (7) | (8) | (9) |
| Md | 0.2636* (0.000) | 0.4671* (0.000) | 0.386* (0.000) | 0.0732* (0.005) | 0.0743* (0.007) | 0.0751** (0.018) | -0.0071 (0.807) | -0.0069 (0.823) | -0.0064 (0.903) |
| Edu | $9.73e-06$ (0.15) | $9.87e-07$ (0.182) | $9.87e-06$ (0.125) | $4.63e-06$ (0.215) | $4.67e-08$ (0.268) | $4.67e-08$ (0.256) | $-9.07e-08$ (0.973) | $-9.07e-09$** (0.045) | $-9.07e-05$*** (0.066) |
| Temp | 0.0045 (0.106) | -0.0051*** (0.094) | -0.0049*** (0.096) | -0.0076*** (0.078) | -0.0074*** (0.098) | -0.0084** (0.044) | -0.0076*** (0.067) | -0.0074 (0.167) | -0.0075 (0.134) |
| Rain | -0.057*** (-0.095) | -0.053*** (-0.093) | -0.049*** (0.085) | -0.066*** (0.095) | -0.063*** (0.092) | -0.071*** (0.083) | -0.084*** (0.034) | -0.086*** (0.055) | -0.083** (0.016) |
| SCI (GQI≤ξ) | | -0.1945 (0.196) | -0.246 (0.157) | | 0.075*** (0.074) | | | -0.057* (0.005) | |
| SCI (GQI>ξ) | | -0.1924 (0.106) | -0.248 (0.134) | | 0.093*** (0.094) | | | -0.116* (0.008) | |
| SCI (MI≤ζ) | | | | | | 0.326* (0.004) | | | -0.448*** (0.053) |
| SCI (MI>ζ) | | | | | | 0.389** (0.016) | | | -0.496** (0.042) |
| 地区效应 | 是 | 是 | 是 | 是 | 是 | 是 | 是 | 是 | 是 |
| 时间效应 | 是 | 是 | 是 | 是 | 是 | 是 | 是 | 是 | 是 |

续表

| 变量 | PM10 | | | SO₂ | | | NO₂ | | |
|---|---|---|---|---|---|---|---|---|---|
| | (1) | (2) | (3) | (4) | (5) | (6) | (7) | (8) | (9) |
| 样本量 | 636 | 636 | 636 | 630 | 630 | 630 | 630 | 630 | 630 |
| 方法 | Sys – Gmm | 门槛回归 | 门槛回归 | Sys – Gmm | 门槛回归 | 门槛回归 | Sys – Gmm | 门槛回归 | 门槛回归 |
| 门槛值 | | 无 | 无 | | 0.194 | 0.226 | | 0.165 | 0.198 |
| AR(1) 检验值 (p 值) | -4.5823 (0.000) | | | -4.1902 (0.000) | | | -4.1094 (0.000) | | |
| AR(2) 检验值 (p 值) | -0.9322 (0.3512) | | | 1.5517 (0.1207) | | | 1.0349 (0.3007) | | |
| 萨根检验值 (p 值) | 57.938 (0.1789) | | | 58.7412 (0.1606) | | | 60.2747 (0.1297) | | |

注：***、**和*分别表示在1%、5%和10%水平上显著，括号内数字为 p 值。

浓度会下降 0.057%，一旦政府质量跨过该门槛值后，社会资本对二氧化氮的影响系数会降低到 -0.116%；当市场化程度跨过门槛值 0.198 时，社会资本对二氧化氮的影响系数会进一步从 -0.448% 下降至 -0.096%，这再次表明，即使更换了变量和样本，社会资本对环境质量的影响依然会受制于政府质量水平和市场化程度。

3. 分地区检验

我们进一步按照地区区位将 186 个城市划分为东部地区、中部地区和西部地区，如表 12 - 12 中的模型（1）至模型（6）所示，无论是东部地区、中部地区还是西部地区，社会资本与环境治理绩效的关系依然显著为正，当进一步加入了社会资本平方项后，东部地区和中部地区的社会资本二次项系数显著为负，这表明，对于东部地区和中部地区而言，社会资本的环境治理效应存在拐点，分别为 0.0993 和 0.0277，而对于西部地区而言，社会资本的拐点并不明确。尽管如此，所得结论基本上与前文分析一致，这也确保了研究的稳健性。

表 12 - 12　　　　　　　　　　　分地区回归结果

| 变量 | 东部地区 | | 中部地区 | | 西部地区 | |
|---|---|---|---|---|---|---|
| | （1） | （2） | （3） | （4） | （5） | （6） |
| 因变量滞后一期 | 0.3487 * (0.000) | 0.3496 * (0.000) | 0.4164 * (0.000) | 0.4031 * (0.000) | 0.4939 * (0.000) | 0.4822 * (0.000) |
| SCI | 0.9172 * (0.000) | 0.4224 * (0.001) | 0.4778 * (0.000) | 0.3564 * (0.000) | 0.5786 * (0.009) | 0.2436 (0.204) |
| SCI² | | -2.121 * (0.000) | | -6.423 * (0.000) | | 2.422 (0.805) |
| GQI | 0.0176 (0.431) | 0.0001 (0.995) | 0.2698 * (0.000) | 0.2815 * (0.000) | 0.1136 * (0.000) | 0.1037 * (0.001) |
| MI | 0.1417 * (0.000) | -0.0354 ** (0.032) | 0.237 (0.509) | -0.0021 (0.956) | 0.0486 ** (0.081) | 0.049 (0.108) |
| Rgdp | 0.0246 * (0.000) | 0.01788 * (0.000) | 0.0183 * (0.000) | 0.0222 * (0.000) | 0.0226 * (0.000) | 0.0215 * (0.000) |
| Indus | -0.106 *** (0.087) | -0.014 *** (0.094) | 0.378 (0.247) | 0.374 (0.267) | 0.294 (0.145) | 0.284 (0.178) |

续表

| 变量 | 东部地区 | | 中部地区 | | 西部地区 | |
|---|---|---|---|---|---|---|
| | (1) | (2) | (3) | (4) | (5) | (6) |
| Open | −1.015* | −0.5011* | 0.2826* | 0.3644* | 0.851* | 0.758* |
| | (0.000) | (0.000) | (0.081) | (0.051) | (0.000) | (0.000) |
| Md | 1.192* | 1.2369* | −0.2737** | −0.3123* | 0.551** | 0.689** |
| | (0.000) | (0.000) | (0.02) | (0.008) | (0.043) | (0.032) |
| Edu | −0.0001* | −0.0001* | 0.000 | 0.0000* | 0.0000 | 0.0000 |
| | (0.000) | (0.001) | (0.152) | (0.007) | (0.457) | (0.436) |
| Temp | 0.0016* | −0.0002 | 0.0079* | 0.0081* | −0.0028* | −0.0031* |
| | (0.008) | (0.704) | (0.000) | (0.000) | (0.004) | (0.006) |
| Rain | −2.76e−06 | −2.52e−06 | 0.0000* | 0.0000* | −4.24e−06 | −3.21e−06 |
| | (0.004) | (0.027) | (0.000) | (0.000) | (0.533) | (0.652) |
| Cons | 0.1981* | 0.2052* | 0.0089 | 0.0122 | 0.1382* | 0.1431* |
| | (0.000) | (0.000) | (0.51) | (0.354) | (0.000) | (0.000) |
| 地区效应 | 是 | 是 | 是 | 是 | 是 | 是 |
| 时间效应 | 是 | 是 | 是 | 是 | 是 | 是 |
| 样本数 | 419 | 419 | 524 | 524 | 337 | 337 |
| 拐点 | | 0.0993 | | 0.0277 | | 0.0503 |
| 方法 | Sys−Gmm | Sys−Gmm | Sys−Gmm | Sys−Gmm | Sys−Gmm | Sys−Gmm |
| AR(1)检验值（p值） | −2.1035 (0.0354) | −2.235 (0.0254) | −5.4634 (0.000) | −5.3809 (0.000) | −4.1693 (0.000) | −4.1439 (0.000) |
| AR(2)检验值（p值） | −0.6019 (0.5472) | −0.52924 (0.5966) | 0.6107 (0.5414) | 0.4576 (0.6472) | 0.8099 (0.4179) | 0.7747 (0.4385) |
| 萨根检验值（p值） | 54.945 (0.4008) | 53.4248 (0.4578) | 63.434 (0.1544) | 63.7512 (0.1481) | 35.9172 (0.9652) | 36.19798 (0.9624) |

注：*、**和***分别表示在10%、5%和1%的水平上显著，括号内数字为p值。

# 小　结

环境治理是一项世界性难题，这不仅源于环境问题本身的复杂性，而且还体现在环境治理过程中各类机制的设计及其衔接。发达国家上百年工业化和城镇化过程中分阶段出现的环境问题，在我国已集中显现，这使单纯依靠某一项治理机制更难以解决这一问题。发达国家环境治理的经验已经表明，在政府机制和市场机制之外存在的社会机制也是环境治理过程中必不可少的重要组成部分，又被称为环境治理的"第三条路"。2013 年 11 月召开的十八届三中全会提出了"加快生态文明制度建设"的总体规划和形成科学有效的社会治理体制，进一步凸显了社会机制在生态文明建设中的重要性。近年来，在中国多个地区集中出现的因环境污染所引致的群体性抗议事件和社会公众对雾霾天气的高度关注，都已经直接表明，中国环境治理中的社会机制开始自发地觉醒。中国的社会机制到底能够在环境治理过程中发挥多大的作用、社会机制作用的发挥会受到哪些因素的制约、社会机制如何与政府机制和市场机制相协调、社会机制如何形成和诱发等问题都是亟须解决的重要理论命题和现实政策困境。

以环境问题为研究对象，提出了社会资本、制度环境和环境治理绩效之间关系的三个基本假设，采用结构方程中的 MIMIC 方法测算了 2004—2011 年 186 个地级及以上城市宏观层面的社会资本水平，我们发现，2004—2011 年，全国平均社会资本水平分别为 0.017675、0.017261、0.017551、0.018018、0.019496、0.022297、0.025436 和 0.029265，呈现出较稳定的上升趋势；从地区分布来看，东部地区的社会资本总量最高，西部地区其次，中部地区最低。采用静态面板数据模型、门槛面板回归模型和动态面板数据模型，同时将"是否为国家历史文化名城"作为社会资本的工具变量，实证考察了社会资本对环境治理绩效的影响程度以及两者之间的非线性关系，并基于测算得到的政府质量指数和市场化程度指数，进一步检验了制度环境如何调节着社会资本的环境治理效应。研究发现：社会资本总体上有利于环境治理，尤以社会信任和社会沟通（网络和组织）的效应最为明显；社会资本与环境治理之间呈现倒"U"形的非线性关系，社会资本存在着一个适度水平；社会资本对环境治理的影响受制于政府质量和市场化程度两种因素，政府质量和市场化程度越高，社会资本的环境治理效应越大，同时，改善政府质量所带来的社会资本边际环境治理效应更高；从年均比重来看，社会资本相对不足地区占 85.15%，社会资本相对适度地区和社会资本相对过度地区的比重仅为 7.39% 和 7.46%，目前，中国环境治理困局是多方面原因造成的，绝大部分城市面临着社会资本不足所导致的社会机制不健全的困境。结论对现阶段中国环境治理机制的设计具有较强的启示意义。

第一，重视社会机制尤其是社会资本在环境治理过程中的作用，社会资本中的信任关系、互惠、社会准则（规则和约束）、社会沟通（网络和组织）是增强环境治理集体行为发生的重要激励和约束因素。根据社会资本测算的结果显示，当下影响社会资本形成的因素主要包括全球化、收入差距、失业率和社会组织发展，尽管对外开放对环境治理的影响还不确定（盛斌、吕越，2012；陆旸，2012），但是，从社会资本积累的角度来看，对外开放有利于加强内外交流，社会流动和交往水平、频率、广度和深度以及人们之间的依赖程度也在加强，并逐步形成了更大的社会网络，吸收包括环境治理要素在内的技术和创新思维，提升环境治理的内生动力和外生压力，提升对外开放水平有利于社会资本的加快发展；收入差距已经被证明会加剧环境污染，而这主要源于收入差距拉大会进一步增加隔阂和不信任，加剧社会分化，缩小包括收入在内的社会差距和不公同样有利于社会资本的积累；就业是社会公众获取国民财富分配的主要手段和渠道，提升就业率本质上有利于保障公民公共财富互惠机制的形成，对巩固社会资本大有裨益；社会组织的发展是社会事业发展的重要手段，是社会事业中不同主体的社会行为载体，社会组织的发展对于增加不同群体之间的信任、交流和沟通具有极为重要的影响。因而，持续全面提升对外开放水平、缩小收入差距、提升就业率和就业质量以及积极推动社会组织发展，对于积累社会资本、发挥社会资本的环境治理效应具有重要意义。

第二，重视制度环境在形塑和提升社会资本环境治理效应中的作用，良好的政府质量和较高的市场化程度可以强化社会资本的环境治理效应，拓展和延伸社会资本环境治理效应的广度和深度。根据十八届三中全会的精神，当前提升政府质量改革的核心在于转变政府职能，即"放权、减税与增效"。具体来说，包括实质性地减少行政审批，提高政府决策科学性，增强政府运作的透明度，为社会机制的运行提供示范，增强政府公信力和执行力；保障税制的法定性和稳定性，改革税制结构，稳定税负，提高效率，切实减轻税收负担和降低税收痛苦指数；建设服务型政府，服务型政府的核心在于均等化地提供基本公共服务，基本公共服务的种类包括公共品和政府服务，保障基本公共服务的有效和公平供给。十八届三中全会将市场化作为新一轮改革的核心，作为社会资本的制度环境，提升市场化程度关键在于形成"崇尚市场、尊重市场和遵循市场"的理念，作为完善市场化机制政策的制定者和落实者，政府的作用应集中于"市场稳定的维护者、市场发展的服务者"，完善产权保护制度，使各类市场社会主体全方位公平且有保障地参与市场行为。

第三，重视社会资本与制度环境的匹配与衔接。对社会资本不同类型地区而言，各自侧重点和关注点应该有所差异，对于社会资本相对不足的中西部地区而言，重点应该放在努力增加社会资本上，最大限度地发挥社会资本的环境治理效应，包括最大限度地公开环境信息，完善环境影响评价中的公众参与等；社会资本相对适度的东部中等城市，应该同时兼顾社会资本和其他制度因素的同步推进，通过完善制度环境进一步拓展社会资本环境治理效应的区间范围；对于社会资本相对过度的地区而言，应该将重点放在制度环境的改进上，在短期内，这一地区社会资本的容量和环境治理效应已经到了"瓶颈"期，现有的制度环境难以满足社会资本环境治理效应发挥的需要，因此，进一步通过制度创新，在更高的政府制度水平和市场化程度上实现与社会资本有机对接。

# 第十三章　政策建议与研究展望

## 第一节　政策建议

基于上述问题的研究，我们提出以下政策建议：

第一，以市场激励为内生动力促进经济增长方式转型。环境问题归根结底是粗放式经济增长方式问题。从发达国家的产业发展规律来看，科技革命先于增长方式转变；增长方式转型通过产业结构变迁实现，为此，要重视教育科技，靠科技进步促进增长方式转型，建立基于市场激励的产业结构优化升级机制，辅之以更为严厉的环境政策。

第二，用制度保护生态环境。发达国家从20世纪中叶开始用了30多年的时间，建立起严谨、系统、配套的环境法律制度体系，实现了用法律制度保护环境的目标。中国环境法律制度建设起步晚，中国环境法律制度建设应着力于：建立包含环境目标的公共决策与责任追究制度，以规范各级政府的行为；建立资源环境有偿使用制度、损害赔偿补偿制度、市场交易制度、环境监测监管制度、资源产权管理制度、资源用途管制制度、生态红线设定制度等，以规范全社会各类当事主体的行为；建立生态环境宣传教育制度，增强公民生态环境保护意识和环境权意识，以规范全社会成员的行为。

第三，大力推进基本公共服务均等化。公共服务具有显著降低环境污染健康风险的功能，同时，中国环境污染健康损失又具有"亲贫性"特征，由此，应大力推进以"市民化"为中心的基本公共服务均等化，强化直接针对低收入和弱势群体的民生性基本公共服务提供，并通过均等化城乡和地区间财力水平的政府间纵向转移支付，来推进地区间和城乡间的均等化。

第四，多措并举化解"环境健康贫困"陷阱风险。以新型城镇化为总抓手，建机制、转方式，促使工业化与农业现代化相协调，人口、经济、资源与环境相协调，大、中、小城市与小城镇相协调，人口积聚、"市民化"与基本公共服务均等化相协调，按照产城融合、节约集约、生态宜居、和谐发展的新型城镇化路子持续推进，有效阻隔"环境"与"贫困"之间的联系，规避中国工业化和城镇化加速推进进程中可能发生的"环境健康贫困"陷阱风险。

第五，建立市场主导型生态补偿制度以及"污染健康"赔偿机制。以市场为主导，对产权清晰、可自由交易和交易费用较低的生态环境产品，采取市场化补偿机制，并根据受益范围和程度，确定补偿主体及标准，并使其得到及时、足额的补偿，以保证生态环境产品提供者有足够的内在动力持续、有效提供；通过提高均等化转移支付占转移支付总量比重、生态环境公共服务占重点生态功能区转移支付比重，加大对生态功能区提供"生态公共品"补偿力度；按污染者承担原则，对病因明确的污染健康损害实施赔偿，对病因不确定、受害等级高的弱势群体，建立污染健康救助基金予以补偿。

第六，理顺环境管理体制。中国环保工作涉及部门很多，许多职能出现交叉重叠，环保队伍薄弱的状况尚未根本改变，环保监管力量与日益繁重的环保任务越来越不适应。政府环境保护职能主要是污染防治与生态保护两个基本内容，涉及环保、发展改革、国土、林业、海洋、渔政等，存在多头管理、职能交叉、相互推诿、管理效率低下等缺陷。改革生态环境保护管理体制，关键是要理清不同管理主体的不同责任。建议有计划、有步骤、有条件地推进"环境大部制"综合配套改革，归并相同或者相近的职能、理顺主权关系，解决职能交叉分散问题，提高环境治理绩效。

第七，建立科学的公共政策绩效评估标准。将环境质量纳入政府及官员考核指标，弱化地方政府"晋升锦标赛"的非效率竞争，不仅有利于增进公共福利，也有助于促使地方政府调整和优化财政支出结构。

第八，中央与地方之间的环境公共服务事权划分必须分类处理，并进行结构性改革，合理设置东部地区、中部地区、西部地区差异化的环境分权度。在中国的西部地区，需要实施差别化的环境发展战略与政策，需要一个更有计划的、更为系统的实施方案。无论是在环境分权的数量形式上，还是在环境分权的具体内容上，都应该给予西部地区以特殊性。中央政府应继续加大对西部地区环境干预和介入力度，同时，为避免西部地区地方政府在环境治理中的"依赖症"，要依据监测数据，加大环境考核。

第九，环境管理应进一步集权，加大上一级政府尤其是中央政府在环境治理中的职责范围和环境财政支出范围及力度。环境管理在很大程度上肩负的是规制、矫正甚至否决具有负外部性的行为，独立进行环境监管和行政执法，对于消除地方保护主义对环境监管和执法的干扰将发挥重要作用，因此，要探索包括垂直管理在内的各种体制模式，适当推进环境规制集权有利于提高环境处罚的执行效果。同时，需要进一步强化绿色金融政策、强化对重污染上市公司的融资约束，有效甄别污染型企业的政府补助，强化政府补助的减排绩效考核。

第十，政府配套实施"一揽子"财政政策，包括开征环境税、环境财政支出采取一般税融资方式、增加环境财政支出、降低劳动所得税率与提高资本所得税率等，大幅提升中国财政政策的"绿色度"。具体而言，一是应尽快开征环境税，增加政府减排支出，且减排支出资金来自环境税和一般预算收入，在此种融资模式下，环境税的开征在短期内不仅不会对经济产生负面效应，还会实现"双重红利效应"。二是除环境税政策和减排支出政策外，财政支出政策也会影响到环境质量，且适度增加财政支出微刺激，虽然产出会由于挤出效应而在短期内出现下降，但环境质量可在较长时间内持续改善。三是税制结构也会影响环境质量，要使中国税制结构更加绿色，应该降低劳动所得税率，提高资本所得税率，降低劳动所得税率对产出刺激作用较大，引起的环境负效应较小，与此同时，提高资本所得税率，对产出的抑制作用较小，对环境质量的改善效应较大。未来中国不仅仅要完善环境税收和环境支出体系，更应该注重改革财政体系，使财政体系更加绿色化，这也有利于引导中国绿色发展。

第十一，重视制度环境在提升社会资本环境治理效应中的作用。良好的政府质量和较高的市场化程度可以强化社会资本的环境治理效应，拓展和延伸社会资本环境治理效应的广度和深度。实质性推进企业环境信息披露，支持合理的公众环境集体行动，提高环境信息披露力度和公众的环境关注意识有利于为环境处罚的威慑效应提供信息基础和声誉功能。

# 第二节　研究展望

十八届三中全会审议通过的《中共中央关于全面深化改革若干重大问题的决定》（以下简称《决定》）提出，要建立系统完整的生态文明制度体系，实行最严格的源头保护制度、损害赔偿制度、责任追究制度，完善环境治理和生态修复制度，用制度保护生态环境。根据这样的基本要求，结合环境理论研究、环境公共治理特别是环境制度建设的国际趋势，我们认为，可以但不仅限于在以下几个方面进行展望：

展望一：建立生态文明制度体系，构建生态文明理论、制度和模式的综合框架。

《决定》首先以纲要的形式明确提出，建设生态文明，必须建立系统完整的生态文明制度体系，实行最严格的源头保护制度、损害赔偿制度、责任追究制度，完善环境治理和生态修复制度，用制度保护生态环境。《决定》多次强调"制度"的重要性，提出的具体方案包括：要建立和完善严格监管所有污染物排放的环境保护管理制度，独立进行环境监管和行政执法；建立陆海统筹的生态系统保护修复和污染防治区域联动机制；健全国有林区经营管理体制；完善污染物排放许可制，实行企事业单位污染物排放总量控制制度；对造成生态环境损害的责任者严格实行赔偿制度，依法追究刑事责任，等等。"制度"的推进意味着期待已久的环境立法工作将取得实质性进展，这对长期缺少标准和依据的环保工作来说意义重大。

展望二：环境宏观经济学与环境财政学相结合的理论框架及实践模式。

在中性税制（一次性总付税）和扭曲性税制环境下，构建一般均衡模型来分析财政政策（一般财政政策和环境财政政策）、环境质量与宏观经济之间的相互作用关系。在一般均衡模型中，引入财政环境治理支出，其资金来源划分为两种：一是环境税专款专用；二是增加一般公共预算拨款。并比较两种资金来源渠道下的宏观经济与环境变量的稳态水平。在扭曲税制情形下，不同税收政策变动对宏观经济与环境的影响及其传导机制。在理论模型的基础上，利用中国的相关数据校准模型参数，模拟财政政策对宏观经济与环境的影响。在实践层面，环境财政学是在生态文明建设的时代背景下应运而生的，既具有强烈的主观建构色彩，又具有自然演进的客观属性。首先界定了环境财政学的学科范畴，将环境财政体制、环境税费与环境负外部性、财政支出与环境基本公共服务作为环境财政学研究的三大命题和研究内容，探讨如何运用财税手段（负外部性矫正和正外部性补偿）来实现基本环境质量公共品的有效供给；从环境联邦主义、环境税费与环境污染以及治理、环境基本公共服务及其效应评估三个维度系统地梳理国内外研究进展；联系中国实际，提出当前中国环境财政领域亟须研究的三项课题：环境公共治理与环境基本公共服务及其均等化、环境税与排污费改革、转移支付与生态补偿；最后从理论研究和政策实践的角度提出"环境财政学"发展的启示。

展望三：环境健康经济理论框架与政策体系。

环境健康经济学是指运用经济学原理和方法来研究环境因素对健康的影响以及由此所带来的一系列经济社会效应，同时还特别关注环境健康风险背后的私人规避行为和公共干预所带来的效应。需要指出的是，环境健康经济学不是简单地使用经济学研究方法来关注这一主题，而是探寻环境健康背后的经济学机理，例如，环境污染对健康人力资本的影响以及对教育、劳动力供给和经济增长所带来的诸多效应，再如，还将社会经济因素与环境所引致的健康不平等紧密联系，从公平的视角来研究环境健康问题。此外，环境对健康所带来的外部性不仅对个人而且还会对整个社会带来冲击，因此，私人部门和公共部门都会而且应该应对之，而这其中尤其需要考虑私人规避行为对整体环境健康效应估计所带来的内生性问题、公共干预的效应以及公共部门与私人之间的协调问题。具体的研究框架和内容见图 13-1。当前环境健康经济学研究还处于方兴未艾的阶段，尽管在一些主要的研究议题和一些关键的处理方法上有了较大的突破，但是，还缺乏一个明确的学理体系，至少但不限于在以下三个方面对现有研究做进一步的拓展：

第一，构建环境健康经济学研究的一般均衡分析框架。从微观经济学视角来看，从代表性个体的效用函数出发，建立考虑环境污染因素（包括污染、环境规避行为、环境干预等）的健康生产函数，并将其纳入效用函数之中，通过求解最大化的效用函数导出健康需求函数，并同时进一步将规避行为内生化，在重新建立预算约束的基础上，求解最优的规

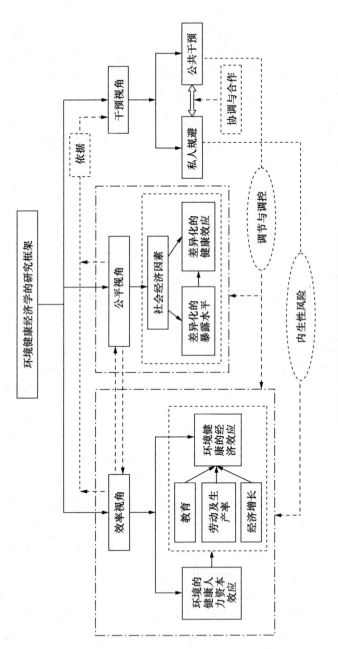

图 13 - 1　环境健康经济学研究框架

避行为和公私组合。从宏观经济学的角度来看，在原有的内生经济增长模型基础上，进一步考虑环境污染对健康的影响，当同时纳入环境对健康影响、环境政策对要素投入比例影响、环境政策对技术变迁和 R&D 规模及结构影响等多种条件时，更为全面地评估环境政策对短期和长期经济增长的影响，求解多重均衡解。

第二，运用大样本数据，不失一般性地验证环境健康经济学研究中所涉及的效率、公平和干预议题。已有的研究大多数是基于小范围内的样本所做的研究，既缺乏一般性，也缺乏比较性，伴随着数据库条件的不断改善，在更大的空间范围内评估环境健康经济学研究的议题越来越具有可能性。而这对公共政策制定的作用将更为明显，当然，研究过程中内生性问题如何进行处理是首先需要考虑的问题。

第三，公共部门和私人部门在环境健康风险处理过程中的"合作"关系研究。已有的研究虽然同时考虑到了私人规避行为和公共干预，但是，对于两者之间的关系却被忽视了。事实上，环境健康型公共品是一种典型的混合公共产品，公私合作才是最优的供给模式。对于私人而言，规避行为的选择可能面临着成本约束和收益激励，如果成本和收益不对等，很可能出现规避不足或规避扭曲等问题，公共部门的激励和引导显得尤为重要，两者的关系又是建立在"信任"和"信息"基础上的，公共部门的激励和引导又如何与私人部门的需求对接，将决定着整体环境风险规避的有效性。此外，公私规避行为的选择也会通过影响生产行为和消费决策进而影响经济增长，这个过程还需要求解最大化社会福利的均衡解。显然，运用公共经济学、信息经济学、经济增长、规制经济学和福利经济学等相关理论知识研究这一问题具有极强的现实应用前景。

展望四：资源环境价值评估与补偿机制研究。

《决定》提出，要探索编制自然资源资产负债表，对领导干部实行自然资源资产离任审计。建立生态环境损害责任终身追究制。此项改革意见的提出，明确了要将环保工作纳入地方政府工作考核。过去几个五年计划中，部分地方政府面对经济发展的机遇与压力，将 GDP 增长作为政府工作唯一的重心，付出了惨重的环境代价，解决遗留的环境问题往往需要几十倍的时间与财力的投入。"生态环境损害责任终身追究制"的提出，将对过去野蛮、粗放的经济发展方式形成有效的制约，真正实现经济发展与环境保护的共存。还应尤其注重环境健康的经济价值评估，细化对不同污染物健康负担的分析，评估污染健康负担在微观个体间的分布和对个体间不平等的影响，合理划分居民、社会和政府三者间的污染健康成本，是有待进一步研究的问题。《决定》还提出，对限制开发区域和生态脆弱的国家扶贫开发工作重点县取消地区生产总值考核，体现出将生态保护放在了前所未有的高度。《决定》提出，实行资源有偿使用制度和生态补偿制度。加快自然资源及其产品价格改革，全面反映市场供求、资源稀缺程度、生态环境损害成本和修复效益。坚持使用资源付费和"谁污染环境、谁破坏生态、谁付费"原则，逐步将资源税扩展到占用各种自然生态空间。坚持"谁受益、谁补偿"原则，完善对重点生态功能区的生态补偿机制，推动地区间建立横向生态补偿制度。发展环保市场，推行节能量、碳排放权、排污权、水权交易制度，建立吸引社会资本投入生态环境保护的市场化机制，推行环境污染第三方治理。环境投入不足一直是影响国内环境保护效果的重要因素，当前国内环保投资占 GDP 比重不足 1.5%，明显低于发达国家在环境治理高峰期的投入水平。环保投入需求巨大，不可能完全依赖财政拨款。除了上述各项付费原则，《决定》还提出"完善税收制度"，"把高耗能、高污染产品及部分高档消费品纳入征收范围"，"推动环境保护费改税"。上述问题值得进一步研究。

展望五：环境治理政府机制、社会机制和市场机制的协同推进机制研究。

不同治理机制在不同的环境资源要素、不同阶段和不同地区有着各自的比较优势，因而从成本—收益视角来看，应各有侧重点，但是，即使针对某一环境领域，也不能偏废其他两种机制而选择其中一种机制，应该研究三种机制的匹配和协同推进实现路径。

展望六：环境风险的分配模式和环境不平等问题。

城乡之间、地区之间和不同群体之间的社会资本都存在巨大的差异，如果不改变现有的发展模式和环境风险分配机制，环境风险往往会转移流向社会资本匮乏的地区和群体身上，成为引发环境不平等的一个来源，当然，问题的根源并不在于社会资本，而在于环境风险的生产和分配模式，这一点也尤为引人注目。

# 主要参考文献

［1］杨焕功、庄大方：《淮河流域水环境与消化道肿瘤死亡图集》，中国地图出版社 2013 年版。

［2］徐明焕：《论质量安全型经济》，中国标准出版社 2013 年版。

［3］苗艳青、陈文晶：《空气污染和健康需求：Grossman 模型的应用》，《世界经济》2010 年第 6 期。

［4］曾贤刚、蒋妍：《空气污染健康损失中统计生命价值评估研究》，《中国环境科学》2010 年第 2 期。

［5］解垩：《与收入相关的健康及医疗服务利用不平等研究》，《经济研究》2009 年第 2 期。

［6］齐良书、李子奈：《与收入相关的健康和医疗服务利用流动性》，《经济研究》2011 年第 9 期。

［7］齐良书：《收入、收入不均与健康：城乡差异和职业地位的影响》，《经济研究》2006 年第 11 期。

［8］Jan Gilbreath：《环境健康经济学》，《环境与健康展望》（中文版）2007 年第 3 期。

［9］汤姆·蒂坦伯格：《环境与自然资源经济学》，中国人民大学出版社 2011 年版。

［10］於方等：《2004 年中国大气污染造成的健康经济损失评估》，《环境与健康杂志》2007 年第 12 期。

［11］王俊、昌忠泽：《中国宏观健康生产函数：理论与实证》，《南开经济研究》2007 年第 2 期。

［12］王弟海、龚六堂、李宏毅：《健康人力资本、健康投资和经济增长》，《管理世界》2008 年第 3 期。

［13］彭水军、包群：《环境污染、内生增长与经济可持续发展》，《数量经济技术经济研究》2006 年第 9 期。

[14] 张海峰、姚先国、张俊森:《教育质量对地区劳动生产率的影响》,《经济研究》2010 年第 7 期。

[15] 姚先国、张海峰:《教育、人力资本与地区经济差异》,《经济研究》2008 年第 5 期。

[16] 亚洲开发银行:《迈向环境可持续的未来——中华人民共和国国家环境分析》,中国财政经济出版社 2012 年版。

[17] 亚里士多德:《政治学》,吴寿涛译,商务印书馆 2009 年版。

[18] 张维迎、柯荣住:《信任及其解释:来自中国跨省调查分析》,《经济研究》2002 年第 10 期。

[19] 边燕杰:《城市居民社会资本的来源及作用:网络观点与调查发现》,《中国社会科学》2004 年第 3 期。

[20] 李涛、黄纯纯、何兴强、周开国:《什么影响了居民的社会信任水平?——来自广东省的经验证据》,《经济研究》2008 年第 1 期。

[21] 李涛:《社会互动与投资选择》,《经济研究》2006 年第 8 期。

[22] 黄健、邓燕华:《高度教育与社会信任:基于中英调查数据的研究》,《中国社会科学》2012 年第 11 期。

[23] 杨汝岱、陈斌开、朱诗娥:《基于社会网络的农户民间借贷需求行为研究》,《经济研究》2011 年第 11 期。

[24] 边燕杰:《企业的社会资本及其功效》,《中国社会科学》2000 年第 2 期。

[25] 张玉林:《环境与社会》,清华大学出版社 2013 年版。

[26] 陆铭、李爽:《社会资本、非正式制度与经济发展》,《管理世界》2008 年第 9 期。

[27] 严成樑:《社会资本、创新与长期经济增长》,《经济研究》2012 年第 11 期。

[28] 林木西、张华新:《社会资本因素对区域经济增长差异的影响》,《经济管理》2012 年第 5 期。

[29] 杨宇、沈坤荣:《社会资本、制度与经济增长》,《制度经济学研究》2010 年第 2 期。

[30] 陈刚、李树:《政府如何让人幸福?——政府质量影响居民幸福感的实证研究》,《管理世界》2012 年第 8 期。

[31] 叶静怡、周晔馨:《社会资本转换与农民工收入——来自北京农民

工调查的数据》，《管理世界》2010 年第 10 期。

［32］边燕杰：《跨体制社会资本及其收入回报》，《管理世界》2012 年第 2 期。

［33］周晔馨：《社会资本是穷人的资本吗？——基于中国农户收入的经验证据》，《管理世界》2012 年第 7 期。

［34］马宏、汪宏波：《社会资本对中国金融发展与收入分配关系的影响》，《经济评论》2013 年第 5 期。

［35］孙昕、徐志刚、陶然、苏福兵：《政治信任、社会资本和农民选举参与》，《社会学研究》2007 年第 4 期。

［36］桂勇、黄荣贵：《社区社会资本测量：一项基于经验数据的研究》，《社会学研究》2008 年第 3 期。

［37］洪大用：《转变与延续：中国民间环保团体的转型》，《管理世界》2001 年第 6 期。

［38］李志青：《社会资本、技术扩散与可持续发展》，《复旦学报》（社会科学版）2004 年第 2 期。

［39］刘晓峰：《社会资本对中国环境治理绩效影响的实证分析》，《中国人口·资源与环境》2011 年第 3 期。

［40］万建香、梅国平：《社会资本可否激励经济增长与环境保护的双赢?》，《数量经济技术经济研究》2012 年第 7 期。

［41］郑思齐、万广华、孙伟增、罗党论：《公众诉求与城市环境治理》，《管理世界》2013 年第 6 期。

［42］玛丽安娜·克诺尔：《气候政策需要民主和公众参与》，《国际社会科学杂志》2013 年第 2 期。

［43］张捷：《社会治理在减少贫困与绿色发展中的作用——以 GBA 内蒙古农林牧综合经营试验项目为例》，《国外社会科学杂志》2013 年第 2 期。

［44］徐蔼婷、李金昌：《中国未被观测经济规模——基于 MIMIC 模型和经济普查数据的新发现》，《统计研究》2007 年第 9 期。

［45］笪凤媛、张卫东：《我国 1978—2007 年间非市场交易费用的变化及其估算——基于 MIMIC 模型的间接测度》，《数量经济技术经济研究》2009 年第 8 期。

［46］杨灿明、孙群力：《中国各地区隐性经济的规模、原因和影响》，

《经济研究》2010 年第 4 期。

[47] 樊纲、王小鲁、朱恒鹏：《中国市场化指数：各地区市场化相对进程 2011 年报告》，经济科学出版社 2011 年版。

[48] 迟福林：《公平与可持续：未来十年的中国追求》，《经济体制改革》2012 年第 2 期。

[49] 奂平清：《社会资本的影响因素分析》，《江海学刊》2009 年第 2 期。

[50] 陈刚、李树：《政府如何能够让人幸福？——政府质量影响居民幸福感的实证研究》，《管理世界》2012 年第 8 期。

[51] 刘小玄：《企业边界的重新确定：分立式的产权重组——大中型国有企业的一种改制模式》，《经济研究》2001 年第 4 期。

[52] 邵帅、范美婷、杨莉莉：《资源产业依赖如何影响经济发展效率？——有条件资源诅咒假说的检验及解释》，《管理世界》2013 年第 2 期。

[53] 方颖、赵杨：《寻找制度的工具变量：估计产权保护对中国经济增长的贡献》，《经济研究》2011 年第 5 期。

[54] 盛斌、吕越：《外商直接投资对中国环境的影响——来自工业行业面板数据的实证研究》，《中国社会科学》2012 年第 5 期。

[55] 陆旸：《从开放宏观的视角看环境污染问题：一个综述》，《经济研究》2012 年第 2 期。

[56] 杨继生、徐娟、吴相俊：《经济增长与环境和社会健康成本》，《经济研究》2013 年第 12 期。

[57] 张雷：《多层线性模型应用》，教育科学出版社 2003 年版。

[58] 王天夫、崔晓雄：《行业是如何影响收入的——基于多层线性模型的分析》，《中国社会科学》2010 年第 5 期。

[59] 杨继军、张二震：《人口年龄结构、养老保险制度转轨对居民储蓄率的影响》，《中国社会科学》2013 年第 8 期。

[60] 胡英：《中国分城镇乡村人口平均预期寿命探析》，《人口与发展》2010 年第 2 期。

[61] 楼继伟：《中国经济的未来 15 年风险、动力和政策挑战》，《比较》2010 年第 6 期。

[62] 郑秉文：《"中等收入陷阱"与中国发展道路》，《中国人口科学》

2011 年第 1 期。

［63］蔡昉：《"中等收入陷阱"的理论、经验与针对性》，《经济学动态》2012 年第 12 期。

［64］张德荣：《"中等收入陷阱"发生机理与中国经济增长的阶段性动力》，《经济研究》2013 年第 9 期。

［65］阿玛蒂亚·森：《以自由看待发展》，任赜、于真译，中国人民大学出版社 2012 年版。

［66］谢旭人：《中国财政改革三十年》，中国财政经济出版社 2008 年版。

［67］齐晔等：《中国环境监管体制研究》，上海三联书店 2008 年版。

［68］郑永年、吴国光：《论中央—地方关系：中国制度转型中的一个轴心问题》，《当代中国研究》1994 年第 6 期。

［69］宋马林、王舒宏：《环境规制、技术进步与经济增长》，《经济研究》2013 年第 3 期。

［70］李树、陈刚：《环境管制与生产率增长——以 APPCL2000 的修订为例》，《经济研究》2013 年第 1 期。

［71］林伯强、李爱军：《碳关税的合理性何在?》，《经济研究》2012 年第 11 期。

［72］陈诗一：《中国各地区低碳经济转型进程评估》，《经济研究》2012 年第 8 期。

［73］匡远凤、彭代彦：《中国环境生产效率与环境全要素生产率分析》，《经济研究》2012 年第 7 期。

［74］乔晓楠、段小刚：《总量控制、区域排污指标分配与经济绩效》，《经济研究》2012 第 10 期。

［75］傅勇：《财政分权、政府治理与非经济性公共物品供给》，《经济研究》2010 年第 8 期。

［76］张克中、王娟、崔小勇：《财政分权与环境污染：碳排放的视角》，《中国工业经济》2011 年第 10 期。

［77］李伯涛、马海涛：《环境联邦主义理论评述》，《财贸经济》2009 年第 10 期。

［78］龚锋、雷欣：《中国式财政分权的数量测度》，《统计研究》2010 年第 10 期。

［79］陈硕、高琳：《央地关系：财政分权度量及作用机制再评估》，《管

理世界》2012 年第 6 期。

[80] 尹振东、聂辉华、桂林:《垂直管理与属地管理的选择:政企关系的视角》,《世界经济文汇》2011 年第 6 期。

[81] 尹振东:《垂直管理与属地管理:行政管理体制的选择》,《经济研究》2011 年第 4 期。

[82] 徐永胜、乔宝云:《财政分权的度量:理论及中国 1985—2007 年的检验分析》,《经济研究》2012 年第 10 期。

[83] 王守坤、任保平:《财政联邦主义还是委托代理:关于中国分权性质的检验判断》,《管理世界》2009 年第 11 期。

[84] 张文彬、张理芃、张克云:《中国环境规制强度竞争形态及其演变——基于两区制空间 Durbin 固定效应模型的分析》,《管理世界》2010 年第 12 期。

[85] 王金南:《中国环境经济核算研究报告》,中国环境科学出版社 2009 年版。

[86] 贾康:《中国经济改革 30 年:1979—2008》(财税卷),重庆大学出版社 2008 年版。

[87] 楼继伟:《财政体制改革的历史与未来路径》,《财经》2012 年第 319 期。

[88] 程文浩、卢大鹏:《中国财政供养的规模及其影响变量——基于十年机构改革的检验》,《中国社会科学》2010 年第 2 期。

[89] 梁本凡:《环境保护垂直管理不能"一刀切"》,《民主与法制杂志》2008 年第 1 期。

[90] 何建武、李善同:《节能减排的环境税收政策影响分析》,《数量经济技术经济研究》2009 年第 1 期。

[91] 黄菁:《外商直接投资与环境污染——基于联立方程的实证检验》,《世界经济文汇》2010 年第 2 期。

[92] 林柏强、杨芳:《电力产业对中国可持续发展的影响》,《世界经济》2009 年第 7 期。

[93] 李永友、沈坤荣:《我国污染控制政策的减排效果》,《管理世界》2008 年第 7 期。

[94] 刘凤良、吕志华:《经济增长框架下的最优环境税及其配套政策研究》,《管理世界》2009 年第 6 期。

［95］ 齐绍洲、云波、李锴：《中国经济增长与能源消费强度差异的收敛性及机理分析》，《经济研究》2009 年第 4 期。

［96］ 沈利生、唐志：《对外贸易对我国污染排放的影响——以二氧化硫排放为例》，《管理世界》2008 年第 6 期。

［97］ 王锋、吴丽华、杨超：《中国经济发展中碳排放增长的驱动因素研究》，《管理世界》2010 年第 2 期。

［98］ 张成、陆旸、郭路、于同申：《环境规制强度和生产技术进步》，《经济研究》2011 年第 2 期。

［99］ 张红凤、周峰、杨慧、郭庆：《环境保护与经济发展双赢的规制绩效实证分析》，《经济研究》2009 年第 3 期。

［100］ 张三峰、卜茂亮：《环境规制、环保投入与中国企业生产率——基于中国企业问卷数据的实证研究》，《南开经济研究》2011 年第 2 期。

［101］ 朱平芳、张征宇、姜国麟：《FDI 与环境规制：基于地方分权视角的实证研究》，《经济研究》2011 年第 6 期。

［102］ 李永友、沈坤荣：《辖区间竞争、策略性财政政策与 FDI 增长绩效的区域特征》，《经济研究》2008 年第 5 期。

［103］ 陆旸：《环境规制影响了污染密集型商品的贸易比较优势吗》，《经济研究》2009 年第 4 期。

［104］ 张征宇、朱平芳：《地方环境支出的实证研究》，《经济研究》2010 年第 5 期。

［105］ 周业安：《地方政府竞争与经济增长》，《中国人民大学学报》2003 年第 1 期。

［106］ 傅勇：《财政分权、政府治理与非经济性公共物品供给》，《经济研究》2010 年第 8 期。

［107］ 傅勇、张晏：《中国式分权与财政支出结构偏向：为增长而竞争的代价》，《管理世界》2007 年第 3 期。

［108］ 丁菊红、邓可斌：《政府偏好、公共品供给与转型中的财政分权》，《经济研究》2008 年第 7 期。

［109］ 乔宝云、范剑勇、冯兴元：《中国的财政分权与小学义务教育》，《中国社会科学》2005 年第 6 期。

［110］ 曾红颖：《我国基本公共服务均等化标准体系及转移支付效果评

价》,《经济研究》2012 年第 6 期。

[111] Adriana Leras – Muney, "The needs of the Army: using compulsory relocation in the military to estimate the effect of air pollutants on children's health", *Human Resources*, Vol. 45, No. 3, 2010, pp. 549 – 590.

[112] Adler, N. E., Ostrove, J. M., "Socioeconomic Status and Health: What We Know and What We Don't", *Annals of the New York Academy of Sciences*, 1999, pp. 3 – 151.

[113] Alan I. Barreca, "Climate change, humidity, and mortality in the United States", *Journal of Environmental Economics and Management*, 63, 2012, pp. 19 – 34.

[114] Almond, Douglas, Lena Edlund and Merten Palme, "Chernobyl's Subclinical Legacy: Prenatal Exposure to Radioactive Fallout and School Outcomes in Sweden", *The Quarterly Journal of Economics*, Vol. 124, No. 4, 2009, pp. 1729 – 1772.

[115] A. Le Tertre, S. Medina, E. Samoli, B. Forsberg, P. Michelozzi, A. Boumghar, J. M. Vonk, A. Bellini, R. Atkinson, J. G. Ayres, J. Sunyer, J. Schwartz, K. Katsouyanni, "Short – term effects of particulate air Pollution on cardiovascular diseases in eight European cities", *Epidemiol Community Health*, 56, 2002, pp. 773 – 779.

[116] Alvin C. K. Lai, Tracy L. Thatcher, William W. Nazaroff, "Inhalation Transfer Factors for Air Pollution Health Risk Assessment", *Air & Waste Management Association*, 50, 2000, pp. 1688 – 1699.

[117] André Grimaud, Frederic Tournemaineb, "Why can an environmental policy tax promote growth through the channel of education?", *Ecological Economics*, 62, 2007, pp. 27 – 36.

[118] Anderton, D. L., Anderson, A. B., Oakes, J. M., Fraser, M. R., "Environmental equity: The demographics of dumping", *Demography*, 31, 1994, pp. 229 – 248.

[119] Anderton, D. L., Oakes, J. M., Egan, K. L., "Environmental equity in Superfund: Demographics of the discovery and prioritization of abandoned toxic sites", *Evaluation Review*, Vol. 21, No. 1, 1997,

pp. 2 – 26.

[120] Antweiler, Werner, Harrison, Kathryn, "Toxic release inventories and green consumerism: Empirical evidence from Canada", *Canadian Journal of Economics*, Vol. 36, No. 2, 2003, pp. 495 – 520.

[121] A. M. Patankar, P. L. Trivedi, "Monetary Burden of Health Impacts of Air Pollution in Mumbai, India: Implications for Public Health Policy", *Public Health*, 125, 2011, pp. 1510 – 1164.

[122] Antonio M. Bento, Sofia F. Franco, Daniel Kaffine, "Is there a double – dividend from anti – sprawl policies?", *Journal of Environmental Economics and Management*, 61, 2011, pp. 135 – 152.

[123] Anni Huhtala, Eva Samakovlis, "Flows of Air Pollution, Ill Health and Welfare", *Environmental & Resource Economics*, 37, 2007, pp. 445 – 463.

[124] Anna Alberini, "Valuing Health Effects of Air Pollution in Developing Countries: The Case of Taiwan", *Environmental Economics and Management*, 34, 1997, pp. 1010 – 1126.

[125] Arik Levinson, "Valuing public goods using happiness data: The case of air quality", *Journal of Public Economics*, 96, 2012, pp. 869 – 880.

[126] Avraham Ebenstein, "The Consequences of Industrialization: Evidence form Water Pollution and Digestive Cancers in China", *The Review of Economics and Statistics*, Vol. 94, No. 1, 2012, pp. 186 – 201.

[127] Banzhaf H. Spencer, Randall P. Walsh, "Do People Vote with Their Feet? An Empirical Test of Tiebout's Mechanism", *American Economic Review*, Vol. 98, No. 3, 2008, pp. 843 – 863.

[128] Bandiera, Oriana, Iwan Barankay, Imran Rasul, "Social Preferences and the Response to Incentives: Evidence from Personnel Data", *Quarterly Journal of Economics*, Vol. 120, No. 3, 2005, pp. 917 – 962.

[129] Bartik, T. J., "Evaluating the benefits of non – marginal reductions in Pollution using information on defensive expenditures", *Journal of Environmental Economics and Management*, 15, 1988, pp. 111 – 127.

[130] Bell, M. L., Davis, D. L., Gouveia, N. et al., "The avoidable health effects of air Pollution in three latin American cities: Santiago,

Sao Paulo, and Mexico City", *Environmental Research*, 100, 2006, pp. 431 – 440.

[131] Bell, M. L., Peng, R. D., Dominici, F., "The exposure – response curve for ozone and risk of mortality and the adequacy of current ozone regulations", *Environmental Health Perspectives*, 114, 2006, pp. 532 – 536.

[132] Been, V., Gupta, F., "Coming to the nuisance or going to the barrios: A longitudinal analysis of environmental justice claims", *Ecology Law Quarterly*, 24, 1997, pp. 1 – 56.

[133] Blanchard, Olivier J., "Debt, Deficits, and Finite Horizons", *The Journal of Political Economy*, Vol. 93, No. 2, 1985, pp. 223 – 247.

[134] B. M. Longo, A. Rossignol, J. B. Green, "Cardiorespiratory health effects associated with sulphurous volcanic air Pollution", *Public Health*, 122, 2008, pp. 809 – 820.

[135] Brain W. Bresnahan, Mark Dickie, "Averting Behavior and Policy Evaluation", *Journal of Environmental Economics and Management*, 29, 1995, pp. 378 – 392.

[136] Brooks and Sethi, "The Distribution of Pollution: Community Characteristics and Exposure to Air Toxics", *Journal of Environmental Economics and Management*, Vol. 32, No. 2, 1997, pp. 233 – 250.

[137] Bruce A. Larson, Simon Avaliani, Alexander Golub, Sydney Rosen, Dmitry Shaposhnikov, Elena Strukova, Jeffery R. Vincent, Scott K. Wolff, "The Economics of Air Pollution Health Risks in Russia: A Case Study of Volgograd", *World Development*, Vol. 27, No. 10, 1999, pp. 1803 – 1819.

[138] Cañón de, Francia, J.; Garcés, Ayerbe C., Ramirez, Alesón M., "Analysis of the effectiveness of the first European Pollutant Emission Register (EPER)", *Ecological Economics*, 67, 2008, pp. 83 – 92.

[139] Chakraborty, S., "Endogenous lifetime and economic growth", *Journal of Economic Theory*, 116, 2004, pp. 119 – 137.

[140] Carson, Richard T., Phoebe Koundouri, Celine Nauges, "Arsenic Mitigation in Bangladesh: A Household Labor Market Approach", *A-*

*merican Journal of Agricultural Economics*, Vol. 93, No. 2, 2011, pp. 407 – 414.

[141] Chay, Kenneth Y., Michael Greenstone, "Does air quality matter? Evidence from the housing market", NBER Working Paper, No. 6826, 1998.

[142] Chay, Kenneth Y., Michael Greenstone, "Air Quality, Infant Mortality, and The Clean Air Act of 1970", NBER Working Paper, No. 10053, 2003.

[143] Chay, Kenneth Y., Michael Greenstone, "The Impact of Air Pollution on Infant Mortality: Evidence from Geographic Variation in Pollution Shocks Induced by a Recession", *The Quarterly Journal of Economics*, 2003, pp. 1121 – 1167.

[144] Chay, Kenneth Y., Carlos Dobkin, Michael Greenstone, "The Clean Air Act of 1970 and Adult Mortality", *The Journal of Risk and Uncertainty*, Vol. 27, No. 3, 2003, pp. 279 – 300.

[145] Chiara Maria Travisia, Peter Nijkamp, "Valuing environmental and health risk in agriculture: A choice experiment approach to pesticides in Italy", *Ecological Economics*, 67, 2008, pp. 598 – 607.

[146] Christopher R. Knittel, Douglas L. Miller, Nicholas J. Sanders, "Caution, Drivers Children Present: Traffic, Pollution, and Infant Health", NBER Working Paper, No. 17222, 2011.

[147] Clevo Wilson, Clem Tisdell, "Why farmers continue to use pesticides despite environmental, health and sustainability costs", *Ecological Economics*, 39, 2001, pp. 449 – 462.

[148] Courant, P. N., R. Porter, "Averting expenditure and the cost of Pollution", *Journal of Environmental Economic and Management*, 8, 1981, pp. 321 – 329.

[149] CRJ/UCC (Commission for Racial Justice, United Church of Christ), "Toxic Wastes and Race in the United States: A National Report on the Racial and Socioeconomic Characteristics of Communities with Hazardous Wastes Sites", Public Data Access, New York, 1987.

[150] Cunha, Flavio, James Heckman, "The Technology of Skill Forma-

tion", *American Economic Review*, Vol. 97, No. 2, 2007, pp. 31 –47.

[151] Daisheng Zhang, Kristin Aunan, Hans Martin Seip, Steinar Larssen, Jianhui Liu, Dingsheng Zhang, "The assessment of health damage caused by air Pollution and its implication for policy making in Taiyuan, Shanxi, China", *Energy Policy*, 38, 2010, pp. 491 – 502.

[152] Daniels, G., Friedman, S., "Spatial inequality and the distribution of industrial toxic releases: evidence from the 1990 TRI", *Social Science Quarterly*, 80, 1999, pp. 244 – 262.

[153] David M. Brasingtona, Diane Hite, "Demand for Environmental Pollution: a spatial hedonic analysis", *Regional Science and Urban Economics*, 35, 2005, pp. 57 – 82.

[154] Davidson, P., Anderton, D. L., "Demographics of dumping II: a national environmental equity survey and the distribution of hazardous materials handlers", *Demography*, Vol. 37, No. 4, 2000, pp. 461 – 466.

[155] David Maddison, "Air Pollution and hospital admissions an ARMAX modelling approach", *Environmental Economics and Management*, 49, 2005, pp. 116 – 131.

[156] Dennis Guignet, "The impacts of Pollution and exposure pathways on home values: A stated preference analysis", *Ecological Economics*, 82, 2012, pp. 53 – 63.

[157] Downey, L., Dubois, S., Hawkins, B., Walker, M., "Environmental inequality inmetropolitan America Organ", *American Journal of Sociology*, 21, 2008, pp. 270 – 295.

[158] Donita M. Marakovits, Timothy J. Considine, "An Empirical Analysis of Exposure – Based Regulation to Abate Toxic Air Pollution", *Journal of Environmental Economics and Management*, 31, 1996, pp. 310 – 351.

[159] Douglas Almond, Yuyu Chen, Michael Greenstone, Hongbin Li-Source, "Winter Heating or Clean Air? Unintended Impacts of China's Huai River Policy", *The American Economic Review*, Vol. 99, No. 2, 2009, pp. 184 – 190.

[160] E. Duflo, M. Greenstone, R. Hanna, "Indoor air Pollution, health and

economic well – being", *Veolia Environment*, No. 1, 2008, pp. 10 – 16.

[161] Emmanuelle Lavaine, Matthew J. Neidell, "Energy Production and Health Externalities: Evidence from Oil Refinery Strikes in France", NBER Working Paper, No. 18974, 2013.

[162] Enrico Moretti, Matthew Neidell, "Pollution, Health, and Avoidance Behavior: Evidence from the Ports of Los Angeles", *Journal of Human Resources*, Vol. 46, No. 1, 2009, pp. 154 – 175.

[163] Environmental Protection Agency, "Overview Report on Unfinished Business: A Comparative Assessment of Environmental Problems", Environmental Protection Agency, Washington D. C. , 1987.

[164] Environmental Protection Agency, Addition of Reporting Elements, Toxic Chemical Release Reporting, Community Right – to – Know, Proposed Rules: Federal Register 61: 191 (October 1, 1996), 51321 – 51330 (to be codified at 40 CFR Part 372) .

[165] Environmental Protection Agency, Toxics Release Inventory. Office of Information Analysis and Access, Washington, DC. Environmental Protection Agency Scientific Advisory Board, 1990. Reducing Risk: Setting Priorities and Strategies for Environmental Protection SAB – EC 90 – 021 (September 1990) .

[166] Environmental Protection Agency, National Institute for Occupational Safety and Health, and Occupational Safety and Health Administration, Common Sense Approaches to Protecting Workers and the Environment Interagency Cooperation Towards Comprehensive Solutions. Workshop, Washington D. C. , 1999.

[167] Eric A. Hanushek, "Conceptual and Empirical Issues in the Estimation of Educational Production Functions", *The Journal of Human Resources*, Vol. 14, No. 3, 1979, pp. 351 – 388.

[168] Ethan D. Schoolman, Chunbo Ma, "Migration, class and environmental inequality: Exposure to Pollution in China's Jiangsu Province", *Ecological Economics*, No. 75, 2012, pp. 140 – 151.

[169] Eur N. Künzli, R. Kaiser, S. Medina, M. Studnicka, O. Chanel, P. Filliger, M. Herry, F. Horak Jr. , V. Puybonnieux – Texier, P.

Quénel，J. Schneider，R. Seethaler，J. – C. Vergnaud，H. Sommero-
pean，"Public – health impact of outdoor and traffic – related air Pol-
lution：a European assessment"，*The Lancet*，Vol. 356，2000，
pp. 795 – 801.

[170] Eva O. Arceo – Gomez，Rema Hanna，Paulina Oliva. "Does the
Effect of Pollution on Infant Mortality Differ Between Developing and
Developed Countries? Evidence From Mexico City"，*BER Working Pa-
per*，No. 18349，2012.

[171] Francesca Dominici，Michael Daniels，Scott L. Zeger，Jonathan
M. Samet，"Air Pollution and Mortality"，*American Statistical Associa-
tion*，Vol. 97，No. 457，2002，pp. 100 – 111.

[172] Francesca Bosello，Roberto Roson，Richard S. J. Tol，"Economy –
wide estimates of the implications of climate change：Human health"，
*Ecological Economics*，No. 58，2006，pp. 579 – 591.

[173] Francesca Dominici，Chi Wang，Ciprian Crainiceanu，Giovanni Par-
migiani，"Model Selection and Health Effect Estimation in Environmen-
tal Epidemiology"，Johns Hopkins University，Dept. of Biostatistics
Working Papers，164.

[174] Frank R. Lichtenberg，"The Impact of New Drugs on US Longevity and
Medical Expenditure，1990 – 2003：Evidence from Longitudinal，Dis-
ease – Level"，*American Economic Review*，Vol. 97，No. 2，2007，
pp. 438 – 443.

[175] F. Reed Johnson，William H. Desvousges，"Estimating Stated Prefer-
ences with Rated – Pair Data：Environmental，Health，and Employ-
ment Effects of Energy Programs"，*Journal of Environmental Economics
and Management*，No. 34，1997，pp. 79 – 99.

[176] Friedman，M. S.，Powell，K. E.，Hutwagner，L. et al.，"Impact of
changes in transportation and commuting behaviors during the 1996
Summer Olympic Games in Atlanta on air quality and childhood asth-
ma"，*The Journal of the American Medical Association*，No. 285，
2001，pp. 897 – 905.

[177] F. W. Lipfert，R. E. Wyzga，J. D. Baty，J. P. Miller，"Traffic density

as a surrogate measure of environmental exposures in studies of air Pollution health effects: Long – term mortality in a cohort of US veterans", *Atmospheric Environment*, No. 40, 2006, pp. 154 – 169.

[178] Garth Heutel, Christopher J. Ruhm, "Air Pollution and Procyclical Mortality", *NBER Working Paper*, No. 18959, 2013.

[179] Gary Koopa, Lise Tole, "Measuring the health effects of air Pollution: to what extent can we really say that people are dying from bad air?", *Journal of Environmental Economics and Management*, No. 47, 2004, pp. 30 – 54.

[180] Gerking, Shelby and Stanley, Linda R., "An Economic Analys is of Air Pollution and Health", *The Review of Economics and Statistics*, Vol. 68, No. 1, 1986, pp. 115 – 121.

[181] Goldman, B. A., Fitton, L., *Toxic Wastes and Class Revisited: An Update of the* 1987 *Report on the Racial and Socioeconomic Characteristics of Communities with Hazardous Waste Sites*, Washington D. C. : Center for Policy Alternatives, 1994.

[182] Greenberg, M., "Proving environmental inequity in siting locally unwanted land uses", *Risk Issues Health Saf.*, No. 4, 1993, pp. 235 – 245.

[183] Cropper, Maureen L., "Measuring the Benefits from Reduced Morbidity", *American Economic Review*, Vol. 71, No. 2, 1981, pp. 235 – 240.

[184] Grossman, Michael, "On the Concept of Health Capital and the Demand for Health", *Journal of Political Economy*, Vol. 80, No. 2, 1972, pp. 223 – 255.

[185] Gutierrez, M., "Dynamic inefficiency in an overlapping generation economy with Pollution and health costs", *Journal of Public Economic Theory*, No. 10, 2008, pp. 563 – 594.

[186] Hamilton, J. T., "Testing for environmental racism: Prejudice, profits, political power?", *Journal of Policy Analysis and Management*, Vol. 14, No. 1, 1995, pp. 107 – 132.

[187] Harrington, W. and P. R. Portney, "Valuing the benefits of health and

safety regulations", *Journal of Urban Economics*, No. 22, 1987, pp. 101 – 112.

[188] Hou, Q., An, X. Q., Wang, Y. et al., "An evaluation of resident exposure to respirable particulate matter and health economic loss in Beijing during Beijing 2008 Olympic Games", *Science of the Total Environment*, No. 408, 2010, pp. 4026 – 4032.

[189] Ian Douglas, Rob Hodgson, Nigel Lawson, "Industry, environment and health through 200 years in Manchester", *Ecological Economics*, No. 41, 2002, pp. 235 – 255.

[190] IFCS – WHO, Emission inventories (pollutant release and transfer registers). Third Session of the Intergovernmental Forum on Chemical Safety. Salvador da Bahia, Brazil, 15 – 20 October 2000. Intergovernmental Forum on Chemical Safety/World Health Organization.

[191] James Barrett, Kathleen Segerson, "Prevention and Treatment in Environmental Policy Design", *Journal of Environmental Economics and Management*, No. 33, 1997, pp. 196 – 213.

[192] James K. Boyce, Andrew R. Klemer, Paul H. Templet, Cleve E. Willis, "Power distribution, the environment, and public health: A state – level analysis", *Ecological Economics*, No. 29, 1999, pp. 127 – 140.

[193] Jane V. Hall, Victor Brajer, Frederick W. Lurmann, "Air Pollution, Health and Economic Benefits – Lessons from 20 years of Analysis", *Ecological Economics*, No. 69, 2010, pp. 2590 – 2597.

[194] Jane V. Hall, Victor Brajer, Frederick W. Lurmann, "Air Pollution, health and economic benefits – Lessons from 20 years of analysis", *Ecological Economic*, No. 69, 2010, pp. 2590 – 2597.

[195] Janet Currie, Johannes F. Schmieder, "Fetal Exposures to Toxic Releases and Infant Health", *American Economic Review*, Vol. 99, No. 2, 2009, pp. 1710 – 1183.

[196] Janet Currie, Eric A. Hanushek, E. Megan Kahn, Matthew Neidell, Steven G. Rivkin, "Does Pollution Increase School Absences?", *The Review of Economics and Statistics*, Vol. 91, No. 4, 2009, pp. 682 – 694.

[197] Janet Currie, Matthew Neidell, Johannes F. Schmieder, "Air Pollu-
      tion and infant health: Lessons from New Jersey", *Journal of Health
      Economics*, No. 28, 2009, pp. 688 – 703.

[198] Janet Currie, Lucas Davis, Michael Greenstone, Reed Walker, "Do
      Housing Prices Reflect Environmental Health Risks? Evidence from
      More than 1600 Toxic Plant Openings and Closings", NBER Working
      Paper, No. 18700, 2013.

[199] Janet Currie, Matthew Neidell, "Air Pollution and Infant Health:
      What Can We Learn from California's Recent Experience?", *The
      Quarterly of Journal of Econommics*, Vol. 120, No. 3, 2005, pp.
      1003 – 1030.

[200] Janet Currie, Reed Walker, "Traffic Congestion and Infant Health:
      Evidence from E – Zpass", NBER Working Paper, No. 15413, 2009.

[201] Janet Currie, Mark Stabile, "Child mental health and human capital
      accumulation: The case of ADHD", *Journal of Health Economics*,
      Vol. 25, No. 6, 2006, pp. 1094 – 1118.

[202] Janet Currie, Brigitte Madrian, "Health, Health Insurance and the
      Labor Market", *The Handbook of Labor Economics*, Volume 3c, Da-
      vid Card and Orley Ashenfelter (eds.), Amsterdam: North Holland,
      1999, pp. 3309 – 3407.

[203] Janet Currie, Joshua S. Graff Zivin, Katherine Meckel, Matthew
      J. Neidell, Wolfram Schlenker, "Something in the Water: Contamina-
      ted Drinking Water and Infant Health", NBER Working Paper,
      No. 18876, 2013.

[204] Jeena T. Srinivasan, V. Ratna Reddy, "Impact of irrigation water qual-
      ity on human health: A case study in India", *Ecological Economics*,
      No. 68, 2009, pp. 2800 – 2807.

[205] Jessica Wolpaw Reyes, "Environmental Policy as Social Policy? The
      Impact of Childhood Lead Exposure on Crime", *The B. E. Journal of E-
      conomic Analysis & Policy*, Vol. 7, No. 1, 2007, pp. 1682 – 1796.

[206] J. Elizabeth Jackson, Michael G. Yost, Catherine Karr, Cole Fitz-
      patrick, Brian K. Lamb, Serena H. Chung, Jack Chen, Jeremy

Avise, Roger A. Rosenblatt, Richard A. Fenske, "Public health impacts of climate change in Washington State: projected mortality risks due to heat events and air Pollution", *Climatic Change*, No. 102, 2010, pp. 159 – 186.

[207] Joshua Graff Zivin, Matthew Neidell, "Days of haze: Environmental information disclosure and intertemporal avoidance behavior", *Journal of Environmental Economics and Management*, No. 58, 2009, 119 – 128.

[208] Joshua Graff Zivin, Matthew Neidell, "The Impact of Pollution on Worker Productivity", *American Economic Review*, Vol. 102, No. 7, 2012, pp. 3652 – 3673.

[209] Jyotsna Jalan, E. Somanathan, "The importance of being informed: Experimental evidence on demand for Environmental Pollution", *Journal of Development Economics*, No. 87, 2008, pp. 14 – 28.

[210] Joshua Graff Zivin, David Zilberman, "Optimal Environmental Health Regulations with Heterogeneous Populations: Treatment versus Tagging", *Journal of Environmental Economics and Management*, No. 43, 2002, pp. 455 – 476.

[211] Joshua Graff Zivin, Matthew Neidell, "Environment, Health, and Human Capital", NBER Working Paper, No. 18935, 2013.

[212] Jouvet, P. A., Pestieau, P., Ponthiere, G., "Longevity and Environmental Pollution in an OLG model", *Journal of Economics*, No. 100, 2010, pp. 191 – 216.

[213] Kakali Mukhopadhyay, Osmo Forssell, "An empirical investigation of air Pollution from fossil fuel combustion and its impact on health in India during 1973 – 1974 to 1996 – 1997", *Ecological Economics*, No. 55, 2005, pp. 235 – 250.

[214] Karen Clay, Werner Troesken, Michael R. Haines, "Lead and Mortality", NBER Working Paper, No. 16480, 2010.

[215] Katja Coneus, C. Katharina Spiess, "Pollution exposure and child health: Evidence for infants and toddlers in Germany", *Journal of Health Economics*, No. 31, 2012, pp. 180 – 196.

[216] Liam Downey, Summer Dubois, Brian Hawkins, Michelle Walker, "Environmental Inequality in Metropolitan America", *Organization Environment*, Vol. 21, No. 3, 2008, pp. 3270 – 3294.

[217] Hamilton, James T. , *Regulation Through Revelation: The Origin, Politics, and Impacts of the Toxics Release Inventory Program*, Cambridge, UK: Cambridge University Press, 2005.

[218] Hausman, Jerry A. , Bart D. Ostro and David A. Wise, "Air Pollution and Lost Work", NBER Working Paper, No. 1263, 1984.

[219] Henriques, Irene, 2010 PRTR and Greening of the North American Economy. Presented at the Annual North American Pollutant Transfer and Commission for Environmental Cooperation November 3 – 4, 2010.

[220] Howitt, P. , "*Health, human capital and economic growth: A Schumpeterian perspective*" . In: López – Casasnovas, G. , Rivera, B. , Currais, L. ( Eds. ), Health and Economic Growth. MIT Press, 2005, pp. 19 – 40.

[221] Kira Matus, Trent Yang, Sergey Paltsev, John Reilly, Kyung – Min Nam, "Toward integrated assessment of environmental change: Air Pollution health effects in the USA", *Climatic Change*, No. 88, 2008, pp. 59 – 92.

[222] Klea Katsouyanni, "Health Effects of Air Pollution in Southern Europe: Are There Interacting Factors?", *Environmental Health Perspectives*, Vol. 103, No. 2, 1995, pp. 23 – 27.

[223] Kraft, Michael E. , Stephan, Mark, Abel, Troy D. , Coming Clean: *Information Disclosure and Environmental Performance*, Cambridge, MA: MIT Press, 2011.

[224] Kristin A. Miller, David S. Siscovick, Lianne Sheppard, Kristen Shepherd, Jeffrey H. Sullivan, Garnet L. Anderson, Joel D. Kaufman, "Long – Term Exposure to Air Pollution and Incidence of Cardiovascular Events in Women", *The New England Journal of Medicine*, Vol. 356, No. 5, 2007, pp. 4410 – 4458.

[225] Lazear, Edward P. , "Performance Pay and Productivity", *American Economic Review*, Vol. 90, No. 5, 2000, pp. 1346 – 1361.

[226] Li, Y., Wang, W., Kan, H. et al., "Air quality and outpatient visits for asthma in adults during the 2008 Summer Olympic Games in Beijing", *Science of the Total Environment*, No. 408, 2010, pp. 1226 – 1227.

[227] Lee, J. T., Son, J. Y., Cho, Y. S., "Benefits of mitigated ambient air quality due to transportation control on childhood asthma hospitalization during the 2002 Summer Asian Games in Busan, Korea", *Journal of the Air & Waste Management Association*, No. 57, 2007, pp. 968 – 973.

[228] Lee, D. R., Misiolek, W. S., "Substituting Pollution taxation for general taxation: some implications for efficiency in Pollution taxation", *Journal of Environmental Economics and Management*, No. 13, 1986, pp. 338 – 347.

[229] Lori Bennear, Alessandro Tarozzi, Alexander Pfaff, Soumya Balasubramanya, Kazi Matin Ahmede, Alexander van Geen, "Impact of a randomized controlled trial in arsenic risk communication on household water – source choices in Bangladesh", *Journal of Environmental Economics and Management*, No. 65, 2013, pp. 225 – 240.

[230] Louis W. Nadeau, "EPA Effectiveness at Reducing the Duration of Plant – Level Noncompliance", *Journal of Environmental Economics and Management*, No. 34, 1997, pp. 54 – 78.

[231] Lucas, R., "On the mechanics of economic development", *Journal of Monetary Economics*, No. 22, 1988, pp. 3 – 42.

[232] Marcel Bilger, Vincenzo Carrieri, "Health in the cities: When the neighborhood matters more than income", *Journal of Health Economics*, No. 32, 2013, pp. 1 – 11.

[233] Mariani, F., Perez – Barahona, A., Raffin, N., "Life expectancy and the environment", *Journal of Economic Dynamics and Control*, No. 34, 2010, pp. 798 – 815.

[234] Marilena Kampa, Elias Castanas, "Human health effects of air Pollution", *Environmental Pollution*, No. 151, 2008, pp. 362 – 367.

[235] Mark Dickie, Shelby Gerking, "Altruism and environmental risks to

health of parents and their children", *Journal of Environmental Economics and Management*, No. 53, 2007, pp. 323 – 341.

[236] Mary F. Evans, V. Kerry Smith, "Do new health conditions support mortality – air Pollution effects?", *Journal of Environmental Economics and Management*, No. 50, 2005, pp. 496 – 518.

[237] Mary F. Evans, Georg Schaur, "A quantile estimation approach to identify income and age variation in the value of a statistical life", *Journal of Environmental Economics and Management*, No. 59, 2010, pp. 260 – 270.

[238] Mary F. Evans, Christine Poulos, V. Kerry Smith, "Who counts in evaluating the effects of air pollution policies on households? Non – market valuation in the presence of dependencies", *Journal of Environmental Economics and Management*, No. 62, 2011, pp. 65 – 79.

[239] Matthew J. Neidell, "Air Pollution, Health, and Socio – Economic Status: The Effect of Outdoor Air Quality on Childhood Asthma", *Health Economics*, Vol. 23, No. 6, 2004, pp. 1209 – 1236.

[240] Maximilian Auffhammer, Ryan Kellogg, "Clearing the Air? The Effects of Gasoline Content Regulation on Air Quality", *American Economic Review*, No. 101, 2011, pp. 2687 – 2722.

[241] Michael Jerrett, Altaf Arain, Pavlos Kanaroglou, Bernardo Beckerman, Dimitri Potoglou, Talar Sahsuvaroglu, Jason Morrison, Chris Giovis, "A Review and Evaluation of Interurban Air Pollution Exposure Models", *Journal of Exposure Analysis and Environmental Epidemiology*, No. 15, 2005, pp. 185 – 204.

[242] Michael Jerrett, Richard T. Burnett, C. Arden Pope, Kazuhiko Ito, George Thurston, Daniel Krewski, Yuanli Shi, Eugenia Calle, Michael Thun, "Long – Term Ozone Exposure and Mortality", *The New England Journal of Medicine*, No. 360, 2009, pp. 1085 – 1095.

[243] Nicholas J. Sanders, "What Doesn't Kill you Makes you Weaker: Prenatal Pollution Exposure and Educational Outcomes", *Journal of Human Resources*, Vol. 47, No. 3, 2011, pp. 826 – 850.

[244] Michael Grossman, "On the Concept of Health Capital and the Demand

for Health", *Journal of Political Economy*, Vol. 80, No. 2, 1972, pp. 223 – 255.

[245] Michael Greenstone, Rema Hanna, "Environmental Regulations, Air and Water Pollution, and Infant Mortality in India", *NBER Working Paper*, No. 17210, 2011.

[246] Michael Hübler, Gernot Klepper, Sonja Peterson, "Costs of climate change: The effects of rising temperatures on health and productivity in Germany", *Ecological Economics*, No. 68, 2008, pp. 381 – 393.

[247] Mohai, P., Saha, R., "Reassessing racial and socioeconomic disparities in environmental justice research", *Demography*, Vol. 43, No. 2, 2006, pp. 383 – 399.

[248] Mohai and Saha, "Racial Inequality in the Distribution of Hazardous Waste: A National – Level Reassessment", *Social Problems*, Vol. 54, No. 3, 2007, pp. 343 – 370.

[249] Morello – Frosch and Jesdale, "The Environmental 'Riskscape' and Social Inequality: Implications for Explaining Maternal and Child Health Disparities", *Environmental Health Perspect*, Vol. 14, No. 8, 2006, pp. 1150 – 1153.

[250] Morello – Frosch, R. A., Pastor, M., Sadd, J., "Environmental justice and southern California's 'riskscape': The distribution of air toxics exposures and health risks among diverse communities", *Urban Affairs Review*, No. 36, 2001, pp. 551 – 578.

[251] Manuel Pastor, Rachel Morello – Frosch, James L. Sadd, "The Air is Always Cleaner on the Other Side: Race, Space, and Ambient Air Toxics Exposures in California", *Journal of Urban Affairs*, Vol. 27, No. 2, 2005, pp. 127 – 148.

[252] Nicholas Z. Muller, Robert Mendelsohn, "Measuring the damages of air Pollution in the United States", *Journal of Environmental Economics and Management*, 54, pp. 1 – 14.

[253] Nicolas Treich, "The value of a statistical life under ambiguity aversion", *Journal of Environmental Economics and Management*, 59, 2010, pp. 15 – 26.

[254] Nikhil Agarwala, Chanont Banternghansab, Linda T. M. Buic, "Toxic exposure in America: Estimating fetal and infant health outcomes from 14 years of TRI reporting", *Journal of Health Economics*, 29, 2010, pp. 557 – 574.

[255] Oates, W. E., "Pollution charges as a source of public revenues", In: Giersch, H. (ed.) *Economic Progress and Environmental Concerns*. Springer – Verlag, Berlin, 1993, pp. 135 – 152.

[256] Olivier Deschênes, Michael Greenstone, "Climate Change, Mortality, and Adaptation: Evidence Form annual Fluctuations in Weather in the US", *American Economic Journal: Applied Economics*, 3 (4), 2011, pp. 152 – 185.

[257] Olivier Deschenes, "Temperature, Human Health, and Adaptation: A Review of the Empirical Literature", *NBER Working Paper*, 2012, No. 18345.

[258] Olivier Deschenes, Michael Greenstone, Joseph S. Shapiro, "Defensive Investments and the Demand for Air Quality: Evidence from the NOx Budget Program and Ozone Reductions", *NBER Working Paper*, 2012, No. 18267.

[259] Ostro, Bart D., "The Effects of Air Pollution on Work Loss and Morbidity", *Journal of Environmental Economics and Management*, 10 (4), 1983, pp. 371 – 82.

[260] Paarsch, Harry J. and Bruce Shearer, "The Response of Worker Effort to Piece Rates: Evidence from the British Columbia Tree – Planting Industry", *Journal of Human Resources*, 34 (4), 1999, pp. 643 – 667.

[261] Paresh Kumar Narayana, Seema Narayan, "Does Environmental Pollution influence health expenditures? Empirical evidence from a panel of selected OECD countries", *Ecological Economics*, 65, 2008, pp. 3610 – 374.

[262] Palivos, T., Varvarigos, D. Pollution abatement as a source of stabilisation and long – run growth. Department of Economics discussion paper. University of Macedonia, 2010.

[263] Phil Brown, "Race, Class, and Environmental Health: A Review and Systematization of the Literature", *Environmental Research*, 69, 1995, pp. 15 – 30.

[264] Pope C. Arden, "Respiratory Disease Associated with Community Air Pollution and a Steel Mill, Utah Valley", *Public Health*, 79, 1989, pp. 623 – 628.

[265] Pope C. Arden, Richard T. Burnett, Michael J. Thun, Eugenia E. Calle, Daniel Krewski, Kazuhiko Lto, George D. Thurston, "Lung Cancer, Cardiopulmonary Mortality, and Long – term Exposure to Fine Particulate Air Pollution", *American Medical Association*, 287, 2002, pp. 1132 – 1141.

[266] Randall V. Martin, "Review: Satellite remote sensing of surface air quality", *Atmospheric Environment*, 42, 2008, pp. 7823 – 7843.

[267] Rawski, Thomas G., "Urban Air Quality in China: Historical and Comparative Perspectives", unpublished draft, 2006.

[268] Rema Hanna, Paulina Oliva, "The effect of Pollution on labor supply: evidence from natural experiment in Mexico City", NBER Working Paper, No. 17302, 2011.

[269] Repetto, R., Dower, R. C., Jenkins, R., Geoghegan, J., "Green Fees: How A Tax Shift Can Work for the Environment and the Economy", World Resources Institute, 1992.

[270] Resul Cesur, Erdal Tekin, Aydogan Ulker, "Air Pollution and Infant Mortality: Evidence from the Expansion of Natural Gas Infrastructure", NBER Working Paper, No. 18736, 2013.

[271] Roberton C. Williams Ⅲ, "Environmental Tax Interactions when Pollution Affects Health or Productivity", *Journal of Environmental Economics and Management*, 2002, pp. 261 – 270.

[272] Roberton C. Williams Ⅲ, "Health effects and optimal environmental taxes", *Journal of Public Economics*, 87, 2003, pp. 323 – 335.

[273] Roger D. Peng, Francesca Dominici, Thomas A. Louis, "Model choice in time series studies of air Pollution and mortality", *J. R. Statist. Soc. A*, 169 (2), 2007, pp. 179 – 203.

[274] Roy Brouwer, "Do stated preference methods stand the test of time? A test of the stability of contingent values and models for health risks when facing an extreme event", *Ecological Economics*, 60, pp. 399 – 406.

[275] Schwartz, J., Repetto, R., "Nonseparable utility and the double dividend debate: reconsidering the tax – interaction effect", *Environmental and Resource Economics*, 15, 2009, pp. 149 – 157.

[276] Seema Jayachandran, "Air Quality and Early – Life Mortality: Evidence from Indonesia's Wildfires", *Human Resources*, 44 (4), 2009, pp. 916 – 954.

[277] Shanti Gamper – Rabindran, "Did the EPA's voluntary industrial toxics program reduce emissions? A GIS analysis of distributional impacts and by – media analysis of substitution", *Journal of Environmental Economics and Management*, 52, 2006, pp. 391 – 410.

[278] Shi, Lan, "Incentive Effect of Piece – Rate Contracts: Evidence from Two Small Field Experiments", *B. E. Journal of Economic Analysis and Policy: Topics in Economic Analysis and Policy*, 10 (1), 2010.

[279] Smith, K. R., Peel, J. L., "Mind the gap", *Environmental Health Perspectives*, 118 (12), pp. 1643 – 1655.

[280] Stephen R. Finger, Shanti Gamper – Rabindran, "Mandatory disclosure of plant emissions into the environment and worker chemical exposure inside plants", *Ecological Economics*, 87, 2013, pp. 124 – 136.

[281] Strauss, John and Duncan Thomas, "Health, Nutrition, and Economic Development", *Journal of Economic Literature*, 36, 1998, pp. 766 – 817.

[282] Tamar Yogev – Baggio, Haim Bibi, Jonathan Dubnov, Keren Or – Hen, Rafael Carel, Boris A. Portnov, "Who is affected more by air Pollution – Sick or healthy? Some evidence from a health survey of schoolchildren living in the vicinity of a coal – fired power plant in Northern Israel", *Health & Place*, 16, 2010, pp. 399 – 408.

[283] Terkla, D., "The efficiency value of effluent tax revenues", *Journal of Environmental Economics and Management*, 11, 1984, pp. 107 – 123.

[284] Theodore J. Joyce, Michael Grossman, and Fred Goldman, "An Assessment of the Benefits of Air Pollution Control: The Case of Infant Death", *NBER Working Paper*, No. 1928, 1986.

[285] Tiebout, Charles, "A Pure Theory of Local Expenditures", *Journal of Political Economy*, 64 (5), pp. 416 – 424.

[286] Timothy K. M. Beatty, Jay P. Shimshack, 2011, "School buses, diesel emissions, and respiratory health", *Journal of Health Economics*, 30, 1956, pp. 987 – 999.

[287] Trudy Ann Cameron, J. R. DeShazo, "Demand for health risk reductions", *Journal of Environmental Economics and Management*, 65, 2013, pp. 87 – 109.

[288] T. Stenlund, E. Lide, N. K. Andersson, J. Garvill, S. Nordin, "Annoyance and Health Symptoms and their Influencing Factors: A Population – Based Air Pollution Intervention Study", *Public Health*, 123, 2009, pp. 339 – 345.

[289] United Nations Institute for Training and Research, Guidance for facilities on PRTR data estimation and reporting. UNITAR Series of PRTR Technical Support Materials, 1998.

[290] Van Zon, A., Muysken, J., "Health and endogenous growth", *Journal of Health Economics*, 20, 2001, pp. 169 – 185.

[291] Varvarigos, D., "Environmental degradation, longevity, and the dynamics of economic development", *Environmental and Resource Economics*, 46, 2010, pp. 59 – 73.

[292] Victor Brajer, Robert W. Mead, Feng Xiao, "Health benefits of tunneling through the Chinese environmental Kuznets curve (EKC)", *Ecological Economics*, 66, 2008, pp. 674 – 686.

[293] Wagstaff, A., Van Doorslaer, E., Paci, P., "Horizontal Equity in the Delivery of Health Care", *Journal of Health Economics*, 10, 1991, pp. 251 – 261.

[294] Werner Troesken, "Lead Water Pipes and Infant Mortality in Turn – of – the – Century Massachusetts", *NBER Working Paper*, No. 9549, 2003.

[295] West, J. J., Fiore, A. M. et al., "Intercontinental impacts of ozone

Pollution on human mortalty", *Environ. Science & Technology*, 2009, 43, 6482 –6487.

[296] WHO, "The World Health Report 2002 – Reducing Risks, Promoting Healthy Life", 2002.

[297] WHO, "The World Health Report – Health Systems Financing: The Path to Universal Coverage", 2010.

[298] Wiktor Adamowicz, Diane Dupont, Alan Krupnick, Jing Zhang, "Valuation of cancer and microbial disease risk reductions in municipal drinking water: An analysis of risk context using multiple valuation methods", *Journal of Environmental Economics and Management*, 61, 2011, pp. 213 –226.

[299] Wolfram Schlenker, W. Reed Walker, "Airports, Air Pollution, and Contemporaneous Health", *NBER Working Paper*, No. 17684, 2011.

[300] Xiaoping Wang, Denise L. Mauzerall, "Evaluating impacts of air Pollution in China on public health: Implications for future air Pollution and energy policies", *Atmospheric Environment*, 40, 2006, pp. 1706 –1720.

[301] Pautrel, X., "Reconsidering the Impact of the Environment on Long – run Growth when Pollution Influences Health and Agents have a Finite – lifetime", *Environmental Resource Economic*, 40, 2008, pp. 37 –52.

[302] Pautrel, X., "Pollution and life expectancy: how environmental policy can promote growth", *Ecological Economics*, 68, 2009, pp. 1040 –1051.

[303] Peters, J., Hedley, A. J., Wong, C. M. et al., "Effects of anambient air Pollution intervention and environmental tobacco smoke on children's respiratory health in Hong Kong", *International Journal of Epidemiology*, 25, 1996, pp. 821 –828

[304] Wong, C. M., Lam, T. H., Peters, J. et al., "Comparison between two districts of the effects of an air Pollution intervention on bronchial responsiveness in primary school children in Hong Kong", *Journal of Epidemio Commun Health*, 52, 1998, pp. 571 –578.

[305] Yuyu Chen, Avraham Ebenstein, Michael Greenstone and Hongbin Li, "Evidence on the impact of sustained exposure to air Pollution on

life expectancy from China's Huai River policy", PNAS, 110 (32), 2013, pp. 1 – 6.

[306] Zhengmin Qian, Robert S. Chapman, Wei Hu, Fusheng Wei, Leo R. Korn, Junfeng (Jim) Zhang, "Using air Pollution based community clusters to explore air Pollution health effects in children", *Environment International*, 30, 2004, pp. 611 – 620.

[307] Arik Levinson, "A Note on Environmental Federalism: Interpreting Some Contradictory Results", *Journal of Environmental Economics and Management*", Vol. 33, No. 3, 1997, pp. 359 – 366.

[308] Dalmazzon, E. S., "Decentralization and the Environment", in: Ahmad, E., Brosio, G. (eds.), *Handbook of Fiscal Federalism*, *Edward Elgar, Cheltenham*, 2006, pp. 459 – 477.

[309] Fredriksson and Millimer, "Political Instability, Corruption and Policy Formation: The Case of Environmental Policy", *Journal of Public Economics*, Vol. 87, No. 10 – 8, 2003, pp. 1383 – 1405.

[310] Hehui Jin, Qian and Weingast, 2005, "Regional Decentralization and Fiscal Incentives: Federalism, Chinese style", *Journal of Public economics*, Vol. 89, No. 9 – 10, pp. 1719 – 1742.

[311] Hilary Sigman, "Transboundary Spillovers and Decentralization of Environmental Policies", *Journal of Environmental Economics and Management*, Vol. 50, 2005, pp. 82 – 101.

[312] Hilary Sigman, "Decentralization and Environmental Pollution: An International Analysis of Water Pollution", *NBER Working Paper*, No. 13099, 2007.

[313] Huihui Deng, Xinye Zheng, Nan Huang Fanghua Li, "Strategic Interaction in Spending on Environmental Protection: Spatial Evidence from Chinese Cities", *China & World Economy*, Vol. 20, No. 5, 2012, pp. 103 – 120.

[314] H. Spencer Banzhaf and B. Andrew Chupp, "Heterogeneous Harm vs. Spatial Spillovers: Environmental Federalism and US Air Pollution", *NBER Working Paper*, No. 15666, 2010.

[315] Jai Shanker Pandey, Rakesh Kumar, Sukumar Devotta, Health risks

of NO$_2$, SPM and SO$_2$ in Delhi (India), Volume 39, Issue 36, November 2005, pp. 6868 – 6874.

[316] Levinson Arik, "Environmental Regulatory Competition: A Status Report and some New Evidence", *National Tax Journal*, Vol. 56, 2003, pp. 91 – 106.

[317] Neal D. Woods, Matthew Potoski, "Environmental Federalism Revisited: Second – Order Devolution in Air Quality Regulation", *Review of Policy Research*, Vol. 27, No. 6, 2010, pp. 721 – 739.

[318] Nicholas Lutsey and Daniel Sperling, "America's Bottom – up Climate Change Mitigation Policy", *Energy Policy*, Vol. 36, 2008, pp. 673 – 685.

[319] Siqi Zheng, Matthew E. Kahn, Weizeng Sun and Danglun Luo, "Incentivizing China's Urban Mayors to Mitigate Pollution Externalities: The Role of the Central", 2013.

[320] "Government and Public Environmentalism", *NBER Working Paper*, No. 18872.

[321] Spencer Banzhaf and B. Andew Chupp, "Fiscal Federalism and Interjurisdictional Externalities: New Results and An Application to US Air Pollution", *Journal of Public Ecnomics*, Vol. 95, 2012, pp. 449 – 464.

[322] Toshiichi Okita, Hiroshi Hara, Norio Fukuzaki, Measurements of atmospheric SO$_2$ and SO$_4$, and determination of the wet scavenging coefficient of sulfate aerosols for the winter monsoon season over the sea of Japan, Atmospheric Environment, Volume 30, Issue 22, November 1996, pp. 3733 – 3739.

[323] Xu, Chenggang, "The Fundamnetal Institute of China's Reforms and Development", *Journal of Economic Literature*, Vol. 49, No. 4, 2011, pp. 1076 – 1151.

[324] Wallace E. Oates, "An Essay on Fiscal Federalism", *American Economic Association*, Vol. 37, No. 3, 1999, pp. 1120 – 1149.

[325] Wallace E. Oates, "The Political Economic of Environmental Policy", *Handbook of Environmental Economics*, Vol. 1 edited by K. – G. maler and J. R. Vincent, 2002, pp. 325 – 354.

# 后　记

　　本书是笔者作为首席专家于 2011 年和 2015 年先后主持的两个国家社会科学基金重大项目"城乡环境基本公共服务非均等程度评估及均等化路径"（11&ZD041）和"构建基于生态文明建设的公共财政体制研究"（15ZDB158）的研究成果。这两个课题同属一个研究领域，先后获批立项，使我们的研究能够连续下来，这既有助于我们对研究问题的深化认识，也提高了研究文献、调查资料收集使用效率。自 2011 年开始，以武汉大学财政学科点青年教师和博士研究生为主要研究力量的研究团队，带着"问题"，先后多次赴湖北、山东、安徽、广东、海南、四川、云南等调查研究，同时，也多次到中央与地方相关政府职能部门特别是环保、财政、国土、发改、城建、水利、环卫等部门调研、交流、咨询，设计不同内容的调查问卷对生产者、消费者、监管者进行大样本问卷调查，对个案进行专题访谈等，以摸清实际情况，做到有的放矢。课题组广泛地收集、整理国内外经典的研究文献，梳理发达国家环境污染发展变迁脉络及治理的经验教训，分析研究中国工业化进程中的环境污染变化趋势，以及中国环境治理体制机制的发展变迁。在此基础上，凝练研究主题，并将"评估中国环境污染效应"（包括经济效应、社会效应和国民健康效应）与"探索中国环境污染治理体制机制"（市场机制、政府机制和社会机制）作为重点内容，加以深入分析研究。

　　课题组在六年多的研究过程中，已经取得了一些阶段性的重要研究成果。在《管理世界》《中国工业经济》《经济学动态》《财贸经济》《经济管理》《财政研究》等刊物上发表了 40 多篇学术论文，其中，两篇论文被《新华文摘》全文转载，另有 11 篇论文分别被《中国社会科学文摘》《高等学校文科学术文摘》《人大复印报刊资料》（《生态环境与保护》《财政与税务》《体制改革》）等全文转载；两份《成果要报》被国家社科规划办刊发；两份专题研究报告被全国人大资源环境委员会副主任批示，多篇学术论文的核心观点与内容被中国环境与发展国际合作委员会《中国环境与社会发展报告》、国家发展改革委员会"十三五农村环境公共服务标准"等所采纳。出版学术专著《中国基本公共服务均等化进程报告》（2012）和《外国环境公共治理：理论、制度与模式》（2014）。本书应该说是上述研究成果的延续。

在两个重大招标课题前后多年的连续研究过程中，学界学者、政府相关部门管理者给予了诸多指导和帮助，特别是我所指导的武汉大学财政学科点已毕业或在读的博士生、硕士生直接或间接地参与其中，对课题的顺利进展起了至关重要的作用，如果没有各位研究生"接力式"的孜孜不倦的持续投入，要完成如此大的工作量是不可能的。在此，课题组特别感谢武汉大学经济与管理学院院长、长江学者谢丹阳教授，武汉大学财政金融研究中心主任、博士生导师吴俊培教授，中国社会科学院财经战略研究院副院长、博士生导师夏杰长研究员，云南财经大学校长、博士生导师伏润民教授，安徽大学经济学院副院长、博士生导师田淑英教授，武汉大学政治与公共管理学院博士生导师陈世香教授，武汉大学资源与环境科学学院博士生导师洪松教授，香港城市大学李万新教授，武汉大学经济与管理学院博士生导师邹薇教授、叶初升教授、王德祥教授、刘穷志教授、刘成奎教授等，诸位学者从不同侧面提出的许多建设性意见建议，对我们凝练研究主题、确定重点研究内容等具有极大的启发性；课题组还要感谢中国财政部综合司处长吴仲斌博士、全国人大办公厅王翀处长、国家统计局贾莎博士、湖北省财政厅行政事业处处长牟发兵博士，海南省人民政府办公厅吴红处长，山东省发改委办公室主任郭凯博士、泰安市财政局刘兴强副局长和殷锡瑞副局长、聊城市财政局朱秋田局长等，他们从政府公共治理角度对课题研究提出的许多值得研究解决的实际问题及改革思路，对课题组深刻认识中国环境污染及其效应起了"接地气"作用，给课题组的调查研究提供了诸多便利和帮助。

该项研究成果是师生之间以及上、下届研究生之间精诚合作的结晶。项目首席专家卢洪友教授和中南财经政法大学祁毓副教授共同凝练研究主题，搭建研究框架，并对最终研究成果进行总纂定稿。武汉大学经济与管理学院龚锋副教授、卢盛峰副教授，中南财经政法大学陈思霞博士，国家统计局贾莎博士、山东财经大学郑法川博士、东北财经大学田丹博士、浙江财经大学刘丹博士以及武汉大学财政学科点在读博士研究生许文立、张楠、杜亦謱、徐彦坤、王云霄、谢颖、尹俊、龚晨淏、余锦亮、邹甘娜、彭小准、覃凤琴等，以不同方式参与了课题研究、问卷调查、典型案例调查、文献资料整理等方面的工作，武汉大学经济与管理学院硕士研究生叶舟舟、吕翅怡、张靖妤、文洁、唐飞、张东杰、刘文璋、赵新宇、刘晨阳、朱耘婵、潘星宇、郭晓蕾，以及北京大学经济学院硕博连读生张宁川和周心怡、北京大学政府管理学院硕博连读生李梦瑶、中国人民大学财政金融学院硕博连读生刘潘、合肥工业大学经济学院宋平凡博士、对外经济贸易大学陈建伟博士，有的参与了课题研究，有的参与了调研、文献整理、数据采集与加工、文字校对等方面的工作。同时，香港城市大学李万新教授为课题组拓宽相关领域的研究提供了很好的思路，在此特别表示感谢。

课题组还要感谢武汉大学经济与管理学院"珞珈公共财政博士论坛"的老师及全体博士生和硕士生同学，在过去多年举办的 90 多期论坛中，及时报告了"中国环境污染效应与治理机制研究"的成果，解读了许多国外相关经典文献，课题组从参加论坛师生的有益评论中，得到了有益启发，起了开阔思路、集思广益的作用。该项研究成果，还得到了武汉大学"211 工程"和"985 工程"建设项目、"香江学者"计划项目和文澜青年学者计划项目的资助。在此，一并致谢！

首席专家：卢洪友
2017 年 1 月于珞珈山